"十三五"国家重点出版物出版规划项目

海洋新知科普丛书

海洋哺乳动物（下册）

（第三版）

〔美〕安娜丽萨·贝尔塔
〔美〕詹姆斯·苏密西
〔挪〕基特·M·科瓦奇

刘　伟　译
王先艳　校

海洋出版社

2019年·北京

目 录

第1章 导言 ……………………………………………………… (1)
 1.1 海洋哺乳动物——它们是什么生物 ……………………… (1)
 1.2 对水中生活的适应 ………………………………………… (1)
 1.3 本书的适用范围和使用说明 ……………………………… (3)
 1.4 时间尺度 …………………………………………………… (3)
 1.5 对海洋哺乳动物的早期观察 ……………………………… (4)
 1.6 海洋哺乳动物科学的兴起 ………………………………… (10)
 1.7 延伸阅读与资源 …………………………………………… (14)
 参考文献 ………………………………………………………… (14)

第1部分 进化史

第2章 系统发育、分类学和分类系统 …………………………… (25)
 2.1 导言:研究进化史 ………………………………………… (25)
 2.2 一些基本术语和概念 ……………………………………… (27)
 2.3 如何建立系统发育树 ……………………………………… (32)
 2.4 检验系统发育假说 ………………………………………… (34)
 2.5 系统发育的应用:解释进化模式和生态模式 …………… (38)
 2.6 分类学和分类系统 ………………………………………… (41)
 2.7 总结和结论 ………………………………………………… (43)
 2.8 延伸阅读与资源 …………………………………………… (43)

参考文献 ··· (44)

第3章　鳍脚类动物的进化与系统分类学 ················· (48)
3.1　导言 ··· (48)
3.2　起源和进化 ··· (49)
3.3　总结和结论 ··· (77)
3.4　延伸阅读与资源 ···································· (78)
参考文献 ··· (78)

第4章　鲸目动物的进化与系统分类学 ··················· (85)
4.1　导言 ··· (85)
4.2　起源和进化 ··· (85)
4.3　总结和结论 ··· (126)
4.4　延伸阅读与资源 ···································· (127)
参考文献 ··· (127)

第5章　海牛目动物及其他海洋哺乳动物：进化与系统分类学
··· (143)
5.1　导言 ··· (143)
5.2　海牛目动物的起源和进化 ·························· (144)
5.3　已灭绝的海牛目近亲——链齿兽目 ················ (156)
5.4　已灭绝的海生似熊食肉目动物——獭犬熊 ········ (160)
5.5　已灭绝的水生树懒——海懒兽 ····················· (162)
5.6　海獭类动物 ··· (163)
5.7　北极熊 ··· (168)
5.8　总结和结论 ··· (171)
5.9　延伸阅读与资源 ···································· (171)
参考文献 ··· (172)

第6章　进化和地理学 ···································· (181)
6.1　导言 ··· (181)

6.2 物种属性 …………………………………………（181）
6.3 物种形成 …………………………………………（182）
6.4 影响海洋哺乳动物分布的生态因子 ……………（187）
6.5 当前的分布模式 …………………………………（197）
6.6 重建生物地理模式 ………………………………（200）
6.7 历史上的分布模式 ………………………………（203）
6.8 总结和结论 ………………………………………（217）
6.9 延伸阅读与资源 …………………………………（219）
参考文献 ………………………………………………（220）

第 2 部分　进化生物学、生态学和行为学

第 7 章　皮肤系统和感觉系统 ………………………（233）
7.1 导言 ………………………………………………（233）
7.2 皮肤系统 …………………………………………（233）
7.3 神经与感觉器官 …………………………………（259）
7.4 总结和结论 ………………………………………（274）
7.5 延伸阅读与资源 …………………………………（275）
参考文献 ………………………………………………（275）

第 8 章　肌肉骨骼系统与运动 ………………………（292）
8.1 导言 ………………………………………………（292）
8.2 鳍脚类动物 ………………………………………（292）
8.3 鲸目动物 …………………………………………（310）
8.4 海牛目动物 ………………………………………（336）
8.5 海獭 ………………………………………………（343）
8.6 北极熊 ……………………………………………（347）
8.7 总结和结论 ………………………………………（349）

8.8 延伸阅读与资源 …………………………………………………………………（350）

参考文献 ………………………………………………………………………………（352）

第9章 能量学 ………………………………………………………………………（369）

9.1 导言 ……………………………………………………………………………（369）

9.2 代谢率 …………………………………………………………………………（370）

9.3 体温调节 ………………………………………………………………………（375）

9.4 运动能量学 ……………………………………………………………………（385）

9.5 渗透调节 ………………………………………………………………………（394）

9.6 总结和结论 ……………………………………………………………………（397）

9.7 延伸阅读与资源 ………………………………………………………………（398）

参考文献 ………………………………………………………………………………（398）

第10章 呼吸与潜水生理学 ………………………………………………………（408）

10.1 导言 …………………………………………………………………………（408）

10.2 肺呼吸动物大深度、长时间潜水面临的挑战 ……………………………（409）

10.3 肺和循环系统对潜水的适应 ………………………………………………（413）

10.4 潜水反应 ……………………………………………………………………（433）

10.5 潜水行为学与系统发育模式 ………………………………………………（438）

10.6 总结和结论 …………………………………………………………………（453）

10.7 延伸阅读与资源 ……………………………………………………………（455）

参考文献 ………………………………………………………………………………（455）

第11章 发声系统：用于交流、回声定位和捕猎 ………………………………（472）

11.1 导言 …………………………………………………………………………（472）

11.2 声音在空气和水中的传播 …………………………………………………（472）

11.3 发声和声接收系统的解剖学和生理学 ……………………………………（475）

11.4 主动发声的功能 ……………………………………………………………（494）

11.5 海洋气候声学测温和低频军用声呐 ………………………………………（520）

11.6 总结和结论 …………………………………………………………………（522）

11.7　延伸阅读与资源 ……………………………………………（523）
　参考文献 ………………………………………………………（524）
第 12 章　食谱、觅食结构和策略 ………………………………（541）
　　12.1　导言 …………………………………………………………（541）
　　12.2　猎物丰度的季节和地理模式 ………………………………（542）
　　12.3　鳍脚类动物的觅食适应能力 ………………………………（544）
　　12.4　鲸目动物的摄食特化作用 …………………………………（561）
　　12.5　海牛目动物的摄食特化作用 ………………………………（594）
　　12.6　其他海洋哺乳动物的摄食特化作用 ………………………（602）
　　12.7　总结和结论 …………………………………………………（608）
　　12.8　延伸阅读与资源 ……………………………………………（610）
　参考文献 ………………………………………………………（610）

第 13 章　生殖结构、策略和模式 ………………………………（634）
　　13.1　导言 …………………………………………………………（634）
　　13.2　生殖系统的解剖学和生理学 ………………………………（636）
　　13.3　交配系统 ……………………………………………………（658）
　　13.4　哺乳期策略 …………………………………………………（686）
　　13.5　繁殖模式 ……………………………………………………（698）
　　13.6　总结和结论 …………………………………………………（705）
　　13.7　延伸阅读与资源 ……………………………………………（707）
　参考文献 ………………………………………………………（708）

第 14 章　种群结构和种群动力学 ………………………………（732）
　　14.1　导言 …………………………………………………………（732）
　　14.2　海洋哺乳动物的丰度及其测定 ……………………………（734）
　　14.3　种群监测技术 ………………………………………………（738）
　　14.4　种群结构和种群动力学 ……………………………………（763）
　　14.5　总结和结论 …………………………………………………（791）

14.6　延伸阅读与资源 …………………………………………………（791）

参考文献 ………………………………………………………………（792）

第3部分　利用、资源养护和管理

第15章　利用和资源养护 ………………………………………………（827）

15.1　导言 ………………………………………………………………（827）

15.2　海洋哺乳动物的利用 ……………………………………………（828）

15.3　海洋哺乳动物的资源养护和保护 ………………………………（862）

15.4　进步与未来 ………………………………………………………（878）

15.5　总结和结论 ………………………………………………………（880）

15.6　延伸阅读与资源 …………………………………………………（881）

参考文献 ………………………………………………………………（882）

附录　海洋哺乳动物的分类系统 ………………………………………（906）

附录参考文献 ……………………………………………………………（938）

彩色插图 …………………………………………………………………（947）

词汇表 ……………………………………………………………………（967）

第 12 章 食谱、觅食结构和策略

12.1 导言

在海洋动物中,海洋哺乳动物的体型较大,并且包括了地球上最大的动物——蓝鲸(*Balaenoptera musculus*)。它们较大体型导致的一个结果是,许多海洋哺乳动物不能利用大部分海洋生产力(浮游植物和小型浮游动物),这可简单归因于捕猎者和猎物之间体型的悬殊。尽管如此,须鲸类和一些鳍脚类(例如,食蟹海豹,*Lobodon carcinophaga*)的解剖结构特化作用使它们能够利用较低营养级的小型(1 厘米至数厘米长)猎物,不过没有海洋哺乳动物能够摄食浮游植物或最小的浮游动物。大部分鳍脚类和齿鲸类捕食高于初级生产者数个营养级的较大、丰度较低的动物。仅有海牛目动物直接吃植物(初级营养级),这些植食动物仅分布于较浅的沿岸水域,那里有大型的生根植物。本章研究了海洋哺乳动物的食谱,以及海洋哺乳动物为捕获猎物采用的一些更明显的结构和行为特化作用。我们还简要地探究了觅食能量学、胃肠道解剖学以及消化生理学。

研究海洋哺乳动物的觅食活动是困难的,因为摄食行为通常发生在海面之下。除了直接观察捕食者追逐和捕获猎物外,分析觅食行为的标准方法还包括:对死亡的动物(猎取、搁浅或渔网缠住的动物)进行胃内容物分析、对受控的健康动物进行胃灌洗、研究排泄物的残余成分,以及通过在各种组织中进行稳定同位素标记,分析食物构成(见霍布森和韦尔奇,1992 年;霍布森和希斯,1998 年;纽瑟姆等,2010

年)。血清学方法在确定海洋哺乳动物的猎物方面表现出了潜力(皮尔斯等，1993 年)，分子遗传学技术也有助于食谱分析。线粒体和核 DNA 标记已用于分析鳍脚类的排泄物样本，从而确定猎物的个体、性别和物种属性，该方法使研究者能够评估动物摄食偏好(里德等，1997 年)。就一些海洋动物的食谱而言，示踪脂肪酸可提供非常具体的信息(胡珀等，1973 年)，并且脂肪酸标记分析(FASA)可用于追踪食谱的重要变化并可提供海洋哺乳动物食谱的定性信息(见艾弗森，1993 年；史密斯等，1997 年；基尔希等，2000 年；塔克等，2008 年)。定量脂肪酸标记分析(QFASA)可提供额外的信息，方法是评估特定猎物的相对丰度，而非仅确定消费何种类型的猎物(艾弗森等，2004 年，2009 年)，但为使该方法发挥最佳效用，必须进行大量校准工作，而食物中的复杂混合物通常不可辨认(罗森和托利特，2012 年)。动物携载的录像系统，例如"动物摄影机"(crittercam)，以及记录海洋哺乳动物捕猎行为的其他数据记录仪，使人们能够详细地研究探索动物的觅食行为和个体成功率(例如，戴维斯等，1999 年；帕里什等，2000 年；戴维斯等，2003 年)。研究者使用档案标签和卫星连接的加速度计标签记录潜水活动，揭示出海洋哺乳动物在精细尺度上的觅食行为(例如，哥德伯根等，2006 年，2011 年，2012 年)。电池寿命的延长、灵巧的标签设计和程序增加了各类标签数据记录的持续时长，并且用于数据下载的新型移动电话网络使人们能够收集一些物种的庞大数据集(例如，福特布鲁等，2014 年)。最近，研究者整合了技术和学科分支的大尺度项目研究了洋盆中海洋哺乳动物的食谱、生境利用、迁徙模式和捕食者的分布模式，并提供了大量信息(例如，布洛克，2011 年；哥斯达等，2012 年；罗宾森等，2012 年；沃尔特斯等，2014 年)。

12.2 猎物丰度的季节和地理模式

海洋哺乳动物的食谱和觅食行为受到数量统计因素的影响，包括年龄、性别、繁殖状态、解剖学和生理学限制、被捕食的风险、竞争性相互影响，以及潜在猎物的分布和丰度。其中，潜在猎物的分布和丰度是海洋初级生产力的空间和时间模式的一个直接结果（见第6章）。一般而言，在海洋系统中，初级生产力最高的海区包括：大陆架和其他浅水区、上升流海区，以及在冬季月份中明显冷却的海区。开阔海洋的大部分热带和亚热带海区以初级生产率低和季节变化很小为特征。暖水海区的初级营养级仅有极小的浮游植物细胞，而在这些浮游植物和大到足以成为鳍脚类或齿鲸类猎物的稀疏动物种群之间存在数个营养级（见图6.6）。

在较高纬度的海区，小型浮游植物也是占优势的初级生产者，但它们表现出的高度季节性导致浮游动物和其他动物形成生命史策略，从而适应没有食物的生存期。这些小型动物，例如桡足类和磷虾，为自身的生物学维持储存脂类；于是为次级消费者提供了富含能量的食物来源，并因此是连接更高营养级的重要环节。较高纬度的海洋系统通常具有较短的食物链、表现出高度的季节变化性，并支持较大动物的聚集，特别是在夏季月份期间（见图6.6）。生活在这些高纬度水域的海洋哺乳动物必须具有适当的机制，以应对其食物供应的极端季节变化，包括长时期禁食的能力，或它们必须迁徙至较低纬度水域，或是这两种模式的某种结合。

海洋哺乳动物通常捕食的大部分动物物种趋向于聚集在其食物来源附近，即栖息于近海面的透光层。它们占据的区域的密度界面分明，例如海表面附近、海床附近、位于透光层底部的温跃层附近、与开阔大洋的涡流有关的上升流区域，以及不同水团或洋流边界之间的海洋锋，或是北极或南极地区的潮汐-冰川锋。海洋哺乳动物种群的存在通常是海洋系统生产力高的优良指标。

海洋哺乳动物的摄食生态学是复杂的，我们当前的知识也很有限；不过研究者通过生物遥测装置并结合各种食谱评估方法，了解了很多信息。在鲸类（加斯金，1982 年；洛克耶，1981 年 a，b）、鳍脚类（例如，甘特利等，1986 年；哥斯达，1993 年）、海獭（*Enhydra lutris*）（里德曼和埃斯蒂斯，1990 年）和北极熊（*Ursus maritimus*）（斯特林，1988 年；德罗什，2012 年）的选择性猎物消费的能量学效益方面，人们已掌握了大量信息。虽然许多物种可认为是食性泛化、机会主义的捕食者，但当选择的条件具备时，它们确实表现出对所消费食物的选择性。由于海洋哺乳动物的摄食可能对渔场产生经济影响，人们关注并致力于海洋哺乳动物的生物能学研究，以及为一些海洋哺乳动物物种建立能量预算（例如，拉维尼等，1982 年，1985 年；洛克耶，1981 年 a，b）。这些模型可用于确定我们在种群统计特征方面的知识缺口，提供关于觅食行为的必要信息，以及强调能量平衡的基本方面，例如食谱中各物种的比例、各种类型猎物的不同年龄、性别、大小和可消化性及其营养含量，以及不同觅食类型的能量成本（将在本章后文中讨论）。

12.3　鳍脚类动物的觅食适应能力

12.3.1　牙齿

鳍脚类动物具有异型齿的齿系，与其他大部分哺乳动物类似；即它们沿着颌部具有不同类型的牙齿，专用于完成不同的任务。按照典型哺乳动物的惯例，鳍脚类动物的牙齿根据其类型和在齿圈中的位置命名。鳍脚类动物的前臼齿和臼齿的大小和形状通常相似，并常共同称为颊齿。每种类型牙齿的缩略语如下：I 为门齿（在口前部用于咬紧的较小牙齿），C 为犬齿（通常用于有力刺穿和控制的牙齿，有上下两对），P 为前臼齿，M 为臼齿，或两者的结合 PC 为颊齿（靠口后部的牙齿，在摄食期间做剪切和压碎动作）。附加在这些字母上的数字指每种类型的特定牙齿：上标数字指上颌中的牙齿（例如，I^3 为上第三门齿），而下标数字指下颌中的牙齿（例如，PC_2 为下第二颊齿）。小写字母表示乳齿。每种类型的牙齿（门齿、犬齿、前臼齿和臼齿）的数目称为齿式，表示为上颌单侧每种类型牙齿的数目（在上）和下颌单侧的相应数目（在下）。人类的齿式为：门齿 2/2，犬齿 1/1，前臼齿 3/3，臼齿 2/2。由于牙齿类型总是以相同的顺序呈现，该式可缩写为：（I2/2，C1/1，P3/3，M2/2）×2 = 32（总）。同大部分食肉目动物相比，鳍脚类动物的牙齿数目减少。典型哺乳动物的牙齿数目为 44，而海豹的牙齿在 22~38 颗之间。在所有鳍脚类动物中，除第一前臼齿为单根外，犬齿后齿的双根情况为祖先的状况，但金（1983 年）提出，所有世系均表现出一种向单根牙齿演化的趋势，而博森奈克（2011 年）论述了鳍脚支目（Pinnipedimorpha）动物犬齿后齿的变异。

鳍脚类动物的蜕齿，或称乳齿非常小且形状简单。在恒门齿和恒犬齿萌出前，它们的乳齿已脱落，这是典型哺乳动物的情况，但仅有犬齿后齿（之前是乳齿）为 P2-4。萌出的首批恒齿是上门齿和下门齿。海豹类的乳齿通常在出生之前全部再吸收，但有时它们作为小釉质冠，在出生之后立即从牙龈上脱落。与海狮类动物相比，海豹类动物的乳齿相对较小（金，1983 年）。

在海象（*Odobenus rosmarus*）的乳齿系中，其上颌和下颌的每一侧都由 3 颗门齿、1 颗犬齿和 3 颗颊齿组成，第一恒颊齿萌出之前无乳齿。因此，乳齿系的齿式为：（i3/3，c1/1，p3/3，m0/0）×2 = 28。乳齿在出生之后立即脱落，但并非所有乳齿都被替换。除犬齿外，在成年海象的半边上颌中常可发现的 4 颗牙齿是第三门齿和 3 颗颊齿。海象的下颌中没有恒门齿，4 颗牙齿是臼齿形的犬齿和 3 颗颊齿。在第三乳颊齿的后面，有时会萌出 1 颗小牙。它通常属于恒齿系（1 颗残余的 p4/4），但常脱落得较早，不过它也可能存留至成年。在乳齿之后萌出的牙齿不全都存留至成年，因此功能齿系为：（I1/0，C1/1，P3/3）×2 = 18，不过在不同个体间可观察到相当大的变异（金，1983 年）。

海象的齿系最引人注目的方面是雄性和雌性均具有一对长牙，但雌性的长牙比雄性细。海象的长牙是上犬齿特化而成，其大型化导致颅骨前端的形状发生了变化（图 12.1）。海象在约 4 个月大时会萌出恒上犬齿。海象的长牙在海象的一生中保持生长，并一直具有开放的齿髓腔，然而长牙的末端在摄食中不断磨损，致使长牙可达到的长度有限。海象的长牙的一个特征是，充满齿髓腔的牙齿物质（球齿质）在结构上为独特的颗粒状。与雌性海象相比，雄性海象的长牙更大、更厚，长牙基部间距更远。成年雄性海象的单只长牙可达到 1 米的长度，重达 5.4 千克（金，1983 年；费伊，1982 年，1985 年）。雄性海象主要在统治权展示中使用长牙，而雌性使用长牙保卫自身及其幼仔。雄性和雌性海象都会偶尔使用长牙将自身拉到浮冰上。虽然长牙可用于刺伤猎物，但海象在摄食中不常使用长牙。当海象搜寻其主要猎物——栖居于海底的软体动物时，海底沉积物会磨损它们的长牙，即前文指出的末端磨损。

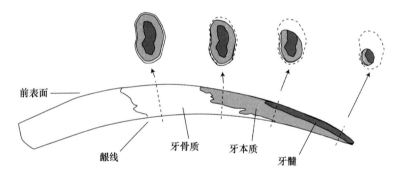

图 12.1 一头成熟雄性海象的长牙侧视图

4 个横截面表明长牙的磨损程度，虚线表示长牙最初的表面

（根据费伊（1982 年）作品重绘）

海狮类动物的牙齿数量（34~38 颗）比海豹类（22~36 颗）更多，海狮和海豹的牙齿都比海象（18~24 颗）多。海狮类的恒齿在形态上不如海豹类多样化。海狮类动物的典型齿式为：I3/2，C1/1，PC5-6/5，实际上也存在一些种间差异和个体变异。海狮类动物的牙齿有颜色，这在哺乳动物中不同寻常（一些鼩鼱的牙釉质也显示类似

的暗色)。

在海豹类动物中,海豹亚科(北方海豹类)的门齿式为 3/2(除了冠海豹(*Cystophora cristata*)为 2/1),僧海豹亚科(南方海豹类)的门齿式为 2/2(除了象海豹属所有种(*Mirounga* spp.)为 2/1)。在所有其他海豹中,其余的齿式为:C1/1,PC5/5。牙齿的形状和尖锐程度存在明显的差异(图 12.2)。

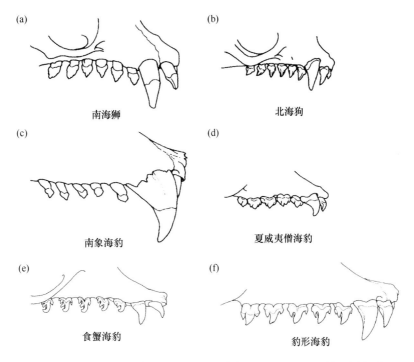

图 12.2　代表性海狮类(a,b)和海豹类(c,d,e,f)的上颌齿系
(金,1983 年)

由于鳍脚类动物在处理食物时很少或不需要切割或咀嚼(它们吞下整个猎物),海豹类动物和海狮类动物的颊齿通常都是同型齿,齿尖为单尖(图 12.2)以牢牢抓住滑溜的猎物。它们的后部颊齿上常可见额外的齿尖。食蟹海豹(*Lobodon carcinophaga*)的颊齿有明显的变异,

其复杂的齿尖部延长,用于困住并压紧磷虾(图 12.2)。环斑海豹(*Pusa hispida*)、竖琴海豹(*Pagophilus groenlandicus*)和豹形海豹(*Hydrurga leptonyx*)的颊齿的齿尖数目较为复杂。环斑海豹和竖琴海豹确实会捕食一些无脊椎动物作为猎物,特别是当它们临近成年时,南象海豹(*Mirounga leonina*)也是如此。研究者认为,食蟹海豹和豹形海豹会回缩舌头,将磷虾吸入张开的口中,然后通过颊齿的筛滤将多余的水压出口外(邦纳,1982 年)。豹形海豹还具有发育健全的犬齿,用于捕食企鹅和其他海鸟,偶尔也捕食幼年海狗。对牙齿形态和摄食表现的研究证实,豹形海豹采用一种混合的摄食策略,将吮吸和滤食型摄食相结合(霍金等,2012 年)。

12.3.2 消化系统的解剖结构和生理机能

鳍脚类动物的唾液腺相对较小,可产生有助于吞咽的黏液,但因为它们通常囫囵吞下食物而不咀嚼,所以唾液中不含消化酶类(例如,唾液淀粉酶)。与海豹类相比,海狮类和海象的唾液腺发育得更健全些。最大的唾液腺通常是颌下腺。舌下腺的形态多变,而腮腺非常小或可能不存在。据报道,在威德尔海豹(*Leptonychotes weddellii*)和港海豹(*Phoca vitulina*)的胚胎中发现了腭扁桃体,但在成年的威德尔海豹中尚未观察到该结构;威德尔海豹还具有一种咽扁桃体(伊士曼和科尔森,1974 年)。

鳍脚类动物的食道往往有纵向的深褶皱且黏液腺丰富。罗斯海豹(*Ommatophoca rossii*)的食道显得肌肉特别发达并且会膨胀(布莱登和埃里克森,1976 年)。在成年威德尔海豹中,较大食道腺的广泛分布表明,它们很可能弥补了唾液腺分泌的不足,可促使食物顺利地通过食道进入胃中(伊士曼和科尔森,1974 年)。

所有鳍脚类动物的胃结构简单并与陆地食肉目动物相似。鳍脚类动物的胃的一个特征是胃体的幽门区陡然向后弯曲。内黏膜层上分布着发育良好的褶皱。在鳍脚类动物的胃中，胃腺是分布最广泛的腺体。

大部分鳍脚类物种没有盲肠（大肠的第一部分），其小肠与大肠之间也没有清晰的分隔。它们的小肠第一节段，即十二指肠，仅可模糊地与长得多的小肠节段——空肠和回肠分开。鳍脚类动物的小肠长度为其体长的 8 倍（加州海狮，*Zalophus californianus*）至 25 倍（象海豹，*Mirounga* spp.）（海尔姆，1983 年）。研究表明，肠的长度与食谱和猎物的可消化性有关。捕食大量难以消化的鱿鱼的动物（例如，象海豹）具有相对较长的肠，而捕食更容易消化的温血猎物或鱼类的动物（例如，豹形海豹）的肠则短得多（布莱登，1972 年）。研究还说明，鳍脚类较长的小肠可能为食物（或许还有水）的吸收提供了更大的表面积。然而，现在看来，将鳍脚类动物较长的肠严格解释为食谱的原因似乎不太周全，因为一些吃鱿鱼的鳍脚类动物（例如罗斯海豹）的肠并非特别长。克洛肯伯格和布莱登（1994 年）提出一种更可能的解释，认为这是对频繁、大深度和长时间潜水的一种适应性。较长的肠增加了消化道的容积，当该动物潜水时可作为加长的储存隔间。吸收作用大多发生在它们处于海面、内脏灌注血液的短暂时间内。在另一项研究中，结合内脏的解剖结构，比较了食蟹海豹和威德尔海豹的不同饮食习惯，虽然这两个物种具有显著的食谱差异，但仅观察到了微妙而非重要的形态学差异（舒马赫等，1995 年；另见马尔藤森等，1998 年）。

鳍脚类动物没有阑尾。鳍脚类动物的大肠相对较短，仅直径比小肠略大。研究表明，与加州海狮和港海豹相比，象海豹较短的大肠可能与它们高效的保水能力有关。

同陆地食肉目动物相比，鳍脚类动物的肝相对较大，并深深地分为 5~8 片长而圆钝的肝叶，肝血窦为肝叶所包围。鳍脚类动物有一个胆囊，用于储存和浓缩胆汁。在消化期间，胆汁可使脂肪乳化。胰是横向延伸的细长器官，自十二指肠起穿越背腹壁至脾，并向后延伸至胃。研究认为，鳍脚类动物的胰的相对大小和生长在一定程度上与食谱有关。

例如，在南象海豹（*Mirounga leonina*）中，胰的相对生长在不同的生长阶段中会发生变化，与食谱的变化相联系（布莱登，1971年）。

12.3.3 食谱和摄食策略

鳍脚类动物的觅食活动包括一系列复杂的高能耗行为，特别是运动的额外成本和消化的热增耗。威廉姆斯等（2004年）使用野生威德尔海豹携载的视频数据记录仪，发现运动成本随着觅食潜水时的游泳划水次数而线性地增加。此外，觅食潜水所需的潜水后氧气恢复时间比持续时间近似的非觅食潜水多45%。

鳍脚类动物最普通的猎物是鱼类和头足类。然而，其他各种无脊椎动物也是一些鳍脚类物种的重要食物。磷虾在至少3个南极海豹物种的食谱中占有重要地位。食蟹海豹和豹形海豹均会捕食大量的磷虾（劳斯，1984年），哺乳期的南极海狗（*Arctocephalus gazella*）也是如此（多伊奇和克罗克索尔，1985年）。在北极，竖琴海豹的食谱通常包含大量甲壳纲动物，特别是幼海豹和未成熟的海豹（劳森等，1994年；尼尔森等，1995年）。海象在很大程度上以另一种无脊椎动物类群——双壳贝类为主要食物（费伊，1982年）。一些海象和某些鳍脚类偶尔还会捕食海鸟和其他鳍脚类动物。豹形海豹会捕食其他温血动物，或许是最著名的掠食动物之一；而其他鳍脚类动物，包括新西兰海狗（*Arctocephalus forsteri*）、南极海狗、亚南极海狗（*Arctocephalus tropicalis*）和南非海狗（*Arctocephalus pusillus*），以及新西兰海狮（*Phocarctos hookeri*）、澳大利亚海狮（*Neophoca cinerea*）、南美海狮（*Otaria byronia*）和灰海豹（*Halichoerus grypus*），也会捕食海鸟或其他海豹。北海狗（*Callorhinus ursinus*）有时也吃海鸟，不过海鸟不是其食谱的重要组分。海象也会捕食其他鳍脚类动物，这出乎人们的意料，因为海象具有平钉状颊齿、吮吸摄食习性和非常小的口腔；但它们确实能够成功地刺穿、压碎和撕碎海豹（西摩等，2014年）。除大型温血的猎物外，鳍脚类动物通常消费小的，甚至能整个吞下的动物。灰海豹、港海豹、带纹环斑海豹（*Histriophoca fasciata*）和竖琴海豹全都以体长 10～35 厘米的鱼类作为猎食目标（见鲍恩和西尼夫，1999 年的论述），而不猎食大型鱼类。即使是最大的鳍脚类动物——以鱿鱼为食的象海豹，似乎也以相对较小的猎物为目标（例如，罗德豪斯等，1992 年；斯利普，1995 年），包括在它们生命的第一年中捕食磷虾。通常而言，特定物种的成体似乎确实比未成熟的个体消费更大的猎物（弗洛斯特和洛瑞，1986 年），并且在表现出显著两性异形的物种中，成年雄性和雌性的食谱也在猎物大小的选择性上显示出不同。鳍脚类的食谱特征是消费大量物种（例如，贝努瓦和鲍恩，1990 年；洛瑞等，1990 年；赫尔瑟斯等，1999 年；华莱士和拉维尼，1992 年），但事实上在所有情况中，在任一季节内和特定的地理区域中，某个物种吸收的大部分能量都是仅由一些物种提供。

许多鳍脚类动物的食谱都会发生显著的地理变化和季节变化，但人们尚未详细地探索这些差异。就潜在的可获得猎物而言，生活在温带和热带地区的海狮类无疑经历着相当大的年际间变化，这与厄尔尼诺-南方涛动（ENSO）事件有关（已在第 6 章讨论）。食谱还随着年龄的增长而变化，幼年动物的食谱不同于成年动物。例如，成年竖琴海豹通常以鱼类和一些甲壳纲动物为食，而幼年竖琴海豹主要吃浮游动物。里德曼（1990 年）提出，这种差异的一个可能的原因是，幼年动物需要更容易捕获的猎物。研究表明，幼年和成年雌性北海狮（*Eumetopias jubatus*）采取的觅食策略的差异是阿拉斯加种群近年衰退的一个因素（梅里克和洛克林，1997 年；见第 15 章）。鳍脚类动物既会单独觅食，也会群体合作觅食。单头鳍脚类动物能够最高效捕获的食物资源包括：非成群的鱼、缓慢移动或固着的无脊椎动物，以及相对较小的温血猎物。许多海豹是独行的捕食者，包括象海豹和港海豹，但另一些海豹以成群的远洋鱼类和更加固着的物种为捕食目标（里德曼，1990 年）。最常进行合作觅食的鳍脚类动物是利用块状分布的大群鱼类或鱿鱼的类群。许多海狗和海狮会群体合作觅食。然而，它们的觅食策略表现出相当大的可塑性，取决于食物资源的类型和分布。例如，北海狮在捕食成群的鱼类或鱿鱼时会以大群合作觅食，而在其他的情况下则独自摄食或组成小群摄食（菲斯古斯和贝恩斯，1966 年）。来自相同繁殖地的哺乳期北海狗也趋向于成群觅食，并避开来自不同繁殖地的海狗喜欢的水域（罗布森等，2004 年）。第 13 章将讨论与母亲照料策略有关的鳍脚类动物觅食策略，而潜水模式已在第 10 章中论述。虽然大部分鳍脚类物种捕猎小型鱼类，但当有种内竞争的可能时，它们会表现出特化作用，有时还会发生非常独特的生态位分离。在巴伦支海对环斑海豹和竖琴海豹进行了研究，说明空间和猎物物种高度重叠。然而，对猎物大小选择和觅食深度的详细研究揭示出独特的特化作用，该作用致使这两种海豹利用相同资源库的不同部分（瓦斯内等，2000 年）。

海象在寻觅其典型猎物——蛤类时，会沿着海底以头朝下的姿态游泳，使用它们的口鼻部、敏感的触须和前鳍肢挖掘海床（图 12.3）。莱弗曼等（2003 年）使用水下摄影机，并对博物馆标本进行研究，证实海象总是习惯使用右鳍肢去除猎物周围的沉积物。当海象定位一只蛤时，或是直接将蛤吸入口中，或是首先从口中喷射出水流，从而将蛤挖出。海象通过舌的运动将蛤的软组织从壳中吸出，其舌部具有活塞的作用，可在口腔中制造非常低的压力。大茎突舌肌使舌回缩，导致压力变化，然后大颏舌肌使舌向前下伸（见卡斯特莱恩等，1991 年的说明）。据费伊（1982 年）报道，海象的舌能够制造真空，使口腔内的压力达到-76 厘米汞柱的水平。

海象的舌尖部具有发育良好的触觉，大量机械刺激感受器（即，薄片形细胞）的存在可证明这一点。同许多陆地哺乳动物相比，海象的味蕾相对较少，但形状更大（卡斯特莱恩等，1997 年 a）。

海象每日消费大量蛤类（每餐高达 6000 只蛤，费伊，1985 年报

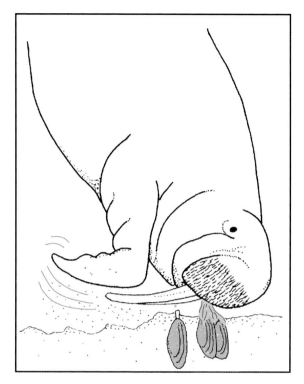

图 12.3　海象挖掘海底的软体动物示意图

海象使用鳍肢扇拂并喷射出水流（彩色），从而使猎物暴露

（根据沃思（2000 年 a）作品修正）

道），因此前文描述的摄食活动必须非常快速、频繁地进行。奥利弗等（1983 年）记录到海象的摄食速率可达每分钟 6 只蛤。这意味着它们需要 16~17 小时的觅食时间以捕获足够的猎物。海象的觅食活动导致海床上形成了长犁沟和凹陷，这对栖息于北极软质浅海底的群落构成了重要的干扰，刺激了定居和边缘效应。

基于髯海豹（*Erignathus barbatus*）的口腔形状及其海底摄食生境，伯恩斯（1981 年）和亚当和贝尔塔（2002 年）提出，髯海豹可能也使用吮吸摄食模式。在实验室中进行的实验证实，髯海豹会大量使用吮吸的方式将猎物从紧固的空间中拔出，对于吸力难以拔出的猎物，它们还会采用水压喷射的方式以使猎物松开（马歇尔等，2008年）。与海象类似，髯海豹受神经高度支配、结构复杂的触须也在寻找海底猎物中具有作用（马歇尔等，2006年）。对圈养的港海豹的运动学研究发现，虽然吮吸是它们主要的水下摄食模式，但该物种也会采用水压喷射的方式进行摄食（马歇尔等，2014年）。另一项运动学研究说明，鳍脚类动物普遍采用吮吸摄食。在受控的摄食试验中，澳大利亚海狗（*Arctocephalus pusillus doriferus*）既表现出吮吸摄食，也表现出掠食者的咬食（霍金等，2014年）。

12.3.4 觅食运动

人们已经知悉一些鳍脚类物种的季节性迁徙模式。竖琴海豹、冠海豹、北象海豹和南象海豹，可能还有威德尔海豹会以可预见的季节性模式改变它们所处的位置，而这些模式可能（至少在某种程度上）与猎物的可利用性相联系。研究者在其他物种中观察到了近海岸和远海的迁徙模式，例如斑海豹（*Phoca largha*）。即使是不爱活动的物种，例如灰海豹和港海豹，也显示出十分显著的季节性运动模式，不过它们停留在大体上相同的地理区域。这些运动可能与猎物丰度的局地季节性变化有关。

在鳍脚类动物中，人们对象海豹的觅食模式研究得最为透彻。成年北象海豹和南象海豹每年在海上停留 8~9 个月的时间进行觅食，它们的海上停留期可分为两段：在繁殖之后和换皮之后。在海中生活时，它们会在其岛屿繁殖地和外海觅食区之间完成往返迁徙。随着生物遥测追踪技术（即，与卫星连接的多传感器标签，包括电导率、温度、深度卫星继电器数据记录仪（CTD-SRDL）；另见第 10 章和第 14 章的 14.3.2 节）的进步，研究者记录下了这些深潜海豹类的觅食行为和觅食生境的细节。当这些海豹占据岛屿繁殖地时，通过为它们佩戴各种类型的"标签",研究者可在许多月的漫长时间中持续地记录个体动物的潜水行为。在许多情况下,个体动物似乎表现出高度特化的摄食习性(例如,胡克斯塔德等,2012年;麦克斯韦等,2012年)。尽管如此,研究者通过开展数次国际间大规模动物标记研究,总结出了一般觅食模式。这些标记研究涵盖了北象海豹("太平洋捕食者标记",TOPP)和南象海豹("从北极到南极海洋哺乳动物探索",MEOP)计划(另见第14章)。

作为"太平洋捕食者标记"(TOPP)计划的重要组成部分,在2004—2010年间采集了数百头北象海豹(*Mirounga angustirostris*)的数据,结果揭示出雄性和雌性的迁徙模式存在重大差异:雄性北象海豹会游进北太平洋,而雌性会在向南方更远的海区(更邻近繁殖区)度过更长的时间(例如,罗宾森等,2010年,2012年)。虽然许多脊椎动物会在两个繁殖季之间进行长距离迁徙,但象海豹是首种报道的每年完成一次双重迁徙的动物。象海豹个体每年移动18 000~21 000千米,就最大迁徙距离而言可与灰鲸(*Eschrichtius robustus*)和座头鲸(*Megaptera novaeangliae*)相提并论。当上岸进行繁殖或换皮时,成年象海豹会禁食(见第13章),而每个禁食期之后是一个持续很久的外海觅食期。对于北象海豹而言,繁殖后的迁徙开始于2月或3月初(图12.4),届时海豹在岸上度过1~3个月之后返回海中。雌性的这种迁徙平均耗时2.5个月,雄性4个月。在返回它们的繁殖地度过3~4周的换皮期之后,它们再次向北和向西迁徙,进入更深的水域。在换皮后的迁徙(图12.5)期间,雌性在海上度过7个月之久,而雄性再次进入海中进行为期约4个月的摄食(图12.4)。然后,雄性和雌性象海豹均会返回其繁殖地进行繁殖活动。海豹个体通常表现出强烈的**归家冲动**,它们会在繁殖后和换皮后的迁徙期间返回相同的觅食区。

当在海上时,雄性和雌性象海豹都会进行几乎连续的潜水,它们的潜水时间接近总时间的90%。雄性和雌性的平均潜水时间为23分钟,

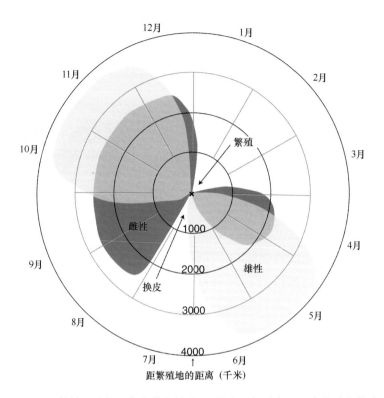

图 12.4　雄性和雌性北象海豹的繁殖地/换皮地与觅食区距离的季节模式

(斯图尔特和德朗，1993 年)

雄性的最长潜水持续时间比雌性略长。这些潜水持续时间很可能接近该物种的有氧潜水限度（见第 10 章）。雄性和雌性象海豹在潜水时，约有 35% 的时间接近个体潜水的最大深度，这说明它们正在大量地摄食。一般而言，昼间潜水比夜间潜水深 100~200 米。较深的昼间潜水集中在 619 米的深度附近，而较浅的夜间潜水集中在 456 米的深度附近（罗宾森等，2012 年）。

追踪和潜水数据表明，大部分北象海豹在远洋区摄食（罗宾森等，2012 年）。这些象海豹的主要猎物是海洋中层的鱿鱼和鱼类，这些猎物在昼间栖息于 400 米以下的深度，在夜间上游至更接近海面的水层，这

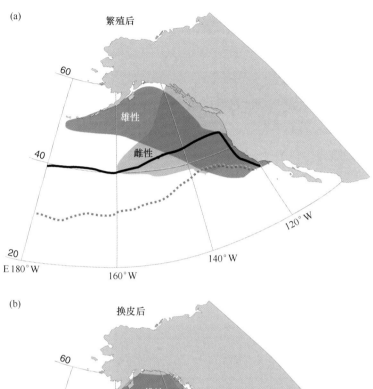
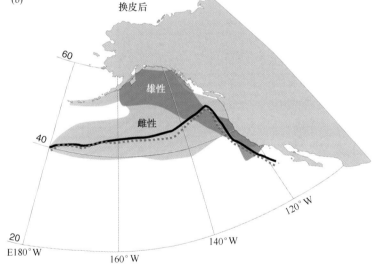

图 12.5 雄性和雌性北象海豹在觅食迁徙中的地理分布

(a) 繁殖后觅食迁徙;(b) 换皮后觅食迁徙

黑线表示洋流间边界的位置,虚线表示过渡带叶绿素锋的位置

(根据斯图尔特和德朗(1993年)及罗宾森等(2012年)作品修正)

就解释了象海豹潜水深度的昼夜节律。海豹在夜间的向上运动反映了许多深水区散射层普通物种的普遍日常行为。象海豹偏爱游速缓慢、中性浮力的鱿鱼种类，其营养质量相对较低。斯图尔特和德朗（1993年）提出，象海豹选择中性浮力、营养质量较低的鱿鱼种类，而不是更强壮、游速更快、营养价值更高的鱿鱼种类，是因为它们牺牲了猎物的营养成分以换取更容易捕获的目标并缩短追逐猎物的时间。雄性象海豹的体型更大，与雌性相比能下潜至更大的深度，因此雄性可能具有更大的灵活性，有能力选择专门猎捕脂类更丰富的物种（见下文）。雌性象海豹的觅食效率与身体质量联系密切，身体质量是它们在觅食区停留时间的唯一预测指标（哈斯里克等，2013年）。年龄以影响成功率的方式影响怀孕雌性的潜水时段结构，这说明经验提高了觅食的成功率或效率。另据哈斯里克等（2013年）报道，猎物分布的年际间变化对雌性象海豹的繁殖后觅食期旅程距离具有显著的影响。

最高密度的北象海豹群体出现在美国加州海岸外的迁徙走廊中，向西北延伸至大约北纬45°的海区。繁殖后和换皮后觅食迁徙时的纬度带（北纬40°~50°）与亚北极洋流—亚热带洋流的边界密切相关（图12.5）。在繁殖后的迁徙期间，密度带也与过渡带叶绿素锋（TZCF）的纬度相对应，但当TZCF向南移动1000千米之遥时，它们不进行繁殖后的迁徙。雌性象海豹趋向于停留在北纬50°以南，特别是在亚北极锋带（图12.5）。成年雄性则通过雌性的摄食区，向北远行至阿拉斯加湾的亚北极水域和阿拉斯加暖流的外海边界，阿拉斯加暖流沿着阿留申群岛的南侧流动。这些北部海区具有高初级生产力，那里鱼类和鱿鱼资源丰富。罗宾森等（2012年）还进行了全年研究，观察到少量海豹在海底觅食，这说明北象海豹既依靠远洋食物资源，也依靠海底资源。尽管如此，不是所有的北象海豹都会进行这些极度漫长的迁徙。该物种分布范围最南端聚集地的北象海豹就不进行如此漫长的向北迁徙；这些繁殖聚集地的很大一部分北象海豹在当地海域觅食，这说明北象海豹在觅食策略和可能的猎物类型上具有可塑性（罗宾森等，2012 年）。

雄性和雌性北象海豹觅食区的地理隔离可能反映出雄性偏好体型更大、脂类含量更丰富的鱿鱼种类，这些鱿鱼分布于较高纬度的亚北极水域，不过它们必须迁徙更远距离以到达这些高纬度的觅食场（斯图尔特和德朗，1993 年）。体型小得多的雌性北象海豹可能具有不同的能量需求，促使它们进行较短距离的迁徙，从而在较高纬度的海区猎捕富含能量的猎物。抹香鲸也具有类似的模式：两性在北太平洋觅食区存在纬度隔离。它们也以海洋中层的鱿鱼为主要猎物，而它们的季节性迁徙和潜水模式可能反映了它们偏爱的鱿鱼猎物的地理和垂直分布（雅克和怀特黑德，1999 年）。

据斯图尔特（1997 年）报道，北象海豹迁徙的性别差异模式似乎在青春期时得到发展，青春期雄性的生长速率显著高于雌性。这些模式在雄性 4.5~5 岁大的时候确立。这种性分离可能是由雄性在性成熟和加速成长时不同的代谢需求所引起的，而非成体能量需求的性别差异。高纬度隔离显然为青春期雄性提供了生存效益，还可补偿较高的死亡率（通常与青春期时的快速生长有关）。

在地球的另一端，研究者记录到南冰洋的南象海豹具有非常相似的模式。在南冰洋，雄性南象海豹也趋向于从它们的繁殖地出发，进行更远的迁徙，它们常从亚南极各岛屿向南迁徙，直至南极大陆（例如，比乌等，2010 年）。在大陆架之上的海域，海豹趋向于下潜至海底；而在更深的水域中，它们在水层中摄食。雌性南象海豹在南极绕极流（ACC）的水域中度过更多时间。同北象海豹相似，当南象海豹在远洋海区摄食时，涡流、漩涡和锋面上升流区是重要的觅食区。就进行大深度潜水、在海底摄食的动物个体而言，海山也是关键的海洋特征（例如，麦克斯韦等，2012 年）。南象海豹的潜水持续时间随着当日时间而变化，类似于北象海豹。它们在早晨进行长时间潜水，在晚间进行时间较短的潜水；季节模式也很明显，冬季潜水的持续时间平均为夏季潜水的两倍长（贝内特等，2001年）。

研究者对象海豹属的两个物种（北象海豹和南象海豹）开展了极具创新性的研究，尝试确认它们在海上迁徙期间的成功觅食活动。这项工作涉及到以精细的空间尺度探索数据时间序列，探寻表明浮力变化的潜水特征的变化，而浮力变化影响着海豹下潜或上浮的容易程度（即，脂肪更多或更少）。放流潜水的特征在确认海豹成功觅食的关键区位上具有特别深刻的意义，因为水中滑行性能和划水频率随着浮力的变化而变化，肥硕的海豹更容易成功（例如，比乌等，2007年；青木等，2011年；希克等，2013年）。此外，颌部传感探测器和动物携载摄影机促进了人们对这些动物觅食行为的理解（内藤等，2013年）。颌部运动传感器和加速度计还使研究者能深入了解港海豹等其他鳍脚类的觅食行为。港海豹在全力攻击猎物时会表现出独有的"肌肉痉挛"（亚德森等，2014年）。

12.3.5 鳍脚类动物摄食策略的进化

大部分海狮和海豹使用一种食性泛化的摄食策略，它们以多种多样的鱼类和鱿鱼为食。一些专门捕食无脊椎动物的种类（例如，食蟹海豹）使用一种滤食型摄食的方式。海象、南海狮和髯海豹使用一种特化的吮吸摄食策略，即使用它们强有力的舌和较小的口中产生的吸力，将软体动物的肉吸出外壳。鳍脚类动物的腭、颌部和牙齿的结构说明了许多特征，可用于从食性特化的摄食策略中分辨出刺穿型摄食（例如，腭的形状和长度、齿列的长度、牙齿的减少；亚当和贝尔塔，2002年；琼斯和戈斯瓦米，2010年；琼斯等，2013年）。在一项研究中，研究者试图理解鳍脚类动物摄食模式的进化，将摄食模式的形态学证据映射到鳍脚类动物的系统发育框架上（图12.6）。一种可能涉及食鱼性食谱的食性泛化策略似乎是干群鳍脚类、海狮类、海豹类和干群海象（即，新海象，*Neotherium* 和拟海象，*Imagotaria*）祖先的摄食状况。在杜希纳海象亚科、海象亚科以及海狮亚科和髯海豹中，次生进化出了一种食性特化的吮吸摄食策略。在至少 1100 万年前，海象的摄食策略转变为一种更食性特化的状况。

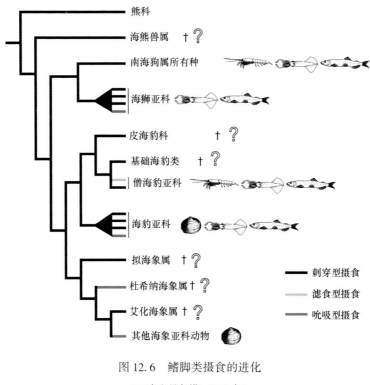

图 12.6　鳍脚类摄食的进化

(亚当和贝尔塔，2002 年)

12.4　鲸目动物的摄食特化作用

　　鲸目动物的捕食范围广、食物大小不一，从小到毫米级的桡足类动物到大型鱿鱼，甚至包括体长可达数米至十数米的其他鲸类（图 12.7）。齿鲸类动物趋向于专门捕食体型较大的猎物，须鲸类动物则捕食较小的猎物，尽管这两个鲸目类群的体型范围有相当大的重叠。由于齿鲸类动物和须鲸类动物的摄食特化作用存在根本性的差异，下文将分别对它们进行研究。

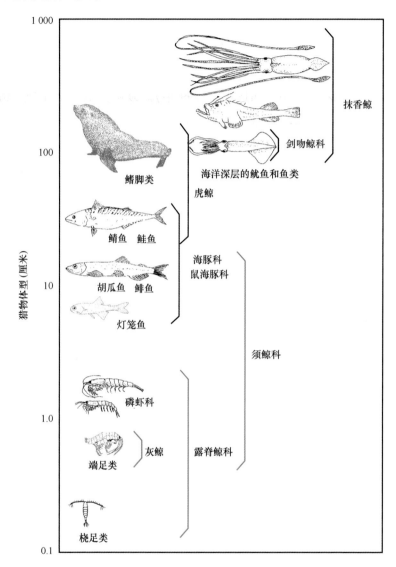

图 12.7　鲸目动物偏爱的猎物体型范围

（根据加斯金（1982 年）作品重绘）

12.4.1 须鲸类动物

须鲸类动物主要捕食浮游生物、微自泳的甲壳纲动物（例如，磷虾）和海洋上层的小型远洋鱼类。人们已知须鲸类动物的摄食潜水不超过 500 米的深度（帕尼加达等，1999 年）。须鲸类的特征是成年鲸完全失去了牙齿（但研究者发现须鲸的胎儿具有牙齿；见德梅雷等，2008 年）。须鲸类动物的摄食器官由两排鲸须板（捕鲸者称之为鲸骨）组成，鲸须板从口腔顶部的外缘向腹侧突出。关于鲸须的解剖结构、超微结构和发育的研究，见法伊弗（1993 年）、福奇等（2009 年）、斯泽维奇等（2010 年）、杨等（2015 年）的论著。仅有最近的研究涉及到鲸须的详细功能（例如，沃思，2012 年，2013 年）；在这些研究中，在流动水槽中不同的速度条件下探索了鲸须的生物力学特性（即，孔隙率、过滤特性）。每条鲸须板的基部深深地嵌入腭部的表皮垫中。鲸须板从基部不间断地生长，但其边缘也因舌的运动和与猎物的接触而持续地侵蚀和磨损。鲸须板从一个基底细胞层开始生长，该层的小突起（乳头）插入其下方的层中。乳头为充满角蛋白的细胞鞘（与构成毛发、爪和指甲的物质相同）所覆盖，该细胞鞘在鲸须板的边缘形成了条穗。在成排的条穗的每侧，中间组织层产生了一薄层角蛋白，这有助于将它们与鲸须板连接（图 12.8）。这些薄层变厚，成为固体物质，将毗邻的鲸须板固定在腭部软组织上。随着外条穗因使用而逐渐磨损，内条穗也逐渐磨损和缠结。整体上，这些缠结成股的纤维相互覆盖，在每排鲸须板的内侧形成了扩大的过滤表面。鲸须的条穗密度（每平方厘米的鲸须纤维数目）的种间差异至少可达 10 倍。须鲸口腔内每侧鲸须板的数目和长度多变：灰鲸约有 155 条（长度可达 0.4~0.5 米）（图 12.9；苏密西，2001 年），露脊鲸属（*Eubalaena* spp.）有超过 350 条（一些鲸须板的长度超过 3 米）。大部分须鲸物种的鲸须板具有柔韧、轻而结实的特性，这使得它们在 19 世纪被赋予了很高的商业价值；它们的用途多种多样，类似于今天塑料的作用。

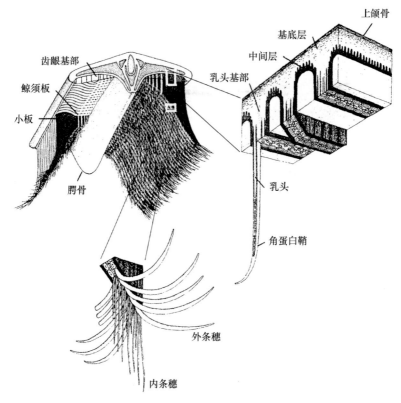

图 12.8　鲸须的一般化结构

（根据皮沃鲁纳斯（1979 年）作品重绘）

须鲸类动物为了高效地捕食小型猎物，演化出了 3 种不同的策略：撇食、吞食型摄食（包括猛冲型摄食）和吮吸型摄食（图 12.10）。一些种类的须鲸是相当机会主义的捕食者，它们的猎物多种多样，包括鱼类和无脊椎动物（例如，长须鲸（*Balaenoptera physalus*）和小须鲸（*Balaenoptera acutorostrata*）），而其他须鲸的食物选择性强得多，例如弓头鲸（*Balaena mysticetus*）专门捕食桡足类，蓝鲸（*Balaenoptrea musculus*）偏爱磷虾。它们的各种摄食策略反映在鲸须、口、舌的特征

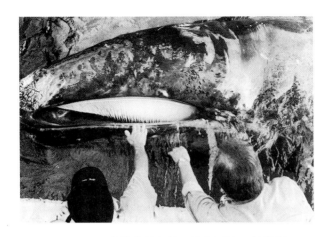

图 12.9　一头捕获的灰鲸（修复原状）的鲸须

（照片提供：R 博登）

和扩张口腔的方式上（海恩宁和米德，1996 年；沃思，2000 年 a）。随着研究者分析生物遥测标签的数据，并在摄食的鲸身上应用数据记录设备，我们对须鲸类摄食的了解得以大幅增长（例如，哥德伯根等，2006 年，2007 年；西蒙等，2009 年；弗里德伦德等，2009 年；哥德伯根等，2011 年，2012 年；波特文等，2012 年）。露脊鲸科（Balaenidae）的露脊鲸和弓头鲸，以及小露脊鲸科（Neobalaenidae）的小露脊鲸（*Caperea marginata*）游泳速度缓慢，其喙部拱形结构明显，高而圆钝的口中布满纤细、粗糙、非常长的鲸须。这些鲸在海面上通过对海表面"撇食"的方式摄食，当海水通过成行的鲸须板之间的前方开口流入口中时，它们使用鲸须收集桡足类猎物。它们还能使包含猎物的海水流过鲸须，从而在深水区摄食。然后，它们使用肌肉发达的硕大舌头将过滤后的海水排出（图 12.10（a））。解剖学观察结果表明，它们可在摄食时控制口中的水流以清扫口腔后部的猎物，因为猎物可能在舌基部和口咽壁之间压实成块，它们并非使用舌头在鲸须的刚毛上刮擦受困的猎物（兰伯特森等，2005 年）。露脊鲸科的摄食策略比须鲸科更节能，前者单位时间的潜水次数更少，潜水时的游泳速度也更慢。这使得它们能够达到较高的滤食摄食速率（计算式为：估计的口腔面积和速度的乘积），但代价是它们仅能捕获难以逃避的猎物（即，移动缓慢的桡足类）（西蒙等，2009 年；哥德伯根等，2013 年）。

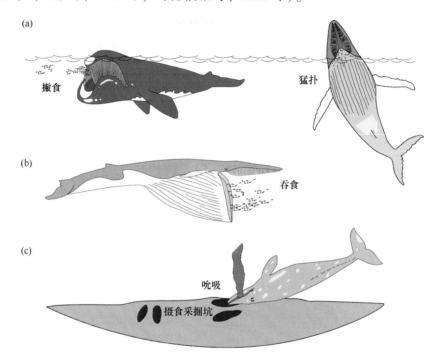

图 12.10　须鲸类的摄食类型

(a) 露脊鲸的撇食型摄食和座头鲸的猛扑型摄食；(b) 长须鲸的吞食型摄食；(c) 灰鲸的吮吸型摄食（根据皮沃鲁纳斯（1979 年）和沃思（2000 年 b）作品修正）

同弓头鲸和露脊鲸相比，须鲸科（Balaenopteridae）成员游泳速度快，身体为流线型，其鲸须较短而粗糙。它们采用吞食型摄食方式，在这种捕猎方法中，它们吞下大量的水和猎物。所有须鲸科物种的巨大口部占身体前半部的大部分（图 12.11）。须鲸科所有成员的口部和喉部腹侧壁上有 70~80 条外部长沟（深沟），统称为喉腹折（图 12.12）。在摄食时，须鲸张开布满长沟的口底，喉腹折（也称为腹折鲸脂或

VGB）延展，使口中可容纳的水量极大地增加；蓝鲸和长须鲸的口中可容纳水量等于该动物体重的70%。一头成熟的蓝鲸一次能吞下重达70吨的水（皮沃鲁纳斯，1979年）。它们的肌肉和鲸脂遍布交替的纵向条纹，其内有大量弹性蛋白，有利于喉腹折的延展（皮沃鲁纳斯，1979年；奥顿和布罗迪，1987年）。在喉腹折延展时，组织内的毛细血管网使喉部呈现出一种淡红色。正是这个特征使须鲸科动物得名"淡红深沟"，或红色喉咙。

图 12.11 座头鲸的猛扑型摄食及口部构造

（a）座头鲸猛扑型摄食的顺序（插图提供：P 福肯斯）；（b）口部的横截面视图，说明鲸须篮内舌的运动和水流模式（根据皮沃鲁纳斯（1979年）作品重绘）

须鲸的舌宽而松弛，可进行向后和向下运动以产生负压力，使口部

图 12.12　正在摄食的蓝鲸喉腹折膨胀的侧面观

（照片提供：里士满生产（有限）公司）

大幅扩张，加之须鲸在摄食时向前游动，海水和其中包含的小型猎物由此进入须鲸张开的口中。在以这种方式吞食成群的磷虾、玉筋鱼、胡瓜鱼或其他小型猎物之后，下颌含着大量水和猎物缓慢地关闭。然后，舌的运动与口腔腹壁肌肉的收缩（有时舌还会垂向铺成平面）相互协调，压迫水通过鲸须排出，并促使鲸吞下受困的猎物（河村，1980 年）。须鲸科动物吞食的猎物会在鲸须架内侧的位置压实成块，这是明显不同于露脊鲸科的过程（兰伯特森等，2005 年）。在摄食时，须鲸灵活的舌头能内陷形成中空的囊状结构，称为**口腔腹侧空腔**。外翻、灵活的舌以这种方式，进一步扩大了口腔的容量（兰伯特森，1983 年）。对喉腹折形态的研究发现，除脂肪组织外，厚层的弹性结缔组织和具有分层细胞的肌肉与喉腹折联系密切。有人提出，这些细胞可能具有某种感觉功能，有助于须鲸在摄食时控制口部闭合的适当时机（巴克等，1996 年）。须鲸科动物的觅食潜水和摄食运动学不同于露脊鲸科动物（另见第 10 章）。在须鲸科富有活力的摄食策略中，鲸的身体会经历数个周期的速度急剧变化以及滚转行为。这些身体方向的变化可能代表了一种可提高捕猎成功率的策略。须鲸科动物单位时间的潜水次数超过弓头鲸的 2 倍，这可能是由于猛扑型摄食的成本相对更高。虽然这种摄食模式的能量成本较高，但须鲸科动物却受益匪浅：它们具有了捕食相对敏捷、难以应对的猎物（即，鱼群，例如胡瓜鱼群）的能力（哥德伯根等，2013 年）。

发育良好的下颌冠突在须鲸科吞食型摄食机制中是重要的功能组成部分（见图 8.18）。下颌冠突主要作为大块颞肌的插入位点。对须鲸科动物下颚骨的分析证实，在较大的须鲸中，冠突的位置相对更接近骨节（佩因森等，2012 年 a）。这项发现说明，当须鲸克服阻力、关闭下颚以完成一次扑食时，它们的力学优势降低。相比之下，不专门采用吞食型摄食方式的露脊鲸科、小露脊鲸科和灰鲸科物种没有鉴别性的冠突。颞肌腱部分称为**前颌骨腱**，该结构在颅骨和下颌之间提供了连续的机械连接，并可在吞食型摄食时优化张口结构。此外，须鲸在闭合口部时，前颌骨腱还可增强颞肌的力学优势（图 12.13；兰伯特森等，1995 年）。另一个涉及须鲸科摄食的重要而新奇的解剖结构是上下颌的凸轮式接合。该结构由上颌骨的眶下片构成，在口的后部为浅层咬肌腱起源提供了薄骨架，当浅层咬肌收缩时会产生一种凸轮（上颌骨）和跟随（下颌骨）机制，使得舌头在摄食中发挥作用（兰伯特森和欣茨，2001 年，2004 年）。研究者猜测，在须鲸科（可能还有灰鲸科）中，嵌入下颌联合之内的机械刺激感受器在猛扑型摄食动力学中具有关键作用（佩因森等，2012 年 b；另见第 8 章）。

座头鲸表现出多种多样的吞食型摄食策略。研究者还观察到座头鲸进行底侧滚转摄食，这与以前关于座头鲸喙部和颌部瘢痕的报告相一致。研究表明，当猎物（例如，玉筋鱼）朝向水平面时，这种摄食方

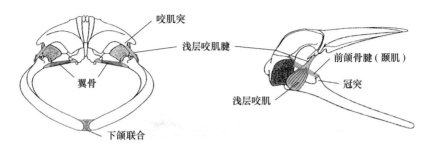

图 12.13　须鲸科动物的前颌骨腱

（兰伯特森等，1995 年；绘制：R 兰伯特森）

式有利于以最大张口吞食猎物（瓦尔等，2013 年）。当捕食鲱鱼和其他小型鱼类时，座头鲸通常合作摄食，鲸群中的一个成员会从口中呼出一片大范围（直径约 10 米）的上升气泡云，这种行为称为**气泡云摄食**（图 12.14，威利等，2011 年）。这些气泡云似乎能迷惑猎物，并导致它们聚集为紧密的食物球，从而有利于座头鲸进行更高效的摄食（温里克等，1992 年）。当一头鲸呼出气泡幕时，其他群体成员下潜至目标鲱鱼群的下方，并迫使鱼群进入气泡幕，然后从下方迅猛地扑食迷乱的鱼群（图 12.14）。当群鲸扑食猎物鱼群时，有时会发出低频率的叫声。这些叫声可能有助于在这种复杂的机动状态下为座头鲸标定方向（A 夏普和 L M 迪尔，个人通信）。一个觅食群体的成员可保持长期联系。解剖学研究表明，气泡云的发生过程可能是：空气从喉直接通入口腔，然后口腔中的气体通过鲸须板的网眼释放出去（雷登伯格和莱特曼，2007 年）。这是一种有潜在风险的机动动作，当喉位于口腔内的临界范围时和它重新插回正常的鼻孔内位置时，座头鲸可能面临溺水的风险。

座头鲸保留这种冒险行为的事实说明，制造气泡云是一种重要的摄食模式；气泡可能还有防御捕食者和发送社交信号的作用。

在新英格兰水域对座头鲸摄食的观察表明，在气泡云摄食之后，座头鲸会进行尾部击打，或尾鳍拍击，这称为**尾鳍拍击摄食**（温里克等，

图 12.14　在阿拉斯加东南部水域，座头鲸捕食鲱鱼时发出的气泡云表面观（照片提供：F 夏普）

1992 年）。研究者推测，当鲸从捕食鲱鱼转变为捕食更小的玉筋鱼时，就会采用这种行为，玉筋鱼对尾鳍拍击做出的反应可能是聚集成更紧密的食物球，这使得气泡云发挥出更强的效果。另据报道，点斑原海豚（*Stenella attenuata*）、虎鲸（*Orcinus orca*）、灰鲸（*Eschrichtius robustus*）、长须鲸和拟大须鲸（*Balaenoptera edeni*）（亦称布氏鲸，译者注）在觅食活动时也会呼出气泡（夏普和迪尔，1997 年，和其中引用的参考文献）。为了确定气泡对成群猎物的效应，进行的一系列实验室实验得出的结论认为，鲱鱼非常厌恶气泡，因此可轻易地被捕食者控制或围困在气泡网内。进一步的实验证据表明，鲱鱼可能会对气泡的声音和视觉方面做出反应（夏普和迪尔，1997 年）。

在北半球，人们可清楚地观察到须鲸科摄食模式的差异，那里的竞争促进了对可利用食物资源的分割（根本，1959 年）。在南半球的高纬度海区，所有大型须鲸物种都利用一种丰富的磷虾物种——南极磷虾（*Euphausia superba*）（见图 6.3）。在北半球和南半球，高纬度海区可利用猎物的极端季节变化迫使大型须鲸在 4~6 个月的时间内集中摄食，以满足它们全年的食物需求，然后，须鲸在黑暗、寒冷的冬季月份期间放弃它们的摄食区，届时近海面层的猎物匮乏或根本无法利用。须鲸类因此发生的年度迁徙将在本章的后文中进行讨论。

同须鲸科相比，灰鲸的鲸须较短而粗糙，喉腹折也较少。灰鲸采用吮吸型摄食：它们会滚转至一侧，使用肌肉发达的舌将水和沉积物吸入口中（图12.15（a）），然后通过鲸须滤除沉积物并保留猎物。灰鲸主要在白令海及其他北极海区的夏季浅水摄食场中捕食海底的无脊椎动物，特别是小型端足类甲壳动物（内里尼，1984年）。灰鲸具有2~5条喉腹折，其功能是在摄食时可在一定程度上扩张口底。对灰鲸摄食行为的直接观察证实，摄食的灰鲸在处理海底沉积物数分钟之后会浮上海面，补足它们的血氧储备并冲刷口部残留的淤泥（图12.15（b））。在灰鲸的摄食活动之后，海底沉积物上会留下与灰鲸口部等大的凹陷（图12.10（c））。一些灰鲸不进行完整的向北迁徙，它们采用相似的摄食行为；在阿留申群岛以南的灰鲸分布的沿岸浅水区中，这些灰鲸捕食多种多样的海底无脊椎动物和浅水区的糠虾等甲壳动物（达令，1984年；内里尼，1984年；达令等，1998年；邓纳姆和达弗斯，2002年）。

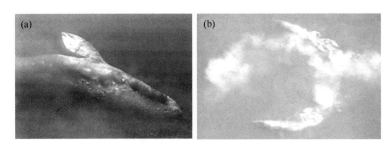

图12.15　灰鲸的摄食行为
（a）在海床上觅食（来自录影）；（b）在海面冲刷食物上的沉积物

12.4.2　齿鲸类动物

现代齿鲸类动物的主要猎物包括：鱼类、鱿鱼、大型甲壳纲动物、鸟类，偶尔还有其他海洋哺乳动物。在齿鲸类动物的各科间，口部和颌部的形状，以及牙齿的数目、大小和形状差异相当大。与典型的有胎盘哺乳动物相比，大部分齿鲸的牙齿数目和形状显示出广泛的变型。在大多数情况下，齿鲸类动物的牙齿为简单的钉状齿，具有开放的单齿根，口腔中的所有牙齿相似。这种情况称为**同型齿系**。一项最近的研究整合了发育数据和化石记录，揭示出鲸类的牙齿如何发育（阿姆菲尔德等，2013 年）。该项研究确认了鲸类和鲸类近亲中两个基因的存在，这两个基因负责编码颌中牙齿的排列和形状。影响牙齿形状的基因的位置改变导致齿鲸类发育出同型齿。齿鲸类没有乳齿系（或蜕齿系）。在它们的大部分牙齿中，牙本质为一层薄的牙骨质所覆盖，牙骨质包绕在牙根表面，在牙冠上有一层非常薄的牙釉质。许多齿鲸物种的牙齿数目呈现出相当大的个体变化。例如，在抹香鲸（*Physeter macrocephalus*）、领航鲸属（*Globicephala* spp.）和短吻真海豚（*Delphinus delphis*）中，个体间牙齿总数的差异可达 1.5~4.5 倍。其他齿鲸物种（例如，喙鲸类）具有相对恒定的牙齿数目。齿鲸的牙齿通常松散地插入形状不规则的齿槽突起中。

由于许多齿鲸的牙齿情况接近同型齿系（图 12.16），人们无法区分它们不同的牙齿类型（例如，前臼齿还是臼齿）。因此，它们颌部的每侧牙齿总数仅由简单的数字表示，而不表示牙齿的类型（例如，15/18 表示上颌每侧有 15 颗牙齿，下颌每侧有 18 颗）。在一些齿鲸中（即，喙鲸类、小抹香鲸（*Kogia breviceps*）、抹香鲸和白腰鼠海豚（*Phocoenoides dalli*）），颌中牙齿的数目出现极端减少（图 12.16）；一些种类的鲸上颌牙齿极少或没有牙齿，但其下颌有很多牙齿（例如，抹香鲸为 0/25，小抹香鲸为 0/8~16）。

在喙鲸类中，长齿中喙鲸（*Mesoplodon layardii*）除了口部小外，其齿系也极端地减少（雄鲸的每侧下颌仅有 1 颗牙齿），这向人们提出了问题：成年雄鲸如何进食？它们萌出的下颌齿在喙部居中地弯成曲线，

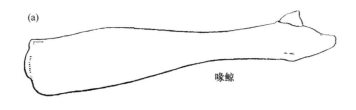

图 12.16　齿鲸类动物的代表性下颌齿系
(a) 喙鲸；(b) 虎鲸；(c) 真海豚
(根据斯利珀（1979 年）作品重绘)

由此限制了它们的张口程度。有人提出，萌出的牙齿可能有将猎物导入口中的功能（莱瑟伍德和里夫斯，1983 年）。然而，由于雌鲸和未成熟的雄鲸没有牙齿，海恩宁（1984 年）提出，更可能的原因是，这些牙齿在种内打斗中具有功能。

大部分鲸目动物的上颌与下颌牙齿数目相等（例如，鼠海豚科（Phocoenidae）的牙齿数目为 15/15 ~ 30/30）。在海豚科（Delphinidae）成员中（图 12.16），牙齿数目差异很大：短喙的灰海豚（*Grampus griseus*）为 0/2，长喙的点斑原海豚为 65/58。海豚和鼠海豚的牙齿形态也不同。鼠海豚科的牙齿为竹片状，而海豚科的牙齿为圆锥形。

一角鲸具有引人注目的犬齿长牙，长度可超过 3 米，这吸引了很多研究关注（图 12.17；纽威亚等，2014 年）。长牙的外表面以一系列突出的螺旋形脊线为特征。长牙总是左旋。雄性一角鲸偶尔发育出两颗长牙，或可能一颗萌出的长牙也没有；而雌性偶尔在左侧发育出一颗长牙或长出两颗长牙，但雌鲸的长牙即使存在，也不如雄鲸长而坚固（纽威亚等，2012 年）。

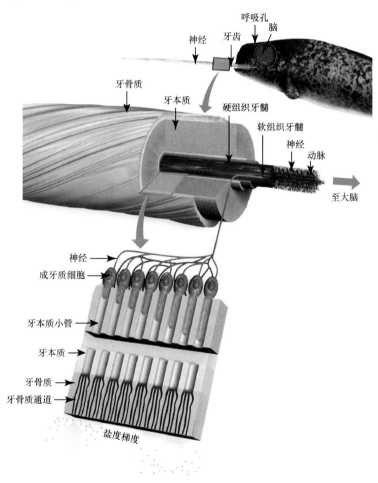

图 12.17　一角鲸的长牙解剖结构

（根据纽威亚等（2014 年）作品修正）

一角鲸长牙的功能在学术界引起了争论，但长牙几乎肯定是一种第二性征，好斗的雄鲸在对决或种内展示中会使用长牙。解剖学和生理学的新证据表明，长牙可能还具有一种感觉功能，可探测发情期的雌鲸可能聚集的水域（纽威亚等，2014 年）。

虽然很少有研究关注齿鲸中发生的牙齿磨损，但一些海豚科动物的牙齿磨损还是得到了研究，包括虎鲸（富特等，2009 年）和一些海豚（例如，宽吻海豚（*Tursiops truncatus*）、条纹原海豚（*Stenella coeruleoalba*）和伪虎鲸（*Pseudorca crassidens*））。鉴于海豚在处理食物时牙齿的作用有限，研究者发现一些牙齿表面的磨损随着齿间交错接触而发生，而严重的牙齿磨损与年龄进展有关（洛克和西蒙斯·洛普斯，2013 年）或与专门捕食有磨蚀作用的特定猎物（例如，鲨鱼）有关（福特等，2011 年）。

12.4.3　消化系统的解剖结构和生理机能

对鲸目动物的舌的研究通常涉及对味蕾（见第 7 章）和膜层的观察。在摄食时，膜层具有逆流交换的作用（见第 9 章）。吮吸型摄食的鲸类（即，喙鲸类和灰鲸及海象）的相似性说明它们的舌和舌骨器也趋同，这也进一步支持了行为学观察结果。观察结果表明，它们使用口部的吮吸动作将海底的猎物吸入口腔（基恩勒等，2015 年）。与其他须鲸不同的是，灰鲸的舌非常健壮且肌肉发达，特别是颏舌肌和舌骨舌肌。同其他哺乳动物相比，灰鲸的颏舌肌似乎具有独特的位置和纤维排列方向（沃思，2007 年；基恩勒等，2015 年）。沃思（2007 年）对 8 种须鲸和 11 种齿鲸的舌骨器的肌肉骨骼解剖结构进行了一项研究，发现与陆地或其他水生哺乳动物（例如，鳍脚类动物和海牛目动物）相比，鲸目动物的舌中纤维更稀疏，外部肌肉组织所占的比例明显更大。他还发现，鲸目动物的舌肌和舌骨器的相对大小和连接与鲸目动物中不同的摄食模式有关，特别是滤食、吮吸和掠食。齿鲸类和灰鲸的舌肌组织增强、舌骨器扩大，这使它们的舌能控制住猎物并吞下。

露脊鲸科（Balaenidae）动物的舌大而坚硬，可引导口腔内的水流，有助于持续的滤食性摄食。沃思（2007年）总结认为，所有鲸目动物的舌还具有输送并吞下猎物的功能，它们的舌骨具有独特的肌肉骨骼解剖学适应性，有利于它们在完全的水生环境中觅食。

鲸目动物的消化系统与鳍脚类相似，其极端的长度尤其引人注目。这可能与庞大体型导致代谢需求增加有关，或与体内高效水处理的需求有关，但可能不与食谱的需求直接相关。鲸目动物的食道由一条长而厚壁的食管组成，分泌黏液和浆液的腺体起到润滑食管的作用（塔普利，1985年）。食管长度取决于鲸的体型大小，在齿鲸类中，食管占总体长的比例约为1/4（雅布罗科夫等，1972年）。兰伯特森等（2005年）讨论了露脊鲸的食道在压实猎物中的重要性。

所有鲸目动物的胃都具有复杂的多分区特征，与反刍动物（牛、山羊和绵羊）类似。这4个主要分区是：① 前胃：没有腺体，以角质化、分层的鳞片状上皮细胞为内衬；② 胃底室或主胃：具有折叠的黏膜和胃腺；③ 连接胃：位于主胃和幽门窦之间；④ 相对光滑的幽门窦：可能向后弯曲或有数个膨大区，在其壁内分布着一些腺体（图12.18）。鲸目动物的胃的构成与反刍动物不同。在鲸类中，仅前胃室中没有腺体（而反刍动物的前3个胃室中均无腺体）（奥尔森等，1994年）。

鲸目动物的前胃与反刍动物的瘤胃、网胃和重瓣胃同源，是消化开始之处。须鲸类的前胃中通常含有大小不一的胃石和鹅卵石，加之肌肉壁的强力收缩，有助于磨碎鱼类的骨骼和甲壳纲动物的外骨骼。此外，研究者在须鲸类和小型齿鲸的前胃中观察到了高浓度的挥发性脂肪酸和厌氧菌，这说明在它们的前胃中具有微生物发酵作用，与瘤胃中的作用相似（奥尔森等，1994年）。齿鲸类的前胃通常是最大的胃室，但喙鲸类和普拉塔河豚（*Pontoporia blainvillei*）没有前胃（见兰格，1996年引用的参考文献）。海豚的前胃通过一个括约肌与食管分离；胃的这个部

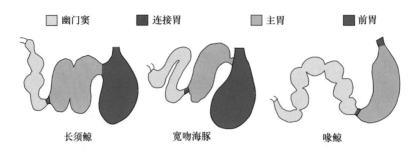

图 12.18 代表性鲸目动物的胃

（根据斯利珀（1979 年）作品重绘）

分有数升的容量（哈里森等，1970 年）。哈里森等（1970 年）观察到海豚从口中喷出水，而水量之大足以说明一些水来自前胃。海恩宁和米德（1996 年）提出，海豚的前胃的一个功能可能是，当它们的腭部抓住猎物时容纳吞下的水，然后使水越过猎物排出。胃底室相当于简单哺乳动物的胃的底部，或相当于反刍动物的皱胃。其胃腺包含胃壁细胞和主细胞，这些细胞产生的胃液含有胃蛋白酶、盐酸和一些脂肪酶。一头大蓝鲸的前胃和主胃足以容纳重达 1000 千克的磷虾。连接胃是第三个胃室，通过括约肌与主胃室和幽门室分离。连接胃的内壁上布满可分泌黏液的有腺黏膜，研究者认为这可保护上皮细胞免于机械性损伤，并可使消化食物的输送更便利（图 12.18）。

　　鲸目动物的幽门室相当于反刍动物的皱胃的幽门部。幽门室的内壁布满柱状黏液细胞。胃内消化在幽门室内继续进行，大部分固体食物分解后穿过连接通道。狭窄的幽门部通向十二指肠，而十二指肠最前面的部分有时明显膨大，称为十二指肠球部。该结构使食物得到进一步消化，之后食物到达十二指肠本部，这说明与反刍动物相比，鲸目动物体内的酶消化可能更重要（奥尔森等，1994 年）。研究表明，齿鲸类的胃的差异（即，前室的数目、主室的数目、连接通道的形状和幽门室的数目和形状）可提供关于系统发育的信息（莱斯和沃尔曼，1990 年；

兰格，1996年；米德，2007年）。

须鲸和齿鲸的肠的基本差异是：须鲸有盲肠，而齿鲸（恒河豚（*Platanista gangetica*）是例外）没有盲肠（雅布罗科夫等，1972年；高桥和山崎，1972年）。长须鲸和小须鲸的结肠中存在高浓度的挥发性脂肪酸和厌氧菌，说明这些动物的结肠中存在细菌发酵作用（荷尔文和斯特利，1986年）。与食谱相似的鳍脚类相比，小须鲸的小肠相对较短，因此为了充分利用猎物，小须鲸的多室胃至关重要（奥尔森等，1994年）。据考恩和史密斯（1995年）研究，鲸目动物没有阑尾。然而，一个称为"肛门扁桃体"的淋巴上皮器官复合体存在于宽吻海豚的肛管中，这是一个相当于阑尾的结构，可能存在于大部分（如果不是全部）鲸目动物体内（考恩和史密斯，1999年）。肛门扁桃体可能具有一些阑尾的功能。

鲸目动物的肝通常为双叶，但有时也存在第三肝叶（哈里森和金，1980年）。鲸类没有胆囊。它们的胰长而坚固，并通过一条特化的管道与肠相连。成年雌性的胰比雄性更大。数据表明，在须鲸类中，有两条主导管从胰通向总胆管（神谷，1962年；布莱登，1972年），而在得到研究的齿鲸类中，仅有一条主导管（雅布罗科夫等，1972年）。

12.4.4 须鲸类动物的季节性摄食迁徙

北半球和南半球的几乎所有大型须鲸（除一种例外）都具有一种典型行为：夏季在高纬度海区集中摄食，然后在冬季月份长距离迁徙至低纬度海区（图12.19）（一些齿鲸也具有这种行为，例如南极虎鲸；见第7章）。例外是终生居留在北极的弓头鲸。迁徙的鲸在远离它们的摄食场时会减少进食，或是完全停止进食。虽然有多条证据支持须鲸的"盛宴与饥荒"假说，但一些种类的鲸（例如，灰鲸、座头鲸、蓝鲸和长须鲸）在中低纬度水域中可进行迁徙摄食。基于它们的运动模式，这些鲸可能在迁徙途中长期利用沿线的特定觅食生境，穿插进行摄食

（席尔瓦等，2013年；赫克尔·加埃特等，2013年）。就灰鲸而言，这些"定居的鲸"（也称为太平洋海岸聚集摄食的鲸）在从阿拉斯加以南到海峡群岛以南的当地海域中觅食和进食（卡兰伯基迪斯等，2002年）。

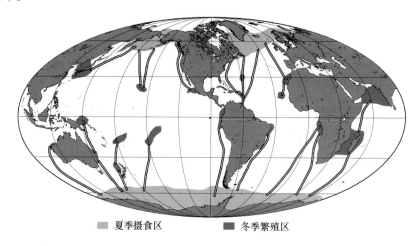

■ 夏季摄食区　　■ 冬季繁殖区

图12.19　座头鲸的主要摄食区和繁殖区分布和连接两者的迁徙路线

（部分取自斯利珀（1979年）作品）

这些动物摄食强度的季节变化导致出现增肥和禁食的年周期，类似于哺乳期的海豹或冬眠的小型陆地哺乳动物。对于大部分须鲸类物种，虽然研究者对迁徙路线的细节和这些迁徙的能量分配模式知之甚少，但可得出一些一般化的结论。一些假说试图解释鲸类从中纬度到高纬度海区的长距离迁徙，这些理论集中关注幼鲸出生在亚热带水域带来的体温调节效益，或是在温暖水域修复和替换皮肤、同时维持热完整性的效益。其他研究者（例如，苏密西，1986年）认为，这些迁徙是一种进化延期，在一套不同的觅食和繁殖环境中演化而来。考克伦和康纳（1999年）提出，冬季向低纬度海区的迁徙降低了虎鲸攻击脆弱的幼鲸的风险。虎鲸在低纬度海区的丰度较低，并且大部分虎鲸似乎不和须鲸一起迁徙，因此，须鲸的迁徙可规避遭受虎鲸捕食的风险，直到幼鲸长大并具有足够的身体质量和游泳能力。如此，在初次向高纬度迁徙的途中，幼鲸可提高逃避虎鲸捕食企图的可能性。

须鲸在冬季成功迁徙至低纬度海区（禁食之处）的前提是，在夏季摄食结束之前将足够多的能量储存为脂类。此外，禁食并迁徙的动物必须体型足够大，即具有足够大的绝对身体体积以容纳这些脂类储备。进行成功的冬季禁食迁徙所需的体型大小阈值尚不清楚。在所有须鲸类物种中，体型较小的幼鲸趋向于在全年中摄食。最小的须鲸物种——小须鲸和小露脊鲸（*Caperea marginata*）的成年鲸也是如此（关口和拜斯特，1992年），不过仅有小须鲸每年进行跨越纬度的迁徙。汉嘉（1978年）指出，体型大得多的长须鲸也必须在冬季月份中进食，不过进食率可降低。然而，成年灰鲸在远离高纬度摄食场的5~6个月的大部分或全部时间内一直禁食（内里尼，1984年；苏密西，1986年）。

灰鲸表现出进化上保守的摄食结构，特别是头部相对较小、可扩展的喉腹折很少，以及鲸须短而粗糙，这说明它们在竞争高纬度的远洋食物资源方面远逊于其他须鲸物种。然而，浅水区底栖猎物的丰度使灰鲸得以避免了竞争，任何其他鲸类物种尚未开发这种猎物资源。为了持续获取这些食物资源，东北太平洋的灰鲸须完成所有哺乳动物中最长的年度迁徙之一，距离可达15 000~20 000千米。这段迁徙所跨越的纬度可达50°，迁徙路线将白令海、楚科奇海和鄂霍次克海的夏季摄食区与亚热带太平洋海岸沿线较温暖的冬季繁殖、生产和聚集场连接起来（图12.20）。灰鲸的几乎所有这种迁徙均发生在离岸10千米的范围之内，并且这种迁徙的细节已得到了集中的研究（例如，莱斯和沃尔曼，1971年；荷晶和马特，1984年；普尔，1984年；佩里曼等，1999年）。如同其他须鲸类物种，怀孕或哺乳期的雌鲸迁徙时的能量成本最高。体型较小的哺乳期灰鲸估计需要约3.2公吨的脂类（超过其总脂类储备估计量的70%），用以喂养它们的幼鲸并用于在冬季潟湖中维持自身成本（苏密西，1986年）。在向北迁徙期间，这些体型小的雌鲸有时必须恢复进食，相比之下，不承担哺乳期成本的灰鲸，以及年龄较长、体型较大的怀孕雌鲸可能具有必要的脂类储备，足以完成向北迁徙而无需进食。

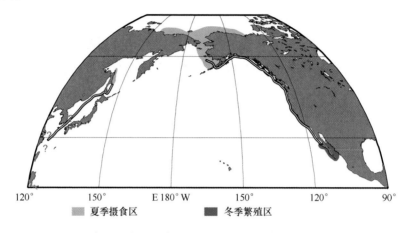

图 12.20　灰鲸的主要摄食区和繁殖区分布和连接两者的迁徙路线

在末次冰盛期（LGM，距今 1.8 万年前）的时候，全球海平面比当今水平低约 150 米（英布里等，1983 年）。随着极地和亚极地水体南移，目前为灰鲸利用的全部浅海底区域，在 LGM 期间是灰鲸无法抵达之所。灰鲸如今集中用于夏季觅食的白令海、楚科奇海和鄂霍次克海的浅海区，在 LGM 期间曾是干涸或完全冰封的状态。因此，灰鲸如今利用的猎物聚集的海区，在 LGM 期间或是不存在，或是灰鲸不能利用之所。北太平洋和北大西洋的当代大陆架的大部分也曾暴露于海平面之上，致使那时的大陆架比今日狭窄得多。在一项对灰鲸承载能力和过去 1.2 万年间海平面变化的研究中，佩因森和林德伯格（2011 年）推测，灰鲸经历更新世而幸存的原因是，它们的摄食模式的范围更大、迁徙行为的定向性不明显，这使得它们能够在冰封的鄂霍次克海和白令海以外的海区摄食。

在北太平洋和北大西洋，当代和末次冰盛期（LGM）海洋水文状况的鲜明对比使研究者做出推测：灰鲸在当代的兴盛，可能是因为一系列特别偶然的环境事件在此间冰期（可能还有更早的间冰期）发生于极地海区，但这些环境条件在冰盛期消失。当今，灰鲸在迁徙走廊中的摄食显然体现出它们的觅食灵活性，这说明它们常是食性泛化种，但也可以暂时地专门占据一个狭窄的生态位，以充分利用海底丰富的端足类资源。在冰川前进期间，海平面下降并受到极地海冰排挤，该食物资源的利用途径可能消失。

12.4.5 齿鲸类动物的猎食策略

与须鲸类动物不同，齿鲸类动物主要捕食鱼类或鱿鱼，这些猎物的栖息深度比须鲸类的猎物更大。齿鲸类动物的食谱反映在它们的颌部形态以及牙齿的类型和数目上，并取决于其猎物的分布和生态学。关于齿鲸各物种的食谱，见巴罗斯和克拉克（2009 年）的总结。齿鲸类动物颌部的圆钝与它们牙齿数目的减少和较大的体型有关（沃思，2006 年）。圆钝的头部和宽阔的颌部致使它们形成了更圆的张口形状，从而改善了用于吮吸摄食的水流，这在齿鲸亚目（Odontoceti）中是普遍现象，发现于除淡水豚类（淡水豚超科，Platanistoidea）外的所有科中。淡水豚类则全都具有狭长的吻部。抹香鲸和喙鲸类主要或全部以捕食鱿鱼为生。这些鱿鱼捕食者表现出许多适应性，它们的舌部可起到活塞的作用，将鱿鱼吸入口中。这种吮吸型摄食策略的特征有：牙齿数目减少、开口幅度较小，有利于小型猎物畅通无阻地进入；腭部有棱纹，有助于控制住身体滑溜的鱿鱼；具有喉腹折，使得喉区能够扩张（海恩宁和米德，1996 年）。海恩宁和米德（1996 年）描述了喙鲸类的吮吸摄食机制，涉及到喉腹折引发的口底扩张以及茎突舌肌和舌骨舌肌引发的舌部回缩（图 12.21）。舌和颏舌肌之间光滑的结缔组织赋予舌部以较大的滑动范围，与须鲸科动物的口腔腹侧空腔类似。然而，在须鲸科的摄食中，当舌部反转时，喉底部会发生明显的横向运

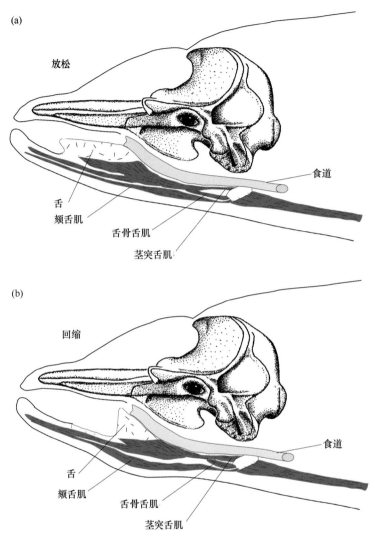

图 12.21 喙鲸类吮吸摄食力学示意图
(a) 舌部为放松位置；(b) 舌部为回缩位置
(根据海恩宁和米德 (1996 年) 作品绘制)

动。有假说认为，喙鲸类的喉区在扩张后恢复其静息位置，主要是周围组织弹性反冲的结果，其运动方式类似于须鲸科动物的口腔腹侧空腔（见图 12.11）。研究者用视频记录下了圈养的长鳍领航鲸（*Globicephala melas*）典型的 90 毫秒吮吸摄食过程，开始是颌的部分张开，然后是颌部充分张开和舌骨迅速下陷，从 14 厘米的平均距离上吸进猎物。活塞状的舌压低并回缩，产生口腔内的负压以捕获猎物，在此过程中它们不使用牙齿（沃思，2000 年 a）。运动学分析表明，领航鲸和白鲸（*Delphinapterus leucas*）会将迅速移动和吮吸摄食的方式结合起来使用（凯恩和马歇尔，2009 年）。

其他齿鲸（即，海豚科和鼠海豚科物种）也使用吮吸的方式捕获猎物（沃思，2000 年 b）。远洋海豚，例如原海豚属（*Stenella*）和真海豚属（*Delphinus*）成员，广泛分布于世界亚热带和热带海区，是机会主义捕食者。它们的食谱表现出季节性和年度变化。这些长吻海豚的颌部可做出钳形运动，当颌部闭合、排出海水时，互锁的齿尖能够捉住鱼类（诺里斯和莫尔，1983 年）。短吻部的鲸豚通过吮吸型摄食捕获猎物，例如喙鲸类、一角鲸和未成熟的抹香鲸，如果猎物首先受到高强度声音的重创，然后被吞食，则可能是更有效的策略（已在第 11 章中讨论）。鼠海豚还使用一种吮吸摄食策略，即它们的舌尖围绕鱼类猎物制造水密封口，同时舌的基部向下移动以产生通向喉部的吸力（卡斯特莱恩等，1997 年 b）。

太平洋短吻海豚（*Lagenorhynchus obliquidens*）在捕猎和摄食时会使用迅速移动与某种吮吸相结合的策略（凯恩和马歇尔，2009 年）。宽吻海豚（*Tursiops truncatus*）表现出广泛的觅食行为，这反映了它们丰富多样的猎物种类。除猎食典型的远洋鱼类猎物外（巴罗斯等，2000 年），在地理上局域性分布的宽吻海豚群体还表现出其他捕猎技巧，例如它们在巴哈马群岛沙洲的海底火山口摄食（罗斯巴赫和荷晶，1997 年），在佛罗里达礁岛群的浅滩进行"淤泥羽流围猎"（刘易斯和施罗德，2003 年）（"淤泥羽流围猎"是指一头宽吻海豚在浅滩以圆形轨迹快速游动，同时用尾鳍拍击水底的淤泥，形成一圈浑浊的淤泥羽流"帷幕"，而圈内的海水清澈，这时，圈内的鱼受到淤泥"帷幕"的惊吓而纷纷向圈外跳，海豚们则在淤泥圈外张嘴以待，于是大量的鱼跳入海豚的口中——译者注）。

在澳大利亚的鲨鱼湾，研究者在一小群雌性东方宽吻海豚（*Tursiops aduncus*）中观察到一种有趣的行为，可能是一种觅食特化作用。人们发现，这些海豚在许多年中总是将海绵套在喙部上（斯莫尔克等，1997年；克鲁茨恩等，2005年）（图12.22）。研究者认为，海豚在喙部上裹海绵的行为是为了便于处理通常难以接近的猎物（例如，斑棘拟鲈）并减少种内竞争（帕特森和曼恩，2011年）。使用海绵的海豚从它们的母亲那里习得这种行为，并且它们终生都会使用海绵工具，几乎专门用于觅食（巴彻等，2010年；曼恩和帕特森，2013年）。在鲨鱼湾的多地，研究者还观察到一种罕见的新行为，称为"海螺壳取食"。人们发现，单头海豚会将海螺壳举出水面。观察结果说明，海豚有可能在捕食将海螺壳作为庇护所的鱼类，不过它们可能也在食用海螺肉（艾伦等，2010年）。

虎鲸是世界性分布物种，其生态和纬度范围与多种多样的已知猎物种类相对应，包括鱼类、鲸目动物、鳍脚类、鸟类、头足类、海龟、海獭和睡鲨（霍伊特，1984年；埃斯蒂斯等，1998年；派尔等，1999年；福特等，2011年）。虽然研究者将虎鲸描述为机会主义或食性泛化的捕食者，但费勒曼等（1991年）提出，它们也能够表现出食性特化种的特征，具备必要的灵活性以对偏爱的猎物类型和丰度的变化做出反应。虽然人们普遍认为，一个虎鲸群体或是捕食哺乳动物，或是捕食鱼类，但在冰岛沿岸水域和挪威沿海，一些虎鲸小群有时会捕食海洋哺乳动物，然后在全年的其他时段中转变为鱼类的捕食者。在更远的东部，每年冬天，庞大的鲱鱼群聚集在挪威峡湾的深水区（160~370米）中（诺特斯塔德和希米拉，2001年），在那里虎鲸对鲱鱼群展开猎捕。为了更高效地捕食这些数量庞大的小鱼，虎鲸采用群体合作的方式，游至鲱

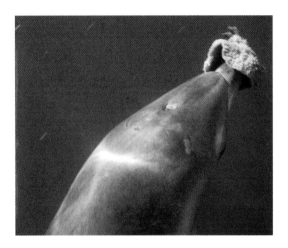

图 12.22　宽吻海豚在喙部上裹海绵的行为

(照片提供：珍妮特·曼恩)

鱼群下方，并将它们分裂为稠密的小群，然后迫使鱼群向上游至接近海面的水层，在那里它们更容易受到驱赶。在迫使整群小型猎物上游的同时，虎鲸通常还会用尾部猛烈地拍击鱼群。捕猎过程涉及到不稳定的运动性能，当猎物体型比达到约 10∶2 时，捕食者对猎物个体的全力攻击会变得低效（多梅尼西，2001 年）。据多梅尼西（2001 年）研究，以尾部拍击行为击晕与鲱鱼大小相仿的成群鱼类是虎鲸的一种适应策略，它们推动尾叶达到较高速度，并使加速度保持在适当的水平，而不是全力攻击猎物。

在南极和东北太平洋水域，虎鲸种群间存在对特定猎物选择的差异，也称为**生态型**。在美国华盛顿州、阿拉斯加州和加拿大不列颠哥伦比亚省的沿岸水域，定居型虎鲸种群几乎专门捕食鱼类，特别是鲑鱼，而非定居或过客型虎鲸群主要捕食海洋哺乳动物，特别是港海豹和海狮（比格等，1987 年；福特等，1998 年；巴雷特·伦纳德和海斯，2006 年；里斯克等，2012 年）。对定居型小群虎鲸觅食行为的目击与它们最普通的猎物——鲑科各物种的季节性变化存在密切联系。在难以捕获鲑鱼的月份中，定居型虎鲸小群转变为捕猎鲱鱼或底栖鱼类（费勒曼等，1991年），并可能向北分散数百千米。相比之下，过客型虎鲸群的猎物在全年均可利用，并且尽管它们具有"过客"的标签，这些鲸趋向于在一片较小的海区中长时间停留。第三类种群是外海型虎鲸，它们分布在从阿留申群岛到加利福尼亚的广阔范围中（例如，赫尔策尔等，1998年；巴雷特·伦纳德和海斯，2006年；里斯克等，2012年）。观察研究表明，它们专门捕食鱼群（例如，睡鲨和大比目鱼）。除了对食谱的不同选择外，这3个虎鲸生态型还存在形态差异（即，体色和背鳍形状）和基因差异，以及许多其他特点（表12.1）。

表12.1 东北太平洋的过客型、定居型和外海型虎鲸之间觅食相关差异的比较

特征	定居型	过客型	外海型
群体规模	大 (3~80头，最多700头)	小 (1~15头，最多200头)	小 (20~75头，最多200头)
潜水模式	短而连续	长而多变	长
出现时间	随着鲑鱼季出现	难以预测	难以预测
觅食区域	深水区	浅水区	深水区
捕猎时的发声	频繁	不太频繁	频繁
猎物类型	鲑鱼和其他鱼类	哺乳动物	成群的鱼类
相对猎物大小	小	大	小
分享猎物	通常不分享	通常分享	

根据贝尔德等（1992年）；里斯克等（2012年）作品修正

不同的虎鲸种群甚至在彼此间相距非常近时，仍使用不同的觅食策略。这些策略反映了不同的猎物类型，可能还有不同的小群传统。定居型虎鲸通常以一种侧翼队形游泳，可能是为了最大限度地提高对猎物的探测能力，不过在主群的边缘，有时也能见到个体捕猎行为。定居型虎鲸小群似乎更喜欢在平潮期觅食，因鲑鱼趋向于在平潮期聚集。当定居型虎鲸小群捕食鱼类时，回声定位和其他发声（见第11章）司空见惯。捕猎海洋哺乳动物的过客型虎鲸群的发声次数较少。过客型虎鲸更可能表现出回避反应。相对于定居型虎鲸，过客型虎鲸使用短而不规则的回声定位阵列，由结构多变、低强度的咔嗒声组成，与随意发出的噪声有些相似（巴雷特·伦纳德等，1996年）。雅布罗科夫（1966年）提出，虎鲸对比鲜明的黑白体色模式有利于群体在捕食中的视觉协调和交流。过客型虎鲸群通常会包围猎物，并使用它们的鳍肢和尾鳍轮流地撞击猎物（费勒曼等，1991年）。这种对猎物的长时间处理可能持续10~20分钟，之后虎鲸会杀死并消费猎物，在捕食鲸目动物的情况下，虎鲸甚至会花费更长时间（巴雷特·伦纳德等，2011年）。当单独捕猎时，过客型虎鲸通常会猛撞猎物或使用尾部反复拍击以杀死猎物，然后消费猎物（图12.23）。过客型虎鲸群会在高潮期进行更频繁的觅食，因为更多鳍脚类猎物会在高潮期时进入水中并容易受到虎鲸攻击。这种特定猎物选择的一个有趣的结果是，在定居型和过客型虎鲸之间演化出了间接的营养相互作用模式。定居型虎鲸直接与鳍脚类物种争夺鱼类猎物，而过客型虎鲸消费鳍脚类动物。定居型虎鲸承载能力的任何提高将引发过客型虎鲸承载能力降低的效应，因为定居型与过客型的鳍脚类猎物竞争可利用的鱼类资源。然而，过客型虎鲸承载能力的提高会降低鳍脚类动物对鱼类资源的竞争压力，从而对定居型产生相反的影响（贝尔德等，1992年）。这些间接的营养相互作用和因此发生的营养级效率说明，定居型虎鲸的数量应比过客型虎鲸更多，并且对这两类种群规模的估算支持此观点（比格等，1987年）。

　　虎鲸会在觅食中进行合作，并利用它们的社会群体力量，因此有能力捕获比它们自身更大的猎物，这在海洋哺乳动物中很可能独一无二。虎鲸会对觅食合作的程度进行调整，这取决于所攻击猎物的类型。当攻击大型猎物时，虎鲸的捕猎战术可包括：合作包围并捕获猎物、在攻击

图 12.23　在阿拉斯加的查塔姆海峡，过客型虎鲸正在攻击一头白腰鼠海豚（照片提供：R 贝尔德）

时进行劳动力分工（塔皮，1979 年；弗洛斯特等，1992 年），以及在捕获后分享猎物（洛佩兹和洛佩兹，1985 年）。在阿根廷的巴塔哥尼亚，洛佩兹和洛佩兹（1985 年）在一项研究中发现，虎鲸个体会在高潮时反复地游上有坡度的海滩，袭击并捕获栖息在水边的南象海豹和海狮。这种捕猎策略称为"有意搁浅"。据观察，在克罗泽群岛，幼年雌虎鲸在猎捕幼象海豹时也会使用这种策略（吉内特和布维尔，1995 年）。这些研究说明，成年虎鲸会将这种行为传授给幼年虎鲸，学习可能在虎鲸捕猎技巧的世代传承中发挥了重要作用。

　　对稳定同位素和脂肪酸的分析有助于研究者综合性地理解海洋哺乳动物的觅食（例如，罗斯托等，2008 年，2009 年；虎克等，2001 年）。例如，一项对一角鲸食谱的研究揭示出巴芬湾中一角鲸食谱的变化、胡瓜鱼的减少和格陵兰大比目鱼的增加，而在哈得孙湾北部，胡瓜鱼是一角鲸的一种重要食物，这可归因于海冰的变化和一角鲸的迁徙（瓦特和弗格森，2014 年）。

虽然研究者描述了鲸类的食谱和捕猎策略，但却较少关注与觅食相关的能量成本。鲸类在搜寻和捕获猎物时的运动消耗了能量。小型鲸豚类的觅食方法多种多样，这些方法的能量成本各不相同，并且它们的代谢需求会导致其体内氧储备的消耗。例如，虽然高速游泳是一种高能量成本的搜寻猎物策略，但在捕获斑块分布和停留短暂的猎物时，高速游泳可能是有利条件（威廉姆斯等，1996年）。

12.4.6 鲸目动物中捕猎机制和策略的进化

干群鲸类（即，原鲸科）具有简单的异型齿。巴基鲸（*Pakicetus*）很可能用牙齿剪切和磨碎猎物，它们在捕获猎物时会猛地关闭颌部（也称为掠食者咬食）（金格里奇和罗素，1990年；克莱门茨等，2014年）。研究者将陆行鲸（*Ambulocetus*）的摄食形态与鳄目动物相比较。陆行鲸和鳄鱼都具有长口鼻部、尖锐的牙齿和强壮的颌部内收肌（特别是颞肌），并且它们不咀嚼食物。研究表明，陆行鲸是一种伏击型捕食者，它们在困于浅水区时会用颌部捕捉大型鱼类和水生爬行动物（德威森等，1996年）。龙王鲸科表现出更大范围的牙齿与颌部形状以及体型（与原鲸科相比），并可能利用近海或深海的猎物（福代斯等，1995年）。在牙齿磨损和食谱同位素分析研究中，德威森等（2011年）发现，几乎所有始新世（干群）鲸目动物（即，巴基鲸科、原鲸科、雷明顿鲸科和龙王鲸科）都具有不同于其偶蹄目近亲的牙齿磨损模式，并且它们均捕猎相似的近岸猎物。这些干群鲸目动物的微磨痕模式与现代鳍脚类动物很相似，但比齿鲸的磨痕浅。这些结果说明，鲸目动物祖先的食谱是混合型（既食鱼也食肉），并包括各种无脊椎动物和脊椎动物（法尔克等，2013年）。研究者基于牙齿同位素值证实，渐新世鲸目动物具有多样化的摄食生态，包括较晚出现的古鲸亚目和早期齿鲸类，以及有齿和缺齿的鲸目动物（克莱门茨等，2014年）。

有研究者提出，须鲸类滤食型摄食的演化是对可利用新食物资源的响应,与南冰洋形成有关的新的海洋循环模式促使新的食物资源涌现(伯杰,2007 年)。较晚出现的须鲸类似乎演化出了大体积吞食的模式,基于牙齿同位素值,可认为它们与冠群须鲸类(即,古须鲸类和原须鲸)的关系更近,这与基于形态学证据的解释相一致,即干群有齿须鲸类,例如乳齿鲸科(Mammalodontidae)不进行滤食型摄食(菲茨杰拉德,2006 年)。

长距离迁徙可能于同一时期演化,这使得须鲸交替进行季节性高纬度摄食与温带—热带繁殖(热学上压力较小)。在有齿须鲸类出现在化石记录中之后,到渐新世晚期,即 400 万~500 万年前演化出了有鲸须的须鲸类。"新须鲸类"(Cetotheres)和须鲸科(Balaenopteridae)是出现于中新世晚期的类群,它们具有头盖骨特征(即,宽阔的喙部和下颌冠突终点上升高的后脊;后一特征与现存须鲸科物种的前颌骨位置有联系),这说明它们是吞食型摄食发展中的成功阶段(木村,2002 年)。中新世早期的露脊鲸具有狭窄的拱形喙部,说明现代露脊鲸科(Balaenidae)的撇食型摄食方式已于这个时期演化成型。关于灰鲸在海底的吮吸型摄食方式的起源,有人提出,吮吸型摄食是鲸目动物祖先的摄食策略,并可能在鲸类的进化史中演化得较早。灰鲸缺少吮吸型摄食者的许多相关特征(即,长而融合的下颌联合、拱形的腭部),这说明它们不仅进行吮吸型摄食,将它们描述为食性泛化的摄食者可能更准确,它们会使用多种捕猎策略;在长距离迁徙期间报道的灰鲸摄食行为支持此观点(约翰斯顿和贝尔塔,2011 年)。

最早的已知齿鲸类很可能使用回声定位捕猎单个猎物。福代斯(1980 年)提出,与须鲸类的摄食模式类似,齿鲸类演化出回声定位,用于探测食物资源的变化、海洋循环和大陆位置。齿鲸类的牙齿数目和形状发生了大幅变化。它们的牙齿处理食物的作用弱化,这反映在牙齿数目的减少中,这是多样化的齿鲸类群的一种趋同进化,包括抹香鲸、喙鲸、小抹香鲸、领航鲸和一角鲸。对现存齿鲸类动物的牙齿超微结构进行了一项研究（洛克等，2013 年），结果表明亚马孙河豚（*Inia geoffrensis*）的磨牙形后齿上的釉柱形成了施雷格明暗带，这可能与亚马孙河豚坚硬的猎物食谱（例如，甲壳纲动物、蚌类和甲鲇鱼；沃思，2000 年 b）有关。

一些化石齿鲸类显示出独特的摄食适应能力。一角鲸科（Monodontidae）的化石种——海牛鲸（*Odobenocetops*）生活在上新世早期，分布于秘鲁沿岸海域。这些动物具有大而向下的不对称长牙和圆钝的口鼻部。在它们前颌骨的前缘有强壮的肌肉插入点，说明它们具有强有力的上唇。海牛鲸的这项特征，连同深穹形的腭部和牙齿的缺失，说明它们的摄食适应性与海象趋同，两者都使用吮吸的方式捕食海底的软体动物（穆隆，1993 年 a，b；穆隆等，2002 年；穆隆和多姆宁，2002 年，图 12.24）。研究者最近描述了一种生存于上新世、发现于加利福尼亚的鼠海豚化石，该物种可能通过使用其突出的下颌，进行某种海底

图 12.24　秘鲁海牛鲸（*Odobenocetops peruvianus*）
(a) 颅骨；(b) 生命重建图
（穆隆（1993 年 a，b）；生命重建图提供：M 帕里什）

撇食型摄食。同其他任何已知哺乳动物相比，这种鼠海豚的下颌远超出上颌，用于探测和获取猎物（拉西科特等，2014年，图12.25）。

图 12.25　化石种：地包天古鼠海豚（*Semirostrum cerutti*）

（a）基于颅骨和颅后解剖学材料的重建图；（b）生命复原图：地包天古鼠海豚在海底沉积物附近探查猎物（拉西科特等，2014年；生命复原图提供：鲍比·博森奈克）

12.5　海牛目动物的摄食特化作用

12.5.1　牙齿

在任何时间点，海牛属所有种（*Trichechus* spp.）的上颌通常有5~7颗有功能的牙齿，下颌也是如此。据估计，在一头海牛的整个寿命中，其上颌与下颌可能分别长出30多颗牙齿（多姆宁和海克，1984年；图12.26）。除3颗最初的乳齿外，臼齿的形态几乎完全相同（即，有牙釉质的低冠齿，但它们缺少牙骨质）。

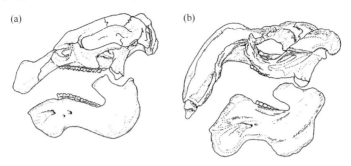

图 12.26　现存海牛目动物的颅骨侧视图

（a）海牛；（b）儒艮，显示牙齿和口鼻部偏斜的差异

（沃思，2000 年 a）

在海洋哺乳动物中，海牛的牙齿更换独一无二，并在其整个生命期间连续地发生，研究者将这种现象命名为恒齿更换（多姆宁和海克，1984 年；比蒂等，2012 年）。它们的牙齿从后部开始更换，海牛日常的植食性食谱导致前面的牙齿因过量沙砾而磨损，然后脱落。多姆宁和芒努尔（1977 年）的观察证实，海牛在断奶后会提高固体食物的摄入量，因此咀嚼行为增多，这作为机械性刺激促进了齿圈运动的开始和继续。见于现代海牛属（*Trichechus*）的独特的连续性牙齿更换直到中新世晚期才开始演化（例如，*Ribodon*）（另见第 6 章）。虽然研究者常将海牛与象类的牙齿更换进行误导性的比较，但在包括儒艮在内的其他任何哺乳动物中，均未发现这种横向运动以及明显无限的额外（补充）臼齿供应。大象的牙齿数目固定，并以一种相似的机制更换，但一旦大象的牙齿完全损坏，则它无法再压碎食物。

同海牛相比，儒艮（*Dugong dugon*）具有固定的齿式：I1/0，C0/0，P0/0，M2-3/2-3，并且牙齿会发生垂向更换，类似于其他大部分哺乳动物。幼年儒艮与海牛类似，有 2 颗乳门齿。它们的乳门齿小且不萌出，而是被再吸收。雄性儒艮在大约萌出长牙的时候会失去乳门齿，并且它们的齿槽在长牙扩展的时候消失。雌性儒艮的门齿小、部分被再吸收，并可能存在至 30 岁左右（西胁和马尔什，1985 年）。雄性和雌性儒艮的恒门齿（长牙）都会发育，但只有雄性儒艮和一些老年（很可能已到生殖后期）雌性儒艮会萌出长牙。一些老年雌性的长牙萌出并磨损，据推测是因为它们达到了前颌骨的基部，不能再进一步向后生长。雄性在 12~15 岁时萌出长牙。成年雄性儒艮的长牙可长达 15 厘米，但它们仅从口中伸出几厘米，因此长牙似乎难以作为武器。它们最多可有 3 对退化的门齿和 1 对犬齿。然而，除萌出的长牙外，仅颊齿具有功能。

在儒艮中，不会发生乳齿系的原位更换。终其一生，儒艮的每侧上颌与下颌总计有 5~6 颗颊齿，但所有这些颊齿从不同时萌出和使用（西胁和马尔什，1985 年）。儒艮在出生时会萌出 3 颗前臼齿，但所有的齿根被再吸收，导致这些牙齿脱落。然后，它们的齿槽因骨骼的阻隔而不萌出恒前臼齿。在儒艮的生长中，其臼齿逐步萌出。整个过程持续，直到老年儒艮口中的每个象限都存在第二臼齿和第三臼齿（偶尔还有第一臼齿）。第二臼齿和第三臼齿具有永久性齿髓腔，并在整个生命中持续生长，以致在前颊齿失去之后，颊齿的总咬合区得以维持，甚至还会增大。颊齿更换的模式可用于估算儒艮的年龄；然而，通过对牙本质生长层进行计数，可更精确地估算出年龄（西胁和马尔什，1985 年）。

12.5.2 消化系统的解剖结构和生理机能

大腮腺是儒艮仅有的唾液腺。美洲海牛的下颌唾液腺明显（基灵和哈伦，1953 年），但舌下腺较小（缪里，1872 年）。海牛目动物舌部最独特的特征是味蕾的形式：儒艮的味蕾包含在凹点中，而海牛的味蕾位于肿块中（山崎等，1980 年）。海牛目动物没有扁桃体（希尔，1945 年）。

儒艮和海牛都有极长的消化道（罗莫里诺和艾维尔，1984年）。对海牛的胃的详细描述可参见兰格（1988年）及雷诺兹和隆美尔（1996年）的论著。海牛和儒艮的胃均是简单的囊结构，与典型哺乳动物的胃的不同之处在于贲门腺分离并经由简单的小孔通向主囊（马尔什等，1977年；雷诺兹和隆美尔，1996年）。佛罗里达海牛（*Trichechus manatus*）的胃的贲门部包含壁细胞、主细胞和颈细胞，分泌酸、黏液和胃蛋白酶；其细胞组成类似其他哺乳动物。西非海牛（*Trichechus sengalensis*）的胃（除贲门腺）缺少主细胞和壁细胞（雷诺兹和隆美尔，1996年，和其中引用的参考文献）。儒艮的贲门腺包含与胃有关的全部主细胞和大部分壁细胞（马尔什等，1977年）。雷诺兹和隆美尔（1996年）的研究表明，佛罗里达海牛具有某种形态学适应性，其胃部可分泌大量黏液，例如幽门窦的分层内壁和胃的弯曲部分黏膜下的黏液腺。其他海牛目动物明显缺少这些适应性。

海牛和儒艮的十二指肠具有较大的十二指肠球部和成对的十二指肠憩室（图12.27）。马尔什等（1977年）提出，壶腹和憩室的大小可使来自胃的大体积消化食糜通过。盲肠和大肠是食物纤维部分的主要吸收区，其内容物的重量可能为胃内容物的两倍（默里等，1977年）。成年儒艮的大肠可长达30米，长度约为小肠的2倍，而海牛的大肠的测量长度约为20米（兰尼恩和马尔什，1995年，引用的参考文献）。同其他后肠发酵的食草动物相比（例如，大象后肠的长度为10米），海牛目动物具有更长的后肠（兰尼恩和马尔什，1995年）。大肠，尤其是结肠，是后肠发酵的大型哺乳动物，如海牛目动物的主发酵室。儒艮和海牛的胃部形状和肠的大小证实，它们是非反刍的植食动物，其后肠显著增大并具有丰富的显微植物群，这使得它们能够消化吸收纤维素及其他纤维性糖类（西胁和马尔什，1985年；兰尼恩和马尔什，1995年）。海牛目的两大类群均使用一种非典型后肠发酵的消化策略：低纤维含量物质在较长的后肠内停留较长时间，并且几乎能完全消化（兰尼恩和马尔什，1995年）。

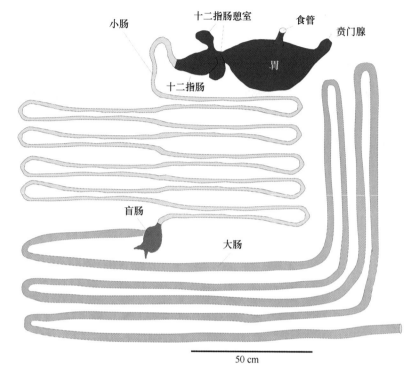

图12.27 海牛的消化道图解（按比例绘制）
（根据雷诺兹和隆美尔（1996年）作品修正）

海牛目动物及其近亲——象类的胃肠道大体解剖结构相似，特别是特化的胃贲门部（海牛目动物的贲门腺）和盲肠（雷诺兹和隆美尔，1996年）。

儒艮的肝有3个主肝叶，其位置几乎紧贴横膈膜。儒艮的总胆管长、胆囊小（哈里森和金，1980年）。相比之下，海牛的胆囊相对较大。儒艮的胰小而紧凑，为分叶状（胡萨尔，1975年）。

12.5.3 摄食策略

虽然海草场的生产力非常高，但食用它们的大型食草动物通常也仅有海牛目动物和海龟。海牛和儒艮消费多种热带和亚热带海草（水鳖科（Hydrocharitaceae）和眼子菜科（Potamogetonaceae））。海牛目动物优先消费海草的根状茎（地下茎）——海草中最富含营养的部分（多姆宁，2001年）。在海草丰富的情况下，它们也会食用藻类，但摄入量非常小（西胁和马尔什，1985年）。澳大利亚的莫瑞顿湾地处亚热带，那里的儒艮似乎也会选择性地消费固着的海底无脊椎动物，包括海鞘类和多毛虫。营养性逆境，特别是海草丰度的强季节模式导致的日粮氮源缺乏，可解释莫瑞顿湾中儒艮的杂食性，它们的栖息地位于儒艮分布范围的最南缘（普林，1995年）。同专门食用海草的儒艮相比，海牛的食性更泛化，它们食用各种各样的海岸植物和淡水植物，除海草外还包括禾本科（Poaceae）和漂浮的淡水植物（黑藻属（*Hydrilla*）和布袋莲），甚至还有红树林植物的叶和嫩芽。

海牛和儒艮的口鼻部偏斜度似乎与在水底摄食的特化程度有关（图12.26）。儒艮的口鼻部显著向下弯曲，导致它们几乎直接向下张口，因此儒艮实际上必须在水底摄食，以不到20厘米高的海草为生。相比之下，海牛的口鼻部只是略有偏斜，它们是食性泛化种，可在从海底到海面的任何水层位置摄食，有能力食用漂浮的植物（多姆宁，1977年）。海牛的牙齿持续更换，使它们得以利用比儒艮的食谱更广泛、更多样化的植物，并且在食物匮乏的条件下，海牛似乎具有一种选择的优势（马尔什等，2011年）。

在海洋哺乳动物中，似乎仅有海牛目动物以一种抓握的方式使用口鼻部。对佛罗里达海牛的面部肌肉进行了一项研究（马歇尔等，1998年a，1998年b，2003年），发现它们的短而肌肉发达的口鼻部（特别是上唇）覆盖有特化的触须，可实现一种抓握的功能，将植物带入口中（图12.28）。

相比之下，儒艮使用唇部和刚毛收集海草，并将它们送入口的侧面，由此缩短了食物在口中的运送距离。儒艮的口鼻部更弯曲，因此它

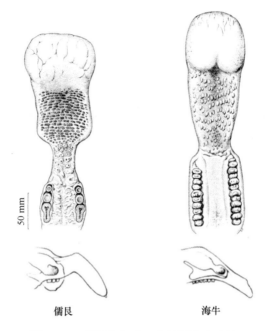

图 12.28　儒艮和海牛口中的研磨台比较

(根据马尔什等(1999 年)作品修正)

们运送食物的距离比海牛更长(马尔什等,2011 年)。儒艮在摄食时会在水底的沉积物上掘进并留下轨迹(安德森和伯特尔斯,1978 年)。它们在挖掘海底的海草时,轨迹显然代表了口鼻部的运动(图 12.29)。每条蜿蜒的轨迹似乎都在说明它们在一次潜水中的持续摄食活动。摄食轨迹表明,它们的口盘可能紧压在海底沉积物上,同时面部肌肉收缩,使浓密的刚毛产生一种梳理的动作,从而将海草从海底拔出并使它们向口部聚拢。虽然雄性儒艮有萌出的长牙,但在摄食时长牙似乎没有重要作用。对长牙的微磨痕进行了初步观察,结果表明,儒艮在收割根状茎时只是偶尔使用长牙(多姆宁和比蒂,2007 年)。除位于颌后部的钉状臼齿外,覆盖着舌和下颚后表面的角质研磨台在咀嚼中也有重要作用(图 12.28),该适应特征可压碎富含纤维素的植物。此外,儒艮的腭部也发生了变化，布满角质乳突和皱褶，可能有助于咀嚼（见马尔什等，2011年引用的参考文献）。

图 12.29　儒艮摄食痕迹的照片

（安德森和伯特尔斯，1978年；照片提供：P 安德森）

12.5.4　海牛目动物摄食的进化

多姆宁（2001年）、麦克费登等（2004年）和维雷兹·朱亚伯等（2012年）讨论了海牛目动物的食谱和摄食进化假说。生活在4500万~3000万年前的始新海牛科（Prorastomidae）和最早的儒艮以相对扁平的喙部为特征（不足以说明较晚出现的海牛类的口鼻部偏斜），并可能选择性地摄食水生植物，也食用少量海草。研究者提出，原海牛科（Protosirenidae）动物大量觅食海草，其喙部有约35°的偏斜。多达6个明显同域的海牛目物种出现在渐新世动物群中。中新世 *Metaxytherium-Halitherium* 属世系成员（1700万~800万年前）具有显著下弯的口鼻部（*Metaxytherium floridanum* 可达75°）以及较小或中等长度的长牙，这说明它们消费海草叶和较小的根状茎。儒艮亚科（Dugonginae）世系则演化出较大的剑状长牙，据推测可用于挖掘海草的大块根状茎。

在无齿海牛亚科（Hydrodamalinae）世系的成员中，生活在北太平洋的斯氏海牛（*Hydrodamalis gigas*）表现出许多独特的冷水适应特征，包括体型大（体长为其他海牛的 2 倍）、表皮特别厚、潜水能力低下，以及失去牙齿和趾骨。多姆宁（1977 年）提出，这些适应特征反映了食谱的变化，它们不是在海底摄食，而是食用海面的植物（主要吃生长在裸露多岩石浅滩中的藻类）。他认为趾骨的失去是适应在汹涌海面摄食的特化作用；他还指出，当斯氏海牛在浅滩觅食时，强壮的爪形前肢适合抓住岩石和向前拉动身体。与多纤维的海草相比，它们咀嚼藻类相对容易，这很可能导致牙齿的失去。虽然通常认为，人类的"过度捕猎"是斯氏海牛最终灭绝的原因，但安德森（1995 年）就它们小而受限的种群提出了一种有趣的解释，涉及到斯氏海牛和巨藻—海胆—海獭关系之间的竞争性相互作用。根据这种关系（本章的后文描述得更详细），只有当海獭的数量大到足以限制海胆种群时，才能形成富饶的高纬度浅水巨藻群落。安德森（1995 年）指出，如果海牛的食物来源取决于肉食性的海獭，则斯氏海牛所在生态位的演化可能属于"不稳定的平衡"。原住民对海獭的猎捕、海胆的泛滥，以及浅水巨藻被深水物种取代，可能毁坏了斯氏海牛的觅食区，由此限制了它们的种群，而这发生在 18 世纪早期发现斯氏海牛之前。

在南美洲的淡水生境中，海牛适应了一种有磨蚀作用的食谱，其牙齿磨损随之增加，这是由于它们在中新世晚期利用一种高含硅量的新食物资源——真海草（多姆宁，1982 年）。时至近代，海牛已适应了更为多样化的植食性食谱。

12.6 其他海洋哺乳动物的摄食特化作用

12.6.1 海獭

海獭的近亲栖息于淡水湖泊与河流，以鱼类为食，但海獭（*Enhydra lutris*）与它们不同：海獭优先觅食海底的无脊椎动物，特别是海胆、腹足纲动物、双壳贝类和甲壳纲动物。海獭的齿式为：I3/2,

C1/1，P3/3，M1/2，与其他大部分食肉目动物不同，因海獭的下门齿数目减少。此外，海獭的裂齿和臼齿发生了变化，从陆地食肉目动物用于切割的利齿转变为钝齿，适合压碎无脊椎动物猎物的外骨骼和壳（图12.30）。海獭使用前爪处理捕获的猎物，或将猎物暂时置于松弛的腋窝皮肤袋中。对于较大、较重的有壳猎物，海獭有时会表现出使用工具的行为：它们会在海底捡一块石头带到海面，将它置于腹部之上，然后保持仰泳姿态并用石头敲开坚硬的猎物外壳（图12.31）。海獭的代谢率非常高，相应的食物消耗率也高：栖息于阿拉斯加水域的典型成年海獭每日消费的猎物相当于它们体重的23%～37%（哥斯达，1978年；科维泰克和布雷茨，2004年）。虽然并非所有的海獭都使用工具，但使用工具的海獭具有明显更进一步的特化作用，因为一些海獭总是使用特定的工具或技巧。海獭似乎还通过纵向社会经验传递学会使用工具，幼海獭传承了它们的母亲使用的工具和技巧（廷克等，2009年；曼恩和帕特森，2013年）。

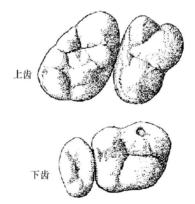

图12.30　海獭上齿（第四前臼齿和第一臼齿）和下齿（第一和第二臼齿）咬合面

注：海獭的牙尖呈圆形，并完全失去了其他大部分食肉目动物具有的剪切能力

（根据沃恩（1986年）作品修正）

海獭仅分布于北太平洋的沿岸浅水区（通常深度<35米），那里的多

图 12.31　海獭在海面进食

（照片提供：俄勒冈海岸水族馆）

岩石或砂质海底栖息着大量无脊椎动物种群。海獭通常与近岸的巨藻森林（主要是褐藻门的巨藻属（*Macrocystis*）或涅柔藻属（*Nereocystis*））有密切联系，尽管在离岸 30 千米的广阔范围内观察到大量海獭（凯尼恩，1969 年）。在海獭分布范围的部分生境中，海獭的数量已恢复，或者重新引入了海獭种群（见第 15 章），因为研究者将海獭视为一种关键捕食者，它们在大型褐藻床群落中具有中枢作用。海獭通过抑制植食性无脊椎动物种群（主要是海胆），保障了大型褐藻的繁衍和兴盛（达金斯，1980 年）。在海獭的历史分布区加利福尼亚南部和下加利福尼亚北部，海獭已消失了一个多世纪，然而健康的大型褐藻森林依然存在。在那里，虽然海獭已消失，但水温变化、风暴潮或其他干扰因素可能在近岸巨藻群落的动力学中发挥了重要作用。

斯坦伯格等（1995 年）就海獭对海洋植物—植食动物相互作用的影响进行了一项新研究，他们调查了北半球和南半球的生物集合体，发现它们有明显的差异。很可能自中新世晚期以来，海獭的捕食对植食性无脊椎动物的效应已经影响到了东北太平洋的集合体。相比之下，温带的大洋洲集合体虽然包含相似的植物群和动物群，但缺少一种作用相当于海獭的捕食者。斯坦伯格等（1995年）指出，在北半球，巨藻森林在三层结构的食物网中演化：海獭及其最近的祖先位于顶层，植食性动物位于中层，大型藻类则作为自养生物。在这种食物网中，植食性动物受到了捕食活动的限制，从而保护自养生物免于植食性动物的强烈干扰。相比之下，在南半球，巨藻受到了植食性动物的限制，这些自养生物处于缺乏保护的状态。斯坦伯格等（1995年）根据这些模式预测，自养生物防御植食动物的现象可见于大洋洲，但不会发生在北太平洋。研究者发现，同北半球的褐藻相比，南半球的褐藻会产生浓度更高的次级代谢产物，作为防御手段抵抗植食动物，由此证实了上述预测。此外，有证据表明，南方植食动物演化出了各种不同的能力以应对化学防御（埃斯蒂斯，1996年，和其中引用的参考文献）。该研究的结果表明，海獭对海胆的捕食解救了北太平洋的自养生物，使它们无需保卫自身，从而成为易受植食动物影响的海洋植物区系进化中的一个关键因素。科维泰克和布雷茨（2004年）发现，浮游植物的各种次级代谢产物，尤其是贝类毒素可在石房蛤（*Saxidomus giganteus*）的组织中积累，从而在一定程度上保护石房蛤免受海獭的捕食。

罗尔斯等（1995年）在美国加州对携载监测仪器的海獭进行了研究，发现就潜水持续时间和成功率、海面休息时间、所消费猎物的大小和种类、觅食时长，以及昼间和夜间觅食模式的差异程度而言，海獭的个体觅食模式呈现出广泛的变异。同其他年龄和性别组的海獭相比，幼年雄性海獭在离岸更远的较深水域觅食，并且它们趋向于进行更长时间的潜水。它们可能消费体型更大的猎物，但这未经证实，因为人们不能从岸上观察到它们。相比之下，幼年雌性海獭在离岸更近处觅食，潜水时间也较短。幼年雌性也趋向于表现出较长的觅食时段和较短的海面休息期，罗尔斯等（1995年）由此认为，它们可能在捕猎热量值较低的小型猎物；它们通常以矶蟹、蝾螺和贻贝为食。在食物丰富的环境中，个体水平的海獭食谱具有多样化的特征；但在食物有限的环境中，它们表现出基于行为的食谱多态性，在捕获个体偏爱的猎物时，它们的觅食效率会提高（廷克等，2008 年）。

12.6.2 北极熊

北极熊（*Ursus maritimus*）有 38～42 颗牙齿，齿式为：I3/3，C1/1，P2-4/2-4，M2/3。同其他熊类相比，北极熊的前臼齿和臼齿呈锯齿状且更锋利，这反映了它们向肉食性的快速进化，不同于其杂食性近亲较平坦的磨碎型牙齿（斯特林，2002 年）。灵活的觅食策略，包括猎物转换、杂食性和食物混合，对生存在一个多变的环境中具有关键性影响，而北极熊展示出了全部这些策略（格尔梅萨诺和罗克韦尔，2013 年）。尽管如此，北极熊在其分布范围中的主要猎物种类是环斑海豹。北极熊既在峡湾中，也在开阔海冰上猎捕环斑海豹。该物种对北极熊的春季食谱特别重要。北极熊会在冰层中海豹的呼吸洞口处和海豹的巢穴中（环斑海豹用于在冬季休息和在春季生产的小型雪洞）捕获环斑海豹。当环斑海豹在巢穴中分娩幼海豹时，带着幼仔的雌性北极熊会从冬季巢穴中现身；在此时成功捕获环斑海豹对母北极熊至关重要，因为它们已在巢穴中禁食数月（弗雷塔斯等，2012 年）。实际上，北极熊的大部分年度能量预算均来自环斑海豹，并且摄入的大部分能量会在春季和夏季消耗。北极熊会在海豹的洞口处使用静守的捕猎策略，它们还会潜水接近在冰上休息的海豹。北极熊常通过有力的跳跃，以前爪侵彻并从顶部撞毁海豹的巢穴（图 12.32），在海豹通过冰洞逃脱之前捕捉到它。北极熊还猎捕生活在冰上的其他海豹，例如髯海豹、带纹环斑海豹、斑海豹（*Phoca largha*）、竖琴海豹和冠海豹。在加拿大的北极地区和挪威的斯瓦尔巴群岛，北极熊还捕食港海豹。

在北极的不同地区，北极熊对海象的捕食程度不同，加拿大北极地区的北极熊比白令海的北极熊具有更高的捕食率。北极熊潜水接近休息的海象群时，猎杀行动往往失败，但它们可设法令海象群受到惊吓而拥

 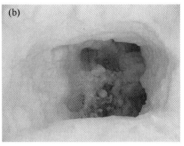

图 12.32　北极熊猎捕环斑海豹

（a）北极熊在进食后清理其爪部；（b）北极熊带走猎物（环斑海豹幼仔）后的环斑海豹巢穴

（照片提供：基特·科瓦奇）

挤入水。在因此产生的蜂拥惊逃中，海象幼仔有时会受伤或孤立无援，从而成为北极熊更容易得手的猎物。北极熊对鲸目动物的猎捕几乎肯定要靠投机取巧：当白鲸、一角鲸或白喙斑纹海豚（*Lagenorhynchus albirostris*）（巴伦支海）在冰层覆盖的海区受困于小片无冰水面区（冰间湖）时，需要不时浮出水面呼吸，此时北极熊会发动连续攻击，它们会在接连受伤后遭到捕杀。北极熊还会猎捕水禽、海鸟和鲑鱼（安斯特拉普和德迈斯特，1988 年；艾尔斯等，2013 年）。在陆地上时，北极熊会吃海藻和其他植物，以及地面筑巢鸟类的蛋和雏鸟，人们甚至还记录了北极熊捕食驯鹿的事件（例如，德罗什等，2000 年；艾弗森等，2013 年；斯特姆皮尼维茨等，2014 年）。在北极的一些区域，当海冰消融，北极熊随之难以捕获冰栖海豹，此时北极熊似乎会更频繁地消费这些替代性食物（加斯顿和埃利奥特，2013 年；艾弗森等，2014 年）。北极熊还会食用可获得的任何动物尸体的腐肉，其中鲸类尸体是重要的当地食物来源（海尔曼和皮考克，2013 年）。北极熊（事实上通常是所有熊类）觅食生态学的一个有趣方面是：它们能够长时间禁食（阿特金森等，1996 年）。怀孕的北极熊在巢穴中分娩和养育幼熊时没有食物可吃，整个禁食期可长达 5 个月。其他年龄组的北极熊无疑也会遭遇短期无法正常捕猎的环境。加拿大哈得孙湾西部的北极熊在夏季海冰融化时被迫留在岸上。在这段无冰期中，它们的食物来源很少或没有食物。它们在4个月的漫长时间中滞留在海岸，直到晚秋时海冰重新形成，为它们提供捕猎的平台。虽然大部分北极熊（除了怀孕的雌性）不经常占据巢穴，但有数据（即，尿素氮肌酐比值，该项指标可反映通过身体脂肪的分解代谢损失的蛋白质）表明，北极熊个体能够采用高效的蛋白质保存状态，类似于冬季穴居的熊。在春季交配期，北极熊可能会采用这种代谢禁食反应，此时成年雄性北极熊放弃进食以竞争与雌性的交配权。对北极熊的禁食进行了一项研究，结果表明，一般而言在熊类中，在禁食期最大限度减少蛋白质损失的能力可能在很大程度上取决于禁食开始时动物的相对肥胖度。北极熊在食物丰富的季节积累的大量脂肪储备足以保障它们度过禁食期（阿特金森等，1996年）。

12.7 总结和结论

海洋哺乳动物的食谱和觅食策略是初级生产力模式的直接结果，而大部分海洋哺乳动物捕食比初级生产者高数个营养级的相对较大的动物。鳍脚类动物和齿鲸类动物的颊齿通常为同型齿，具有单牙尖，适合捕食鱼类和鱿鱼。海象使用一种吮吸型摄食策略，以舌作为活塞将蛤类从它们的壳中吸出。海象的长牙用于社交展示，而非用于摄食。在挖掘海底猎物时，髯海豹也会使用吮吸型摄食和水力喷射的方式。食蟹海豹和其他一些海豹会滤食磷虾，其牙齿发生了一些特化作用以适应这种摄食模式。象海豹的季节性迁徙是在鳍脚类动物中研究最透彻的摄食模式之一，涉及一种年度双重迁徙，其外海摄食时间较长。食性泛化的摄食策略似乎是鳍脚类祖先的捕猎策略。一些鳍脚类世系独立地演化出了特化的吮吸型摄食策略。

须鲸类动物使用成排的鲸须板，从海水中滤食浮游生物和小型鱼类。它们使用3种不同的摄食策略：撇食型、吞食型和吮吸型摄食。露脊鲸科和小露脊鲸科进行撇食型摄食，它们在海水中缓慢游动，当舌头将海水排出时在鲸须上收集猎物。须鲸科采用吞食型摄食，喉腹折的扩张和舌的内陷使口腔容积扩大，形成更大的腹侧腔。只有灰鲸进行海底吮吸摄食。大型须鲸类（例如，座头鲸、灰鲸和蓝鲸）通常在夏季期间在高纬度海区摄食，然后长距离迁徙至低纬度海区繁殖和越冬。在须鲸类中，仅有弓头鲸终生栖息于北极水域。

齿鲸类动物的觅食策略多种多样。一些齿鲸以牙齿数目减少为特征（例如，喙鲸和抹香鲸），它们采用一种吮吸摄食策略，喉腹折和舌部肌肉可促进口底的回缩和扩张。研究者提出，一些海豚在喙部裹海绵的行为是一种觅食特化作用。过客型、定居型和外海型虎鲸不仅采用不同的觅食策略，还捕食不同的猎物。觅食模式的社会学习对许多齿鲸物种至关重要。

当海洋循环模式随时间变化时，鲸类捕猎机制和策略的进化与新食物资源的可利用性有关。大尺度变化导致须鲸类发展出鲸须滤食，齿鲸类动物发展出回声定位。鲸目动物以多室的胃为特征，类似于与它们亲缘关系最近的偶蹄类反刍动物。

在海洋哺乳动物中，海牛目作为仅有的植食性动物，具有变型的短而宽的冠齿。它们偏爱海草的根状茎。海牛的牙齿更换在哺乳动物中独一无二，它们的牙齿具有"传送带"更换机制，终生可替换。海牛的这种牙齿更换形式的进化与它们有磨蚀作用的食谱和由此发生的牙齿磨损有关。这是因为它们在约 1000 万年前开始利用一种新的食物资源——海草。海牛和儒艮的口鼻部偏斜度与摄食特化程度有关：在水底摄食海草还是在水层中摄食漂浮的植物。儒艮具有显著下弯的口鼻部，是一种在水底摄食的动物；相比之下，海牛的口鼻部偏斜相对轻微，可在所有水层中摄食。儒艮将其盘状的喙部用于食草机制：它们摄食时会在海底沉积物上掘进并留下轨迹。海牛目动物的大肠相对较长，这与它们摄取高纤维含量的食谱有关。

海獭的牙齿较钝，适于压碎无脊椎动物猎物的外壳。研究者认为海獭是关键捕食者，通过抑制植食的海胆种群，在大型褐藻床群落中具有中枢作用。人们研究了海獭对海洋植物—植食动物相互作用的影响，结果表明在北太平洋，海獭的捕食可能已成为易受植食动物影响的海洋植物区系进化中的一个关键因素。北极熊是肉食性最强的熊。它们的摄食生态学不同于其他海洋哺乳动物，因为它们的捕猎主要发生在陆地上；长时间的禁食会打断北极熊的年周期，特别是在仅存在季节性可利用海冰的区域。

12.8 延伸阅读与资源

海豪斯和迪尔（2009 年）概述了海洋哺乳动物的摄食策略和战术。在食谱和觅食策略方面，鲍恩等（2009 年）总结了鳍脚类动物；巴兰斯（2009 年）总结了鲸目动物；关于海牛目动物，参见马尔什等（2011 年）和其中引用的参考文献。在消化系统的解剖结构和生理机能方面，金（1983 年）总结了鳍脚类动物；沃思等（2007 年）总结了鲸目动物；马尔什等（2011 年）总结了海牛目动物。在摄食策略的进化方面，亚当和贝尔塔（2002 年）以及琼斯和格斯瓦米（2013 年）对鳍脚类动物进行了综述；福代斯等（1995 年）和德威森等（1996 年）对鲸目动物进行了综述；海牛目动物的相关内容，可参见维雷兹·朱亚伯等（2012 年）论著。

参考文献

Adam, P. J., Berta, A., 2002. Evolution of prey capture strategies and diet in the Pinnipedimorpha (Mammalia, Carnivora). Oryctos 4, 83–107.

Allen, S. J., Bejder, L., Krützen, M., 2010. Why do Indo-Pacific bottlenose dolphins (*Tursiops* sp.) carry conch shells (*Tubinella* sp.) in Shark Bay, western Australia? Mar. Mamm. Sci. 27, 449–454.

Aoki, K., Watanabe, Y.Y., Crocker, D.E., Robinson, P.W., Biuw, M., Costa, D.P., Miyazaki, N., Fedak, M.A., Miller, P.J.O., 2011. Northern elephant seals adjust gliding and stroking patterns with changes in buoyancy: validation of at-sea metrics of body density. J. Exper. Biol. 214, 2973-2987.

Amstrup, S.C., De Master, D.P., 1988. Polar bear, *Ursus maritimus*. In: Lentfer, J.W. (Ed.), Selected Marine Mammals of Alaska. Marine Mammal Commission, Washington, DC, pp. 39-56.

Anderson, P.K., Birtels, A., 1978. Behavior and ecology of the dugong, *Dugong dugon* (Sirenia): observations in Shoalwater and Cleveland Bays. Qld. Aust. Wildl. Res. 5, 1-23.

Anderson, P.K., 1995. Competition, predation, and the evolution and extinction of Steller's sea cow, *Hydrodamalis gigas*. Mar. Mamm. Sci. 11, 391-394.

Armfield, B., Zheng, Z., Bajpai, S., Vinyard, C.J., Thewissen, J.G.M., 2013. Development and evolution of the unique cetacean dentition. PeerJ. 1, e24. http://dx.doi.org/10.7717/peerj.24.

Atkinson, S.N., Nelson, R.A., Ramsay, M.A., 1996. Changes in the body composition of fasting polar bears (*Ursus maritimus*): the effect of relative fatness on protein conservation. Physiol. Zool. 69, 304-316.

Bacher, K., Allen, S.J., Lindholm, A.K., Bejder, I., Kruzen, M., 2010. Genes or culture: are mitochondrial genes associated with tool use in bottlenose dolphins (*Tursiops* sp)? Behav. Genet. 40, 706-714.

Baird, R.W., Abrams, P.A., Dill, L.M., 1992. Possible indirect interactions between transient and resident killer whales: implications for the evolution of foraging specializations in the genus *Orcinus*. Oecologia 89, 125-132.

Bakker, M.A.G., Kastelein, R.A., Dubbledam, J.L., 1996. Histology of the grooved ventral pouch of the minke whale, *Balaenoptera acutorostrata*, with special reference to the occurrence of lamellated corpuscles. Can. J. Zool. 75, 563-567.

Ballance, L.T., 2009. Cetacean Ecology. In: Perrin, W.F., Wursig, B., Thewissen, J.G.M. (Eds.), Encyclopedia of Marine Mammals, second ed. Elsevier, San Diego, CA, pp. 196-201.

Barrett-Lennard, L.G., Heise, K.A., 2006. The natural history and ecology of killer whales. In:

Estes, J. A., DeMaster, D. P., Doak, D. F., Williams, T. M., Brownell, J. (Eds.), Whales, Whaling and Ocean Ecosystems. University of California Press, Berkeley, pp. 163-173.

Barrett-Lennard, L. G., Ford, J. K. B., Heise, K. A., 1996. The mixed blessing of echolocation: differences in sonar use by fish-eating and mammal-eating killer whales. Anim. Behav 51, 553-565.

Barrett-Lennard, L. G., Matkin, C. O., Duban, J. W., Saulitis, E. L., Ellifrit, D., 2011. Predation on gray whales and prolonged feeding on submerged carcasses by transient killer whales at Unimak Island, Alaska. Mar. Ecol. Prog. Ser. 421, 229-241.

Barros, N. B., Parsons, E. C. M., Jefferson, T. A., 2000. Prey of offshore bottlenose dolphins from the South China Sea. Aquat. Mamm. 26, 2-8.

Barros, N. B., Clarke, M. R., 2009. Diet. In: Perrin, W. F., Wursig, B., Thewissen, J. G. M. (Eds.), Encyclopedia of Marine Mammals, second ed. Elsevier, San Diego, CA, pp. 311-316.

Beatty, B. L., Vitkovski, T., Lambert, O., Macrini, T. E., 2012. Osteological associations with unique tooth development in manatees (Trichechidae, Sirenia): a detailed look at modern *Trichechus* and a review of the fossil record. Anat. Rec. 295, 1504-1512.

Bennett, K. A., McConnell, B. J., Fedak, M. A., 2001. Diurnal and seasonal variations in the duration and depth of the longest dives in southern elephant seals (*Mirounga leonina*): possible physiological and behavioural constraints. J. Exper. Biol. 204, 649-662.

Benoit, D., Bowen, W. D., 1990. Seasonal and geographic variation in the diet of gray seals (*Halichoerus grypus*) in eastern Canada. Can. J. Fish. Aquat. Sci. Bull. 222, 215-226.

Berger, W. H., 2007. Cenozoic cooling, Antarctic nutrient pump, and the evolution of whales. Deep Sea Res. 54, 2399-2421.

Bigg, M. A., Ellis, G. M., Ford, J. K. B., Balcomb, K. C., 1987. Killer Whales: A Study of Their Identification, Genealogy and Natural History in British Columbia and Washington State. Phantom Press & Publishing, Nanaimo, BC, Canada.

Biuw, M., Boehme, L., Guinet, C., Hindell, M., Costa, D., Charrassin, J. B., Roquet, F., Bailleul, F., Meredith, M., Thorpe, S., Tremblay, Y., McDonald, B., Parjk, Y. H., Rintoul, S. R., Bindoff, N., Goebel, M., Crocker, D., Lovell, P., Nicholson, J., Monks, F., Fedak, M. A., 2007. Variation in behaviour and condition of a Southern Ocean top predator in relation to in situ oceanographic conditions. Proc. Nat. Acad. Sci. 104,13705-13710.

Biuw, M., Nøst, Ø. A., Stien, A., Zhou, Q., Lydersen, C., Kovacs, K. M., 2010. Effects of hydrographic variability on the spatial, seasonal and diel diving patterns of southern elephant seals in the eastern Weddell Sea. PLoS ONE 5 (11),114 (e13816).

Block, B., 2011. Tracking apex marine predators movements in a dynamic ocean. Nature 475, 86-90.

Boessenecker, R.W., 2011. New records of the fur seal Callorhinus (Carnivora: Otariidae) from the Plio-Pleistocene Rio Dell Formation of Northern California and comments on otariid dental evolution. J. Vertebr. Paleontol 31 (2),454-467.

Bonner, W.N., 1982. Seals and man: a study of interactions. University of Washington Press, Seattle, WA.

Bowen, W.D., Beck, C.A., Austin, D.A., 2009. Pinniped Ecology. In: Perrin, W.F., Wursig, B., Thewissen, J.G.M. (Eds.), Encyclopedia of Marine Mammals, second ed. Elsevier, San Diego, CA, pp. 852-861.

Bowen, W.D., Siniff, D.B., 1999. Distribution, population biology, and feeding ecology of marine mammals. In: Reynolds, J. E., Rommel, S. A. (Eds.), Biology of Marine Mammals. Smithsonian Institute Press, Washington, DC, pp. 423-484.

Bryden, M. M., 1971. Anatomical and allometric adaptations in elephant seals, *Mirounga leonina*. J. Anat. 108,208.

Bryden, M.M., 1972. Growth and development of marine mammals. In: Harrison, R.J. (Ed.). Functional Anatomy of Marine Mammals, vol. 1. Academic Press, New York, pp. 1-79.

Bryden, M.M., Erickson, A.W., 1976. Body size and composition of crabeater seals (*Lobodon carcinophagus*), with observations on tissue and organ size in Ross seals (*Ommatophoca rossii*). J. Zool. 179,235-247.

Burns, J.J., 1981. The bearded seal (*Erignathus barbatus*, Erxleben, 1777). In: Ridgway, S. H., Harrison, R.J. (Eds.). Handbook of Marine Mammals, vol. 2. Seals, Academic Press, London, pp. 145-170.

Calambokidis, J., Darling, J.D., Deecke, V., Gearin, P., Gosho, M., Megill, W., Tombach, C.M., Goley, D., Toropova, C., Gisborne, B., 2002. Abundance, range and movements of a feeding aggregation of gray whales (*Eschrichtius robustus*) from California to southeastern Alaska in

1998. J. Cetacean Res. Manage. 4,267-276.

Clementz, M. T., Fordyce, R. E., Peek, S. L., Fox, D. L., 2014. Ancient marine isoscapes and isotopic evidence of bulk-feeding by Oligocene cetaceans. Palaeogeogr. Palaeoclimatol. Palaeoecol. 400,28-40.

Corkeron, P. J., Connor, R. C., 1999. Why do baleen whales migrate? Mar. Mamm. Sci. 15, 1228-1245.

Costa, D. P., 1978. The sea otter: its interaction with man. Oceanus 21,24-30.

Costa, D. P., 1993. The relationship between reproductive and foraging energetics and the evolution of the pinnipedia. Symp. Zool. Soc. Lond. 66,293-314.

Costa, D. P., Breed, G. A., Robinson, P. W., 2012. New insights into pelagic migrations: implications for ecology and conservation. Ann. Rev. Ecol. Evol. Syst. 43,73-96.

Cowan, D. F., Smith, T. L., 1995. Morphology of the complex lymphoepithelial organs of the anal canal ("anal tonsil") in the bottlenose dolphin, *Tursiops truncatus*. J. Morphol. 223, 263-268.

Cowan, D. F., Smith, T. L., 1999. Morphology of the lymphoid organs of the bottlenose dolphin, *Tursiops truncatus*. J. Anat. 194,505-517.

Darling, J. D., 1984. Gray whales off Vancouver island, British Columbia. In: Jones, M. L., Swartz, S. L., Leatherwood, S. (Eds.), The Gray Whale, *Eschrichtius robustus* (Lilljeborg, 1861). Academic Press, New York, pp. 267-288.

Darling, J. D., Koegh, K. E., Steeves, T. E., 1998. Gray whale (*Eschrichtius robustus*) habitat utilization and prey species off Vancouver Island, B.C. Mar. Mamm. Sci. 14,692-720.

Davis, R. W., Fuiman, L. A., Williams, T. M., Collier, S. O., Hagey, W. P., Kanatous, S. B., Kohin, S., Horning, M., 1999. Hunting behavior of a marine mammal beneath the Antarctic fast ice. Science 283,993-996.

Davis, R. W., Fuiman, L. A., Williams, T. M., Horning, M., Hagey, W., 2003. Classification of Weddell seal dives based on 3 dimensional movements and video-recorded observations. Mar. Ecol. Prog. Ser. 264,109-122.

Demére, T., McGowen, M. R., Berta, A., Gatesy, J., 2008. Morphological and molecular evidence for a stepwide evolutionary transiton from teeth to baleen in Mysticete whales. Syst. Biol. 57,15-37.

Derocher, A.E., 2012. Polar Bears: A Complete Guide to Their Biology and Behavior. Johns Hopkins University Press, Baltimore, MA.

Derocher, A.E., Wiig, Ø., Bangjord, G., 2000. Predation of Svalbard reindeer by polar bears. Polar Biol. 23, 675–678.

Doidge, D.W., Croxall, J.P., 1985. Diet and energy budget of the Antarctic fur seal *Arctocephalus gazella* at South Georgia. In: Siegfried, W.R., Condy, P.R., Laws, R.M. (Eds.), Antarctic Nutrient Cycles and Food Webs. Springer-Verlag, Berlin, Germany, pp. 543–550.

Domenici, P., 2001. The scaling of locomotor performance in predator-prey encounters: from fish to killer whales. Comp. Biochem. Physiol. A 131, 169–182.

Domning, D.P., 1977. An ecological model for late tertiary sirenian evolution in the North Pacific Ocean. Syst. Zool 25, 352–362.

Domning, D.P., 1982. Evolution of manatees: a speculative history. J. Paleontol. 56, 599–619.

Domning, D.P., 2001. Sirenians, sea grasses, and Cenozoic ecological change in the Caribbean. Palaeogeogr. Palaeoclimatol. Palaeoecol. 166, 27–50.

Domning, D.P., Magnor, D., 1977. Taxa se substitiucao horizontal de dentes no peixe-boi. Acta Amaz. 7, 435–438.

Domning, D.P., Hayek, L., 1984. Horizontal tooth replacement in the Amazonian manatee (*Trichechus inunguis*). Mammalia 48 (1), 105–128.

Domning, D.P., Beatty, B.L., 2007. Use of tusks in feeding by dugongid sirenians: observations and tests of hypotheses. Anat. Rec. 290, 523–538.

Duggins, D.O., 1980. Kelp beds and sea otters: an experimental approach. Ecology 61, 447–453.

Dunham, J.S., Duffus, D.A., 2002. Diet of gray whales (*Eschrichtius robustus*) in *Clayoquot* sound, British Columbia, Canada. Mar. Mamm. Sci. 18, 419–437.

Eastman, J.T., Coalson, R.E., 1974. The digestive system of the Weddell seal, *Leptonychotes weddellii*: A review. In: Harrison, R.J. (Ed.), Functional Anatomy of Marine Mammals, second ed. Academic Press, New York, pp. 253–320.

Estes, J.A., 1996. The influence of large, mobile predators in aquatic food webs: examples from sea otters and kelp forests. In: Greenstreet, S.P.R., Tasker, M.L. (Eds.), Aquatic

Predators and Their Prey. Blackwell Science, London, pp. 65-72.

Estes, J. A., Tinker, M. T., Williams, T. M., Doak, D. F., 1998. Killer whale predation on sea otters linking oceanic and nearshore ecosystems. Science 282, 473-476.

Fahlke, J. M., Bastl, K. A., Semprebonn, G. M., Gingerich, P. D., 2013. Paleoecology of archaeocete whales throughout the Eocene: dietary adaptations revealed by microwear analysis. Palaeogeogr. Palaeoclimatol. Palaeoecol. 386, 690-701.

Fay, F. H., 1982. Ecology and biology of the Pacific walrus, *Odobenus rosmarus* divergens llliger. North Am. Fauna Ser. 74 U.S. Dep. Int. Fish Wildl. Serv. North Am. Fauna, No..

Fay, F. H., 1985. Odobenus rosmarus. Mamm. Spec. 238, 1-7.

Felleman, F. L., Heimlich-Boran, J. R., Osborne, R. W., 1991. The feeding ecology of killer whales (*Orcinus orca*) in the Pacific Northwest. In: Pryor, K., Norris, K. S. (Eds.), Dolphin Societies. University of California Press, Berkeley, CA, pp. 113-147.

Fiscus, C. H., Baines, G. A., 1966. Food and feeding behavior of Steller and California sea lions. J. Mammal. 47, 195-200.

Fitzgerald, E. M. G., 2006. A bizarre new toothed mysticete (Cetacea) from Australia and the early evolution of baleen whales. Proc. R. Soc. B 273, 2955-2963.

Ford, J. K., Ellis, G. M., Matkin, C. O., Wetklo, M. H., Barrett-Lennard, L. G., Withler, R. E., 2011. Shark predation and tooth wear in a population of northeastern Pacific killer whales. Aquat. Biol. 11, 213-224.

Foote, A. D., Newton, J., Piertney, S. B., Willerslev, E., Gilbert, M. T. P., 2009. Ecological, morphological and genetic divergence of sympatric North Atlantic killer whale populations. Mol. Ecol. 18, 5207-5217.

Ford, J. K. B., Ellis, G. M., Barrett-Lennard, L. G., Morton, A. B., Palm, R. S., Balcomb III, K. C., 1998. Dietary specialization in two sympatric populations of killer whales (*Orcinus orca*) in coastal British Columbia and adjacent waters. Can. J. Zool. 76, 1456-1471.

Fordyce, R. E., 1980. Whale evolution and oligocene southern ocean environments. Palaeogeogr. Palaeoclimatol. Palaeoecol. 31, 319-336.

Fordyce, R. E., Barnes, L. G., Miyazaki, N., 1995. General aspects of the evolutionary history of whales and dolphins. Isl. Arc. 3, 373-391.

Freitas, C., Kovacs, K. M., Andersen, M., Aars, J., Sandven, S., Skern-Mauritzen, Pavlova, O.,

Lydersen, C., 2012. Importance of fast ice and glacier fronts for female polar bears and their cubs during spring in Svalbard, Norway. Mar. Ecol. Prog. Ser. 447, 289–304.

Friedlaender, A. S., Hazen, E. L., Nowacek, D. P., Halpin, P. N., Ware, C., Weinrich, M. T., Hurst, T., Wiley, D., 2009. Diel changes in humpback whale (*Megaptera novaeangliae*) feeding behavior in response to sand lance (*Ammodytes* spp.) behavior and distribution. Mar. Ecol. Prog. Ser. 395, 91–100.

Frost, K. J., Lowry, L. F., 1986. Sizes of walleye pollock, *Theragra chalcogramma*, consumed by marine mammals in the Bering Sea. Fish. Bull. 84, 192–197.

Frost, K. J., Russell, R. B., Lowry, L. F., 1992. Killer whales, *Orcinus orca*, in the southeastern Bering Sea: recent sightings and predation on other marine mammals. Mar. Mamm. Sci. 8, 110–119.

Fudge, D. S., Szewciw, L. J., Schwalb, A. N., 2009. Morphology and development of blue whale baleen: an annotated translation of Tycho Tullberg's classic 1883 paper. Aquat. Mamm. 35, 226–252.

Gaskin, D. E., 1982. The Ecology of Whales and Dolphins. Heinemann, London.

Gaston, A. J., Elliott, K. H., 2013. Effects of climate induced changes in parasitism, predation and predator−predator interactions on reproduction and survival of an arctic marine bird. Arctic 66, 43–51.

Gentry, R. L., Kooyman, G. L., Goebel, M. E., 1986. Feeding and diving behavior of northern fur seals. In: Gentry, R. L., Kooyman, G. L. (Eds.), Fur Seals: Maternal Strategies on Land and at Sea. Princeton University Press, Princeton, NJ, pp. 61–78.

Gingerich, P. D., Russell, D. E., 1990. Dentition of early Eocene *Pakicetus* (Mammalia, Cetacea). Contrib. Mus. Paleontol. Univ. Mich. 28, 1–20.

Goldbogen, J. A., Calambokidis, C., Shawick, R. E., Oleson, E. M., McDonald, M., Hildebrand, J. A., 2006. Kinematics of foraging dives and lunge-feeding in fin whales. J. Exp. Biol. 209, 1231–1244.

Goldbogen, J. A., Pyenson, N. D., Shadwick, R. E., 2007. Big gulps require high drag for fin whale lunge feeding. Mar. Ecol. Prog. Ser. 349, 289–301.

Goldbogen, J. A., Calambokidis, J., Olesen, E., Potvin, J., Pyenson, N. D., Schorr, G., Shadwick, R. E., 2011. Mechanics, hydrodynamics and energetics of blue whale lunge feeding:

efficiency dependence on krill density. J. Exp. Biol. 214,131-146.

Goldbogen, J.A., Calambokidis, J., Croll, D.A., McKenna, M.F., Olesen, E., Potvin, J., Pyenson, N.D., Schorr, G., Shadwick, R.E., Tershy, B.R., 2012. Scaling of lunge feeding performance in rorqual whales. Mass-specific energy expenditure increases with body size and progressively limits diving capacity. Funct. Ecol. 26,216-226.

Goldbogen, J.A., Friedlaender, A.S., Calambokidis, J., McKenna, M.F., Simon, M., Nowacek, D.P., 2013. Integrative approaches to the study of baleen whale diving behavior, feeding performance, and foraging ecology. BioScience 63,90-100.

Gormezano, L.J., Rochwell, R.F., 2013. Dietary composition and spatial patterns of polar bear foraging on land in western Hudson Bay. Ecol. 13,51.

Guinet, C., Bouvier, J., 1995. Development of intentional stranding hunting techniques in killer whale (*Orcinus orca*) calves at Crozet Archipelago. Can. J. Zool. 73,27-33.

Harrison, R.J., Johnson, F.R., Young, B.A., 1970. The oesophagus and stomach of dolphins (*Tursiops, Delphinus, Stenella*). J. Zool. 160,377-390 London.

Harrison, R.J., King, J.E., 1980. Marine Mammals, second ed. Hutchinson Co. Ltd., London.

Hartman, D.S., 1979. Ecology and behavior of the manatee (*Trichechus manatus*) in Florida. Am. Soc. Mamm. Spec. Publ. 5,1-153.

Hassrick, J.L., Crocker, D.E., Costa, D.P., 2013. Effects of age and mass on foraging behaviour and foraging success in the northern elephant seal. Funct. Ecol. 27 (SI),1055-1063.

Heithaus, M.R., Dill, L.M., 2009. Feeding strategies and tactics. In: Perrin, W.F., Wursig, B., Thewissen, J.G.M. (Eds.), Encyclopedia of Marine Mammals, second ed. Academic Press, New York, pp. 414-422.

Helm, R.C., 1983. Intestinal length of three California pinniped species. J. Zool. 199,297-304 London.

Herreman, J., Peacock, E., 2013. Polar bear use of a persistent food subsidy: insights from non-invasive genetic sampling in Alaska. Ursus 24,148-163.

Herwing, R.P., Staley, J.T., 1986. Anaerobic bacteria from the digestive tract of North Atlantic fin whales (*Balaenoptera physalus*). FEMS Microbiol. Lett. 38,361-371.

Herzing, D.L., Mate, B.R., 1984. Gray whale migrations along the Oregon coast. In: Jones, M.L., Swartz, S.L., Leatherwood, S. (Eds.), The Gray Whale, *Eschrichtius robustus* (Lilljeborg,

1861). Academic Press, New York, pp. 289-308.

Heyning, J. E., 1984. Functional morphology involved in intraspecific fighting of the beaked whale, *Mesoplodon carlhubbsi*. Can. J. Zool. 62, 1645-1654.

Heyning, J. E., Mead, J. G., 1996. Suction feeding in beaked whales: morphological and observational evidence. Nat. Hist. Mus. L.A. Cty. Contrib. Sci. 464, 1-12.

Hill, W.C.O., 1945. Notes on the dissection of two dugongs. J. Mammal. 26, 153-175.

Hinga, K.R., 1978. The food requirements of whales in the southern hemisphere. Deep-Sea Res. 25, 569-577.

Hjelseth, A.M., Andersen, M., Gjertz, I., Lydersen, C., 1999. Feeding habits of bearded seals (*Erignathus barbatus*) from the Svalbard area. Nor. way Polar. Biol. 21, 186-193.

Hobson, K.A., Welch, H.E., 1992. Determination of trophic relationships within a high Arctic food web using $\delta^{13}C$ and $\delta^{15}N$ analysis. Mar. Ecol. Prog. Ser. 84, 9-18.

Hobson, K.A., Sease, J.L., 1998. Stable isotope analyses of tooth annuli reveal temporal dietary records: an example using Steller sea lions. Mar. Mamm. Sci. 14, 116-129.

Hocking, D.P., Evans, A.R., Fitzgerald, E.M.G., 2012. Leopard seals (*Hydrurga leptonx*) use suction and filter feeding when hunting small prey underwater. Polar Biol. 36, 211-222.

Hocking, D.P., Salverson, M., Fitzgerald, E.G.M., Evans, A.R., 2014. Australian fur seals (*Arctocephalus pusillus doriferus*) use raptorial biting and suction feeding when targeting prey in different foraging scenarios. PLoS ONE 9 (11), e112521.

Hoelzel, A.R., Dalheim, M., Stern, S.J., 1998. Low genetic variation among killer whales (*Orcinus orca*) in the eastern North Pacific and genetic differentiation between foraging specialists. J. Hered. 89, 121-128.

Hooker, S.K., Iverson, S.J., Ostrom, P., Smith, S.C., 2001. Diet of northern bottlenose whales inferred from fatty-acid and stable-isotope analyses of biopsy samples. Can. J. Zool. 79, 1442-1454.

Hooper, S.N., Paradis, M., Ackman, R.G., 1973. Distribution of trans-6-hexadecenoic acid, 7-methyl-7-hexadecenoic acid and common fatty acids in lipids of the ocean sunfish *Mola mola*. Lipids 8, 509-516.

Hoyt, E., 1984. Orca: The Whale Called Killer. E. P. Dutton, New York.

Hucke-Gaete, R., Haro, D., Torres-Florez, J.P., Montecinos, Y., Viddi, F., Bedriñana-Romano,

L., Nery, M. F., Ruiz, J., 2013. A historical feeding ground for humpbacks in the eastern South Pacific revisited: the case of northern Patagonia, Chile. Aquat. Conserv. 23, 858-867.

Hueckstaedt, L. A., Koch, P. L., McDonald, B. I., Goebel, M. E., Crocker, D. E., Costa, D. P., 2012. Stable isotope analyses reveal individual variability in the trophic ecology of a top marine predator, the southern elephant seal. Oecologia 169, 395-406.

Husar, S., 1975. A review of the literature of the dugong (*Dugong dugon*). Res. Rep. U.S. Fish. Wildl. Ser. 4, 1-30.

Iles, D. T., Peterson, S. L., Gormezano, L. J., Koons, D. N., Rockwell, R. F., 2013. Terrestrial predation by polar bears: not just a wild goose chase. Polar Biol. 36, 1373-1379.

Imbrie, J., McIntyre, A., Moore Jr., T. C., 1983. The ocean around North America at the last glacial maximum. In: Porter, S. C. (Ed.), Late Quaternary Environments of the United States. University of Minnesota Press, Minneapolis, MN, pp. 230-236.

Iversen, M., Aars, J., Haug, T., Alsos, I. G., Lydersen, C., Bachmann, L., Kovacs, K. M., 2013. The diet of polar bears (*Ursus maritimus*) from Svalbard, Norway, inferred from scat analysis. Polar Biol. 36, 561-571.

Iverson, S. A., Gilchrist, G. H., Smith, P. A., Gaston, A. J., Forbes, M. R., 2014. Longer ice-free seasons increase the risk of nest depredation by polar bears for colonial breeding birds in the Canadian Arctic. Proc. Roy. Soc. Biol. Sci. 181 (20133128), 1-9.

Iverson, S. J., 1993. Milk secretion in marine mammals in relation to foraging: can milk fatty acids predict diet? Symp. Zool. Soc. Lond. 66, 263-291.

Iverson, S. J., 2009. Tracing aquatic food webs using fatty acids: from qualitative indicators to quantitative determination. In: Arts, M. T., Brett, M. T., Kainz, M. J. (Eds.), Lipids in Aquatic Ecosystems. Springer, New York, pp. 281-308.

Iverson, S. J., Field, C., Bowen, W. D., Blanchard, W., 2004. Quantitative fatty acid signature analysis: a new method of estimating predator diets. Ecol. Monogr. 74, 211-235.

Jaquet, N., Whitehead, H., 1999. Movements, distribution and feeding success of sperm whales in the Pacific Ocean, over scales of days and tens of kilometers. Aquat. Mamm. 25, 1-13.

Johnston, C., Berta, A., 2011. Comparative anatomy and evolutionary history of suction feeding in cetaceans. Mar. Mamm. Sci. 27, 493-513.

Jones, K., Goswami, A., 2010. Morphometric analysis of cranial shape in pinnipeds (Mammali, Carnivora): convergence, ecology, ontogeny, and dimorphism. In: Goswami, A., Friscia, A. (Eds.), Carnivoran Evolution: new views on phylogeny, form, and function. Cambridge Univ. Press, Cambridge, pp. 342–373.

Jones, K.E., Ruff, C., Goswami, A., 2013. Morphology and biomechanics of the pinniped jaw: mandibular evolution without mastication. Anat. Rec 296 (7), 1049–1063.

Kamiya, T., 1962. On the intramural cystic gland of the cetacean. Acta Anat. Nippon. 37, 339–350.

Kane, E. A., Marshall, C. D., 2009. Comparative feeding kinematics and performance of odontocetes: belugas, Pacifc white-sided dolphins and long-finned pilot whales. J. Exp. Biol. 212, 3939–3950.

Kastelein, R. A., Gerrits, N. M., Dubbledam, J. L., 1991. The anatomy of the walrus head (*Odobenus rosmarus*). Part 2: description of the muscles and of their role in feeding and haul-out behavior. Aquat. Mamm. 17, 156–180.

Kastelein, R.A., Dubbledam, J.L., de Bakker, M.A.G., 1997. The anatomy of the walrus head (*Odobenus rosmarus*). Part 5: the tongue and its function in walrus ecology. Aquat. Mamm. 23, 29–47.

Kastelein, R.A., Staal, C., Terlouw, A., Muller, M., 1997. Pressure changes in the mouth of a feeding harbour porpoise (*Phocoena phocoena*). In: Read, A. J., Wiepkema, P. R., Nachtigall, P. E. (Eds.), The Biology of the Harbour Porpoise. De Spil Publishers, Woerden, The Netherlands, pp. 279–291.

Kawamura, A., 1980. A review of food of Balaenopterid whales. Sci. Rep. Whales Res. Inst. 32, 155–197.

Kenyon, K.W., 1969. The Sea Otter in the North Pacific Ocean, North Am. Fauna, No. 68. U.S. Dept. Interior. Bureau Sport Fisheries and Wildlife, Washington, DC.

Kienle, S., Ekdale, E., Reidenberg, J., Deméré, T., 2015. Tongue and hyoid musculature and functional morphology of a neonate gray whale (Cetacea, Mysticeti, *Eschrichtius robustus*). Anat. Rec.

Kimura, T., 2002. Feeding strategy of an early Miocene cetothere from the Toyama and Akeyo formations, central Japan. Paleontol. Res. 6, 179–189.

King, J.E., 1983. Seals of the World, second ed. Cornell University Press, Ithaca, NY.

Kirsch, P.E., Iverson, S.J., Bowen, W.D., 2000. Effect of a low-fat diet on body composition and blubber fatty acids of captive juvenile harp seals (*Phoca groenlandica*). Physiol. Biochem. Zool. 73, 45-59.

Krockenberger, M.B., Bryden, M.M., 1994. Rate of passage of digesta through the alimentary tract of southern elephant seals (*Mirounga leonina*) (Carnivora: Phocidae). J. Zool. 234, 229-237.

Krützen, M., Mann, J., Heithaus, M.R., Connor, R.C., Bejder, L., Sherwin, W.B., 2005. Cultural transmission of tool use in bottlenose dolphins. Proc. Natl. Acad. Sci. 102, 8939-8943.

Kvitek, R.G., Bowlby, C.E., Staedler, M., 1993. Diet and foraging behavior of sea otters in southeast Alaska. Mar. Mamm. Sci. 9, 168-181.

Kvitek, R., Bretz, C., 2004. Harmful algal bloom toxins protect bivalve populations from sea otter predation. Mar. Ecol. Prog. Ser. 271, 233-243.

Lambertsen, R.H., 1983. The internal mechanism of rorqual feeding. J. Mammal 64 (1), 76-88.

Lambertsen, R.H., Ulrich, N., Straley, J., 1995. Frontomandibular stay of Balaenopteridae: a mechanism for momentum recapture during feeding. J. Mammal. 76, 877-899.

Lambertsen, R.H., Hintz, R.J., 2001. Rorqual paradox solved by discovery of novel craniomandibular articulation. J. Morphol. 248, 253.

Lambertsen, R.H., Hintz, R.J., 2004. Maxillomandibular cam articulation discovered in North Atlantic minke whale. J. Mammal. 85, 446-452.

Lambertsen, R.H., Rasmussen, K.J., Lancaster, W.C., Hinz, R.J., 2005. Functional morphology of the mouth of the bowhead whale and its implications for conservation. J. Mammal. 86, 342-352.

Langer, P., 1988. The Mammalian Herbivore Stomach. Fischer, New York.

Langer, P., 1996. Comparative anatomy of the stomach of the Cetacea. Ontogenetic changes involving gastric proportions-mesenteries-arteries. Z. Säugetierk 61, 140-154.

Lanyon, J.M., Marsh, H., 1995. Digesta passage time in the dugong. Aust. J. Zool. 43, 119-127.

Lavigne, D., Barchard, W., Innes, S., Oritsland, N.A., 1982. Pinniped bioenergetics. In: Gordon

Clark, J., Goodman, J., Soave, G. A. (Eds.), Mammals of the Sea, FAO Fisheries Series No. 5. Food and Agriculture Organization, Rome, pp. 191-235.

Lavigne, D., Innes, S., Stewart, R. E., Worthy, G. A. J., 1985. An annual energy budget for northwest harp seals. In: Beddington, J. R., Beverton, R. J. H., Lavigne, D. M. (Eds.), Marine Mammals and Harp Seals. George Allen and Unwin, London, pp. 319-336.

Laws, R.M., 1984. Seals. In: Laws, R.M. (Ed.), Antarctic Ecology. Academic Press, London, pp. 621-716.

Lawson, J.W., Stenson, G.B., Mckinnon, D.G., 1994. Diet of harp seals (*Phoca groenlandica*) in divisions 2J and 3KL during 1991-93. NAFO Sci. Counc. Stud. 21, 143-154.

Leatherwood, S., Reeves, R. R., 1983. The Sierra Club Handbook of Whales and Dolphins. Sierra Club Books, San Francisco, CA.

Levermann, N., Galatius, A., Ehlme, G., Rysgaard, S., Born, E.W., 2003. Feeding behaviour of free-ranging walruses with notes on apparent dextrality of flipper use. BMC Ecol. 3, 9-24.

Lewis, J.S., Schroeder, W.W., 2003. Mud plume feeding, a unique foraging behavior of the bottlenose dolphin in the Florida Keys. Gulf Mexico Sci. 21, 92-97.

Loch, C., Duncan, W., Simões-Lopes, P.C., Kieser, J.A., Fordyce, R.E., 2013. Ultrastructure of enamel and dentine in extant dolphins (Cetacea: Delphinoidea and Inioidea). Zoomorph 132, 215-222.

Loch, C., Simões-Lopes, P.C., 2013. Dental wear in dolphins (Cetacea: Delphinidae). Arch. Oral Biol. 58, 134-141.

Lockyer, C., 1981. Growth and energy budgets of large baleen whales from the southern hemisphere. FAO Fish. Ser. 5 (3), 379-487.

Lockyer, C., 1981. Estimates of growth and energy budgets for the sperm whale, *Physeter catadon*. FAO Fish. Ser. 5 (3), 489-504.

Lomolino, M. W., Ewel, K. C., 1984. Digestive efficiencies of the West Indian manatee (*Trichechus manatus*). Fla. Sci. 47, 176-179.

Lopez, J.C., Lopez, D., 1985. Killer whales (*Orcinus orca*) of Patagonia, and their behavior of intentional stranding while hunting nearshore. J. Mammal. 66, 181-183.

Loseto, L.L., Stern, G.A., Deibel, D., Connelly, T.L., Prokopowicz, A., Lean, D.R.S., Fortiere, L., Ferguson, S.H., 2008. Linking mercury exposure to habitat and feeding behaviour in

Beaufort Sea beluga whales. J. Mar. Syst. 74,1012-1024.

Loseto, L. L., Stern, G. A., Connelly, T. L., Deibel, D., Gemmill, B., Prokopowicz, A., Fortier, L., Ferguson, S. H., 2009. Summer diet of beluga whales inferred by fatty acid analysis of the eastern Beaufort Sea food web. J. Exp. Mar. Biol. Ecol. 374,12-18.

Lowry, M. S., Oliver, C. W., Macky, C., 1990. Food habits of California sea lions, *Zalophus californianus*, at San Clemente island, California, 1981-86. Fish. Bull. 88,509-521.

MacFadden, B. J., Higgins, P., Clementz, M. T., Jones, D. S., 2004. Diets, habitat preferences, and niche differentiation of Cenozoic sirenians from Florida: evidence for stable isotopes. Paleobiol. 30,297-324.

Mann, J., Patterson, E. M., 2013. Tool use by aquatic animals. Phil. Trans. Roy. Soc. B 368 (1630), 20120424.

Marsh, H., Heinsohn, G. E., Spain, A., 1977. The stomach and duodenal diverticula of the dugong (*Dugong dugon*). In: Harrison, R. J. (Ed.), Functional Anatomy of Marine Mammals. Academic Press, London, pp. 271-295.

Marsh, H., Beck, C. A., Vargo, T., 1999. Comparison of the capabilities of dugongs and West Indian manatees to masticate seagrasses. Mar. Mamm. Sci. 15,250-255.

Marsh, H., O'Shea, T. J., Reynolds III, J. E., 2011. Ecology and Conservation of the Sirenia: Dugongs and Manatees. Cambridge University Press, Cambridge.

Marshall, C. D., Huth, G. D., Edmonds, V. M., Halin, D. L., Reep, R. L., 1998. Prehensile use of perioral bristles during feeding and associated behaviors of the Florida manatee (*Trichechus manatus latirostris*). Mar. Mamm. Sci. 14,274-289.

Marshall, C. D., Clark, L. A., Reep, R. L., 1998. The muscular hydrostat of the Florida manatee (*Trichechus manatus latirostris*): a functional morphologic model of perioral bristle use. Mar. Mamm. Sci. 14,290-303.

Marshall, C. D., Maeda, H., Iwata, M., Futura, M., Asano, S., Rosas, F., Reep, R. L., 2003. Orofacial morphology and feeding behaviour of the dugong, Amazonian, West African and Antillean manatees (Mammalia: Sirenia): functional morphology of the muscular-vibrissal complex. J. Zool. 259,245-260.

Marshall, C. D., Amin, H., Kovacs, K. M., Lydersen, C., 2006. Microstructure and innervation of the mystacial vibrissal follicle-sinus complex in bearded seals, *Erignathus barbatus*

(Pinnipedia: Phocide). Anatom. Rec. 288A, 13-25.

Marshall, C. D., Kovacs, K., Lydersen, C., 2008. Feeding kinematics, suction and hydraulic jetting capabilities in bearded seals (*Erignathus barbatus*). J. Exp. Biol. 211, 699-708.

Marshall, C. D., Wieskotten, S., Hanke, W., Hanke, F. D., Marsh, A., Kot, B., Dehnhardt, G., 2014. Feeding kinematics, suction, and hydraulic jetting performance of harbor seals (*Phoca vitulina*). PLoS ONE 9, e86710.

Martensson, P. E., Nordoy, E. S., Messelt, E. B., Blix, A. S., 1998. Gut length, food transit time and diving habit in phocid seals. Polar Biol. 20, 213-217.

Maxwell, S. M., Frank, J. J., Breed, G. A., Robinson, P. W., Simmons, S. E., Crocker, D. E., Gallo-Reynoso, J. P., Costa, D. P., 2012. Benthic foraging at seamounts: a specialized foraging behavior in a deep-diving pinniped. Mar. Mamm. Sci. 28, E333-E344.

Mead, J. G., 2007. Stomach anatomy and use in defining systemic relationships of the cetacean family Ziphiidae (beaked whales). Anat. Rec. 290, 581-595.

Merrick, R. L., Loughlin, T. R., 1997. Foraging behavior of adult female and young-of-the-year Steller sea lions in Alaskan waters. Can. J. Zool. 75, 776-786.

Muizon, C. de, 1993. Walrus-like feeding adaptation in a new cetacean from the Pliocene of Peru. Nature 365, 745-748.

Muizon, C. de, 1993. *Odobenocetops peruvianus*: una remarcable convergencia de adaptación alimentaria entre morosa y delfin. Bull. Inst. Fr. Etudes Andine 22, 671-683.

Muizon, C. de, Domning, D. P., 2002. The anatomy of *Odobenocetops* (Delphinoidea, Mammalia), the walrus like dolphin from the Pliocene of Peru and its palaeobiological implications. Zool. J. Linn. Soc. Lond 134, 423-452.

Muizon, C. de, Domning, D. P., Ketten, D. R., 2002. *Odobenocetops peruvianus*, the walrus-convergent delphinoid (Mammalia: Cetacea) from their early Pliocene of Peru. Smithson. Contr. Paleobiol. 93, 223-262.

Murie, J., 1872. On the form and structure of the manatee. Trans. Zool. Soc. Lond. 8, 127-202.

Murray, R., Marsh, H., Heinsohn, G. E., Spain, A. V., 1977. The role of the midgut cecum and large intestine in the digestion of sea grasses by the dugong (Mammalia: Sirenia). Comp. Biochem. Physiol. 56A, 7-10.

Naito, Y., Costa, D. P., Adachi, T., Robinson, P. W., Fowler, M., Takahashi, A., 2013.

Unravelling the mysteries of a mesopelagic diet: a large apex predator specializes on small prey. Funct. Ecol. 27, 710-717.

Nemoto, T., 1959. Food of baleen whales with reference to whale movements. Sci. Rep. Whales Res. Inst. 14, 149-290.

Newsome, S. D., Clementz, M. T., Koch, P. L., 2010. Using stable isotopes biogeochemistry to study marine mammal ecology. Mar. Mamm. Sci. 26, 509-572.

Nerini, M., 1984. A review of gray whale feeding ecology. In: Jones, M. L., Swartz, S. L., Leatherwood, S. (Eds.), The Gray Whale, *Eschrichtius robustus* (Lilljeborg, 1861). Academic Press, New York, pp. 423-450.

Nilssen, K.T., Haug, T., Potelov, V., Stasenkov, V.A., Timoshenko, Y.K., 1995. Food habits of harp seals (*Phoca groenlandica*) during lactation and moult in March-May in the southern Barents Sea and White Sea. ICES J. Mar. Sci. 52, 33-41.

Nishiwaki, M., Marsh, H., 1985. Dugong. In: Ridgway, S.H., Harrison, R. (Eds.), Handbook of Marine Mammals. The Sirenians and Baleen Whales, vol. 3. Academic Press, New York, pp. 1-32.

Norris, K. S., Mohl, B., 1983. Can odontocetes debilitate prey with sound? Am. Nat. 122, 85-104.

Nøttestad, L., Similä, T., 2001. Killer whales attacking schooling fish: why force herring from deep water to the surface? Mar. Mamm. Sci. 17, 343-352.

Nweeia, M.T., Eichmiller, F., Hauschka, P., Tyler, E., Mead, J.G., Potter, C.W., Angnatsiak, D. P., Richard, P. R., Orr, J. R., Black, S. R., 2012. Vestigial tooth anatomy and tusk nomenclature for *Monodon monoceros*. Anat. Rec. 295, 1006-1016.

Nweeia, M.T., Eichmiller, F.C., Hauschka, P.V., Donahue, G.A., Orr, J.R., Ferguson, S.H., Watt, C. A., Mead, J. G., Potter, C. W., Dietz, R., Giuseppetti, A. A., Black, S. R., Trachtenberg, A.J., Kuo, W.P., 2014. Sensory ability in the narwhal tooth organ system. Anat. Rec. 297, 599-617.

Oliver, J.S., Slattery, P. N., O'Connor, E. F., Lowry, L. F., 1983. Walrus, *Odobenus rosmarus*, feeding in the Bering Sea: a benthic perspective. Fish. Bull. 81, 501-512.

Olsen, M. A., Nordoy, E. S., Blix, A. S., Mathiesen, S. D., 1994. Functional anatomy of the gastrointestinal system of the northeastern Atlantic minke whale (*Balaenoptera* acutorostrata). J. Zool. 234, 55-74.

Orton, L. S., Brodie, P. F., 1987. Engulfing mechanics of fin whales. Can. J. Zool. 65, 2898-2907.

Panigada, S., Zanardelli, M., Canese, S., Jahoda, M., 1999. How deep can baleen whales dive? Mar. Ecol. Prog. Ser. 187, 309-311.

Parrish, F.A., Craig, M.P., Ragen, T.J., Marshall, G.J., Buhleier, B.M., 2000. Identifying diurnal foraging habitat of endangered Hawaiian monk seals using a seal-mounted video camera. Mar. Mamm. Sci. 16, 392-412.

Patterson, E.M., Mann, J., 2011. The ecological conditions that favor tool use and innovation in wild bottlenose dolphins (*Tursiops* sp.). PLoS ONE 6, e22243.

Perryman, W.L., Donahue, M.A., Laake, J.L., Martin, T.E., 1999. Diel variation in migration rates of eastern Pacific gray whales measured with thermal imaging sensors. Mar. Mamm. Sci. 15, 426-445.

Pfeiffer, C.J., 1993. Cellular structure of terminal baleen in various mysticete species. Aquat. Mamm. 18, 67-73.

Photopoulou, T., Fedak, M.A., Thomas, L., Matthiopoulos, J., 2014. Spatial variation in maximum dive depth in gray seals in relation to foraging. Mar. Mamm. Sci. 30, 923-938.

Pierce, G.J., Boyle, P.R., Watt, J., Grisley, M., 1993. Recent advances in diet analysis of marine mammals. Symp. Zool. Soc. Lond. 66, 241-261.

Pivorunas, A., 1979. The feeding mechanisms of baleen whales. Am. Sci. 67, 432-440.

Poole, M.M., 1984. Migration corridors of gray whales along the central California coast, 1980-1982. In: Jones, M.L., Swartz, S.L., Leatherwood, S. (Eds.), The Gray Whale, *Eschrichtius robustus* (Lilljeborg, 1861). Academic Press, New York, pp. 389-408.

Potvin, J., Goldbogen, J.A., Shadwick, R.E., 2012. Metabolic expenditures of lunge feeding rorquals across scale: implications for the evolution of filter feeding and the limits to maximum body size. PLoS ONE 7, e44854.

Preen, A., 1995. Diet of dugongs: are they omnivores? J. Mammal. 76, 163-171.

Pyenson, N.D., Lindberg, D.R., 2011. What happened to gray whales during the Pleistocene? the ecological impact of sea-level change on benthic feeding areas in the North Pacific Ocean. PLoS ONE 6, e21295.

Pyenson, N.D., Goldbogen, J.A., Shadwick, R.E., 2012. Mandible allometry in extant and fossil Balaenopteridae (Cetacea: Mammalia): the largest vertebrate skeletal element and its role in rorqual feeding. Biol. J. Linn. Soc. 108, 586-599.

Pyenson, N.D., Goldbogen, J.A., Vogl, A.W., Szathmay, G., Drake, R.L., Shadwick, R.E., 2012. Discovery of a sensory organ that coordinates lunge feeding in rorquals. Nature 485, 498-501.

Pyle, P., Schramm, M.J., Keiper, C., Anderson, S.D., 1999. Predation on a white shark (*Carcharodon carcharias*) by a killer whale (*Orcinus orca*) and a possible case of competitive displacement. Mar. Mamm. Sci. 15, 563-568.

Quiring, D.P., Harlan, C.F., 1953. On the anatomy of the manatee. J. Mamm. 34, 192-203.

Racicot, R.A., Deméré, T.A., Beatty, B.L., Boessenecker, R.W., 2014. Unique feeding morphology in a new prognathous extinct porpoise from the Pliocene of California. Curr. Biol. 24, 774-779.

Ralls, K., Hatfield, B.B., Siniff, D.B., 1995. Foraging patterns of California sea otters as indicated by telemetry. Can. J. Zool. 73, 523-531.

Reed, J.Z., Tollit, D.J., Thompson, P.M., Amos, W., 1997. Molecular scatology: the use of molecular genetic analysis to assign species, sex and individual identity to seal faeces. Mol. Ecol. 6, 225-234.

Reidenberg, J.S., Laitman, J.T., 2007. Blowing bubbles: an aquatic adaptation that risks protection of the respiratory tract in humpback whales (*Megaptera novaeangliae*). Anat. Rec. 290, 569-580.

Reynolds III, J.E., Rommel, S.A., 1996. Structure and function of the gastrointestinal tract of the Florida manatee, *Trichechus manatus latirostris*. Anat. Rec. 245, 539-558.

Rice, D.W., Wolman, A.A., 1971. The life history and ecology of the gray whale (*Eschrichtius robustus*). Am. Soc. Mammal. Spec. Publ. 3, 1-42.

Rice, D.W., Wolman, A.A., 1990. The stomach of *Kogia breviceps*. J. Mammal. 71, 237-242.

Riedman, M., Estes, J., 1990. The sea otter (*Enhydra lutris*): behavior, ecology and natural history. U.S. Fish. Wildl. Serv. Biol. Rep. 90.

Riesch, R., Barrett-Lennard, L.G., Ellis, G.M., Ford, J.K.B., Deeke, V.B., 2012. Cultural traditions and the evolution of reproductive isolation: ecological specialization in killer whales. Biol. J. Linn. Soc. 106, 1–17.

Robinson, P. W., Simmons, S. E., Crocker, D. E., Costa, D. P., 2010. Measurements of foraging success in a highly pelagic marine predator, the northern elephant seal. J. Anim. Ecol. 79, 1146–1156.

Robinson, P. W., Costa, D. P., Crocker, D. E., Gallo-Reynoso, J. P., Champagne, C. D., Fowler, M. A., Goetsch, C., Goetz, K. T., Hassrick, J. T., Hickstadt, L. A., Kuhn, C. E., Maresh, J. L., Maxwell, S. M., McDonald, B. I., Peterson, S. H., Simmons, S. E., Teutschel, N. M., Villegas-Amtmann, S., Yoda, T., 2012. Foraging behavior and success of a mesopelagic predator in the northeast Pacific Ocean: insights from a data-rich species, the northern elephant seal. PLoS ONE 7, e36728.

Robson, B. W., Goebel, M. E., Baker, J. D., Ream, R. R., Loughlin, T. R., Francis, R. C., Antonelis, G. A., Costa, D. P., 2004. Separation of foraging habitat among breeding sites of a colonial marine predator, the northern fur seal (*Callorhinus ursinus*). Can. J. Zool. 82, 20–29.

Rodhouse, P. G., Arnbom, T. R., Fedak, M. A., Yeatman, J., Murray, A. W. A., 1992. Cephalopod prey of the southern elephant seal, *Mirounga leonina* L. Can. J. Zool. 70, 1007–1015.

Rosen, D. A. S., Tollit, D. J., 2012. Effects of phylogeny and prey type on fatty acid calibration coefficients in three pinniped species: implications for the QFASA dietary quantification technique. Mar. Ecol. Prog. Ser. 467, 263–276.

Rossbach, K. A., Herzing, D. L., 1997. Underwater observations of benthic-feeding bottlenose dolphins (*Tursiops truncatus*) near Grand Bahama Island. Bahamas. Mar. Mamm. Sci. 13, 498–504.

Schick, R. S., New, L. F., Thomas, L., Costa, D. P., Hindell, M. A., McMahon, C. R., Robinson, P. W., Simmons, S. E., Thums, M., Harwood, J., Clark, J. S., 2013. Estimating resource acquisition and at-sea body condition of a marine predator. J. Anim. Ecol. 82, 1300–1315.

Schumacher, U., Mein, P., Plotz, J., Welsch, U., 1995. Histological, histochemical, and ultrastructural investigations on the gastrointestinal system of Antarctic seals: Weddell seal (*Leptonychotes weddellii*) and crabeater seal (*Lobodon carcinophagus*). J. Morphol. 225, 229–249.

Sekiguchi, K., Best, P. B., 1992. New information on the feeding habits and baleen morphology of the pygmy right whale *Caperea marginata*. Mar. Mamm. Sci. 8,288-293.

Seymour, J., Horstmann-Dehn, L., Wooller, M. J., 2014. Proportion of higher trophic-level prey in the diet of Pacific walruses (*Odobenus rosmarus divergens*). Polar Biol. 37,941-952.

Sharpe, F. A., Dill, L. M., 1997. The behavior of Pacific herring schools in response to artificial humpback whale bubbles. Can. J. Zool. 75,725-730.

Silva, M. A., Prieto, R., Jansen, I., Baumgartner, M. F., Santos, R. S., 2013. North Atlantic blue and fin whales suspend their spring migration to forage in middle latitudes: building up energy reserves for the journey. PLoS ONE 8,e76507.

Simon, M., Johnson, M., Tyack, P., Madsen, P. T., 2009. Behavior and kinematics of continuous ram filtration in bowhead whales (*Balaena mysticetus*). Proc. R. Soc. Biol. B 276, 3819-3828.

Slijper, E. J., 1979. Whales. Hutchison, London.

Slip, D. J., 1995. The diet of southern elephant seals (*Mirounga leonina*) from Heard Island. Can. J. Zool. 73,1519-1528.

Smith, S. J., Iverson, S. J., Bowen, W. D., 1997. Fatty acid signatures and classification trees: new tools for investigating the foraging ecology of seals. Can. J. Fish. Aquat. Sci. 54, 1377-1386.

Smolker, R., Richards, A., Conner, R., Mann, J., Berggren, P., 1997. Sponge carrying by dolphins (Delphinidae, Tursiops sp.): a foraging specialization involving tool use? Ethology 103,454-465.

Steinberg, P. D., Estes, J. A., Winter, F. C., 1995. Evolutionary consequences of food chain length in kelp forest communities. Proc. Natl. Acad. Sci. U.S.A. 92,8145-8148.

Stempniewicz, L., Kidawa, D., Barcikowski, M., Iliszko, L., 2014. Unusual hunting and feeding behaviour of polar bears on Spitsbergen. Polar Rec. 50,216-219.

Stewart, B. S., 1997. Ontogeny of differential migration and sexual segregation in northern elephant seals. J. Mammal. 78,1101-1116.

Stewart, B. S., DeLong, R. L., 1993. Seasonal dispersion and habitat use of foraging northern elephant seals. Symp. Zool. Soc. Lond. 66,179-194.

Stirling, I., 1988. Polar Bears. University of Michigan Press, Ann Arbor.

Stirling, I., 2002. Polar bears and seals in the eastern Beaufort Sea and Amundsen Gulf: a synthesis of population trends and ecological relationships over three decades. Arctic 55, 59–76.

Sumich, J. L., 1986. Latitudinal Distribution, Calf Growth and Metabolism, and Reproductive Energetics of Gray Whales, *Eschrichtius robustus* (Ph.D. thesis). Oregon State University, Corvallis.

Sumich, J. L., 2001. Growth of baleen of a rehabilitating gray whale calf. Aquat. Mamm. 27, 234–238.

Szewciw, D. G., Grime, G. W., Fudge, D. S., 2010. Calcification provides mechanical reinforcement to whale baleen α-keratin. Proc. Biol. Sci. 277, 2597–2605.

Takahashi, K., Yamasaki, F., 1972. Digestive tract of ganges dolphin, *Platanista gangetica*. II. Small and large intestines. Okajimas Folia Anat. Jpn 48, 427–452.

Tarpley, R., 1985. Gross and Microscopic Anatomy of the Tongue and Gastrointestinal Tract of the Bowhead Whale (*Balaena mysticetus*) (Ph.D dissertation). Texas A and M University, College Station, Texas.

Tarpy, C., 1979. Killer whale attack!. Nat. Geogr. 155, 542–545.

Thewissen, J. G. M., Madar, S. I., Hussain, S. T., 1996. *Ambulocetus natans*, an Eocene cetacean (Mammalia) from Pakistan. Cour. Forschungsinst. Senckenberg 191, 1–86.

Thewissen, J. G. M., Sensor, J. D., Clementz, M. T., Bajpai, S., 2011. Evolution of dental wear and diet during the origin of whales. Paleobiol. 37, 655–669.

Tinker, M. T., Bentall, G., Estes, J. A., 2008. Food limitation leads to behavioral diversification and dietary specialization in sea otters. Proc. Natl. Acad. Sci. 105, 560–565.

Tinker, M. T., Mangel, M., Estes, J. A., 2009. Learning to be different: acquired skills, social learning, frequency dependence, and environmental variation can cause behaviourally mediated foraging specializations. Evol. Ecol. Res. 11, 841–869.

Tucker, S., Bowen, W. D., Iverson, S. J., 2008. Convergence of diet estimates derived from fatty acids and stable isotopes within individual grey seals. Mar. Ecol. Prog. Ser. 354, 267–276.

Vaughn, T. A., 1986. Mammalogy, third ed. W.B. Saunders, Philadelphia.

Velez-Juarbe, J., Domning, D. P., Pyenson, N. D., 2012. Iterative Evolution of Sympatric Seacow (Dugongidae, Sirenia) Assemblages during the Past ~26 Million Years. PLoS ONE 7 (2), e31294.

Wathne, J.A., Haug, T., Lydersen, C., 2000. Prey preferences and niche overlap of ringed seals *Phoca hispida* and harp seals *P. groenlandica* in the Barents Sea. Mar. Ecol. Prog. Ser. 194, 233–239.

Wallace, S.D., Lavigne, D.M., 1992. A Review of Stomach Contents of Harp Seals (*Phoca groenlandica*) from the Northwest Atlantic. Technical Report No. 92-03. International Marine Mammal Association, Inc., Guelph, Ontario, Canada.

Walters, A., Lea, M.A., van den Hoff, J., Field, I.C., Virtue, P., Sokolov, S., Pinkerton, M.H., Hindell, M.A., 2014. Spatially explicit estimates of prey consumption reveal a new krill predator in the Southern Ocean. PLos ONE 9 (1), e86452..

Ware, C., Wiley, D.N., Friedlander, A.S., Weinrich, M., Hazen, E.L., Bocconcelli, A., Parks, S. E., Stimpert, A.K., Thompson, M.A., Abernathy, K., 2013. Bottom side-roll feeding by humpback whales (*Megaptera novaeangliae*) in the southern Gulf of Maine, U.S.A. Mar. Mamm. Sci. 30, 494–511.

Watt, C.A., Ferguson, S.H., 2014. Fatty acids and stable isotopes (^{13}C and ^{15}N) reveal changes in narwhal (*Monodon monceros*) diet linked to migration patterns. Mar. Mamm. Sci.

Weinrich, M.T., Schilling, M.R., Belt, C.R., 1992. Evidence for acquisition of a novel feeding behaviour: lobtail feeding in humpback whales, *Megaptera novaeangliae*. Anim. Behav. 44, 1059–1072.

Werth, A.J., 2000. A kinematic study of suction feeding and associated behavior in the long-finned pilot whale, *Globicephala melas* (Traill). Mar. Mamm. Sci. 16, 299–314.

Werth, A.J., 2000. Feeding in marine mammals. In: Schwenk, K. (Ed.), Feeding. Academic Press, San Diego, CA, pp. 487–526.

Werth, A.J., 2006. Odontocete suction feeding: experimental analysis of water flow and head shape. J. Morphol. 267, 1415–1428.

Werth, A.J., 2007. Adaptations of the cetacean hyolingual apparatus for aquatic feeding and thermoregulation. Anat. Rec. 290, 546–568.

Werth, A.J., 2012. Hydrodynamic and sensory factors governing response of copepods to simulated predation by balaenid whales. Int. J. Ecol.

Werth, A.J., 2013. Flow-dependent porosity and other biomechanical properties of mysticete baleen. J. Exp. Biol. 216, 1152–1159.

Williams, T. M., Shippe, S. F., Rothe, M. J., 1996. Strategies for reducing foraging costs in dolphins. In: Greenstreet, S.P.R., Tasker, M.L. (Eds.), Aquatic Predators and Their Prey. Blackwell Science, Oxford, pp. 4-9.

Williams, T. M., Fuiman, L. A., Horning, M., Davis, R. W., 2004. The cost of foraging by a marine predator, the Weddell seal *Leptonychotes weddellii*: pricing by the stroke. J. Exp. Biol. 207, 973-982.

Wiley, D., Bocconcelli, A., Cholewiak, D., Friedlaeder, A., Thompson, M., Weinrich, M., 2011. Underwater components of humpback whale bubble-net feeding behaviour. Behav 148, 575-602.

Yablokov, A. V., 1966. Variability of Mammals. NSF/Smithsonian Institution. VA. NTIS, Springfield.

Yablokov, A.V., Bel'kovich, V.M., Botisov, V.I., 1972. Whales and Dolphins. Nauka, Moscow.

Yamasaki, F., Komatsu, S., Kamiya, T., 1980. A comparative study on the tongues of manatee and dugong (Sirenia). Sci. Rep. Whales Res. Inst. 32, 127-144.

Ydesen, K. S., Wisniewska, D. M., Hansen, J. D., Beedholm, K., Johnson, M., Madsen, P. T., 2014. What a jerk: prey engulfment revealed by high-rate, super-cranial accelerometry on a harbour seal (*Phoca vitulina*). J. Exp. Biol. 217, 2239-2243.

Young, S., Deméré, T. A., Ekdale, E. G., Berta, A., Zellmer, N., 2015. Morphometrics and structure of complete baleen racks in gray whales (*Eschrichtius robustus*) from the eastern North Pacific Ocean. Anat. Rec. http://dx.doi.org/10.002/ar.23108.

第 13 章　生殖结构、策略和模式

13.1　导言

　　动物个体的生殖适度取决于它们是否能在个体寿命结束之前成功繁殖，或将遗传信息传递给后代。高适度的个体比低适度的个体产生更多后代，并通过自然选择，将更多基因备份转移给后代。同其他哺乳动物一样，雄性和雌性海洋哺乳动物之间产生配子的成本具有显著差异（精子大量而廉价；卵细胞稀缺而珍贵），这确定了如下进化阶段：相同物种内，雄性和雌性生殖过程的角色迥异。雌性哺乳动物除要产生相对珍贵的卵细胞外，还要承担所有的怀孕、哺乳成本，以及与出生后的照料有关的大部分（如果不是全部）其他成本。因此，雄性能够在繁殖活动中相对自由地投入能量：控制其他雄性接近雌性，与尽可能多的雌性交配，或者以其他方式与其他雄性竞争（例如，精子竞争）。

　　所有海洋哺乳动物类群都具有一些源于其胎盘哺乳动物祖先的共同的繁殖特征。这些基本的繁殖条件反映在照料和养育幼年动物的策略，以及这些动物的生命史中（本章和后面章节将对此进行讨论）。性别的决定是基于雄性**配子异型**（雄性具有 XY 性染色体）和雌性**同配生殖**（雌性具有 XX 性染色体）。其他一些脊椎动物类群采用各种各样的性别决定机制，相比之下，哺乳动物的雄性配子异型迫使哺乳动物的性别决定机制走入进化的死角。性别比例几乎总是非常接近 1∶1（关于哺乳动物的生殖例外，见弗雷德加，1988 年），不过在一些繁殖条件下（例如，见尼科尔斯等，2014 年），其他性别比例可能更具适应性，例如温和的一夫多妻制和极端的一夫多妻制（见布尔和恰尔诺夫，1985年，关于该主题的论述）。因其他一夫多妻的雄性的行为而完全被排除在繁殖之外的那些雄性，其生殖适度为零，雄性配子异型杜绝了性别转换的可能性（在其他一些脊椎动物类群中，性别转换是可能的）以实现更高的雌性生殖适度。

所有胎盘哺乳动物的**妊娠**期都较长，胚胎和胎儿在母体的子宫内发育。怀孕由绒毛膜促性腺激素维持，这种胎盘激素可阻止母体在幼体出生（分娩）之前继续排卵。海洋哺乳动物幼体在出生时即达到早熟（以一种高级发育状态出生）：所有鲸目动物和海牛目动物在出生后能够立即游泳；海豹在出生后能够在冰上或陆地上移动，一些种类还能在出生后很短的时间内游泳（例如，港海豹（*Phoca vitulina*）和髯海豹（*Erignathus barbatus*））。在出生后的一段时间内——冠海豹（*Cystophora cristata*）为4天（鲍恩等，1985年；里德森等，1997年），一些海狮、海象（*Odobenus rosmarus*）、北极熊（*Ursus maritimus*）、齿鲸类和海牛目动物可达数年——母亲会产生富含脂肪的母乳，满足它们营养依赖的后代的发育之需。由于比母亲小的新生儿具有较大的相对表面积和较薄的脂肪或鲸脂层，它们的热耗率比成年动物更高（见第9章）。因此，体型较小的海洋哺乳动物趋向于产生与母亲的体型相比相对更大的后代（图13.1）。

海洋哺乳动物的生殖器官和相关结构是哺乳动物的典型结构，也具有一些特化结构以适应身体的流线型，在鳍脚类中，这些特化结构还能保护睾丸和乳头，避免它们在陆地运动时受到损伤。

下一节描述了生殖结构的特化。我们还研究了在海洋哺乳动物中观察到的各种各样的交配方式。在本章，术语"生育"包括生殖过程的两个不同部分：**交配**（择偶和性交）和**分娩**（鲸类和海牛类的生产；鳍脚类和海獭（*Enhydra lutris*）的产仔；北极熊（*Ursus maritimus*）的生仔）。显而易见，雌性既参与交配也要完成分娩，而雄性仅参与交

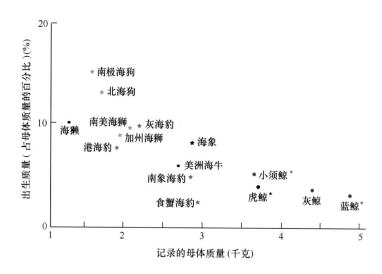

图 13.1　15 种海洋哺乳动物的出生质量（占母体质量的百分比）
它们的身体质量可相差几个数量级

注：*体重根据体长和周长测量值估算；来源参见表 13.1、表 13.5 和科瓦奇和拉维尼（1986 年 a, b, 1992 年 a）

配。哺乳动物的交配方式通常与该物种的广义社会组织有关，而且在此方面，海洋哺乳动物并无例外。对于海洋哺乳动物的许多物种，繁殖活动占据了其漫长年度迁徙的一端。因此，须鲸类和许多鳍脚类每年常在相同地点、近乎相同时间进行交配和分娩。而对于其他海洋哺乳动物，例如海獭和许多齿鲸，其生育的时段散布在全年，仅有一定程度上的季节性。这些物种在交配和分娩时，常停留在有限的活动范围中。因此，本章还在更广的背景下讨论了海洋哺乳动物的社会组织。

13.2　生殖系统的解剖学和生理学

13.2.1　生殖系统结构

雄性——海豹类的睾丸位于阴茎侧面的腹股沟（图 13.2）。海狮类的睾丸位于腹股沟环外，该结构称为阴囊，与陆地食肉目动物类似。海象的睾丸位于鲸脂中肌肉发达的腹壁外，处于阴茎基部的侧面，但在交配季（费伊，1982年）或夏季温暖天气中，该结构表现出发展为阴囊的趋势。与所有食肉目（Carnivora）动物类似，鳍脚类有一条**阴茎骨**，为海绵体的骨化的前端（图13.3）。海象和所有海豹的阴茎骨比海狮大（金，1983年）；但相对于海豹类或海象（*Odobenus rosmarus*），海狮类的阴茎骨形状更复杂（摩尔乔恩，1975年；米勒等，2000年）。睾丸为卵形，其横截面为圆形，长为宽的2倍。在生命的早期，每只睾丸的重量随着年龄的增长而增加，快速的突发生长与性成熟的开始有关。菲茨帕特里克等（2012年）证实，鳍脚类身体质量的快速分化、性二型性（SSD）和生殖器的形态受到了性选择的驱动，阴茎骨的长度似乎与交配后性选择的强度呈正相关。此外，海豹的生殖器长度和睾丸质量与交配前的投资呈负相关（另见下文）。

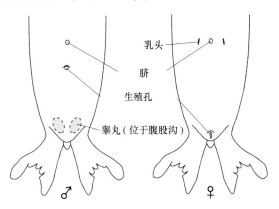

图13.2 鳍脚类的外部性别差异

（根据劳斯和辛哈（1993年）作品重绘）

精子在睾丸中产生，然后进入附睾。所有哺乳动物的附睾是长而缠绕的管状结构，位于每只睾丸的侧面。精子沿着管状的附睾通行，并储存在附睾尾部附近，此间精子发育成熟。起源于附睾的输精管，连同睾

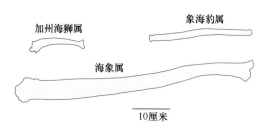

图 13.3 鳍脚类动物的 3 个属（加州海狮、北象海豹和海象）成年雄性的阴茎骨

丸韧带和血管，通过一个开口进入腹腔。精子通过较短的输精管进入尿道，然后射精时从阴茎射出。围绕膀胱颈部的前列腺可分泌液体，起到滋养和运输精子的作用（劳斯和辛哈，1993 年）。

在鲸目动物中，两性间仅有一处明显的外观差异：肛缝和生殖缝之间的距离。在雄性鲸豚类中，该距离约为体长的 10%；而在雌性中，生殖缝与肛缝似乎延续在一起，并且每侧还有一条乳腺缝（图 13.4）。所有鲸目动物的睾丸均位于腹腔，在肾脏旁略向后的位置。它们为拉长的圆柱形，横截面为卵形或圆形。一些鲸目物种的睾丸重量与体重之比（图 13.5）非常高，是哺乳动物的最高纪录之一（例如，阿特金森，2009 年；戴尼斯等，2014 年）。典型的哺乳动物副属腺仅有围绕着泌尿生殖道的前列腺。

与鲸目动物的情况类似，在海牛目动物中，生殖孔与肛门之间的距离是判断性别的最可靠指标。雄性的生殖孔位于脐带痕与肛门之间，但更靠近脐带痕；而雌性的生殖缝与肛缝延续在一起。如前所述，雄性儒艮（*Dugong dugon*）具有长牙，这是一种第二性征。

鲸目动物和海牛目动物都不具有阴茎骨。当处于回缩状态时，阴茎完全隐藏在身体内（图 13.6）。大型须鲸的纤维弹性组织的阴茎可长达 2.5~3 米，直径可达 30 厘米（斯利珀，1966 年）。所有鲸目动物的阴茎都通过肌纤维勃起，而不通过血管舒张。纤维弹性组织的阴茎和相关

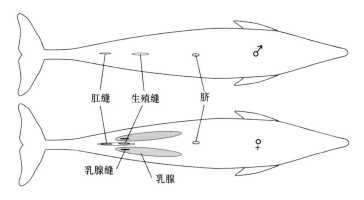

图 13.4　鲸目动物的两性外部差异

的阴茎缩肌似乎是偶蹄类动物和鲸目动物共有的衍征（帕布斯特等，1998 年）。基于解剖结构的限制，研究者认为所有鲸目动物都面对面地性交，但人们很少观察到鲸类的性交。

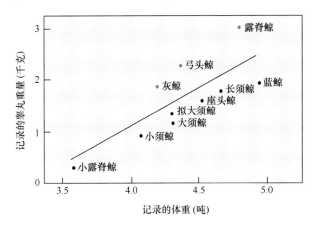

图 13.5　10 种须鲸的体型与睾丸大小之间的一般关系

其中 3 种须鲸具有相对较大的睾丸（位于斜线上方），认为它们会（按比例）产生较大数量的精子，以与其他雄性的精子竞争（根据布劳内尔和罗尔斯（1986 年）作品重绘）

海牛属所有种（*Trichechus* spp.）和儒艮的睾丸位于腹部，并且储精囊较大（图 13.7）。海牛的非腺性的前列腺由勃起肌肉组织组成（考

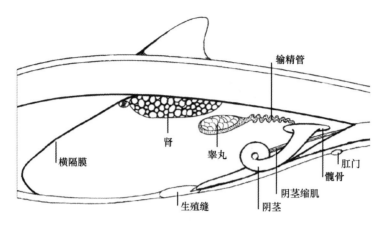

图 13.6　雄性鲸目动物的生殖系统

（根据斯利珀（1966 年）作品修正）

德威尔和考德威尔，1985 年）；儒艮没有前列腺。儒艮的尿道球型腺组织散布于靠近阴茎基部的肌肉中（西胁和马尔什，1985 年）。

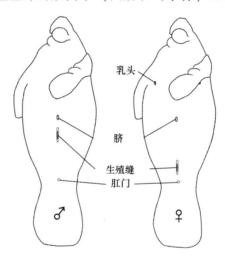

图 13.7　海牛目动物的两性外观差异

（根据雷诺兹和奥德尔（1991 年）作品修正）

雌性——鳍脚类动物的卵巢接近腹腔的后外侧壁，位于肾脏附近，并封闭在大腹膜囊中（图 13.8）。卵巢的大小和形状取决于雌性的年龄和繁殖状态。在怀孕期间，卵泡经历重要的生理变化并发展为**黄体**，在怀孕期间，黄体产生的激素具有维持胎盘的作用。出生后，黄体退化为一个小而坚硬的结构，称为**卵巢白体**。在海洋哺乳动物中，一个可识别的卵巢白体的持续时间因物种和个体的不同而有差异；在一些物种中，卵巢白体的残余部分可能继续存在几年时间（劳斯和辛哈，1993 年）。同大部分哺乳动物一样，它们的子宫是双角的。在后部，子宫的角联结，形成一个短的子宫。它们的阴道长，并通过肉质的处女膜状褶皱与前庭分离（图 13.8）。雌性海豹的生殖系统具有独特的处女膜状褶皱，其包含的肌细胞可有锁住阴道的作用。外阴部的锁状结构能够在雄性插入之后缩小阴道腔，从而在性交时排除出水、沙、卵石和碎片，或在潜水时防止海水进入（阿特金森，1997 年）。肛门和前庭开口均位于一道共同的皱纹中，有肌肉组织（括约肌）围绕着此皱纹。鳍脚类可具有阴蒂，但它非常小，甚至在同一物种内，阴蒂的外观也不规则（金，1983 年）。

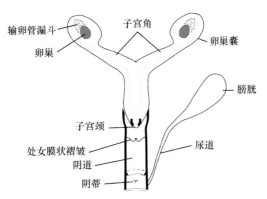

图 13.8　雌性鳍脚类的生殖系统

（根据金（1983 年）作品修正）

鲸目动物有两个卵巢，位于腹腔（图 13.9），齿鲸类动物的卵巢被包裹在深而发育良好的卵巢囊中,而须鲸类动物的卵巢较为裸露。须鲸类动物的卵巢为拉长的椭圆形并盘绕,而齿鲸类动物的卵巢是通常光滑的球形。成熟的鲸的卵巢类似于一串葡萄,其中"葡萄"是指凸出的不同发育阶段的卵泡。关于须鲸类动物卵巢的形态学和组织学细节,见佩兰和多诺万(1984年)及阿特金森(1997年)的论著。劳斯(1962年)和斯利珀(1966年)以通俗的语言描述了卵泡的发育,哈里森(1969年)专门论述了长须鲸(*Balaenoptera physalus*)的卵泡发育,莱斯和沃尔曼(1971年)专门论述了灰鲸(*Eschrichtius robustus*)的卵泡发育。

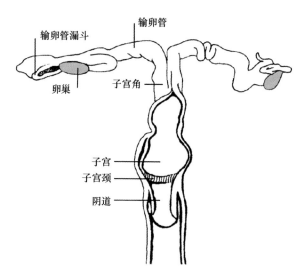

图 13.9　雌性鲸目动物的生殖系统

大部分鲸目动物都有一个特质:卵巢白体在整个寿命中存留(图 13.10),研究者从中获得了它们过去的排卵记录。这使研究者能够研究鲸目动物的生育史并估算鲸类个体的年龄;每个卵巢白体代表了一次排卵(但未必是一次妊娠;另见第 14 章)。在一些齿鲸中,包括鼠海豚科,左卵巢通常占主导且更活跃(至少最初如此);须鲸类动物则与此不同,它们的两个卵巢都具有全部功能,自性成熟开始即能够排卵。鲸目动物的子宫是双角的，与鳍脚类动物相似。它们的阴道覆盖着纵向和横向的褶皱，称为"伪子宫颈"，这是一个偶蹄类动物和鲸目动物共有的特征（帕布斯特等，1998年）。

图 13.10　太平洋短吻海豚（*Lagenorhynchus obliquidens*）
的左卵巢，显示乳头体

（哈里森和布莱登，1988年）

儒艮的卵巢非常大（可长达15厘米），为扁平的椭圆体。每个卵巢隐藏在背腹壁的腹膜陷凹中，位于肾脏后、输尿管侧（西胁和马尔什，1985年）。海牛的卵巢包含大量念珠状小球体（图13.11），没有沉重的被膜衣（考德威尔和考德威尔，1985年）。海牛目动物的子宫是双角的。儒艮的阴道是一条长直的管道，管腔非常宽阔，在管腔的穹窿部有一块凸起的角质化盾形区，进入穹窿可见子宫颈。它们的阴蒂具有一个较大的圆锥形阴蒂头（西胁和马尔什，1985年）。

图 13.11 成熟的佛罗里达海牛（*Trichechus manatus latirostris*）
卵巢上的念珠状小球体（箭头）

（马蒙泰尔，1995 年）

海獭的卵巢大致为透镜形、压缩的椭圆体，上有简单或复杂分枝的表面狭缝（埃斯蒂斯，1980 年）。辛哈等（1966 年）描述了不同阶段的发情期和妊娠导致的卵巢形状的变化和双角子宫大体解剖学和组织学的变化。

海豹类和海狮类的乳腺大小和形状不同。海狮类和海象有 4 个乳头，位于腹壁腹侧，在肚脐前后。髯海豹（*Erignathus barbatus*）和僧海豹属所有种（*Monachus* spp.）也有 4 个乳头，而所有其他海豹类的腹部仅有 2 个乳头，邻近肚脐或在肚脐后（见图 13.2）（金，1983 年；斯图尔特和斯图尔特，2002 年）。所有鳍脚类的乳头均伸缩自如。

鲸目动物的乳房由长而扁平的腺体组成，这些腺体沿着腹部分布，位于泌尿生殖褶的两侧（见图 13.4）。它们的导管通向每侧的单个乳头（位于乳腺缝内），并且在静息状态下，两侧的乳头均收缩在皮肤袋内（雅布罗科夫等，1972 年）。乳腺的厚度（深度）取决于雌性的性状态。在蓝鲸（*Balaenoptera musculus*）和长须鲸中，未成熟的乳腺较薄（厚度约 2.5 厘米），并随着性成熟的开始而变厚。在评估雌性鲸类个体的生殖状态中，乳腺的深度和颜色是重要的标准（洛克耶，1984年）。

海牛目动物的乳腺由每侧的单个乳头组成，大致位于鳍肢后缘的腋窝处（见图13.7；哈里森和金，1980年）。

海獭有2个功能性的乳房，北极熊有4个。这两个物种可能反映了海洋哺乳动物乳房变小的进化趋势（将在第14章继续讨论；德罗什，1990年；斯图尔特和斯图尔特，2002年）。北极熊普遍具有额外的乳头（即，雌性有5个或6个乳头）。

13.2.2 排卵和发情期

海洋哺乳动物的生殖以受到神经和内分泌系统调节的周期性事件为特征，特别是受到生殖激素和分泌它们的器官之间的相互反馈调节（波默罗伊，2011年）。对于许多物种，这种周期与用于繁殖和觅食的年度迁徙模式密不可分（本章后文和第12章对此进行了描述）。

海洋哺乳动物的排卵周期包括卵泡生长、卵细胞（通常只有1个）从卵泡中释放，随后是黄体在破裂的卵泡处发育。如果受精过程确实发生，则卵泡和黄体提供了必要的激素，使子宫为卵细胞的着床做好准备。**发情期**这个术语既界定了雌性哺乳动物的最大生殖容受期，也界定了相关的容受行为。发情期出现于排卵时和排卵后不久，但不同海洋哺乳动物类群的具体时间不同。海豹类和海狮类有**产后发情期**，即发情期紧接在分娩后，先前在一侧卵巢中孕育的黄体在此时迅速退化，同时卵泡在对侧卵巢中迅速生长；其中一个卵泡排卵，从而开始下一周期。大部分海狮在分娩后的4~14天交配，然后它们第一次在幼兽出生后进入海中，不过一些海狮物种在分娩完成的1个月后才交配，然后重新开始觅食之旅（例如，北海狮，*Eumetopias jubatus*）（博内斯，2002年）。在海豹类中，分娩和发情期交配之间的时间延迟较为多变，但发情期总是在哺乳期行将结束时或幼兽断奶后不久发生（里德曼，1990年；阿特金森，1997年）。海象是**多次发情动物**：雌性海象大约在产后4个月时进入发情期，但此时雄性海象不产生精子；大约 6 个月之后，它们再次进入发情期，届时雄性海象才活跃地产生精子，可发生受精过程。大部分鳍脚类动物在机能上为每年发情一次，即每年仅有一次发情周期（波默罗伊，2011 年）。

与在陆地上繁育的鳍脚类相比，鲸目动物的发情期和交配更难于记录，所以一般而言，大部分鲸类物种的繁殖事件的时间信息并不为人熟知。自成熟开始，须鲸类的两个卵巢似乎完全具有功能，关于卵巢活动限于特定一侧的证据很少或没有证据。齿鲸类的左卵巢表现出更多的活动性，特别是在生育年龄早期（波默罗伊，2011 年，和其中引用的参考文献）。怀孕期通常持续 11~18 个月，并且几乎所有鲸目动物均表现出多年的生殖周期（表 13.1），它们的交配和分娩通常至少分隔一年（有时两年或多年）。高纬度的齿鲸，例如白鲸（*Delphinapterus leucas*），以及所有迁徙的须鲸均具有界定清晰的季节性发情期和交配期（埃文斯，1987 年），不过就这些鲸类物种的许多成员而言，在全年中均可观察到它们类似交配的行为。

表 13.1 一些海洋哺乳动物的出生体重、总怀孕期和生育间隔

物种	出生质量近似值（千克）	总怀孕期（月）	生育间隔（年）	来源
鳍脚类	见表 13.2			
海豹类				
地中海僧海豹	22		1	舒尔茨和鲍恩（2005 年）[a]
夏威夷僧海豹	10.7		1	舒尔茨和鲍恩（2005 年）[a]
北象海豹	40		1	舒尔茨和鲍恩（2005 年）[a]
南象海豹	42.6		1	舒尔茨和鲍恩（2005 年）[a]
冠海豹	22.6		1	舒尔茨和鲍恩（2005 年）[a]
髯海豹	36		1	舒尔茨和鲍恩（2005 年）[a]

续表 13.1

物种	出生质量近似值（千克）	总怀孕期（月）	生育间隔（年）	来源
豹形海豹	35		1	舒尔茨和鲍恩（2005年）[a]
威德尔海豹	27.1		1	舒尔茨和鲍恩（2005年）[a]
食蟹海豹	30.7		1	舒尔茨和鲍恩（2005年）[a]
港海豹	11		1	舒尔茨和鲍恩（2005年）[a]
竖琴海豹	10.8		1	舒尔茨和鲍恩（2005年）[a]
灰海豹	16		1	舒尔茨和鲍恩（2005年）[a]
带纹环斑海豹	10.5		1	舒尔茨和鲍恩（2005年）[a]
斑海豹	11.5		1	舒尔茨和鲍恩（2005年）[a]
海狮类				
加州海狮	8		1	舒尔茨和鲍恩（2005年）[a]
南极海狗	6		1	舒尔茨和鲍恩（2005年）[a]
北海狮	21.1		1	舒尔茨和鲍恩（2005年）[a]
南海狮	13		1	舒尔茨和鲍恩（2005年）[a]
澳洲海狮	7.7		18个月	舒尔茨和鲍恩（2005年）[a]
新西兰海狮	7.6		1	舒尔茨和鲍恩（2005年）[a]
北海狗	5.5		1	舒尔茨和鲍恩（2005年）[a]
南美海狗	4.2		1	舒尔茨和鲍恩（2005年）[a]
亚南极海狗	4.7		1	舒尔茨和鲍恩（2005年）[a]
南极海狗	5.5		1	舒尔茨和鲍恩（2005年）[a]
南非海狗	6.8		1	舒尔茨和鲍恩（2005年）[a]
新西兰海狗	3.9		1	舒尔茨和鲍恩（2005年）[a]
海象	63.4		4~5	波默罗伊（2011年）[a]
鲸目动物				

续表 13.1

物种	出生质量近似值（千克）	总怀孕期（月）	生育间隔（年）	来源
齿鲸类				
白腰鼠海豚	na	11~11.4	na	波默罗伊（2011年）[a]
鼠海豚	na	10~11	na	波默罗伊（2011年）[a]
宽吻海豚	na	12	na	波默罗伊（2011年）[a]
飞旋海豚	na	9.5~10.7	na	波默罗伊（2011年）[a]
虎鲸	200	17（12~15）	5	波默罗伊（2011年）[a]
抹香鲸	1050	15~16	3	波默罗伊（2011年）[a]
须鲸类				
小露脊鲸		ca. 12		波默罗伊（2011年）[a]
露脊鲸		10	3~4	波默罗伊（2011年）[a]
弓头鲸		12~13	3~4	波默罗伊（2011年）[a]
长须鲸		11	2	波默罗伊（2011年）[a]
座头鲸		11.5~12	2	波默罗伊（2011年）[a]
小须鲸	230	10~11	1~2	波默罗伊（2011年）[a]
蓝鲸	2500	11	2~3	波默罗伊（2011年）[a]
灰鲸	920	11~13	2	波默罗伊（2011年）[a]
海牛目动物				
佛罗里达海牛	30~50	12~14	2~5	马尔什等（2011年）[a]
儒艮	25~35	14.5（12.4~17.3）	3~7	马尔什等（2011年）[a]
其他海洋哺乳动物				
海獭	2	6~7	1	詹姆森和约翰逊（1993年）
北极熊	0.7	8	2~4	德罗什和斯特林（1995年）

符号：na＝无可用数据；[a] 见原始文献来源

许多须鲸类物种在排卵（和随后的受精）时机上存在一些不确定性。例如，经过对灰鲸的卵巢进行的一项历史调查，莱斯和沃尔曼（1971年）发现，所有（n = 28）向南迁徙、不携带近期胎儿的成熟雌性灰鲸（*Eschrichtius robustus*）已在不久前排卵，并且据推测处于非常早期的怀孕中。莱斯和沃尔曼（1971年）是在加州中部的外海对这些灰鲸进行的研究，因此认为它们的排卵和受精时间发生得更早，地点位于它们向南迁徙路线的北部。在灰鲸向南迁徙的后段，特别是在此次迁徙的南方目的地——冬季"繁殖"潟湖中度过的大约一个月期间，研究者观察到成年灰鲸表现出精力充沛的大范围求爱和交配行为，可能以受精为目标。如果雌性灰鲸在进入冬季潟湖之前已经排卵并怀孕，则我们根据直接历史调查推导的大致受精时间与基于灰鲸交配行为野外观察的证据不一致。

海牛和儒艮是**多卵**动物，它们每次怀孕时会产生数量庞大的黄体（图13.11）。大量的黄体可能为它们所必需，量之大足以产生充足的黄体酮以维持妊娠（马蒙泰尔，1995年）。

在海獭中，无论配偶关系是否形成，均可发生交配。如果配偶关系形成，该配偶期通常为1~4天。在配偶关系解散后不久，雌性海獭的性容受期即告结束，这说明海獭的发情期平均为3~4天（里德曼和埃斯蒂斯，1990年）。

在野外和圈养环境下的观察表明，北极熊是诱导排卵的动物，只有当雌性因雄性的出现和性活动而兴奋时，才会发生排卵。北极熊在春季交配，但胚泡的着床延迟至秋季。在胚泡着床时，雌性北极熊停止进食并进入洞穴以度过冬季，在洞穴中它们既不吃食物也不饮水（拉姆齐和斯特林，1988年）。

在海洋哺乳动物中，一些物种存在生殖衰老现象，然而所有生殖衰老细节的模式尚未得到研究。加州海狮（*Zalophus californianus*）的生育率随着年龄的增长而下降（梅林等，2012年），而领航鲸属所有种

(*Globicephala* spp.）和虎鲸（*Orcinus orca*）的寿命远远超出它们的生育年龄（约翰斯通和坎特，2010年）。虎鲸是高度社会化的物种，年老的雌性虎鲸会在绝经后帮助照料族群内的幼鲸。

13.2.3 怀孕和分娩

哺乳动物的怀孕期持续时间长短不一：袋狸最短，为12.5天；象类最长，为22~24个月（菲尔德汉默等，2007年）。陆地哺乳动物的怀孕期持续时间大致与胎儿的大小有关，较大的胎儿需要更长的怀孕期以完成发育。对于一些不具有产后发情期的海洋哺乳动物而言，它们的分娩和受精于每年的同一时间在相同的地理位置发生，并且大部分物种的怀孕期介于11~17个月之间，而不论其体型大小（表13.1）。对于在繁殖期外广泛分布于辽阔海洋中的海洋哺乳动物，它们的年度模式会根据实际情况而调整。然而，也有海洋哺乳动物保持着严格的年度周期，这意味着一些动物必须减缓发育周期，而另一些动物必须延长发育的时间。鳍脚类、海獭和北极熊全都具有季节性延迟的着床过程以适应年度周期，而许多大型鲸目动物必须加速胎儿的发育，从而在一年内完成怀孕期。

鳍脚类的所有物种都在陆地上或冰上分娩，而且其中一些还在岸上（或冰上）交配，因此通过（至少间歇地）观察已知个体自交配日起到出生的过程，可推定它们的怀孕期。大部分鳍脚类物种在分娩时，幼兽的头部首先出来，但臀部先出来的现象也普遍。鲸目动物和海牛目动物在水中进行交配和分娩，大部分新生幼兽的尾部首先出来。人们很少在野外观察到鲸目动物的分娩（对灰鲸分娩的描述，见巴尔科姆，1974年；米尔斯和米尔斯，1979年；对露脊鲸属（*Eubalaena* spp.）的描述，见拜斯特，1981年）。此外，研究者试图在视觉上确定发生受精过程的实际时刻，但这因一些鲸目动物的另类交配行为而变得错综复杂，此种交配行为具有非生殖的社交作用，而非产生受精作用（约翰逊和诺里斯，1994年）。

大部分鳍脚类物种都具有产后发情期的特征，即在交配和分娩之间建立起近一年的时间框架，即使胎儿发育的完成不需要一整年的时间。在鳍脚类中，生殖年周期的例外是澳大利亚海狮（Neophoca cinerea），它们的生殖周期历时17～18个月（见阿特金森，1997年引用的参考文献）。这可解释为对海洋环境特征（低营养物浓度和斑块分布的低猎物丰度）的一种适应性，圈养的澳洲海狮缩短的怀孕期（表13.2）佐证了这一观点。将不到一年的怀孕期在年度时间框架内调整的生殖现象称为**季节性延迟着床**，也称为胚胎滞育（见桑德尔，1990年，对此主题的综述）。在季节性延迟着床中，受精卵经历数次细胞分裂，形成由数百个细胞组成的中空球状胚泡，之后在数周至数月的时间内（取决于不同的物种）在雌性的子宫中处于未分化的状态（表13.2）。在此次延迟之后，胚泡着床进入子宫内壁，胚胎和子宫壁之间发育出胎盘连接，并且胚胎在剩余的怀孕期中继续正常生长和发育（图13.12）。延迟着床大幅延长了发育妊娠期，这使得交配能够发生在成年个体的聚居地中，而非发生在它们在海中分散时。这种繁殖策略使怀孕期的长度具有灵活性，从而将分娩和交配整合进一段相对较短的时期中，并使幼体能够在生存条件最理想时出生。关键的交配期未必紧接在分娩之后，但一些物种的交配期可能与断奶时间或哺乳后禁食的结束有关，届时无经验的幼兽已可利用食物。人们尚未深入了解控制延迟着床的生理和激素机制。此外，当胚泡着床发生时，大部分海洋哺乳动物处于人们难以接近的海中，因此研究者尚无法确定一些物种的延迟着床时间（里德曼，1990年）。不过，研究者已知或认为，延迟着床发生在所有种类的鳍脚类、海獭和北极熊以及一些种类的陆地哺乳动物中，但不发生在海牛目或鲸目动物中。延迟着床的繁殖策略需要精确的着床时机，以实现前文所述的效益。据坦特（1994年）报道，在许多鳍脚类物种的聚居地中，幼体每年的平均出生日期普遍时间精确，并且他认为一些物种的出生时间呈现出显著的纬度（梯度）变化。研究认为，在北美洲东海岸沿线的西大西洋港海豹（*Phoca vitulina concolor*）聚居地中，这些海豹分娩时间的精确度和纬度变化是对光周期变化的一种响应（坦特，1994年）。幼港海豹种群时间和纬度的梯度变化可由下列因素引起：① 选择性因素的地理变异，或许邻近种群之间的基因交换有缓和的作用；② 对于墨西哥和美国华盛顿州西海岸之间的种群，非选择性环境变量，例如光周期的区域变化。然而，港海豹指名亚种（*Phoca vitulina vitulina*）的分娩时间与纬度不相关；而在东太平洋港海豹（*Phoca vitulina richardsi*）中，发现了3种不同的模式：① 在下加利福尼亚和华盛顿海岸之间延伸着一个明显单向的纬度渐变群；② 在美国华盛顿州皮吉特湾和加拿大不列颠哥伦比亚省温哥华岛的聚居地中，分娩发生的时间比华盛顿州海岸平均晚65天；③ 不列颠哥伦比亚北部和阿拉斯加的种群，不表现为纬度方向的渐变群（坦特等，1991年）。

表 13.2　一些海洋哺乳动物的怀孕期发育和延迟着床的持续时间

（两者之和等于表 13.1 中列出的总怀孕期持续时间）

物种	怀孕期时间（月）	延迟着床（月）	来源
鳍脚类			
海豹类			
地中海僧海豹	9~11	?	阿特金森，1997 年
夏威夷僧海豹	9~11	?	阿特金森，1997 年
北象海豹	11	?	阿特金森，1997 年
南象海豹	11	3~4.5	阿特金森，1997 年
港海豹	9~11	1.5~3.5	阿特金森，1997 年
斑海豹	5~10	1.5~4	阿特金森，1997 年
带纹环斑海豹	11	2~2.5	阿特金森，1997 年
竖琴海豹	11	2~3	阿特金森，1997 年

续表 13.2

物种	怀孕期时间（月）	延迟着床（月）	来源
灰海豹	11	3.5	阿特金森，1997 年
髯海豹	11	1.5~3.5	阿特金森，1997 年
冠海豹	12	3~5	阿特金森，1997 年
威德尔海豹	10	1~2	阿特金森，1997 年
食蟹海豹	9~10	1~2	阿特金森，1997 年
豹形海豹	10~12	0~1	阿特金森，1997 年
罗斯海豹	?	2.3	阿特金森，1997 年
海狮类			
加州海狮	11~12	?	阿特金森，1997 年
北海狮	11.5	3.5	阿特金森，1997 年
南海狮	11	?	阿特金森，1997 年
澳洲海狮	17.5	4.5	阿特金森，1997 年
新西兰海狮	11~12	?	阿特金森，1997 年
北海狗	12	3~5	阿特金森，1997 年
南美海狗	11~12	?	阿特金森，1997 年
亚南极海狗	12	4~5	阿特金森，1997 年
南极海狗	11~12	?	阿特金森，1997 年
南非海狗	11~12	3~5	阿特金森，1997 年
新西兰海狗	11~12	?	阿特金森，1997 年
海象	10~11	4~5	里德曼（1990 年）[a]
其他海洋哺乳动物			
海獭	4	2~3	詹姆森和约翰逊（1993 年）
北极熊	4	4	斯特林（1988 年）

注：[a] 原始资料参见阿特金森（1997 年）论著，另有说明的除外

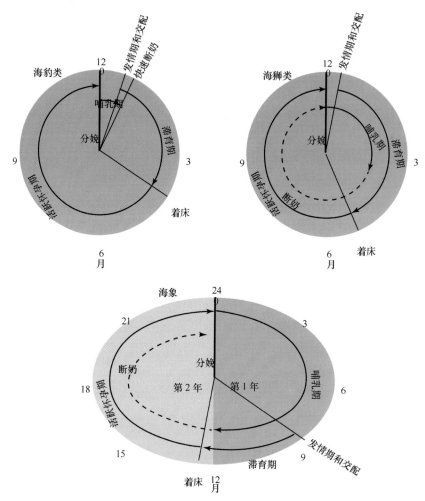

图 13.12 鳍脚类动物的一般化年生殖周期,包括延迟着床(深色)时间和怀孕期发育(浅色)时间

(根据苏密西(1996 年)作品修正)

除北极熊外的所有海洋哺乳动物都具有单胎生的典型特征,而北极熊在正常情况下会生 2 头或 3 头幼熊。在野外环境下,鳍脚类(博宁等,2012 年)和鲸目动物罕有确认的多胎生情况,而在圈养环境下,仅报道了少数"双胞胎"案例和两个已证实的"三胞胎"案例(均为

灰海豹）（斯波特，1982 年）。目前尚不清楚，海豹在野外生一窝幼仔的情况是否有成功的可能，但哺乳期的高能量成本可能是 1 头以上幼仔成功断奶的障碍，并因此作为强选择压力，阻止了多胎出生的现象。

须鲸类动物的怀孕期为 10~13 个月（表 13.1，图 13.13）。在冬季月份，北半球和南半球的大型须鲸都会长距离迁徙至低纬度海区并禁食，它们会在温暖、通常安全的水域中产仔，据推测也会进行交配（拜斯特，1982 年）。灰鲸的迁徙路线清楚地说明了这些迁徙和繁殖时机与行为之间的关系。莱斯和沃尔曼（1971 年）、荷晶和马特（1984 年）、普尔（1984 年）和佩里曼等（1999 年）研究了灰鲸的迁徙时间。总而言之，这些研究证实，灰鲸的年度迁徙作为两种叠加模式存在，与成年雌性的繁殖状态有关（图 13.14）。每年有 1/3 至 1/2 的成年雌性灰鲸怀孕。这些近期怀孕的雌性灰鲸比其他灰鲸提早两周离开白令海，开始向南迁徙（莱斯和沃尔曼，1971 年；图 13.14 中的虚线）。此后，非怀孕的成年雌性与成年雄性一起，开始向南移动（这两个群体与较早离开的怀孕雌性部分重叠）。这些较晚抵达的灰鲸也会在大约 30 天之后首先离开潟湖（A 阶段，图 13.14）。在潟湖和毗邻的沿岸海区，带着新生幼鲸的大部分哺乳期母灰鲸会占据潟湖内部更安全的区域，直到其他动物离开，从而与其他年龄和性别组保持空间隔离（诺里斯等，1983 年；琼斯和斯沃茨，1984 年）。较早抵达的雌性灰鲸会在下一个春季（在约 80 天后；琼斯和斯沃茨，1984 年）和它们的幼鲸一道，最后离开墨西哥的产仔潟湖（B 阶段，图 13.14）。

齿鲸类与须鲸类不同，它们普遍不进行如此大范围跨越纬度的迁徙。齿鲸类动物的怀孕期为 7~17 个月（表 13.1）。在齿鲸类动物中，怀孕期长度、胎儿的生长速率和出生时幼鲸的大小之间似乎存在一种关系。同长吻原海豚（*Stenella longirostris*）、大西洋斑纹海豚（*Lagenorhynchus acutus*）等较小的海豚相比，体型较大的海豚科成员（例如，虎鲸和领航鲸）的怀孕期更长（佩兰和莱利，1984 年）。齿

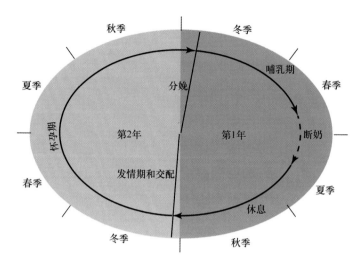

图 13.13　长须鲸和灰鲸的两年生殖周期

（根据麦金托什（1966 年）作品修正）

鲸类通常产生单一后代，幼鲸在身体上发育良好，但在社交上尚未充分发展。长期的后天社会学习是齿鲸类正常发展的关键要素（见荷晶，1997 年）。

海牛的怀孕期持续约 1 年（12~14 个月，见马尔什等，2011 年）。幼海牛于出生约 1 年后断奶，但可能在断奶后再留在母亲身边 1 年，之后才独立生活（马蒙泰尔，1995 年）。因此，雌性海牛的产仔间隔为 2.5~5 年。据估算，儒艮的怀孕期为 14.5 个月，其生殖间隔较长，为 3~6.8 年（见马尔什等，2011 年）。

在约 6 个月的怀孕期之后，雌性海獭在深冬或早春产仔，通常为单胎（詹姆森和约翰逊，1993 年）。海獭可能在陆地上或在水中分娩。经过演化，似乎海獭产仔的季节性时间与食物供应最充沛的时期重合，从而极大地有利于幼兽成长。同海獭类似，北极熊的怀孕期比其他海洋哺乳动物短。幼熊在 12 月末或 1 月初以极度晚成的状态出生：它们的眼睛紧闭，重量小于 0.5 千克。在约 3 个月后的 3 月，母熊带着幼熊走出

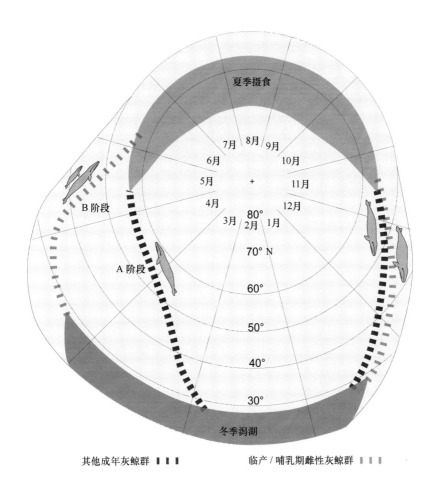

图 13.14　灰鲸在年度迁徙周期中的纬度变化（作为繁殖状态的功能）

（根据苏密西（1986 年 b）作品修正）

洞穴，此时环斑海豹（*Pusa hispida*）正处于产仔高峰期。幼熊大约会留在母熊身边 2.5 年，因此北极熊的生殖间隔可达数年。与陆地哺乳动物相比，北极熊的繁殖率较低。雌性北极熊的平均生育间隔为 2~3 年，有时甚至可达 4 年。北极熊的低繁殖产出可归因于晚成熟、独居和较长生殖间隔的综合作用（德罗什和斯特林，1995 年）。

13.3 交配系统

海洋哺乳动物在与生育有关的社交行为中表现出相当大的差异,它们可分为两大类:一夫多妻制和混交制。一些鳍脚类(例如,象海豹属所有种(*Mirounga* spp.)和北海狗(*Callorhinus ursinus*))为极端的**一夫多妻制**,在一个繁殖季中,一头成功的雄性可与很多雌性交配。同所有哺乳动物一样,海洋哺乳动物也倾向于采用一夫多妻制,因为两性在基本的生殖生理机能和解剖结构方面差异悬殊(见 13.2 节)。雄性可产生数量庞大、能量成本较低的配子,并很少参与亲代养育行为。与之相反,雌性总是在有生之年中产生数量较少、能量成本高的配子;它们既要承担怀孕和哺乳期的所有能量成本,也要在后代出生后承担大部分或全部亲代养育成本。因此,雄性面临的性选择压力在根本上不同于雌性(埃姆伦和欧林,1977 年)。雄性的交配策略通常是,在每个繁殖季中力图与尽可能多的雌性交配,但它们要承担被排除在繁殖活动之外、以致无法产生任何后代的高风险。相比之下,雌性的交配策略涉及的繁殖排除风险较低,但这导致它们在每个生殖周期中产生单一的后代(北极熊产生 1~3 头幼熊)。在大体型可赋予某种性别的成员以繁殖优势的物种中,同种雄性和雌性在最大繁殖利益上的矛盾与体型**两性异形有关**(图 13.15)。鳍脚类物种具有显著的两性异形,通常认为是通过性选择演化的结果,但一些研究认为,两性间生态位分离的优势是原动力(冈萨雷斯·苏亚雷兹和卡西尼,2014 年;克鲁格等,2014 年)。性选择肯定会驱动(雄性)炫耀式性征或武器的演化。例如,一角鲸(*Monodon monoceros*)和喙鲸的长牙以及一些海狮的大胸盾也影响它们的阴茎骨长度和睾丸大小(菲茨帕特里克等,2012 年),它们的颜色、形状和气味差异,以及成年雄性和雌性的非常不同的行为模式,包括不同的语音库的演化(罗尔斯和麦斯尼克,2002 年)。

部分鲸目动物、部分海豹,以及海牛目动物具有混杂的交配系统,

图 13.15　雄性（右）和雌性（左）北象海豹（*Mirounga angustirostris*）显示极端的两性异形

即一些性行为活跃的成年雄性在短时间内与一群发情期雌性有密切联系。其他鲸目动物、大部分鳍脚类动物、海獭和北极熊表现出各种形式的一夫多妻制。在北极熊中，一些幼熊将一头以上的雄性作为父亲，因此虽然雄性北极熊试图保卫配偶，但雌性仍明确地存在一些混乱的性关系。一些一夫多妻的鳍脚类动物表现出经典的领地或雄性支配现象，并且这些物种中的极端情况使得鳍脚类动物的交配系统引发了极大的研究关注。然而，一些物种或个体也采用各种替代性策略，与经典的领地-雄性主导系统不同（见下文）。

13.3.1　鳍脚类动物的交配系统

鳍脚类动物的交配系统的主要决定因素是系统发育因素（即，延迟着床、产后发情期和哺乳期，雌性单独承担喂养幼兽的责任）和生态因素（即，摄食和生育的空间和时间隔离，以及限制社交因素的繁殖区特征，例如性选择和社会聚集；见巴塞洛缪，1970 年，弗格森，2006 年，和其中的参考文献）。鳍脚类动物的交配系统既包括混交系统也包括最极端程度的一夫多妻制。在混交系统中，两性的成员在繁殖季中可能都与一个以上的性伙伴交配（例如，竖琴海豹，

Pagophilus groenlandicus），而一夫多妻制为哺乳动物中的常见情况。在一夫多妻制的物种中，仅有极少数成年育龄雄性能在特定年份中与所有性容受期的雌性种群交配。例如，研究者记录到，北海狗的雄性个体可占有多达 100 头以上的雌性。在海中摄食的温血鳍脚类动物发展出了水生适应性（例如，适合水中运动的鳍肢），但它们又必须到陆地上进行繁殖活动，同样的适应性就成为它们自如运动、分娩和照料幼仔的限制因素。根据基本的两分法可推断，鳍脚类动物有向极端的一夫多妻制进化的倾向（图 13.16；巴塞洛缪，1970 年；斯特林，1975 年，1983 年；雷波夫，1986 年，1991 年；博内斯，1991 年）。鳍脚类物种或种群的一夫多妻程度主要取决于雌性在繁殖期聚集的紧密程度，以及雄性能够在何种程度上限制其他雄性接近雌性。在一次繁殖季中，一头雄性能够交配的雌性数量受到下列因素的影响：分娩栖息地的物理结构（包括是否方便入水）、在水中还是在陆地上交配，以及雌性的种内攻击性（保持个体间距）。

大约一半的鳍脚类物种在陆地上分娩和交配。它们的繁殖地通常位于大型陆地捕食者难以接近的岛上或隔离的大陆滩和沙洲上。因此，可获得的繁殖地空间有限，雌性密集地挤在一起。由于在拥挤的繁殖地中可能频繁地发生母子分离，有时确实会出现**异亲抚育**，或称收养行为，不过这属于罕见情况；无法与母亲重聚的幼仔通常无法存活。这对鳍脚类的母子联系构成了强选择压力，促使它们发展出各种相互识别的方法（例如，嗅觉、良好的空间位置技能，特别是对声音的识别；例如，查瑞尔等，2010 年；皮彻等，2010 年）。繁殖地有固定的地理位置，加之每年的繁殖时间保持不变，因此雄性能够预见雌性的回归，并会在雌性回归之前争夺繁殖领地（海狮类）或建立优势等级（象海豹和在陆地上繁殖的灰海豹（*Halichoerus grypus*））。雌性可预见足够的繁殖地和高质量的育龄雄性。在陆地上分娩和交配的所有鳍脚类物种都是一夫多妻制，其中大部分为显著的两性异形物种，雄性表现出明显的第二性征

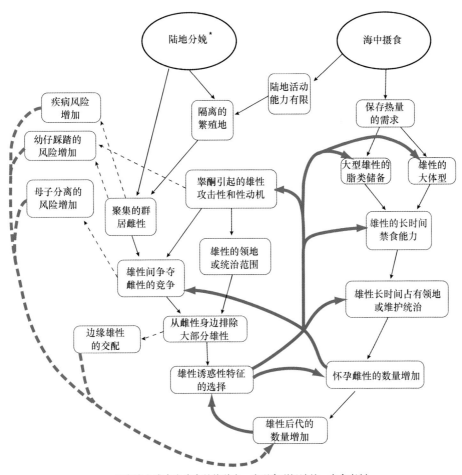

* 在冰上或水中生育的物种中，未观察到极端的一夫多妻制

图 13.16　鳍脚类物种一夫多妻制演化的简化模型（突出雄性特征）

注：箭头将一夫多妻制的典型鳍脚类物种的主要特征联系起来，彩色箭头表示正（实线）和负（虚线）反馈环路（根据巴塞洛缪（1970 年）作品修正）

（斯特林，1975 年，1983 年；罗尔斯和麦斯尼克，2002 年）。例如，在最有利的繁殖条件下，成年雄性北象海豹（*Mirounga angustirostris*）为成年雌性的 5～6 倍大，而雄性南象海豹（*Mirounga leonina*）的最大体重可达雌性的 10 倍（雷波夫和劳斯，1994 年）。除体型更大外，雄性

北象海豹（*Mirounga angustirostris*）还具有额外的第二性征，包括延长的鼻器、变大的犬齿和颈部的角质化厚皮肤。有研究者认为，可膨胀的长鼻是成年雄性象海豹的最明显特征（彩图 6）。雌性象海豹的鼻部不扩大。雄性象海豹的长鼻在 2 岁左右开始发育，在 8 岁左右长到最大。鼻腔内有一个膨大的结节，为鼻中隔所分隔。雄性通过肌肉运动和血压完成长鼻的膨胀，而较少借助呼吸系统。在膨胀时，口鼻部的顶部形成了高而双裂片的垫，其前端足够长，以致下垂在张开的口前面。喷鼻声和其他发声因此发生两次偏转，向下进入张开的口和咽（共振腔）。冠海豹也具有一个结构复杂的鼻部展示器官（见下文）。除体型较大外，成熟的雄性海狮还以厚而硕大的颈盾皮毛为典型的第二性征（见米勒，1991 年）。

在大部分海狮的领地系统中，它们会建立并保卫一块固定的空间以满足雌性及其幼仔的需要，围绕着该空间会循环出现竞争行为。这种类型的交配系统称为**资源防卫—夫多妻制**（博内斯，1991 年）。表现出此种形式交配系统的物种普遍具有一些特征：① 领地雄性在雌性之前到达；② 雌性在用于分娩的地理邻域中具有较高容受性；③ 繁殖地的底质稳定但不连续，有利于防御；④ 雄性间的等级一经确定，雄性间很少再出现侵犯性互动。体型不够大，以致不能维护或占领一块领地的雄性极少出现在主要繁殖区内，不过它们通常停留在毗邻主要繁殖区的水中，实际上它们确实会实现一些成功的繁殖活动。这些较小的雄性通常使用边缘或潜入策略以实现一些繁殖机会（麦斯等，2014 年）。领地雄性能够识别并区分本地雄性和外来雄性的发声，它们对外来雄性的反应更强烈（阿塔尔德等，2010 年）；此类报道也见于使用声信号宣告交配权的海豹类中（查瑞尔等，2013 年）。北海狗的繁殖行为是典型的资源防卫型系统，对于该系统产生作用的细节，我们的理解大多来自甘特利（1998 年）从事的一项长期研究，研究对象是普罗比洛夫群岛的北海狗。成年雄性北海狗通常会在其繁殖寿命中维护一块已建立的特定领地

（图13.17）。

图13.17 大群雌性北海狗，领地雄性位于右下角

（照片提供：J 哈维）

在领地防卫行为中，最常见的是两头雄性使用发声和威胁展示，而非进行身体搏斗，但雄性间有时确会爆发激烈的战斗。如果雄性的体型更大、在有利位置占据了更大的领地、具有长时间禁食的能力、维持更长的领地占有期，并更频繁地保卫领地，则它们就享有更多的交配机会（图13.16）。雄性鳍脚类保卫的资源因物种不同而有差异，这取决于该物种的生态需求。例如，地中海僧海豹（*Monachus monachus*）虽然是一种在水中繁殖的物种，但雄性僧海豹会保卫雌性赖以产仔的洞穴入口，以实现一定程度上的一夫多妻制（帕斯托等，2011年），而在冰上生育的灰海豹会守卫雌性用以进入水中的冰层洞口。

海狮类的一些物种在领地行为方面存在差异。例如，雄性北海狮在完全进入繁殖状态之前就已抵达繁殖区。通常情况下，它们在资源匮乏的领地开始繁殖活动，繁殖成功率较低，但经过数年的发展，它们的竞争优势逐渐增强（基斯纳，1985年）。一头雄性北海狮一旦成功地获取并维持住一块领地，它会发展与毗邻领地的雄性的关系，这些邻居可能已占据其领地数年之久（希金斯等，1988年）。雄性的繁殖成功率可经数年的发展而提高，研究表明，它们的社会联系、记忆和认知技能似乎与身体素质同等重要。在智利海狗（*Arctocephalus philippii*）中可见另一种情况：哺乳期雌性不会长时间停留在陆地上，当天气炎热时，高温迫使雄性和雌性海狗进入水中。一些雄性会预见雌性聚集的区域，并据此控制水中的专属领地；其他雄性控制内陆领地或海岸线领地——雌性在那里分娩和照料它们的新生幼仔（弗朗西斯和博内斯，1991年）。领地行为的一个极端案例是秘鲁的南美海狮（*Otaria byronia*），雄性占据沿着海岸线的位置，因雌性每天来此乘凉。交配发生在水边，但雄性不能垄断或限制雌性。因此，雌性可以自由选择它们的配偶，而雄性须采取一种类似于求偶场的策略以试图吸引配偶。这种不寻常的情况可认为是一种进化的产物，归因于极不平衡的性别比、延长的繁殖季时间，以及该地区非常温暖的亚热带气候（索托和特里特斯，2011年）。

一夫多妻制、在陆地上分娩和交配的海豹类，例如象海豹，不像海狮类那样保卫地理上固定的繁殖领地，而是在雄性群体中确立优势等级以占有大群雌性。这种类型的交配系统通常称为**雌性（后宫）防卫一夫多妻制**。同雄性海狮类似，象海豹在繁殖季的全程禁食（北象海豹的繁殖季超过3个月），雄性象海豹硕大的身体有利于增加脂类储备，这使它们具有明显的优势，能够成功地承受住长期禁食的挑战（克罗克等，2012年）。在等级制度下，雄性统治者（或首领）占有并保卫附近的雌性，防止社会地位较低的雄性接近雌性。在加州中部海岸的阿诺努耶佛岛，人们用超过50年的时间集中研究了北象海豹的繁殖行为（雷波夫和劳斯，1994年；雷波夫等，2011年）。在充满雌性的区域，一头雄性首领能够控制大约50头雌性。由于大部分雌性需要更大的繁殖地面积，在更大的群体中，一头雄性首领难以从所有雌性的身边驱除竞争的雄性。即使如此，仍有不到10%的雄性设法在其寿命中与占有的全部雌性交配，其中非常成功的雄性可与100头或更多的雌性交配（雷波夫和莱特，1988年）。雄性北象海豹的交配成功率与雄性的体型正相关（哈雷等，1994年），不过当雄性控制雌性群体很久之后情况会发生变化（克林顿和雷波夫，1993年）。其他因素，例如战斗经验，可能影响到实际的交配成功率（莫迪格，1996年）；而其他鳍脚类物种也是如此，例如在灰海豹中，雄性的经验似乎对繁殖的成功很重要（里德加尔德等，2012年）。

在前文描述的所有领地或等级系统中，地位较低的雄性往往采用欺骗策略。在一些物种中，非领地雄性会在雌性进入海中的路线上拦截雌性。地位较低的雄性使用的另一种策略是混入大群雌性之中，因雄性首领在雌性群体中可能迷乱。雌性通常会远离这些入侵的雄性，或发出声音抗议地位较低的雄性试图交配的行为，从而吸引更高等级雄性的注意（博内斯等，1982年）。在南美海狮和澳洲海狮中，可观察到或许是最著名的雄性欺骗策略：非领地雄性协同突袭，进入繁殖雄性的领地，防御的雄性不能同时应对所有突袭者，于是一些入侵者能够强行与雌性交配，或在引起的暂时混乱中诱拐雌性（马洛，1975年；坎帕尼亚等，1988年；卡西尼和维拉，1990年）。一头雌性在一个群体（特别是大群体）中的位置，决定了它是否成为边缘雄性易于得手的目标。年龄较大或地位更高的雌性接近雌性群体的中心，它们更可能与雄性首领交配，而另一些雌性被推向后宫的边缘，暴露于地位较低雄性的突袭范围内。这些入侵的雄性也对幼仔构成了一种风险，因为入侵者经常试图与幼仔交配，以致劫持并杀死幼仔。因此，卫星策略使雌性群体聚集得更紧密（图13.16）。文献中还提到了"分解"雌性群体的其他策略。希斯（2002年）提出，在加州海狮（*Zalophus californianus*）中，雌性会主动地选择配偶，并且交配区远离它们通常照料幼仔的地方。因此，一头雄性加州海狮完成的交配次数可能与雄性领地中的雌性数量无关，然而一些占优势的雄性仍会践行极端的一夫多妻制，而雌性在选择配偶中表现出高度的团结一致。加州海狮的繁殖地温度较高，因此它们需要在每天中午进入水中，这似乎是加州海狮演化出此种交配系统的驱动力，领地雄性的一夫多妻平均程度总体上降低（弗拉茨等，2012 年；波霍尔克兹·格雷拉等，2014 年）。在领地系统内，理想的密度和雄性入侵的数量有明确的限制，适当的分散和规避对雌性有利（见奥格等，2009 年；格伯等，2010 年；博宁等，2014 年）。在一夫多妻制系统内，繁殖季的延长也可使更多雄性获得成功繁殖的机会。如果雌性的发情期延长，则雄性个体无法长时间占有雌性群体或与特定年份和地区的所有育龄雌性交配（例如，波尔施曼恩等，2010 年）。

另有 3 种海豹类物种在陆地上分娩，但在水中交配：港海豹、夏威夷僧海豹（*Neomonachus schauinslandi*）和地中海僧海豹。对这些海豹的交配系统的记录详略不一，但研究认为这 3 个物种均为程度较低的一夫多妻制。雄性港海豹似乎会沿着觅食的雌性频繁经过的路线挑选和占据展示区，它们在那里进行声音展示以吸引配偶（汉基和舒斯特曼，1994 年；范·帕里斯等，1997 年，2003 年 a）。雄性发起和雌性的接触，而雌性会接受一头雄性，同时拒绝其他雄性（艾伦，1985 年）。人们在美国加州海岸外摄制了小群雄性港海豹的影片，其中一头处于优势地位的雄性港海豹发出歌声，而其他一些不发声的雄性紧密地陪伴着歌唱者，但人们尚未知晓这些群体的意义。研究者在塞布尔岛上对港海豹的小型繁殖种群进行了微卫星 DNA 标记，从而记录到港海豹的交配系统为程度较低的一夫多妻制（科尔特曼等，1998 年）。聚扰行为是在最近几十年间出现的一种现象，由侵略性十足、试图与雌性交配的雄性夏威夷僧海豹引起（奥尔康，1984 年）。一些年轻的成年雌性和幼年海豹受到了这种行为的伤害（乔安诺斯等，1990 年），此外，人们认为，受伤的雌性海豹受到鲨鱼捕食的风险更高。研究认为，性别比例中雄性高于雌性是造成这种现象的原因，但尚不清楚这种情况最初是如何产生的（雷波夫和麦斯尼克，1990 年）。

大约有 1/3 的鳍脚类物种在冰上分娩，并且所有这些物种均在水中交配。在冰上生育的海豹包括：南冰洋的威德尔海豹（*Leptonychotes weddellii*）、豹形海豹（*Hydrurga leptonyx*）、罗斯海豹（*Ommatophoca rossii*）和食蟹海豹（*Lobodon carcinophaga*），以及北半球的斑海豹、环斑海豹、带纹环斑海豹、髯海豹、冠海豹、贝加尔海豹（*Pusa sibirica*）、里海海豹（*Pusa caspica*）、竖琴海豹以及海象。由于水下研究存在后勤方面的困难，特别是建立冰层平台的困难，因此目前人类尚未深入研究其中一些物种的交配行为。然而，在数据充分的物种中，各种各样的交配系统和两性异形模式清晰可见。竖琴海豹接近单态性且性关系混乱，它们在非常开阔的浮冰区繁殖。雄性竖琴海豹有一种强烈的气味，而雌性没有。在繁殖区边缘的冰上，可见成对的雌雄竖琴海豹在一起，但尚不清楚它们能维持多久的配偶关系。带纹环斑海豹的两性体型相似，并且与竖琴海豹共享相似的生境，因此它们可能表现出与竖琴海豹类似的模式。冠海豹占据的生境在某种程度上与竖琴海豹相似，不过它们会在浮冰季节晚期选择大块浮冰聚集。但冠海豹哺乳期异常短暂，并且雌性聚集得非常松散，趋向于尽可能与水保持一定距离，因此雄性能够实现一定程度的一夫多妻制，冠海豹在体型上为显著的两性异形（科瓦奇，1990 年，1995 年；麦克雷和科瓦奇，1994 年）。雄性冠海豹会看护一头雌性（及其幼仔），直到雌性准备好给幼海豹断奶并与雄性交配，此间雄性会保卫其生育区，驱逐所有试图接近的其他雄性。当雌性准备好断奶时，看护的雄性与雌性一同进入水中。在一到两天内，雄性冠海豹回到繁殖地并试图与另一头雌性建立配偶关系。根据研究记录，冠海豹在一次繁殖季中可建立多达 8 次的配偶关系。在短暂而紧张的繁殖季期间，雄性很少进食或不进食（科瓦奇等，1996 年）。

同象海豹类似，雄性冠海豹也会展示头部的炫耀性特征，旨在吸引雌性和与其他雄性竞争。成年雄性冠海豹的鼻腔内膨大结构形成了一个可膨胀的囊。在放气收缩时，它悬垂在面部前方；而当充气膨胀时，它可在头顶上形成一个兜帽形的头冠（彩图 3）。性成熟雄性的头冠最大，用于求偶展示。在 4 岁前后，头冠开始发育，之后随着年龄的增长和体型的变大而增大。雄性到 13 岁时便具有了大头冠。当冠海豹受到打扰或者处于生育及交配季时，它们的头冠可充气膨胀。头冠为鼻中隔所分隔，其内壁上布满连续的鼻黏膜。头冠的皮肤富有弹性，其上的毛发较短且不太浓密（与身体其他部分相比）。头冠中没有鲸脂，为弹性组织所替代。围绕着鼻孔的肌纤维形成了环形缩肌，可将呼出的气体困在头冠内。冠海豹还有能力（通常用左鼻孔）吹起一个红色气球状结构，由鼻中隔可扩展的膜部分组成（彩图 3）。冠海豹通过闭合右鼻孔吹起"气球"，气体进入头冠后，它们通过肌肉活动放出头冠内的部分气体，并在闭合的鼻道内推动气体向下通行。压力导致弹性的鼻中隔膨胀，并通过另一侧的开放鼻孔，最终呈现为气球状结构。同冠海豹类似，斑海豹和食蟹海豹也在冰上度过交配季，并可能有一种与冠海豹相似的**保卫配偶**（连贯式一夫一妻制）系统，但关于这些物种尚无可获得的具体数据（见本特森和西尼夫，1981 年；伯恩斯，2002 年）。

研究者已知或推测，在冰上生育的威德尔海豹（*Leptonychotes weddellii*）、环斑海豹、髯海豹和海象在一定程度上为一夫多妻制，它们在冰上分娩、在水中交配。雄性威德尔海豹会守卫一片水下领地，位于多头雌性共用的冰层洞口之下（托马斯和科彻，1982 年；巴特什等，1992 年；哈考特等，1998 年，2000 年），它们还会以复杂的发声宣示其存在（托马斯和斯特林，1983 年；多伊隆等，2012 年）。其他南极海豹物种也会发出与交配有关的声信号，但发声的复杂性呈现出高度变化（范·奥普兹兰德等，2010 年）；今后人们将更多地研究这种发声的变化及与进化和环境的相关性。雄性环斑海豹也会维护一片"交配领地"，它们的领地与呼吸冰洞口和一些雌性的洞穴重叠（史密斯和哈米尔，1981 年；凯利等，2010 年）。它们相互之间会爆发战斗，造成的伤害集中在后鳍肢和尾部附近，但它们不发出任何复杂的声音，仅发出呼噜声和低吼声。雄性带纹环斑海豹（*Histriophoca fasciata*）的语音库也非常简单，它们在繁殖期中使用模式化的发声序列（琼斯等，2014年）。在北极海豹中，雄性髯海豹的发声最复杂，它们会在数年间守护固定的发声位置，某种程度上也取决于冰情（范·帕里斯等，2001年，2004年）。雌性髯海豹分散、活动能力强，并会选择雄性配偶（基于雄性交配领地的位置或雄性发声的一些特质）。雄性髯海豹的发声活动贯穿全年，但在春季海冰消退、繁殖活动发生时达到高峰（麦金泰尔等，2013年）。

雄性海象或是表现出一种类似于**求偶场**的系统，或是在水中表现为雌性防卫一夫多妻制，但对海象进行的研究很少，关于海象的很多领域依然未知。研究者将海象太平洋亚种（*Odobenus rosmarus divergens*）描述为一种类似于求偶场的交配系统。在繁殖季期间，雌性海象和幼海象在冰上栖息或在水中休息，而一头或多头成年雄性海象停留在水中的海象群旁边并进行复杂的水下展示，它们进行模式化的游泳，同时发出一系列令人惊奇的声音，与钟声或锣声相似。雄性海象的复杂展示行为使雌性有机会在选择配偶之前评估雄性的价值。根据描述，海象指名亚种（*Odobenus rosmarus rosmarus*）的交配系统不同于太平洋亚种。斯加尔和斯特林（1996年）提出，在加拿大高纬度北极地区登达斯岛的**冰间湖**（固定冰环绕的开阔水域）中，雄性海象会采取雌性防卫一夫多妻制，而非求偶场系统。在该地区，一头体型硕大的成熟雄性海象会控制一群（数头）雌性1~5天之久。一至两头雄性海象会长时间停留在海象群附近，在雌性决定选择的配偶时，雌性偏好的重要性并不明显（图13.18）。当陪伴海象群时，雄性海象会在水下连续地重复一首复杂、模式化的歌声（图11.17）。该区域内的其他性成熟的雄性海象或表现为安静的群体成员，或作为卫星雄性而发声，在一些情况下它们会扮演两种角色（斯加尔和斯特林，1996年）。雄性对海象群的陪伴行为表明，雄性通过在雌性群体间徘徊，尽可能地提高繁殖成功率，这种繁殖策略也是雄性抹香鲸（*Physeter macrocephalus*）的特征（怀特黑德，1993年）。在海象的两个亚种中，雄性会在展示中广泛地使用长牙。与雌性相比，成年雄性的长牙长得多且更坚固（米勒，1975年；费伊，1982年）。海象太平洋亚种和指名亚种的交配系统和繁殖行为存在差异，而海冰生境的易变性很可能是促成这些差异的因素之一。为更多地了解海象的繁殖行为，研究者必须使用仪器进行富有挑战性的工作，因为在北极，繁殖活动发生在黑暗笼罩的冬季期间。然而，在1月和2月的北极浮冰区深处，人们最近记录到海象的行为发生了显著改变，并认为与繁殖有关。雄性海象减少了海底潜水次数，在冰层厚而集中的海区进行多次深度较小的潜水，而不是在由冰间湖或稳定的冰间水道构成的开阔水域中潜水，这是因为水底地形特征导致此处形成了上升流（弗雷塔斯等，2009年）。

图13.18　北极冰间湖岸边的雌性和幼年海象群体，一头雄性海象在靠近冰间湖边的水面下歌唱（左上）（照片提供：I 斯特林/B 斯加尔）

与在陆地上生育的鳍脚类物种相比，在冰上生育的鳍脚类物种表现出一夫多妻制程度减弱的趋势，因为在水中或物理性质不稳定的环境中（例如浮冰上），雄性难以控制雌性或限制其他雄性接近雌性（斯特林，1975年，1983年）。广泛分布的海冰使育龄雌性分散，同时保护它们远离大部分捕食者并便于它们进入水中。然而，浮冰的位置、广度和解体时间有临时性和不可预测性，这将繁殖季限制在一个较短的时期内。一些在冰上生育的海豹为逆向两性异形，即雌性比雄性更大。研究表明，由于雄性威德尔海豹的体型比雌性小，雄性可能游泳时更灵活，作为潜在配偶也更具吸引力（雷波夫，1991年）。在水中交配的髯海豹可能也是如此：雌性比雄性更大。但是其他在水中交配的物种，例如港海豹和环斑海豹，表现出雄性更大的两性异形，因此对于海豹类中的两性异形模式，尚无完全令人满意的解释。研究结果反映了这种现象，例如科尔特曼等（1999年）报道认为，雄性港海豹的交配成功率与体型或繁殖努力不相关。许多在冰上生育的海豹发展出了复杂的水下发声，旨在展示吸引力和交配容受性（见第11章），包括竖琴海豹（*Pagophilus groenlandicus*）、威德尔海豹和髯海豹（例如，范·帕里斯等，2001年，2003年b，2004年；多伊隆等，2012年），水下发声可能在配偶选择中具有重要作用。

就生殖生物学而言，灰海豹令研究者着迷。它们既可在陆地上生育，也可在冰上生育，这取决于它们处于分布范围中的何处；它们在陆地上、冰上或水中交配。在两种不同的分娩环境中，雌性都会群聚，因此雄性灰海豹能在一定程度上阻止其他雄性接近雌性，但许多地方的雌性会经由水路出没，因此有可能遇见不出现在繁殖区等级制度中的雄性，并与之交配。在一些地点，包括北罗纳岛和塞布尔岛，雌性灰海豹在整个哺乳期都会停留在岸上，但至少在罗纳岛，父子关系与对交配成功率的岸基观察结果并不密切相关（威尔默等，1999年）。繁殖期灰海豹的社会结构似乎具有复杂的分层，人们对此的了解仍不够透彻（例如，波默罗伊等，2000年；里德加尔德等，2001年）。阿莫斯等（1995年）研究表明，雌性灰海豹倾向于在连续数年中生数只幼海豹，它们的父亲为相同的雄性，不过父亲不常陪伴母子。他们认为，交配的海豹可能在数年的时间内有相互识别的能力，并且在雌性发情期中发生的交配可远离"生育"海滩。在浮冰区繁殖的雄性灰海豹会建立等级制度，体型最大的雄性也倾向于守卫雌性用以进入海中的洞口，但显然其他雄性也会使用卫星策略并设法完成一些成功的繁殖行为（廷克等，1995年；里德加尔德等，2004年）。

分子遗传学技术使研究者能够在一夫多妻制的海豹中确定父亲身份，基于对陆地上交配活动的观察，研究者认为，领地雄性的后代数量可能不如先前认为的那样多（例如，威尔默等，1999年；格默尔等，2001年；里德加尔德等，2004年）。然而，其他研究基于一头雄性在繁殖场中的社会地位，明确地证实了人们对鳍脚类后宫系统的观察和推测（例如，法比亚尼等，2004年）。因此，我们对鳍脚类交配系统的理解和解释可能会在未来发生一定程度的改变。用以解决系统发育问题的分子技术也正在改变我们的一些观念。在30年前，人们推测海豹类中冰上生育的演化的源头是一种在冰上生育的海豹类祖先（斯特林，1975年，1983年）。在系统发育框架的背景下（哥斯达，1993年；佩里等，1995年），对上述和相关假说（即，冰上生育的多起源性；博纳，1984年，1990年）进行了重新研究，提出了另一种替代性假说。一些研究明确地考虑了体型的两性异形及其与交配系统的关系（林德福尔斯等，2002年；卡伦等，2014年；克鲁格等，2014年）。人们应用一种几何学形态测定方法，结合现存和已灭绝物种的数据，发现在交配系统和与性相关的头盖骨两性异形之间存在密切的相关性。鳍脚类祖先交配系统的重建结果表明，极端的一夫多妻制于2700万年前在干群分类单元中出现，与气候条件的变化有关（卡伦等，2014年）。另一项研究分析了现存物种生命史的特点以检验替代性假说（一夫多妻制和体型上两性异形的协同进化）：① 一夫多妻制驱动了两性异形的演化；② 体型的两性异形促进了一夫多妻制的演化（克鲁格等，2014年）。研究得出的结论与卡伦等（2014年）的观点不同，前者支持海豹的极地起源，认为在海豹类祖先中，两性体型相仿、繁殖系统性关系混乱、雌性群体规模小、在水中交配并在冰上生育。虽然这些研究均采用了系统发育比较方法，但仅有卡伦等（2014年）考虑了化石分类单元两性异形的证据（但是此项研究的样本规模非常有限，因此结论具有不确定性——样本的规模包括正模式标本的颅骨和另一个部分变形的样本）。

13.3.2 鲸目动物的交配系统

所有鲸目动物都在水中进行交配和分娩。因此，我们对大部分鲸目物种繁殖活动的了解非常有限。我们所了解的鲸目动物繁殖的知识主要来自对圈养小型齿鲸的观察、对利用物种（可获得大量尸体）的解剖学研究，以及对少数鲸豚类物种的直接水下观察（清澈的海水有利于研究者观察它们的求偶、交配和产仔行为）。然而，现代遗传学技术使人们能够深入探索另一些物种的最新知识（例如，格林等，2011年）。须鲸类通常不聚集成群或形成小群，只有很少的成员例外，如以合作摄食闻名的座头鲸（*Megaptera novaeangliae*）。这很可能反映了须鲸类独立摄食的需求，因为有限的海区不能维持鲸群的每日食物需求。除母子联系之外，有证据表明大部分须鲸缺乏持久的社交行为，母子联系也会在断奶时消失（例如，瓦尔塞奇等，2002年）。与须鲸类不同，大部分齿鲸类终生都生活在社会群体中（例如，鲸群、单元和小群，见加斯金等，1984年），只是年老的雄性经常离开家庭群体，在物种分布的边缘单独生活。一些齿鲸物种具有非繁殖性交配行为，它们将交配作为一种社交联系行为，这使关于交配系统的研究变得复杂（例如，考德威尔和考德威尔，1972年；萨伊曼等，1979年）。与对鳍脚类的认识类似，我们关于鲸目动物社交行为和交配系统的知识主要来自一些对少数物种（特别是座头鲸、宽吻海豚（*Tursiops truncatus*）、虎鲸和抹香鲸）长期研究积累的数据，以及一些探索父亲身份和亲属关系的深入的分子研究（例如，达菲尔德和威尔斯，1991年；阿莫斯等，1993年a；克拉普汉姆和帕尔斯波尔，1997年；麦斯尼克等，2003年）。目前，卫星遥测技术的进步也在缓慢但稳步地扩展我们的知识，使我们更清楚地了解鲸目动物的海上分布模式和社交动态。

　　许多齿鲸物种生活在有组织结构的社会群体，或称**鲸群**中，以个体间的长期联系为特征。研究表明，宽吻海豚有识别同种个体的能力，即使是在数十年的社会性分离之后（见布鲁克，2013 年）。不同物种的鲸群规模可有显著差异，甚至在种内，不同海区的鲸群规模也不同。最近有人推测，在最稳定的齿鲸社会群体内，成年雄性可起到同群年轻个体的父亲功能，但研究已反复地发现这不是实情，不过它确实描述了一些物种的习性。雌性世系的持久社会关系似乎支配着齿鲸的社会结构，不过在虎鲸和领航鲸等物种中，雄性后代也与它们的母亲保持着持久的联系。齿鲸类物种的交配系统似乎是混交制和一夫多妻制系统的混合类型，大范围活动的雄性穿梭在不同的雌性群体间，与个体或群体保持着短暂的联系，这似乎是多样化的物种的共有模式（威尔斯等，1999 年；麦斯尼克和罗尔斯，2002 年）。一些齿鲸（例如，暗色斑纹海豚（*Lagenorhynchus obscurus*）、鼠海豚（*Phocoena phocoena*）、灰海豚（*Grampus griseus*））具有较大的睾丸（和髋骨），研究认为这与依靠**精子竞争**的性行为混乱的交配系统有关（布洛赫等，2012 年；戴恩斯等，2014 年，和其中引用的参考文献）。尽管如此，在大部分齿鲸中，雄性间的竞争似乎是交配系统的一个普遍要素，其中许多物种为显著的两性异形或带有同种个体牙齿造成的伤痕。例如，在雄性亚马孙河豚（*Inia geoffrensis*）的大部分身体上，可发现由同种雄性造成的非常严重的伤痕，甚至包括一些可危及生命的创伤（马丁和达席尔瓦，2006 年）。不过在一些物种内，雄性间小型同盟的合作行为似乎也是一种策略（例如，维什涅夫斯基等，2012 年）。

　　宽吻海豚栖息于许多温带和热带沿海的近岸水域，因此对一些宽吻海豚种群的观察相对容易。自 1970 年起，人们对佛罗里达西海岸萨拉索塔湾的宽吻海豚群体开展了研究，这是对野生宽吻海豚用时最长的研究之一（欧文和威尔斯，1972 年；威尔斯等，1987 年；斯科特等，

1989年)。萨拉索塔湾的海豚群包括大约100头海豚,它们以小群社会生活,个体间进行密切的相互交流。海豚群的组织以年龄、性别、家族关系和繁殖条件为基础。虽然海豚群的构成可发生动态变化,甚至在一天之内也有差异,但海豚个体之间建立起许多相对长期的联系。密切的海豚母子联系可能持续很多年。雌性海豚群的成员关系也相对稳定。宽吻海豚的交配系统很可能性关系混乱。在青春期的早期,一些雄性海豚会与其他1~2头雄性形成同盟,这种关系可持续多年,甚至延续终生。在更大的海豚群内,这些雄性同盟作为子群存在,小群同盟海豚会在一起觅食、游泳和向雌性求爱。不过,单头雄性海豚和长期雄性同盟的成员都有繁殖后代、成为父亲的机会(威尔斯等,1987年;达菲尔德和威尔斯,1991年;克鲁茨恩等,2004年)。在萨拉索塔湾的海豚群体中,雄性海豚通常在它们年近30岁时开始做父亲,然后再继续积极地繁殖约10年时间。在这个时间段中,雄性个体会与数头雌性产生后代,并且任何一头雌性的后代可认不同的雄性做父亲。在萨拉索塔湾的种群中,雄性海豚很少攻击雌性。至于在澳大利亚鲨鱼湾的宽吻海豚,情况并非如此,那里的雄性宽吻海豚同盟会侵略性十足地守卫配偶,并强制地将成年雌海豚驱赶成群,有时还会从另一个雄性同盟处诱拐来雌海豚(康纳等,1992年,1996年,1999年)。与此相似,东方宽吻海豚(*Tursiops aduncus*)经常使用攻击性的行为与雌性交配,尤其是在深水区。这种行为似乎迫使雌海豚和幼海豚使用浅水支流作为庇护所,避开雄性的攻击(福里等,2013年)。威尔森(1995年)指出,在苏格兰北海岸的马里湾,雄性宽吻海豚不形成同盟,但人们尚不清楚为何不同海区的宽吻海豚会有这种交配系统的差异。

诺里斯等(1994年)在清澈的夏威夷海域、荷晶(1997年)在巴哈马群岛分别对长吻原海豚(别称飞旋海豚,*Stenella longirostris*)进行了观察研究,发现这些飞旋海豚聚集成群,数量多达100头。在海豚大群内,有十数头海豚组成的子群,子群成员联系密切并可相互识别,因为它们保持着紧密队形和同步运动。一群飞旋海豚最常以一种交错排列，或称**梯队**的形式出现（图 13.19），与鸟类的飞行队形相似（诺里斯和约翰逊，1994 年）。研究表明，这种空间排列可能构成一种信号系统的重要部分，该系统有利于信息在整群海豚中的组织和传送。飞旋海豚的社会以极低的两性异形程度和个体间的高度合作为特征。雄性白腰鼠海豚（*Phocoenoides dalli*）会与雌性海豚保持长期联系，并明显表现出与雌性海豚的同步行为。它们似乎会减少自身的进食以求守卫雌性。据推测，这种行为可降低雌性进行配偶外交配的几率，并提高雄性海豚作为父亲的地位（威利斯和迪尔，2007 年）。同雌性相比，雄性白腰鼠海豚的体型更大，这与雄性间争夺雌性配偶导致的身体竞争有关，它们的颈部肌肉发达，可在战斗时作为很好的杠杆臂（弗朗森和加拉蒂斯，2013 年）。

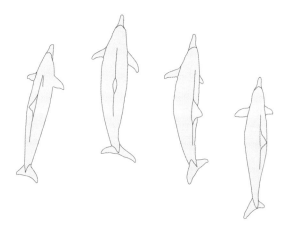

图 13.19　排成梯队的雄性长吻原海豚（飞旋海豚）

虎鲸生活在几种不同类型的社会群体中。过客型虎鲸种群活动范围广阔，捕食其他海洋哺乳动物；而定居型虎鲸种群的活动范围较为固定，主要捕食鱼类。学界已承认虎鲸存在第三种变型——外海型虎鲸，但人们对它们知之甚少。人们详细记录了定居型虎鲸的社会结构和交配行为。这些虎鲸以小而稳定的社会单位存在，称为**小群**。虎鲸小群以特定的方言（见第11章）和觅食策略（见第12章）以及它们的个体成员为特征。虎鲸小群是**母系**社会群体，每个群体通常包括一头年龄较大的成熟雌性虎鲸及其后代（雄性和雌性），以及第二代成熟雌性的后代。成熟的雄性虎鲸留在它们出生的小群内，而研究者尚未记录到小群间个体的迁移或交流（比格等，1990年）。人们极少观察到虎鲸的交配行为，但遗传学研究的结果支持下述见解：雄性虎鲸不与关系密切的小群成员交配。研究认为，当不同的小群在共享的觅食区或休息区相遇时，小群中的个体间会发生交配（福特等，1994年）。长鳍领航鲸（*Globicephala melas*）的情况与虎鲸相似，它们的交配行为发生在包括多个家族单位的大范围聚集时。然而，遗传学研究显示，没有证据表明雌性虎鲸会与它们社会群体之外的雄性交配，不过它们似乎确实会避免与群内的近亲交配（福特等，2011年）。遗传学研究还证实，雄性虎鲸会与多头雌鲸交配（阿莫斯等，1991年，1993年b）。在虎鲸中，母亲的照料相当持久，对雄性的养育尤其漫长。这种近于二态性的模式似乎对雄性的成功特别重要，雄性甚至大器晚成。例如，对于超过30岁的虎鲸，母亲的死亡会使后代的死亡率风险提高，在虎鲸母亲死亡后的年份中，儿子的死亡率增加13.9倍，女儿的死亡率增加5.4倍（福斯特等，2012年）。

抹香鲸的群体规模大小不一，分布于世界所有海洋中（怀特黑德，2003年，和其中引用的参考文献）。成年雌性和未成熟抹香鲸为群居，全年生活在热带和温带纬度海域（图13.20）。这些雌性/未成熟抹香鲸群称为**单元**（怀特黑德等，1991年），在结构上相当于虎鲸的小群，并且似乎是与虎鲸类似的母系结构（怀特黑德等，1991年）。抹香鲸的每个社会单元平均有大约十余头鲸，包括关系密切的成年雌鲸及其（雄性和雌性）后代（怀特黑德和沃特斯，1990年）。不过与虎鲸不同的是，雄性抹香鲸会在4~5岁时离开这些雌性群体，并随着自身的成长，逐渐向越来越高的纬度迁徙，因此成年雄性并非雌性单元的常驻成员。这些体型巨大、独居、身体发育成熟的雄性抹香鲸会参与大部分交配活动，它们会在不同的家族单元间巡游，找出发情期雌鲸（怀特黑德，1993年）。雄鲸间有时会爆发战斗，争夺接近雌鲸的权利。成年雄性抹香鲸的体长约为雌鲸的2倍，因此就体型而言，抹香鲸是鲸目动物中最为两性异形的物种。独自旅行的雄性和雌性社会群体之间可保持长距离声音交流，这可能构成了成年雄性抹香鲸流浪策略的重要基础。抹香鲸可发出独特的咔嗒声阵列（咔嗒强音），这使它们能够历经时间的推移而保持在群体内外识别同种个体的能力。

图13.20　一群抹香鲸（图片上方为一头成年雄性抹香鲸）

雌性抹香鲸会形成紧密的社会单元，这可能与合作照料幼鲸的需求有关，幼鲸过于年轻，以致不能陪伴母亲深潜觅食（见第12章的描述）。此时其他成年雌鲸会代为照料幼鲸，这称为"托幼服务"（怀特黑德，1996年，和其中引用的参考文献），在幼鲸的母亲觅食时，这种共享的看护服务可保护幼鲸免受捕食者攻击（怀特黑德等，1991年）。怀特黑德（1996年）报道，抹香鲸的托幼服务是一种异亲互助的照料行为。在抹香鲸的单元内，雌鲸可能仅将幼鲸委托给关系密切并长期（甚至终生）相处的伙伴。这种行为可能具有促进雌性抹香鲸社会性进化的效益（怀特黑德，1996年）。研究者还描述了雌性和未成熟抹香鲸的两个层次的社会组织：相互联系的单元组成"群体"，相互联系但无亲属关系的群体组成更大的"聚集体"（怀特黑德和卡恩，1992年）。这两种组织形式与单元不同，研究者观察发现，群体和聚集体的规模有时间和地理差异，可归因于食物的分布和丰度在大空间尺度上的变化。

一角鲸（*Monodon monoceros*）和白鲸（*Delphinapterus leucas*）的交配行为罕为人知，但这两个物种生活的社会具有年龄和性别结构。一角鲸和白鲸的群体通常情况下非常小，但人们偶尔可见到它们大群聚集的盛况。它们在聚集中发出非常嘈杂的声音，甚至平时安静的种群也会变得喧闹（卡尔森等，2002年）。在一年中的大部分时间，成年雄性的群体是自发形成的，雄鲸单独地旅行，穿过雌鲸、幼鲸和年轻的鲸利用的海区。一角鲸的长牙是哺乳动物中最复杂的第二性征之一（见第12章）。一般情况下，仅雄性一角鲸具有长牙。在它们的避暑场，人们常可看到两头一角鲸将长牙相抵，进行一种十字交叉式的长牙展示（图13.21）。有人认为，雄性一角鲸以这种方式建立一种优势等级（海德·乔根森，2002年）。

图13.21 雄性一角鲸竞争时的长牙展示

（照片提供：MP海德·乔根森）

人们对喙鲸类的社会组织和交配行为知之甚少，因为它们生活在外海的深水中，研究者罕有机会观察到它们。但对单头雄鲸和多头雌鲸的观察表明，它们为一夫多妻制，中喙鲸属所有种（*Mesoplodon* spp.）的长牙是一种第二性征。只有成年雄性喙鲸发育出了长牙状的牙齿，而且长牙不用于进食。但长牙似乎在喙鲸的性选择中很重要，可帮助雌鲸识别种内的雄鲸，因为这些喙鲸物种具有相似的整体外观（达勒布等，2008年）。

齿鲸类社会系统的比较研究成果已开始涌现。例如，研究者将抹香鲸描述为具有一种与大象类似的社会系统，并将宽吻海豚的社会与黑猩猩进行比较（康纳等，1998年，和其中引用的参考文献）。人们记录到一些齿鲸物种存在异亲互助等现象，并认为这可能是齿鲸类社会群体的普遍特征。基于对已确认齿鲸个体的长期研究，未来的工作将使我们能够将这些比较推广至更大的物种范围，并确切地阐述对这些物种的社会行为的更深理解。

须鲸类的社会化程度不如齿鲸类高。一般情况下，它们的群体比齿鲸小得多，在许多须鲸物种中，唯一公认的社会单位是一对须鲸母子。不过在一些环境下，须鲸也会形成松散的聚集体，通常包括2~6头鲸，人们也曾观察到超过20头的更大群体（洛克耶，1981年，1984年，和其中引用的参考文献）。研究已涉及的大部分须鲸物种似乎为混交制，一些物种（图13.22）的睾丸和阴茎相对大小说明，精子竞争可能是它们成功繁殖的一个重要决定因素（如露脊鲸、弓头鲸（*Balaena mysticetus*）和灰鲸；另见布朗尼尔和罗尔斯，1986年）。然而，其他须鲸物种表现出了直接的雄性间竞争、保卫配偶和一夫多妻制系统的其他特性（威尔斯等，1999年；麦斯尼克和罗尔斯，2002年）。大部分须鲸的交配行为与摄食、迁徙和繁殖的生命周期紧密相关（见第12章的详细论述），不过弓头鲸在某种程度上偏离了这种模式，露脊鲸也普遍发生繁殖季外的交配。所有须鲸均为逆向的体型上两性异形（SSD），即雌性比雄性大。这可能有助于雌性须鲸应对与胎儿快速生长和哺乳期有关的能量成本挑战（克拉普汉姆，1996年）。

图13.22　雄性座头鲸的竞争
(a) 海面上；(b) 海面下（照片提供：菲尔·科拉）

在须鲸类动物中，人们对座头鲸（*Megaptera novaeangliae*）的社会行为研究得最为全面。它们在夏季摄食场和冬季繁殖场组成小而不稳定的群体（见克拉普汉姆，1996年综述）。座头鲸交配行为的一个主要特征是，雄鲸会长时间进行歌声表演（见第11章的描述）。歌唱行为主要发生在冬季繁殖场，但在夏季摄食场偶尔也可听到它们的歌声。一个特定地理区域的所有座头鲸共享许多共同的歌声特征，但鲸群的歌声会随着时间的推移而发生变化。在冬季的繁殖季期间，雌性座头鲸（包括带着新生幼鲸的雌鲸）经常受到一头成年雄鲸的照看，这头雄鲸称为第一**护送者**（格洛克纳·费拉里和费拉里，1984年；梅德拉诺等，1994年）。这些看护雌鲸的雄鲸最有可能是在等待交配机会，或是在护卫和它们完成交配的雌鲸。其他雄鲸称为第二护送者，它们有时会出现，但通常不会主动接近座头鲸配偶。第一护送者会竭力阻止其他雄鲸接近（莫布里和赫尔曼，1985年；克拉普汉姆等，1992年）。防卫或竞争行为（图13.22）包括：猛撞、尾鳍拍打、声音警告、使用气泡云或气泡流（见温里克，1995年引用的参考文献；帕克等，1998年）。贝克和赫尔曼（1984年）发现，这些竞争行为的发生率随着繁殖区座头鲸密度的增加而提高。克拉普汉姆（1996年）将这种交配系统描述为一种海上移动的求偶场：雄性进行歌唱展示，或直接竞争接近雌性的权利。人们尚未知晓在一次繁殖季中，一头雌鲸是否与一头以上的雄鲸交配，但分子学分析显示，雌鲸每年都与不同的雄鲸交配（克拉普汉姆和帕尔斯波尔，1997 年）。雄性和雌性座头鲸似乎都表现出选择配偶的行为，雄鲸优先选择可能处于最佳交配状态的雌鲸，而雌性座头鲸似乎偏爱体型大的雄鲸，这迫使体型较小的雄鲸采用非常规的策略获得交配权（伦纳尔蒂等，2010 年；帕克等，2012 年）。

其他须鲸可能也在交配季中使用声信号，旨在吸引配偶或与同种个体竞争。研究者在北大西洋露脊鲸（*Eubalaena glacialis*）的繁殖季期间记录下了类似"枪炮声"的声信号（马修斯等，2014 年）。未来数十年间，学界将推广被动声学监听阵列的应用，届时我们将得以更深入地了解北大西洋露脊鲸，以及其他广域性分布的鲸目物种的声学行为。

大部分灰鲸在它们年度迁徙路线的南端的沿岸或潟湖水域中交配。一个经久流传但未经证实的传言认为，灰鲸交配时通常需要第三者协助，包括一头性容受期雌鲸和两头雄鲸。虽然有时可观察到 3 头一组的灰鲸求偶，但参与者的性活动并不为人所知。研究者在海面上对灰鲸的求偶活动进行了观察，发现它们似乎性关系混乱。对雄性灰鲸的直接观察表明，它们在相遇求偶时非常积极主动（图 13.23）。据报道，灰鲸的求偶/交配群体可包括多达 17 头鲸（琼斯和斯沃茨，1984 年）；然而，灰鲸在求偶竞赛时的强烈身体互动妨碍了研究者确定一些基本特征，例如观察对象的性别、灰鲸之间的接触模式，以及群体的确切规模。

露脊鲸在全年都有性活动，但产仔活动每隔一个固定的年周期发生一次，这说明它们仅在冬季怀孕。在性活动期间，多头雄鲸同时参与一头雌鲸的交配活动。然而，雄鲸之间并不发生明显的攻击行为，这说明精子竞争是雄性露脊鲸之间竞争的方式。它们巨大的睾丸也是可支持此观点的证据。

图 13.23　一群灰鲸在下加利福尼亚的一个沿岸潟湖中求偶（海面视图）

研究者对其他须鲸的交配行为了解得很少，甚至对许多须鲸种群的冬季分布情况也一头雾水或一无所知。

13.3.3　海牛目动物的交配系统

西非海牛（*Trichechus senegalensis*）或亚马孙海牛（*Trichechus inunguis*）的交配系统很少见于报道，因此我们所了解的海牛目动物交配系统的大部分知识均来自佛罗里达海牛（*Trichechus manatus latirostris*）。这些海牛在全年的大部分时间都是独居的动物。除母子关系外，在海牛中可观察到的社会性互动很少，且似乎都集中于繁殖活动，或至少是某种形式的性行为（奥谢，1994 年）。海牛可在全年的任何时候交配和产仔，但交配行为在温暖的夏季月份发生得最频繁。对于美洲海牛（*Trichechus manatus*）和分布范围偏热带的儒艮，有报道称幼仔的出生具有季节性特征（雷诺兹和奥德尔，1991 年）。雄性海牛的活动范围与一些雌性重叠，并且雄性在相当长的时间中都在巡游，寻找着处于发情期的雌性。当雌性海牛处于性容受期时，活动范围会明显比平时更广，其巡游区远远超过平常的活动范围。交配的海牛群围绕着这些雌性而形成，海牛群中会发生混乱的竞争，继而出现狂暴的推挤行为，雌性海牛会与多头雄性混杂地交配。在这些交配群体中，1 头雌性海牛可吸引多达 17 头雄性为与之交配而竞争（图 13.24；另见哈特曼，1979 年；本特森，1981 年；拉斯本和奥谢，1984 年）。在美洲海牛中，一群雄性可在3~4周的时间内陪伴一头雌性，然而雌性仅有1~2天处于性容受期中（适于交配）。拉斯本等（1995年）报道，雄性海牛的年龄和在竞争中参与的角色没有明显的模式，不过体型硕大而强壮的雄性很可能会在充满推挤行为的竞争中占据优势。

图 13.24　佛罗里达海牛的求偶/交配群体（以领头的雌性为中心）

（照片提供：T 奥谢，美国地质调查局"海牛类研究项目"）

儒艮（*Dugong dugon*）有时会形成大群，但更常见到的是十多头以下的群体，许多个体平时独居（安德森等，2001年）。与海牛相比，人们对儒艮交配的知识了解不多，因为它们经常生活在非常浑浊的水域，使人们难以观察。儒艮的两性异形特征并不明显，因此在它们的社交互动中，人们难以分辨参与者的性别（威尔斯等，1999年）。儒艮的性行为似乎不同于海牛，主要是由于雄性儒艮在争夺雌性时会发生更强烈的身体竞争，持续时间也比海牛短得多（普林，1989年），这种情况至少存在于澳大利亚东部。儒艮群的交配仅持续1~2天。在求偶期战斗期间，雄性儒艮的长牙可能造成对手身上的伤痕，人们常可看见儒艮在海面相互猛扑，即是雄性间的战斗。在海牛目动物中，仅雄性儒艮具有萌出的长牙，因此可推测，长牙在繁殖的社会背景下具有重要作用。研究认为，儒艮的繁殖期较长，为4~5个月。根据安德森（1997年）的描述，雄性儒艮不太表现出侵略性，交配行为非常不同。他指出，栖息于澳大利亚鲨鱼湾的儒艮表现出一种求偶场策略，雄性儒艮会保卫用于求偶展示的领地，而雌性儒艮仅在求偶和交配时到访雄性的小海湾。

13.3.4 其他海洋哺乳动物的交配系统

海獭是一夫多妻制的动物，它们的交配只发生在水中。海獭的配偶关系持续时间较短，其间它们会反复地进行交配，之后雌雄海獭会分开。雄性在交配时会咬住雌性的鼻子并在水面滚动，以实现生殖器的插入。由于这种行为，在许多雌性海獭的身上可见独特的伤痕（见埃斯蒂斯和波德金，2002年）。在非繁殖期，不同性别的海獭相互隔离，成年雄性的年度活动范围位于雌性分布范围的边缘。在春季繁殖期，成年雄性离开这些边缘区，并在雌性的分布区内建立繁殖领地（通常约1千米长，与海岸平行）（詹姆森，1989年）。作为典型的一夫多妻制哺乳动物，加利福尼亚和阿拉斯加的雄性幼海獭趋向于比雌性扩散得更远。雄性幼海獭最终来到雄性区域，而雌性幼海獭停留在它们母亲占据的区域内（罗尔斯等，1996年）。领地边界和领地内的首选休息区与大型褐藻的冠层覆盖模式有关；一些雄性海獭会在连续数年的时间内坚守相同的领地。研究者尚不清楚，非领地雄性是否能偶尔成功地使雌性怀孕。

北极熊也是一夫多妻制和两性异形的动物，雄性的体型几乎是雌性的2倍（斯特林，2002年）。雌性北极熊分布在广阔的空间中，与它们的猎物（例如，环斑海豹和其他冰栖海豹）类似，而雄性北极熊一次只能照料一头雌性（韦格等，1992年）。在陪伴幼熊的年份中，雌性北极熊通常不交配。因此，仅有约1/3的成年雌性在任何年份中都可交配。北极熊在春季进行交配。成熟的雄性北极熊会行进漫长的距离以寻找性容受期的雌性。雌性的尿液或足垫分泌物可在冰上留下**信息素**，向雄性告知雌性的繁殖状态（斯特林，1988年）。雄性北极熊通过某种机制，可识别出发情期雌性的气味，并跟随雌性的踪迹（有时需穿越100

千米的距离），直到确定雌性的位置。为获得与雌性的交配权，雄性北极熊之间会爆发激烈的身体竞争，年老雄性的断齿频次和随着年龄积累的雄性伤痕模式说明了这个事实（斯特林，1988 年）。成功的雄性会与雌性一起度过数天时间。在容受期的高峰，北极熊配偶会进行非常频繁的交配活动。北极熊是诱发排卵动物，因此需要反复的交配以促进排卵和随后的受精。在交配之后，雄性北极熊离开雌性，继续寻找其他性伙伴；而怀孕的雌性重新开始捕猎，在整个夏季增加脂肪储备，然后于 11 月在雪中挖掘洞穴用于产仔。只有怀孕的北极熊才会进到深入雪中的洞穴中；而在全年中均可见到母北极熊带着年龄稍大的幼熊在外活动，它们只需建造临时的雪床用于休息（拉姆齐和斯特林，1988 年）。北极熊的产仔洞穴主要分布在陆地上，但在一些地区，它们也出现在多年浮冰区中。研究者尚不清楚，人类对北极熊传统岸上穴居区日益增加的干扰是否是它们出现浮冰穴居行为的原因。

13.4 哺乳期策略

在大部分胎盘哺乳动物中，养育后代直到它们在营养上独立，是繁殖过程中能量成本最高的环节。在海洋哺乳动物中，除极少的特殊情况外，对后代的照料和喂养是母亲的专属职责。就每个后代的最大利益而言，它们倾向从母亲处获取尽可能多的能量用于自身的发育，甚至以母亲未来的成功繁殖为代价。另一方面，母亲的基因自利性意味着：如果母亲在养育当前后代时扣留一些资源，便可投入对未来后代的养育，从而改善母亲整个寿命期的生殖适度（关于遗传冲突的更广泛论述和讨论，见赫斯特等，1996 年）。就海洋哺乳动物的生命史而言，繁殖成本分配（或提供）的方式表现出明显的差异。**资本型繁殖**是指将现有的能量储备用于支持繁殖的情况，而**收入型繁殖**是指使用当前的能量收入支持繁殖（斯蒂芬斯等，2009 年）。

鳍脚类动物的传统繁殖地位于陆地上或冰上，它们与其他海洋哺乳动物相比具有更经得起检验的母代投入策略。海洋哺乳动物主要有 3 种哺乳期策略：① 禁食；② 觅食周期；③ 水中哺乳。不同物种的具体策略存在一些差异（奥夫特戴尔等，1987 年；博内斯和鲍恩，1996 年；里德森和科瓦奇，1999 年；表 13.3）。禁食策略是一些海豹类和多数大型须鲸的特征，而陆地哺乳动物极少禁食。雌性海豹和须鲸可认为是属于资本型繁殖，因为它们以能量储备（资本）抵消大部分繁殖成本，为幼海豹/幼鲸提供资源。然而，一些海豹类（例如，环斑海豹（*Pusa hispida*）和髯海豹）会采用混合型策略（例如，见里德森和科瓦奇，1999 年；休斯顿等，2007 年）。觅食周期策略是所有海狮类物种，以及所有其他海洋哺乳动物类群普遍采用的策略，也与陆地哺乳动物相似，母亲在觅食时必须离开幼仔一段时间。然而，一些鳍脚类的时间安排在某种程度上不同于陆地物种的模式。雌性鳍脚类动物远离幼仔进行觅食的时间长度因物种的不同而存在差异，一些海豹类物种可相差数小时，而在海狮类的最极端情况下，边摄食边哺乳的情况可长达 2 周。海狮类普遍会在海上觅食数日，其间穿插进行上岸哺乳，它们的平均离岸时长与雌性为找到足够猎物必须行进的距离有关。研究者通常将雌性海狮描述为采用收入型繁殖策略的动物（休斯顿等，2007 年，和其中引用的参考文献）。水中哺乳策略可见于齿鲸亚目动物、海牛目动物和海象（表 13.3），幼仔会紧密跟随母亲并在海中哺乳（海象也在冰上和陆地上哺乳）。大部分齿鲸采用收入型繁殖策略，因为它们会在整个繁殖周期（即，交配、受精、怀孕、分娩、哺乳期和断奶）中持续地摄食。

表 13.3 海洋哺乳动物的哺乳期策略（以鳍脚类动物为例）

特征	禁食 (例如，北象海豹)	觅食周期 (例如，南极海狗)	水中哺乳 (海象)
1. 禁食的持续时间	哺乳期全程	可变（数日）	短（数小时至数日）
2. 哺乳期持续时间	短（约 4 周）	中等长度（约 4 个月）	长（2~3 年）

续表 13.3

特征	禁食 (例如，北象海豹)	觅食周期 (例如，南极海狗)	水中哺乳 (海象)
3. 乳汁的脂肪含量	高（55%）	中等（>40%）	低（20%）
4. 幼兽是否在哺乳后期觅食	否	否	是

注：原始文献来源参见斯特林（1988年）、里德曼（1990年）及詹姆森和约翰逊（1993年）的论著

13.4.1 禁食策略

在鳍脚类动物中，仅有少数的海豹类物种显示出极端形式的禁食策略。在冠海豹（科瓦奇和拉维尼，1992年b；里德森等，1997年）、北象海豹与南象海豹（阿尔伯恩，1994年；哥斯达等，1986年），以及灰海豹的一些陆地繁殖种群（费达克和安德森，1982年；艾弗森等，1993年；莱利等，1996年）中，母海豹在相对较短的哺乳期间全程留在陆地上，冠海豹的哺乳期为4天，象海豹为4~5周（表13.4）；母海豹在这段时间中不接近食物。在陆地上或冰上时，它们会调动身体组织中的脂类，将其转化为高含脂率的乳汁，然后喂给快速生长的后代。这些海豹的断奶是突然发生的，以母海豹离开繁殖区为标志。

表 13.4 海洋哺乳动物的一些哺乳期特征

物种	哺乳期持续时间（周）	乳汁中脂肪含量（%）	乳汁中蛋白质含量（%）	来源
鳍脚类				
海豹类				
冠海豹	<1	61	na	博内斯和鲍恩，1996年*
港海豹	3.4	50	9	博内斯和鲍恩，1996年*

续表 13.4

物种	哺乳期持续时间（周）	乳汁中脂肪含量（%）	乳汁中蛋白质含量（%）	来源
竖琴海豹	1.7	57	na	博内斯和鲍恩，1996 年*
灰海豹	2.3	60	7	博内斯和鲍恩，1996 年*
北象海豹	4	54	5~12	博内斯和鲍恩，1996 年*
威德尔海豹	8	48	na	博内斯和鲍恩，1996 年*
海狮类				
澳洲海狮	60~72	26~37	10	希金斯和加斯，1993 年；加尔斯等，1996 年
加州海狮	43	44	na	博内斯和鲍恩，1996 年*
北海狮	47	24	na	博内斯和鲍恩，1996 年*
南极海狗	17	42	17	博内斯和鲍恩，1996 年*
加拉帕戈斯海狗	77	29	na	博内斯和鲍恩，1996 年*
北海狗	18	42	14	哥斯达和甘特利，1986 年
海象	100+	14~32	5~11	里德曼，1990 年*
鲸目动物				
齿鲸类				
鼠海豚	32	46	11	加斯金等，1984 年*；奥夫特戴尔，1997 年
宽吻海豚	76	14	12~18	皮尔森和沃勒，1970 年；奥夫特戴尔，1997 年*
长吻原海豚	60~76	26	7	皮尔森和沃勒，1970 年
抹香鲸	100	15~35	8~10	洛克耶，1981 年；奥夫特戴尔，1997 年
须鲸类				
长须鲸	24~28	17~51	4~13	洛克耶，1984 年；怀特，1953 年

续表 13.4

物种	哺乳期持续时间（周）	乳汁中脂肪含量（%）	乳汁中蛋白质含量（%）	来源
小须鲸	20~24	24	14	拜斯特，1982 年
灰鲸	28~32	53	6	斯沃茨，1986 年；莱斯和沃夫曼，1971 年；泽恩科维奇，1938 年
蓝鲸	24~28	35~50	11~14	洛克耶，1984 年；格雷戈里等，1955 年
座头鲸	40~44	33~39	13	洛克耶，1984 年*；格洛克纳·费拉里和费拉里，1984 年
海牛目动物				
海牛	52	na	na	雷诺兹和奥德尔，1991 年
儒艮	78	na	na	马尔什，1995 年
其他海洋哺乳动物				
海獭	20~30	21~26	9~12	詹姆森和约翰逊，1993 年；里德曼和埃斯蒂斯，1990 年
北极熊	130	17~36	9~13	奥夫特戴尔和吉特尔曼，1989 年；德罗什等，1993 年

符号：* 见列出的原始资料来源，na = 无可用数据；见波默罗伊（2011 年）和奥夫特戴尔（2011 年）的论著

在禁食的海豹类中，人们对北象海豹的繁殖行为研究得最深入。怀孕的雌性北象海豹上岸，从 12 月到 3 月初栖息于繁殖地海滩并在其间分娩。北象海豹的产仔季高峰出现于 1 月末（雷波夫，1974 年），幼仔出生时的体重约为母亲质量的 8%。母海豹在 4 周的哺乳期全程禁食，留在海滩上照料幼海豹。象海豹每日进行 3~4 次哺乳，每次哺乳持续

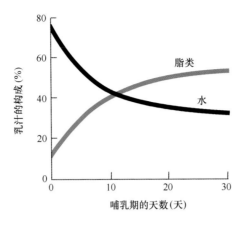

图 13.25 北象海豹哺乳期间乳汁中水和脂类成分的变化

(根据里德曼（1990 年）作品修正)

数分钟，随着哺乳期间幼海豹的长大，每次哺乳的时长也增加。在哺乳期的初期，象海豹乳汁的脂肪含量非常低（约 10%），但到初期后的哺乳期的前半段，脂肪含量陡然升高，含脂率可超过 50%（图 13.25）。脂肪对水的逐渐替代很可能是一种适应性，使母海豹可在禁食的后期保存水分（里德曼，1990 年）；哺乳期间乳汁成分的变化（脂肪含量增加）可能还与幼海豹消化油腻食物的能力相适应，并有利于它们在断奶前建立大量鲸脂储备。幼海豹在出生时重约 40 千克，然后平均每日可获得 4 千克体重，直到断奶（哥斯达等，1986 年）。这种生长大多体现在幼海豹脂肪组织的增加上，而瘦体重很少增长。总体而言，在一头哺乳期母象海豹的总能量消耗中，有将近 60% 用于哺乳幼海豹。在断奶时，大部分象海豹幼仔的体重已达到其出生体重的 4 倍；不过，少数可能大幅增长至其出生体重的 7 倍，这是因为它们在母亲进入海中摄食之后，从其他雌性那里偷窃乳汁（莱特等，1978 年）。既饱食生母乳汁又偷窃养母乳汁的大部分幼海豹为雄性。断奶后的象海豹幼仔并不立即开始独立觅食。相反，它们会留在产仔海滩，度过一段断奶后的禁食期（平均持续 8~10 周）。这段时期可能对它们身体核心组织的发育和运动技能的增长至关重要，之后它们才开始游泳。影响断奶后禁食期持续时间的因素可能包括：断奶时的体重（幼海豹脂类储备量级的一项指标）和近岸水域合适猎物的可利用性。对禁食期北象海豹幼仔的骨骼发育进行了一项研究，结果表明尽管它们禁食，它们利用进入海中之前的这段时期继续发育（帕特森·巴肯达尔等，1994年）。仅当象海豹幼仔失去断奶时身体质量的大约30%（并达到至少3个月大）时，它们才第一次进入海中摄食（莱特等，1978年）。

表现出禁食策略的其他海豹的策略基本模式与北象海豹相同，但它们的哺乳期和幼仔断奶后禁食期更短。在极端情况下，在浮冰区繁殖的冠海豹将哺乳期压缩为3~4天，此间幼仔的质量从分娩时的24千克猛增到断奶时的约50千克（鲍恩等，1985年；奥夫特戴尔等，1993年；里德森等，1997年）。它们是通过每日饮用超过10升的乳汁（平均含脂率60%），在短时间内实现了身体质量令人惊奇的加倍。母冠海豹一般距幼仔不到1米远，可保持极端水平的静态，每几个小时就会向幼仔提供按需哺乳，这使冠海豹新生儿得以将其消化能量的大约70%存储在身体组织中（见里德森和科瓦奇，1999年）。对表现出禁食的所有海豹类而言，禁食策略不是严格的物种特异性特征。许多在陆地上分娩的灰海豹在整个哺乳期都会禁食，但在海冰上分娩的灰海豹（和一些在陆地上分娩，但易于进入水中的灰海豹）在哺乳期间会进行不同程度的觅食（里德森等，1995年）。

如前所述，大部分须鲸的一大特征是：它们在繁殖场（用于分娩和哺乳之所，不进食或很少进食）和高纬度夏季觅食区之间进行长距离迁徙。对于这些迁徙的须鲸类，必须在个体生命史框架之内评估繁殖期间发生的冬季禁食，个体的禁食情况因年龄、性别和繁殖条件等的不同而有差异。声学数据表明，许多北大西洋长须鲸在冬季向南迁徙，进入食物匮乏的水域，而另一些在整个冬季期间停留在高纬度。怀孕的雌性灰鲸在冬季向南迁徙的起点处开始禁食（莱斯和沃夫曼，1971年），它们在低纬度分娩区很少进食或完全不进食。幼鲸受到富含脂肪的乳汁的养育并快速生长，而断奶发生在它们生命的第一年中，断奶时正值它们首次向北迁徙期间或迁徙完成之后不久（苏密西，1986 年 a）。研究认为，大部分迁徙的须鲸物种都具有类似现象。

尽管大部分须鲸类普遍采取这一策略，但弓头鲸是有趣的例外。它们于晚春或夏季在高纬度海区产仔，之后不久即重新开始摄食，度过漫长的哺乳期（奥夫特戴尔，1997 年）。这对研究者提出了问题：如果弓头鲸能在哺乳期的早期成功地留在北极水域，为什么其他须鲸类要迁徙如此漫长的距离，到低纬度海区分娩？答案可能是弓头鲸演化出了特殊的摄食生态位和极端的高纬度北极适应性，它们因此能够在须鲸类中特立独行。或者，答案可能反映了一种更加普遍的间接生态因素，例如捕食效应。考克伦和康纳（1999 年）推测，须鲸类迁徙至南方水域以规避虎鲸的捕食。但弓头鲸却能设法躲避虎鲸，它们可躲入浮冰密集的海区，在那里背鳍高耸的虎鲸无法便捷地追捕它们。

13.4.2 觅食周期策略

在觅食周期（或照料）策略中，鳍脚类母亲在分娩后通常仅禁食数日或根本不禁食。然后，母亲开始觅食，并通常将幼仔留在海滩上或冰上，不过在港海豹等物种中，母亲通常带着它们的幼仔进入海中。在哺乳期，海豹类的外出觅食仅持续数小时（里德森和科瓦奇，1999 年），表现出典型食肉目动物的养育行为。海狮类的哺乳周期更不寻常：它们每次会在不同的状态下度过数日（在岸上照料幼仔或在海上觅食）。觅食之旅的持续时间在很大程度上取决于它们到觅食区的距离和食物的丰度，但这也与雌性的体型大致相关（哥斯达，1991 年，1993 年；希金斯和加斯，1993 年）。所有海狮类幼仔的哺乳模式均为间歇性哺乳，它们会集中接受哺乳一段时间，然后禁食并等待外出觅食的母亲返回。同海豹类的乳汁相比，海狮类的乳汁通常具有较低的能量密度，但乳汁的成分会随着外出觅食的时长和在岸上的时长的不同而发生变化（例如，加尔斯等，1996 年；特里尔米希，1996 年）。海狮类的哺乳期可持续几个月到几年的时间，因物种的不同而有差异（表 13.4）。北海狗和南极海狗（*Arctocephalus gazella*）等亚极地物种的哺乳期最短，而温带和热带物种趋向于具有长得多的哺乳期。随着哺乳期的推进，大部分海狮类幼仔开始进入水中并捕食近岸猎物以增补它们的哺乳期食谱，它们的断奶过程是循序渐进的。然而，有两个物种不符合这种模式，即北海狗和南极海狗。在这两个物种中，幼仔在大约 4 个月大时会突然断奶（时间伸缩性非常小）。这两个物种的许多幼仔似乎会主动断奶；它们会在母亲进入海中觅食时离开聚居地。一般而言，生活在温带和热带的海狗和海狮通常具有灵活的断奶时间。在食物的可利用性发生不可预测的变化时，鳍脚类母亲可能通过断奶时间的灵活性，缓冲幼仔受到的冲击，而幼仔也在逐渐锻炼加强自身的觅食技能和独立生活的能力（特里尔米希，1996 年）。厄尔尼诺事件可能在一定程度上决定了这种断奶的灵活性，在厄尔尼诺现象导致的"缺口"期间，雌性鳍脚类丧失对新生幼仔的关心，并继续照料 1 岁或 2 岁大的幼仔。

对南极海狗（*Arctocephalus gazella*）的多年研究成果（哥斯达和特里尔米希，1988 年；阿尔努等，1996 年）描绘了一种经典的海狮类觅食周期，这涉及到哺乳期和母亲的照料行为。怀孕的南极海狗于上岸一周之内在繁殖地分娩（哥斯达等，1985 年）。在分娩时，雌性南极海狗的体脂百分率（22%）约为雌性象海豹（40%）的 1/2（博内斯和鲍恩，1996 年）。南极海狗在大约一周的时间内留在它们的幼仔身边，然后返回海上觅食。每次觅食之旅持续 4~9 天，其间幼仔留在岸上，雌性南极海狗在哺乳期间会进行 15~20 次海中觅食。在每次觅食结束后，母海狗会留在繁殖地两天，每天哺乳幼仔数次，之后开始下一次觅食之旅。南极海狗的乳汁含脂率约为 40%（哥斯达等，1985 年），在海狮类的乳汁中属于高脂肪含量。南极海狗的幼仔在出生时重约 6 千克，在断奶时增长至 15~17 千克。这是鳍脚类物种中最小的出生质量之一，但南极海狗的幼仔与母亲质量之比（15%）几乎为象海豹（8%）的两倍大（见图 13.1）。幼仔在 4 个月的哺乳期中的成长模式具有间歇性，反映了可获得乳汁的间歇性。不同于其他大部分海狮科动物，南极海狗幼仔在哺乳期的后期并不开始觅食；它们在进入海中独立觅食的时候断奶，通常此时母海狗也在出海觅食。南极海狗（和其他海狮类）幼仔并不经历严格的断奶后禁食期，因此它们避免了断奶后身体质量的大幅损失（许多海豹类物种的特征）。

虽然研究报道经常声称，海豹类在哺乳期间采用禁食策略，但这实际上是一种对真实情况的夸大（见前文的讨论）。在大部分海豹类中，母海豹会在哺乳期间进行一些觅食活动，尽管通常较大的体型使它们能够以体内储备的资源抵消哺乳期成本（海豹类动用体内资源的能力比海狮类强得多）。体型较小的海豹类物种全都使用觅食周期哺乳期策略，但一些体型较大的海豹也使用这种策略。例如，环斑海豹和港海豹等小型海豹在整个哺乳期中，自它们的幼仔出生几天后起每天都会觅食（里德森，1995 年；鲍恩等，2001 年）。但是，体型最大的北方海豹——髯海豹也在哺乳期的早期就重新开始摄食（里德森和科瓦奇，1999 年），而且它们在大约一半的哺乳期时间中远离幼仔（克拉夫特等，2000 年）。同样，威德尔海豹虽然属于大型南极海豹类，但母海豹也在哺乳期间觅食（托马斯和德迈斯特，1983 年）。同在哺乳期禁食的物种相比，上述所有这些海豹均表现出较为渐进的断奶现象，大部分（或全部）物种的幼仔在断奶之前已在水中度过了相当长的时间，并已在某种程度上开始为自己觅食。根据现有的研究结果，中型海豹表现出相当大的种内差异。例如，竖琴海豹在哺乳期间的食物摄取率存在显著的个体差异（里德森和科瓦奇，1993 年，1996 年）。

13.4.3 水中哺乳策略

第三种母亲的照料策略是水中哺乳策略：母亲在海中哺育幼仔，并在哺乳期觅食。水中哺乳策略可见于所有齿鲸类物种（须鲸显然也在海上哺育幼鲸——见前文）、海牛目动物和海象。怀孕的母海象在分娩时会离开海象群，但在分娩完成数天之后，海象幼仔与母亲一起进入海中并加入海象群（塞斯和查普曼，1988年）。此后一段时间，幼海象在成年海象的陪同下开始海上觅食之旅。虽然学界对海象母子间的海上行为了解不多，但有人认为，在海象群潜水觅食时，幼海象留在海面并得到群体中一些雌性海象的照看，或许其未成年的兄姐有时也会履行监护职责，直到幼海象长大（在大约5个月时）并能和母亲一起潜水。海象的哺乳期较长。它们对乳汁的依赖随着觅食技能的获得而降低，大部分幼海象在2岁时断奶，不过它们通常在一段更长的时期内与母亲保持密切联系（费伊，1982年）。由于在断奶后继续跟随母亲，幼海象可获得相当多的觅食经验。海象是能够在海中哺乳的唯一的鳍脚类成员（米勒和博内斯，1983年），海象终生具有的吮吸摄食适应性促进了这种技能的发展。

齿鲸类的哺乳期较长（表13.4）。它们与须鲸类不同的是，大部分雌性齿鲸在哺乳期的全程保持进食，幼鲸在1~3岁大时断奶（奥夫特戴尔，1997年）。在所有鲸目动物的哺乳过程中，幼鲸舌尖从下方包绕乳头并推动乳头紧贴硬颚，然后舌的基部有节奏地上下运动，产生的吮吸力拉动乳汁流向喉咙（洛根和罗布森，1971年）。研究表明，新生喙鲸和幼年喙鲸舌部边缘乳突的存在可能有助于舌头在哺乳时形成密封状态，并且在成年后的捕食中也有助于（当水从乳突间排出时）将猎物控制在颚部（卡斯特莱恩和杜布尔达姆，1990年；海恩宁和米德，1996年）。

海牛的幼仔大约在出生1年后断奶（图13.26；雷诺兹和奥德尔，

1991年)。关于儒艮哺乳期长度的数据稀缺,但可获得的数据表明,儒艮的哺乳期较长,至少持续1.5年,不过儒艮幼仔在出生之后不久即开始吃海草(马尔什,1995年)。

图13.26 海牛在水中哺乳

(照片提供:美国鱼类和野生生物管理局)

海獭的幼仔在出生后大约6个月的时间内持续依赖母亲,它们的断奶是非常渐进的过程(詹姆森和约翰逊,1993年)。母海獭在海面哺乳幼仔,哺乳姿态为仰面漂浮。当母海獭潜水时,幼海獭留在海面上(通常留在漂浮的大型褐藻床上),直到它们学会自己潜水。

与其他陆地食肉目动物相比,北极熊的哺乳期特别漫长(约2.5年)(奥夫特戴尔和吉特尔曼,1989年)。北极熊的幼仔以非常晚成的状态出生,并在出生后的2~5个月内留在洞穴中,母熊为其提供富含脂肪的奶水,幼熊留在洞穴中的时间取决于洞穴所在纬度(德罗什等,1993年)。当离开洞穴时,幼熊的体重增加,从出生时的体重低于1千克增至10~15千克。研究者尚不清楚北极熊的平均每窝产仔数,但在大部分北极熊种群中,该数值很可能接近2(阿姆斯特鲁普和德迈斯特,1988年);雌熊通常生1~2头幼熊,不过有记录表明,它们每窝可产3~4头。少数情况下,北极熊幼仔留在母亲身边长达3.5年(拉姆齐和斯特林,1988年;另见第14章),但通常只在母亲身边留2.5年的时间。

13.5 繁殖模式

13.5.1 生命史特征和哺乳期策略

在出生时，海豹类幼仔比海狮类幼仔更大，因为在大多数情况下，成年雌性海豹（体重62千克的环斑海豹到体重504千克的北象海豹）比成年雌性海狮（体重27千克的加拉帕戈斯海狗到体重273千克的北海狮）体型更大（哥斯达，1991年；鲍恩，1991年）。但在单位质量的基础上，就新生儿与母亲体型的比值而言，鳍脚类动物中不同科的动物的比值是非常相似的（科瓦奇和拉维尼，1986年a，1992年a）。同样，在鳍脚类各科中，新生儿断奶时质量与母亲质量的比值也相似。然而，海豹类母亲的绝对身体质量更大，因此它们能够在体内储存充足的脂类，可在较短的哺乳期间对后代投入大量资源（无论是否有补充进食）。相比之下，海狮类母亲缺乏足够大的身体质量，它们带上岸的脂类储备不足以支持它们在哺乳期的繁殖投资。相对于身体质量，雌性海狮对后代个体的总繁殖投资比雌性海豹大得多，投资包括能量、蛋白质和时间（表13.5）。哺乳期海狮类具有周期性的长时间觅食模式，因此在哺乳期的持续时间上可能比海豹类具有更大灵活性。不过，它也限制了生产潜力（见第14章）。当食物稀缺时，这种灵活性可能起到一种缓冲作用。在海狮类、海象和在某种不同的时间尺度上周期性觅食的海豹类中，更长的哺乳期也有利于后代发展游泳和觅食技能，此间它们仍依赖母亲提供能量。

表 13.5 一些鳍脚类的母亲质量、幼仔生长率和母亲对后代的投资
（以蛋白质和能量的形式）之间的关系

物种	母亲质量（千克）	幼仔获得质量（千克/日）	母亲的投资	
			能量（兆焦/千克）	蛋白质（克/千克）
海豹类				
港海豹	84	0.8	9	na
竖琴海豹	135	2.3	6	2
冠海豹	179	7.1	4	1
灰海豹	207	2.8	7	37
威德尔海豹	447	2	7	32
北象海豹	504	4	5	36
海狮类				
北海狗	37	0.08	22	159
南极海狗	39	0.11	31	192
加州海狮	88	0.13	36	202
北海狮	273	0.38	26	204
海象				
太平洋海象	738	0.41	na	na
大西洋海象	655	0.50	na	na

注：na＝无可用数据；原始文献来源参见哥斯达（1991年）、科瓦奇和拉维尼（1992年）及博内斯和鲍恩（1996年）的论著

浮冰具有季节不稳定性，这导致在冰上生育的海豹类哺乳期极短。冠海豹的幼仔的哺乳期仅4天，而竖琴海豹、在冰上生育的灰海豹和髯海豹的哺乳期分别为12天、17天和18~24天（鲍恩等，1994年；哈勒等，1996年；里德森和科瓦奇，1999年），这些海豹在断奶后只得依靠哺乳时在体内积累的脂类。体型等因素、相关禁食能力（指能量限

制），以及哺乳期间的觅食选择等生态因子，可能也在一定程度上决定着哺乳期的实际持续时间（特里尔米希，1996年）。在任何情况下，海豹类短暂的哺乳期得到了补偿，因雌性高效率地向幼仔提供着大量富含脂肪、高能量密度的奶水（见奥夫特戴尔等，1996年；里德森和科瓦奇，1999年），使幼仔得以快速成长（例如，科瓦奇和拉维尼，1986年a，1992年a；鲍恩，1991年）。捕食水平等其他因素无疑也在一定程度上决定了一些海豹类幼仔的水中特性。毋庸置疑，幼仔的活动水平和在水中度过的时间在能量学上具有重要意义：非常活跃并进入水中的幼海豹的生长速率低于不爱活动和游泳的幼海豹（里德森和科瓦奇，1999年）。

显而易见，在海洋哺乳动物中，母亲照料的能量成本非常高。母亲生育体型较大的后代，并因此向幼仔转移大量资源。然而，为了评估相对繁殖投资的最终结果，必须测量生殖适度的变化。生殖适度代价可包括：降低未来繁殖力，或繁殖期雌性死亡率风险增加（斯特恩斯，1989年）。关于海洋哺乳动物的生殖适度代价，人们仅掌握了少数物种的数据，并且这些物种都是鳍脚类。在此方面，对北象海豹的研究非常广泛，但关于不同水平的繁殖投资的生殖适度代价，证据较为混杂（例如，莱特等，1981年；休伯，1987年；雷波夫和莱特，1988年）。研究者研究了年龄较轻的雌性北象海豹与繁殖有关的死亡率成本，在加州的阿诺努耶佛群岛有研究记录，但在法拉隆群岛没有记录。生育率数据说明了在法拉隆群岛的北象海豹的繁殖成本，但无法说明北象海豹在阿诺努耶佛群岛的繁殖成本。研究者对连续数年生产和至少间隔一年生产的鳍脚类母亲进行了比较，取得了关于繁殖成本的信息，并发现连年生育的雌性的后代在出生、发育和存活至成年时体型均减小，在海狮类动物中，加拉帕戈斯海狗（*Arctocephalus galapagoensis*）和南极海狗也存在这种现象（特里尔米希，1986年；克罗克索尔等，1988年；博伊德等，1995年；阿尔努等，1996年）。对于加拉帕戈斯海狗，延长对幼仔的时间投入会导致成本升高；雌性海狗常带着一只幼仔进入下一个繁殖季，于是出生率可能降低，或是年长的幼仔对奶水的竞争致使新生幼仔容易夭折（特里尔米希，1996 年）。然而，在雌性加拉帕戈斯海狗中并未测量到因繁殖而导致的雌性死亡率增加，这或许是由于样本规模小和各年间的变化较大（特里尔米希，1996 年）。关于南极海狗的数据说明，维持高繁殖力会导致死亡率成本升高。博伊德等（1995 年）指出，年老的南极海狗的繁殖力降低，可能归因于两种策略之一：雌性海狗或是开始繁殖得较早，并几乎每年连续繁殖，但它们死亡时相对年轻；或者雌性海狗每隔一年繁殖，可存活更长时间。这会导致低繁殖力的老年雌性的积累，并可解释年龄较大的雌性海狗明显降低的妊娠率，而无需假定特定物种的衰老。

阿尔努（1997 年）简略地探索了海狮类和海豹类之间母代投资成本的差异。他指出，就死亡率风险而言，南极海狗的繁殖成本比北象海豹高得多。阿尔努（1997 年）假定南极海狗的幼年存活率更高（基于北海狗的数据），认为南极海狗可能将母代投资的高成本转化为更高的后代生存率。为了检验这个假说，研究者需要估计南极海狗和其他鳍脚类物种的幼年存活率。舒尔茨和鲍恩（2004 年）进行了一项类似的研究。他们得出结论认为，关于鳍脚类母亲和后代生活史基本特点的分类学数据，必须大幅改善其精确度和分布，之后可根据种间的相关性有效地探索鳍脚类生命史特点的适应功能。在未来，科学家将对鲸目动物进行更加深入的分析。

13.5.2 对雄性和雌性后代的不同投资

性选择理论预测，亲代（在海洋哺乳动物中为母代）应当改变性别比，使得在成功繁殖过程中变数最小的性别的占有比例更高，或者应当将更多的成本投入到成功繁殖中有最大变数的性别上（特里沃斯，1972 年；梅纳德·史密斯，1980 年）。第一种方案不适合于任何海洋哺乳动物，因为基于雄性异配生殖的性别决定机制，性别比受到限制，比例非常接近1∶1。然而，在明显两性异形的物种中，雄性的选择性保留与雌性的胎儿可能与它们的相对大小和雌性的身体状况相关（阿尔波姆等，1994年）。对于混交制、体型上两性异形不明显的物种（例如，竖琴海豹），对不同性别厚此薄彼的投资很少能赢得优势，研究中也未观察到两性幼仔存在重量和生长速率的差异（科瓦奇，1987年）。在明显为一夫多妻制的物种中，雌性能够几乎毫无困难地获得配偶，只要它们活着返回繁殖地，就能参与繁殖活动。然而，同种的大部分雄性永远不会获得接近性容受期雌性的权利。只有比例很小的一部分雄性能够成功繁殖，其中少数雄性可以非常成功。为了改善自身的生殖适度，母代可充分利用其雄性后代在繁殖成功可能性方面的这种悬殊，将雄性后代养育为体型更大、更具竞争性的个体，最终使它们在成熟后改善繁殖机会。一些研究认为，在一些一夫多妻制的鳍脚类物种中存在差别投资的证据（莱特等，1978年；科瓦奇和拉维尼，1986年b；奥诺和博内斯，1996年），但其他研究尚未在一夫多妻制、两性异形的物种中发现对雄性和雌性后代投资的差异（克雷茨曼等，1993年；史密塞斯和洛伦森，1995年；阿尔努等，1996年；阿尔波姆等，1997年；威尔金森和范·亚尔德，2001年）。为了进一步探索这些观点，需要更多地了解幼仔断奶时质量与特定性别存活率的关系，或许还有幼仔出生和断奶时质量与最终体型的关系（特别是雄性）。

13.5.3 鳍脚类动物中繁殖模式的演化

为了理解海豹类动物和海狮类动物中繁殖和摄食能量学的演化，哥斯达（1993年）构建了一个框架，弗格森（2006年）及舒尔茨和鲍恩（2005年）也详述了这个框架的背景。鳍脚类祖先似乎对选择压力做出不同反应。海熊兽科（Enaliarctidae）动物可能已表现出了一种海狮类的觅食周期哺乳期策略（哥斯达，1993年），并保留了几个月的哺乳期时长，这些都是许多陆地食肉目动物的典型特征。海狮类的繁殖模式（即，进行多次短时间的出海觅食，可最大限度地为幼仔提供能量和营养）是与祖先的繁殖模式相同的类型，与它们共同的陆地祖先有着最密切的联系。与海豹类祖先相比，雌性的海狮类祖先保留了较小的体型并可能在孤立的繁殖地生育，以降低被陆地捕食者捕食的风险，并可以邻近高生产力的当地食物资源（图 13.27 和图 13.28）。中新世大部分时期的气候寒冷化促使海狮类体型增大，随着大型化的海狮类能够更高效地捕食海洋中的猎物，它们开始逐渐利用远海食物资源。这可能也使

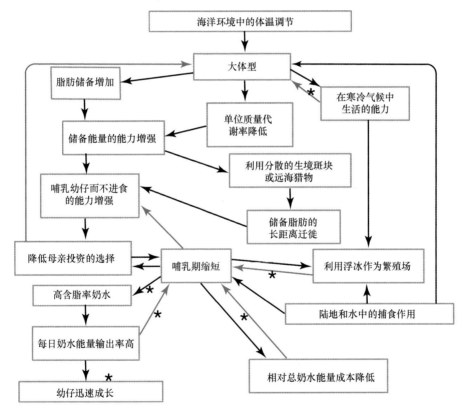

图 13.27　关于海豹类母亲生命史特点和哺乳期策略的演化模型

蓝色箭头表示反馈回路；星号代表作者认为的适应关系

（舒尔茨和鲍恩，2005 年）

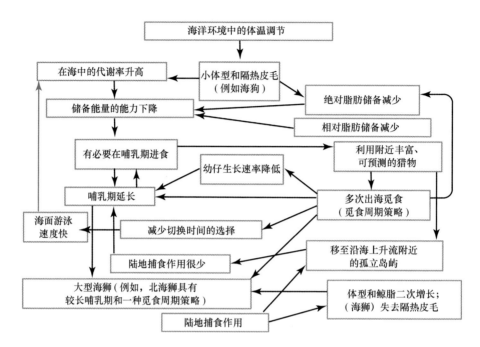

图 13.28 关于海狮类母亲生命史特点和哺乳期策略的演化模型

蓝色箭头代表反馈回路

(舒尔茨和鲍恩,2005 年)

海狮类的乳腺具备了在哺乳活动持续中断的情况下保持功能的非凡能力(舒尔茨和鲍恩,2005 年)。此类变化要求每次出海觅食带来更大的能量回馈,并使幼仔更加依赖母亲体内储备的资源。已灭绝的皮海豹科(Desmatophocidae)(海豹的共同祖先)可能采用了这种模式并演化出了较大体型。据推测,除了减少哺乳期中定期进食的需求外,演化出的较大体型还可降低热量散失和遭受捕食的风险。这使海豹类物种能够栖息于寒冷、生产力季节性变化的海洋中,并利用海冰作为分娩和哺乳的场所,这转而通过自然选择促使它们缩短哺乳期时间,产出高能量的乳汁,使幼仔迅速获得体重。基础海豹类,即体型较大的僧海豹亚科(Monachinae)物种,可能已在一定程度上将母海豹的觅食和哺乳期分离开。该进化事件发生后，海豹类物种便能够进入更温暖、生产力较低的水域，那里的猎物更分散且难以预测（哥斯达，1993 年；舒尔茨和鲍恩，2005 年）。由于缺少来自海狮类的竞争，海豹类祖先在进入大西洋之后顺利地扩散分布。在到达高纬度地区之后，海豹类的硕大体型和因此具备的充足脂肪储备使它们的哺乳期间隔得以缩短，这转而令海豹类能够在相对稳定的冰上生育。由于演化出了冰上繁殖行为，海豹类的哺乳期间隔进一步缩短，它们的繁殖生境也扩展到浮冰区。

13.6 总结和结论

海洋哺乳动物的生殖系统结构与其他哺乳动物类似。鲸类生殖系统的一个特点是卵巢白体终生清晰可见，这向研究者提供了它们卵巢中过去排卵的记录。研究者因此能够研究鲸类个体的生殖史：每个卵巢白体代表了一次排卵（但未必是一次怀孕）。不同的海洋哺乳动物具有不同的排卵和发情期时间。海豹类和海狮类物种均具有产后发情期，并建立起年度周期，其中大部分物种在一个繁殖季交配，在下一个繁殖季分娩，不过少数海狮类物种没有表现出固定的年度繁殖周期。通过延迟着床，它们实现了生殖机能的调整以适应一年或更短的怀孕期。这种复合的繁殖策略将分娩和交配安排在一个相对短暂的时间中，届时这些动物聚集在传统繁殖地，其幼仔出生时的条件最有利于它们的生存。鲸目动物和一些鳍脚类动物表现为多年繁殖周期，其交配和分娩通常间隔至少一年，有时间隔两年或多年。大部分海洋哺乳动物的怀孕期约为一年，不过北极熊的怀孕期较短，仅约为几个月。

海洋哺乳动物的交配系统包括混交制和一夫多妻制。在鳍脚类动物中，所有海狮类物种和许多海豹类物种为一夫多妻制。几乎所有在陆地上生育的鳍脚类物种均为极端的一夫多妻制并具有显著的两性异形。由于一夫多妻制的雄性必须在繁殖季争夺对雌性（或对重要资源）的控制权，故它们会重复出现竞争行为，或是围绕着繁殖领地的建立和防卫

（资源防卫一夫多妻制），或是建立优势等级（雌性或后宫防卫一夫多妻制）。在水中或冰上交配的鳍脚类（海象和冰栖海豹）通常显示出一种弱化的一夫多妻制，这可在一定程度上解释为，这些雄性难以在不稳定的环境中守卫资源或阻止其他雄性接近雌性。在一些冰上生育的鳍脚类物种中，雌性可能表现出配偶选择。研究者提出，太平洋海象和一些海狮类物种具有求偶场或类似于求偶场的交配策略。

鲸目动物和海牛目动物的交配系统通常为混交制，但也确实存在保卫配偶等策略。齿鲸生活在社会群体中（例如，鲸群、单元和小群），而须鲸多为独居。在鲸豚类的社会行为方面，人们对座头鲸、长吻原海豚（飞旋海豚）、宽吻海豚和虎鲸研究得最为透彻。虎鲸在小群中生活，小群是母系的社会群体，以特有的方言、觅食策略和个体成员为特征。在抹香鲸中，雌性和未成熟的成员会形成群体，或称单元，雄性在繁殖期会到访这些单元。当母鲸在大深度觅食时，群体中的其他雌性成员会照看留在海面的幼鲸，这种相互的需求可能促使雌性抹香鲸之间形成紧密的联系。在须鲸类中，基本的社会单位由一头母鲸和一头幼鲸组成。灰鲸、弓头鲸和露脊鲸具有较大的睾丸，这可解释为以精子竞争为繁殖策略的证据。须鲸母亲对后代的照料时间比齿鲸短。在儒艮和海牛的性行为中，雄性会混乱地争夺接近一头处于发情期的雌性的权利。一些地区的儒艮表现出非常暴力的雄性间竞争，而在其他地区，它们似乎使用一种求偶场策略。海獭和北极熊均采用一夫多妻制。

海洋哺乳动物存在3种特征性的母代照料策略：① 禁食策略（例如，一些海豹类、须鲸类）；② 觅食周期策略（例如，海狮类、一些海豹类）；③ 水中哺乳策略（例如，海象、齿鲸类、海牛类和海獭）。在禁食策略中，母代的哺乳期较短，幼仔得到的奶水含脂率非常高，可迅速成长。一般而言，觅食周期策略涉及更长的哺乳期，幼仔得到脂肪含量较低的奶水，成长也较慢。水中哺乳策略的持续时间为几个月到几年不等，因不同物种而异。利用水中哺乳策略的类群具有多样化的特征，不同类群的新生儿生长速率和奶水中的脂肪含量存在差异。北极熊表现出典型的熊类哺乳期策略，但母北极熊对幼仔的照料期较长。母熊在分娩幼熊的洞穴中生活时会禁食，但在漫长的哺乳期（两年多）的其余时间中会重新开始觅食。

在雌性海豹中，有综合的证据说明了与不同繁殖策略相联系的生殖适度代价水平各不相同。与此相似，也有综合的研究结果说明了对雄性和雌性后代存在差别投资。一般而言，为了检验许多生活史现象，需要严密的数据，但目前缺少与之相关的海洋哺乳动物的数据。鳍脚类繁殖模式的演化模型表明，觅食周期模式（即，多次短时间出海觅食，可最大限度地向幼仔提供能量和营养）是祖先采用的策略模型。根据该模型，源于体型增大的禁食策略可见于已灭绝的皮海豹科（Desmatophocidae），这种策略使幼仔能够在哺乳期依靠母亲体内储备的资源。随着禁食策略的进一步演化，一些鳍脚类物种发展出了冰上生育模式，哺乳期间隔也因此缩短。

13.7 延伸阅读与资源

关于鳍脚类生殖系统的总结，读者可参见劳斯和辛哈（1993 年）及其中引用的参考文献以及阿特金森（1997 年）的论著。斯利珀（1966 年）、哈里森（1969 年）、佩兰和莱利（1984 年）和洛克耶（1984 年）描述了鲸目动物的生殖系统；希尔（1945 年）、哈里森（1969 年）和奥谢等（1995 年）描述了海牛目动物的生殖系统。波默罗伊（2011 年）论述了海洋哺乳动物的生殖生理学。科瓦奇和拉维尼（1986 年 a，b，1992 年 a）及博内斯和鲍恩（1996 年）总结了鳍脚类母亲照料模式的演化；另见特里尔米希（1996 年）和博伊德（1998 年）的论著。奥夫特戴尔（2011 年）和其中引用的参考文献总结了海洋哺乳动物的哺乳期。关于鳍脚类物种的哺乳期策略，舒尔茨和鲍恩（2005 年）审查了可用数据的质量和知识差距，其中许多仍有 10 年以上差距。鲍恩（1991年）论述了新生鳍脚类物种的行为生态学。博内斯（1991年）和雷波夫（1991年）总结了鳍脚类物种的交配系统。关于鳍脚类物种交配系统的演化的经典论文是巴塞洛缪（1970年）的作品。关于5种在冰上生育的北大西洋海豹的哺乳期策略，里德森和科瓦奇（1999年）详细提供了能量学和行为学总结。埃文斯（1987年）对鲸目动物的交配系统进行了概述，并且曼恩等（2002年）的论文提供了额外信息。拉斯本等（1995年）和安德森（1997年）讨论了海牛和儒艮的交配行为。费达克等（2009年）和其中引用的参考文献全面地综述了海洋哺乳动物繁殖行为的许多方面。

参考文献

Alcorn, D. J., 1984. The Hawaiian Monk Seal on Laysan Island, 1982. NOAA Tech. Mem. NMFS-SNFC NMFSS WFC-42, National Marine Fisheries Service, Honolulu, HI.

Allen, S.G., 1985. Mating behavior in the harbor seal. Mar. Mamm. Sci. 1, 84–87.

Amos, W., Barrett, J., Dover, G.A., 1991. Breeding system and social structure in the Faroese pilot whales as revealed by DNA fingerprinting. Rep. Int. Whal. Commn. Spec. Issue 13, 255–270.

Amos, W., Twiss, S., Pomeroy, P.P., Anderson, S.S., 1993. Male mating success and paternity in the gray seal, *Halichoerus grypus*: a study using DNA fingerprinting. Proc. R. Soc. B 252, 199–207.

Amos, B., Schlotterer, C., Tautz, D., 1993. Social-structure of pilot whales revealed by analytical DNA profiling. Science 260, 670–672.

Amos, B., Twiss, S., Pomeroy, P.P., Anderson, S.S., 1995. Evidence for mate fidelity in the gray seal. Science 268, 897–899.

Amstrup, S.C., De Master, D.P., 1988. Polar bear, *Ursus maritimus*. In: Lentfer, J.W. (Ed.), Selected Marine Mammals of Alaska. Marine Mammal Commission, Washington, DC, pp. 39–56.

Anderson, P.K., 1997. Shark Bay dugongs in summer. 1: lek mating. Behaviour 134, 433–462.

Anderson, P. K., Packard, J. M., Rathbun, G. B., Domning, D. P., Best, R., 2001. Dugong and manatees. In: MacDonald, D. (Ed.), The New Encyclopedia of Mammals. Oxford University Press, Oxford, pp. 278-287.

Arnbom, T., 1994. Maternal Investment in Male and Female Offspring in the Southern Elephant Seal (Ph.D. thesis). Stockholm University, Stockholm.

Arnbom, T., Fedak, M. A., Rothery, P., 1994. Offspring sex-ratio in relation to female size in southern elephant seals, *Mirounga leonina*. Behav. Ecol. Sociobiol. 35, 373-378.

Arnbom, T., Fedak, M. A., Boyd, I. L., 1997. Factors affecting maternal expenditure in southern elephant seals during lactation. Ecology 78, 471-483.

Arnould, J. P. Y., 1997. Lactation and the cost of pup-rearing in Antarctic fur seals. Mar. Mamm. Sci. 13, 516-526.

Arnould, J. P. Y., Boyd, I. L., Socha, D. G., 1996. Milk consumption and growth efficiency in Antarctic fur seal (*Arctocephalus gazella*) pups. Can. J. Zool. 74, 254-266.

Atkinson, S., 1997. Reproductive biology of seals. Rev. Reprod. 2, 175-194.

Atkinson, S., 2009. Male reproductive systems. In: Perrin, W. F., Würsig, B., Thewissen, J. G. M. (Eds.), Encyclopedia of Marine Mammals, second ed. Academic Press, San Diego, CA, pp. 675-679.

Attard, M. R. G., Pitcher, B. J., Charrier, I., Ahonen, H., Harcourt, R. G., 2010. Vocal discrimination in mate guarding Australian sea lions: familiarity breeds contempt. Ethology 8, 704-712.

Auge, A. A., Chilvers, B. L., Moore, A., Mathieu, R., Robertson, B. C., 2009. Aggregation and dispersion of female New Zealand sea lions at the Sandy Bay breeding colony, Aukland Islands: how unusual is their spatial behaviour? Behaviour 146, 1287-1311.

Baker, C. S., Herman, L. M., 1984. Aggressive behavior between humpback whales (*Megaptera novaeangliae*) on the Hawaiian wintering grounds. Can. J. Zool. 62, 1922-1937.

Balcomb III, K. C., 1974. The birth of a gray whale. Pac. Disc. 27, 28-31.

Bartholomew, G. A., 1970. A model for the evolution of pinniped polygyny. Evolution 24, 546-559.

Bartsh, S. S., Johnston, S. D., Siniff, D. B., 1992. Territorial behavior and breeding frequency of male Weddell seals (*Leptonychotes weddellii*) in relation to age, size and concentration of serum testosterone and cortisol. Can. J. Zool. 70,680-692.

Bengtson, J. L., 1981. Ecology of Manatees (*Trichechus manatus*) in the St. Johns River, Florida (Ph.D. thesis). University of Minnesota, Minneapolis, MN.

Bengtson, J. L., Siniff, D. B., 1981. Reproductive aspects of female crabeater seals, *Lobodon carcinophagus*, along the Antarctic Peninsula. Can. J. Zool. 59,92-102.

Best, R.C., 1981. The status of right whales (*Eubalaena glacialis*) off South Africa, 1969-1979. Rep. So. Afr. Sea Fish. Inst. 123,1-44.

Best, P.B., 1982. Seasonal abundance, feeding, reproduction, age and growth in minke whales off Durban (with incidental observations from the Antarctic). Rep. Int. Whal. Commn. 32, 759-786.

Bigg, M.A., Olesiuk, P.F., Ellis, G.M., Ford, L.K.B., Balcomb, K.C., 1990. Social organization and genealogy of resident killer whales (*Orcinus orca*) in the coastal waters of British Columbia and Washington State. Rep. Int. Whal. Commn. Spec. Issue 12,383-406.

Bloch, D., Desportes, G., Harvey, P., Lockyer, C., Mikkelsen, B., 2012. Life-history of Risso's dolphin (*Grampus griseus*) (G. Cuvier, 1812) in the Faroe Islands. Aqu. Mamm. 38, 250-266.

Bohorquez-Herrrera, J., Hernandez-Camacho, C. J., Aurioles-Gamboa, D., Cruz-Escalona, V. H., 2014. Plasticity in the agonistic behaviour of male California sea lions, *Zalophus californianus*. Anim. Behav. 89,31-38.

Boness, D.J., 1991. Determinants of mating systems in the Otariidae (Pinnipedia). In: Renouf, D. (Ed.), The Behaviour of Pinnipeds. Chapman & Hall, New York, pp. 1-44.

Boness, D.J., 2002. Estrus and estrous behaviour. In: Perrin, W.F., Würsig, B., Thewissen, J.G.M. (Eds.), Encyclopedia of Marine Mammals. Academic Press, San Diego, CA, pp. 395-398.

Boness, D. J., Anderson, S. S., Cox, C. R., 1982. Functions of female aggression during the pupping and mating season of gray seals, *Halichoerus grypus* (Fabricius). Can. J. Zool. 60, 2270-2278.

Boness, D.J., Bowen, W.D., 1996. The evolution of maternal care in pinnipeds. BioScience 46, 645-654.

Bonin, V.C.A., Goebel, M.A., O'Corry-Crowe, G.M., Burton, R.S., 2012. Twins or not? Genetic analyses of putative twins in Antarctic fur seals, *Archtocephalus gazella*, on the South Shetland Islands. J. Exp. Mar. Biol. Ecol. 412, 13–19.

Bonin, C.A., Goebel, M.E., Hoffman, J.I., Burton, R.S., 2014. High male reproductive success in a low-density Antarctic fur seal (*Arctocephalus gazella*) breeding group. Behav. Ecol. Sociobiol. 68, 597–604.

Bonner, W.N., 1984. Lactation strategies in pinnipeds: problems for a marine mammalian group. In: Peaker, M., Vernon, R.G., Knight, C.H. (Eds.), Physiological Strategies in Lactation. Academic Press, London, pp. 253–272.

Bonner, W.N., 1990. The Natural History of Seals. Chirstopher Helm, London.

Bowen, W.D., 1991. Behavioral ecology of pinniped neonates. In: Renouf, D. (Ed.), The Behaviour of Pinnipeds. Capman & Hall, New York, pp. 66–127.

Bowen, W.D., Oftedal, O.T., Boness, D.J., 1985. Birth to weaning in four days: remarkable growth in the hooded seal, *Cystophora cristata*. Can. J. Zool. 63, 2841–2846.

Bowen, W.D., Oftedal, O.T., Boness, D.J., Iverson, S.J., 1994. The effect of maternal age and other factors on birth mass in the harbor seal. Can. J. Zool. 72, 8–14.

Bowen, W.D., Iverson, S.J., Boness, D.J., Oftedal, O.T., 2001. Foraging effort, food intake and lactation performance depend on maternal mass in a small phocid seal. Funct. Ecol. 15, 325–334.

Boyd, I.L., 1998. Time and energy constraints in pinniped lactation. Am. Nat. 152, 717–728.

Boyd, I.L., Reid, K., Bevan, R.M., 1995. Swimming speed and allocation of time during the dive cycle in Antarctic fur seals. Anim. Behav. 50, 769–784.

Brownell, R.L.J., Ralls, K., 1986. Potential for sperm competition in baleen whales. Rep. Int. Whal. Commn. Spec. Issue 8, 97–112.

Bull, J.J., Charnov, E.L., 1985. On irreversible evolution. Evolution 39, 1149–1155.

Burns, J.J., 2002. Harbor and spotted seals. In: Perrin, W.F., Würsig, B., Thewissen, J.G.M. (Eds.), Encyclopedia of Marine Mammals. Academic Press, San Diego, pp. 552–560.

Bruck, J.N., 2013. Decade-long social memory in bottlenose dolphins. Proc. Roy. Soc. B Biol. Sci. 280, 1768..

Caldwell, D.K., Caldwell, M.C., 1972. The World of the Bottlenose Dolphin. Lippincott, New York.

Caldwell, D.K., Caldwell, M.C., 1985. Manatees. In: Ridgway, S. (Ed.), Handbook of Marine Mammals. The Sirenians and Baleen Whales, vol. 3. Academic Press, New York, pp. 33-66.

Campagna, C., Le Boeuf, B.J., Cappozzo, H.L., 1988. Group raids: a mating strategy of male southern sea lions. Behaviour 105, 224-246.

Cassini, M.H., Vila, B.L., 1990. Male mating behavior of the southern sea lion. Bull. Mar. Sci. 46, 555-559.

Charrier, I., Aubin, T., Mathevon, N., 2010. Mother-calf vocal communication in Atlantic walrus: a first field experimental study. Anim. Cogn. 13, 471-482.

Charrier, I., Mathevon, N., Aubin, T., 2013. Bearded seal males perceive geographic variation in their trills. Behav. Ecol. Sociobiol. 67, 1679-1689.

Clapham, P.J., 1996. The social and reproductive biology of humpback whales: an ecological perspective. Mamm. Rev. 26, 27-49.

Clapham, P.J., Palsbøll, P.J., Mattila, D.K., Vasquez, O., 1992. Composition and dynamics of humpback whales competitive groups in the West-Indies. Behaviour 122, 182-194.

Clapham, P.J., Palsbøll, P.J., 1997. Molecular analysis of paternity shows promiscous mating in female humpback whales (*Megaptera novaeangliae* Borowski). Proc. R. Soc. B 264, 95-98.

Clinton, W.L., Le Boeuf, B.J., 1993. Sexual selection's effects on male life history and the pattern of male mortality. Ecology 74, 1884-1892.

Coltman, D.W., Bowen, W.D., Wright, J.M., 1998. Male mating success in an aquatically mating pinniped, the harbour seal (*Phoca vitulina*), assessed by microsatellite DNA markers. Mol. Ecol. 7, 627-638.

Coltman, D.W., Bowen, W.D., Wright, J.M., 1999. A multivariate analysis of phenotype and paternity in male harbor seals, *Phoca vitulina*, at Sable Island, Nova Scotia. Behav. Ecol. 10, 169-177.

Connor, R.C., Smolker, R.A., Richards, A.F., 1992. Dolphin alliances and coalitions. In: Harcourt, A.H., De Waal, F.B.M. (Eds.), Coalitions and Alliances in Humans and Other Animals. Oxford University Press, Oxford, UK, pp. 415-443.

Connor, R.C., Richards, A.F., Smolker, R.A., Mann, J., 1996. Patterns of female attractiveness in Indian Ocean bottlenose dolphins. Behaviour 133,37-69.

Connor, R.C., Mann, J., Tyack, P.L., Whitehead, H., 1998. Social evolution in toothed whales. Trends Ecol. Evol. 13,228-232.

Connor, R.C., Heithaus, M.R., Barre, L.M., 1999. Superalliance of bottlenose dolphins. Nature 397,571-572.

Corkeron, P.J., Connor, R.C., 1999. Why do baleen whales migrate? Mar. Mamm. Sci. 15, 1228-1245.

Costa, D.P., 1991. Reproductive and foraging energetics of pinnipeds: implications for life history patterns. In: Renouf, D. (Ed.), The Behaviour of Pinnipeds. Chapman & Hall, London, pp. 299-344.

Costa, D.P., 1993. The relationship between reproductive and foraging energetics and the evolution of the pinnipedia. Symp. Zool. Soc. Lond. 66,293-314.

Costa, D.P., Thorson, P.H., Herpolsheimer, J.G., Croxall, J.P., 1985. Reproductive bioenergetics of the Antarctic fur seal. Antarct. J. US 20,176-177.

Costa, D.P., Gentry, R.L., 1986. Free-ranging energetics of northern fur seal. In: Gentry, R.L., Kooyman, G.L. (Eds.), Fur Seals: Maternal Strategies on Land and at Sea. Princeton University Press, Princeton, NJ, pp. 79-101.

Costa, D.P., Le Boeuf, B.J., Huntley, A.C., Ortiz, C.L., 1986. The energetics of lactation in the northern elephant seal, *Mirounga angustirostris*. J. Zool. 201,21-33.

Costa, D.P., Trillmich, F., 1988. Mass changes and metabolism during the perinatal fast: comparison between Antarctic (*Arctocephalus gazella*) and Galapagos fur seals (*Arctocephalus galapagoensis*). Physiol. Zool. 61,160-169.

Crocker, D.E., Houser, D.S., Webb, P.M., 2012. Impact of body reserves on energy expenditure, water flux and mating success in breeding male northern elephant seals. Physiol. Biochem. Zool. 85,11-20.

Croxall, J.P., McCann, T.S., Prince, P.A., Rothery, P., 1988. Reproductive performance of seabirds and seals at South Georgia and Signy Island, South Orkney Islands, 1976-1987: implications for southern ocean monitoring studies. In: Sahrhage, D. (Ed.), Antarctic Ocean and Resources Variability. Springer-Verlag, Heidelberg, Germany, pp. 261-285.

Cullen, T.M., Fraser, D., Rybczynski, N., Schroder-Adams, C., 2014. Early evolution of sexual dimorphism and polygyny in pinnipedia. Evolution 68 (5),1464-1484.

Dalebout,M.L.,Steel,D.,Baker,C.S.,2008. Phylogeny of the beaked whale genus *Mesoplodon* (Ziphiidae: Cetacea) revealed by nuclear introns: implications for the evolution of male tusks. Syst. Biol. 57 (16),857-875.

Derocher, A. E., 1990. Supernumerary mammae and nipples in the polar bear (*Ursus maritimus*). J. Mammal. 71,236-237.

Derocher,A.E.,Andriashek, D.,Arnould,J.P.Y.,1993. Aspects of milk composition in polar bears. Can. J. Zool. 71,561-567.

Derocher,A.E.,Stirling, I.,1995. Temporal variation in reproduction and body mass of polar bears in western Hudson Bay. Can. J. Zool. 73,1657-1665.

Dines,J.P.,Otárola-Castillo, E.,Ralph,P.,Alas,J.,Daley,T.,Smith,A.D.,Dean,M.D.,2014. Sexual selection targets cetacean pelvic bones. Evolution 68 (11),3296-3306.

Doiron,E.E.,Rouget, P.A.,Terhune, J.M.,2012. Proportional underwater call type usage by Weddell seals (*Leptonychotes weddellii*) in breeding and nonbreeding situations. Can. J. Zool. 90,237-247.

Duffield, D. A., Wells, R. S., 1991. The combined application of chromosome, protein and molecular data for the investigation of social unit structure and dynamics in *Tursiops truncatus*. Rep. Int. Whal. Commn. Spec. Issue 13,155-159.

Emlen,S.T.,Oring,L.W.,1977. Ecology,sexual selection,and the evolution of mating systems. Science 197,215-223.

Estes,J.A.,1980. Enhydra lutris. Mamm. Spec. 133,1-8.

Estes,J. A., Bodkin, J. L., 2002. Otters. In: Perrin, W. F., Würsig, B., Thewissen, J. G. M. (Eds.),Encyclopedia of Marine Mammals. Academic Press,San Diego,CA,pp. 842-858.

Evans,G.H.P.,1987. The Natural History of Whales and Dolphins. Facts On File,New York.

Fabiani,A.,Galimberti, F.,Sanvito, S.,Hoelzel, A.R.,2004. Extreme polygny among southern elephant seals on Sea Lion Island,Falkland Islands. Behav. Ecol. 15,961-969.

Fay,F.H.,1982. Ecology and biology of the Pacific walrus,*Odobenus rosmarus divergens* Illiger. North Am. Fauna Ser. US Dep. Int. Fish. Wildl. Serv. 74.

Fedak,M.A.,Anderson,S.S.,1982. The energetics of lactation: accurate measurements from a large wild mammal,the gray seal (*Halichoerus grypus*). J. Zool. 198,473-479.

Fedak, M. A., Wilson, B., Pomeroy, P. P., 2009. Reproductive behavior. In: Perrin, W. F., Wursig, B., Thewissen, J. G. M. (Eds.), Encyclopedia of Marine Mammals. Elsevier, New York, pp. 943–955.

Feldhamer, G. A., Drickamer, L. C., Vessey, S. H., Merritt, J. F., Krajewski, C., 2007. Mammalogy, 3rd ed. Johns Hopkins Press, Baltimore MD.

Ferguson, S. H., 2006. The influence of environment, mating habitat, and predation on evolution of pinniped lactation strategies. J. Mamm. Evol. 13, 63–82.

Fitzpatrick, J. L., Almbro, M., Gonzalez-Voyer, A., Simmons, L. W., 2012. Male contest competition and the coevolution of weaponry and testes in pinnipeds. Evolution 66, 3595–3604.

Flatz, R., Gonzalez-Suarez, M., Young, J. K., Henandez-Camacho, C. J., Immel, A. J., Gerger, L. R., 2012. Weak polygyny in California sea lions and the potential for alternative mating tactics. PLoS ONE 7, e33654..

Ford, J. K. B., Ellis, G. M., Balcomb, K. C., 1994. Killer Whales: The Natural History and Genealogy of *Orcinus orca* in British Columbia and Washington State. University of Washington Press, Seattle.

Ford, M. J., Hanson, M. B., Hempelmann, J. A., Ayres, L. L., Emmons, C. K., Schorr, G. S., Baird, R. W., Balcomb, K. C., Wasser, S. K., Parsons, K. M., Balcomb-Bartok, K., 2011. Inferred paternity and male reproductive success in a killer whale (*Orcinus orca*) population. J. Hered. 102, 537–553.

Foster, E. A., Franks, D. W., Mazzi, Darden, S. K., Balcomb, K. C., Ford, K. C. B., Croft, D. P., 2012. Adaptive prolonged postreproductive life span in killer whales. Science 337, 1313.

Francis, J. M., Boness, D. J., 1991. The effect of thermoregulatory behavior on the mating system of the Juan Fernandez fur seal, *Arctocephalus philippii*. Behaviour 119, 104–126.

Frandsen, M. S., Galatius, A., 2013. Sexual dimorphism of Dall's porpoise and harbor porpoise skulls. Mamm. Biol. 78, 153–156.

Fredga, K., 1988. Aberrant chromosomal sex-determining mechanisms in mammals, with special reference to species with XY females. Phil. Trans. R. Soc. Lond. B 322, 83–95.

Freitas, C., Kovacs, K. M., Ims, R. A., Fedak, M. A., Lydersen, C., 2009. Deep into the ice: overwintering and habitat selection in Atlantic walruses. Mar. Ecol. Prog. Ser. 375, 247–261.

Fury, C. A., Ruckstuhl, K. E., Harrison, P. L., 2013. Spatial and social sexual segregation patterns in Indo-Pacific bottlenose dolphins (*Tursiops aduncus*). PLoS ONE 8, e52987..

Gales, N. J., Costa, D. P., Kretzmann, M., 1996. Proximate composition of Australian sea lion milk throughout the entire supra-annual lactation period. Aust. J. Zool 44, 651-657.

Gaskin, D. E., Smith, G. J. D., Watson, A. P., Yasui, W. Y., Yurik, D. B., 1984. Reproduction in the porpoises (Phocoenidae): implications for management. Rep. Int. Whal. Commn. Spec. Issue 6, 135-147.

Gemmell, N. J., Burg, T. M., Boyd, I. L., Amos, W., 2001. Low reproductive success in territorial male Antarctic fur seals (*Arctocephalus gazella*) suggests the existence of alternative mating strategies. Mol. Ecol. 10, 451-460.

Gentry, R. L., 1998. Behavior and Ecology of the Northern Fur Seal. Princeton University Press, Princeton, NJ.

Gerber, L. R., Gonzalez-Suarez, M., Hernandez-Camacho, C. J., Young, J. K., Sabo, J. L., 2010. The cost of male aggression and polygyny in California sea lions (*Zalophus californianus*). PLoS ONE 5, e12230..

Gisiner, R. C., 1985. Male Territoriality and Reproductive Behavior in the Steller Sea Lion, *Eumetopias jubatus* (Ph.D. thesis). University of California, Santa Cruz.

Glockner-Ferrari, D. A., Ferrari, M. J., 1984. Reproduction in humpback whales, *Megaptera novaeangliae*, in Hawaiian waters. Rep. Int. Whal. Commn 6, 237-242.

Gonzalez-Suarez, M., Cassini, M. H., 2014. Variance in male reproductive success and sexual size dimorphism in pinnipeds: testing an assumption of sexual selection theory. Mamm. Rev. 44, 88-93.

Green, M. L., Herzing, D. L., Baldwin, J. D., 2011. Reproductive success of male Atlantic spotted dolphins (*Stenella frontalis*) revealed by noninvasive genetic analysis of paternity. Can. J. Zool. 89, 239-253.

Gregory, M. E., Kon, S. K., Rowland, S. J., Thompson, S. Y., 1955. The composition of the milk of the blue whales. J. Dairy Res. 22, 108-112.

Haley, M. P., Deutsch, C. J., Le Boeuf, B. J., 1994. Size, dominance and copulatory success in male northern elephant seals, *Mirounga angustirostris*. Anim. Behav. 48, 1249-1260.

Haller, M. A., Kovacs, K. M., Hammill, M. O., 1996. Maternal investment by fast-ice breeding grey seals (*Halichoerus grypus*). Can. J. Zool. 74,1531-1541.

Hanggi,E.B.,Schusterman,R.J.,1994. Underwater acoustic displays and individual variation in male harbour seals,*Phoca vitulina*. Anim. Behav. 48,1275-1283.

Harcourt,R.G., Hindell, M. A., Waas, J. R., 1998. Under ice movements and territory use in free-ranging Weddell seals during the breeding season. N. Z. Nat. Sci. 23,72-73.

Harcourt,R.G., Hindell, M. A., Waas, J. R., 2000. Three-dimensional dive profiles of free-ranging Weddell seals. Polar Biol. 23,479-487.

Harrison,R.J.,1969. Endocrine organs: hypophysis,thyroid,and adrenal. In: Andersen,H.T. (Ed.),The Biology of Marine Animals. Academic Press,New York,pp. 349-390.

Harrison,R. J., King, J. E., 1980. Marine Mammals, second ed. Hutchinson and Co., Ltd, London.

Harrison,R.H.,Bryden,M.M.,1988. Whales,Dolphins and Porpoises. Facts on File,New York.

Hartman,D.S.,1979. Ecology and Behavior of the Manatee (*Trichechus manatus*) in Florida. Am. Soc. Mammal.,Shippenburg,PA. Special Publ. No. 5.

Heath,C.B.,2002. California,Galapagos,and Japanese sea lions. In: Perrin,W.F.,Würsig,B., Thewissen,J.G.M. (Eds.),Encyclopedia of Marine Mammals. Academic Press,San Diego, CA,pp. 180-186.

Heide-Jørgensen, M. P., 2002. Narwhal. In: Perrin, W. F., Würsig, B., Thewissen, J. G. M. (Eds.),Encyclopedia of Marine Mammals. Academic Press,San Diego,CA,pp. 783-787.

Herzing, D. L., 1997. The life history of free-ranging Atlantic spotted dolphins (*Stenella frontalis*): age classes, color phases and female reproduction. Mar. Mamm. Sci. 13, 576-595.

Herzing,D.L.,Mate,B.R.,1984. Gray whale migrations along the Oregon coast. In: Jones,M. L., Swartz, S. L., Leatherwood, S. (Eds.), The Gray Whale, *Eschrichtius robustus* (Lilljeborg,1861). Academic Press,New York,pp. 289-308.

Heyning, J. E., Mead, J. G., 1996. Suction feeding in beaked whales: morphological and observational evidence. Nat. Hist. Mus. L.A. Cty. Contrib. Sci. 464,1-12.

Higgins, L. V., Costa, D. P., Huntley, A. C., Le Boeuf, B. J., 1988. Behavior and physiological measurements of the maternal investment in the Steller sea lion,*Eumetopias jubatus*. Mar. Mamm. Sci. 4,44-58.

Higgins, L. V., Gass, L., 1993. Birth to weaning: parturition, duration of lactation and attendance cycles of Australian sea lions (*Neophoca cinerea*). Can. J. Zool. 71, 2047-2055.

Hill, W.C.O., 1945. Notes on the dissection of two dugongs. J. Mammal 26, 153-175.

Houston, A. I., Stephens, P. A., Boyd, I. L., Harding, K. C., McNamara, J. M., 2007. Capital or income breeding? A theoretical model of female reproductive strategies. Behav. Ecol. 18, 241-250.

Huber, H. R., 1987. Natality and weaning success in relation to age of first reproduction in northern elephant seals. Can. J. Zool. 65, 1311-1316.

Hurst, L. D., Allan, A., Bengtson, B. O., 1996. Genetic conflicts. Q. Rev. Biol. 71, 317-471.

Irvine, B., Wells, R. S., 1972. Results of attempts to tag Atlantic bottlenosed dolphins (*Tursiops truncatus*). Cetology 13, 1-5.

Iverson, S. J., Bowen, W. D., Boness, D. J., Oftedal, O. T., 1993. The effect of maternal size and milk energy output on pup growth in gray seals (*Halichoerus grypus*). Physiol. Zool. 66, 61-88.

Jameson, R. J., 1989. Movements, home range, and territories of male sea otters off central California. Mar. Mamm. Sci. 5, 159-172.

Jameson, R. J., Johnson, A. M., 1993. Reproductive characteristics of female sea otters. Mar. Mamm. Sci. 9, 156-167.

Johanos, T. C., Becker, B. L., Brown, M. A., Choy, B. K., Hiruki, L. M., Brainard, R. E., Westlake, R. L., 1990. The Hawaiian monk seal on Laysan Island. 1988. NOAA Tech. Mem. NMFSSWMFS-151, National MarineFisheries Service, Honolulu, HI.

Johnson, C. M., Norris, K. S., 1994. Social behavior. In: Norris, K. S., Wursig, B., Wells, R. S., Wursig, M. (Eds.), The Hawaiian Spinner Dolphin. University of California Press, Berkeley, CA, pp. 243-286.

Johnstone, R. A., Cant, M. A., 2010. The evolution of menopause in cetaceans and humans: the role of demography. Proc. Roy. Soc. B - Biol. Sci. 227, 3765-3771.

Jones, M. L., Swartz, S. L., 1984. Demography and phenology of gray whales (*Eschrichtius robustus*) in Laguna San Ignacio, baja California Sur, Mexico. In: Jones, M. L., Swartz, S. L., Leatherwood, S. (Eds.), The Gray Whale, *Eschrichtius robustus* (Lilljeborg, 1861). Academic Press, New York, pp. 309-374.

Jones, J.M., Thayre, B.J., Roth, E.H., Mahoney, M., Sia, I., Merculief, K., Jackson, C., Zeller, C., Clare, M., Bacon, A., Weaver, S., Gentres, Z., Small, R.J., Stirling, I., Wiggins, S.M., Hildebrand, J.A., 2014. Ringed, bearded and ribbon seal vocalizations north of Barrow, Alaska: seasonal presence and relationship with sea ice. Arctic 67, 203–222.

Karlsen, J.D., Bisther, A., Lydersen, C., Haug, T., Kovacs, K.M., 2002. Summer vocalisations of adult male white whales (*Delphinapterus leucas*) in Svalbard, Norway. Polar Biology, 25, 808–817.

Kastelein, R.A., Dubbledam, J.L., 1990. Marginal papillae on the tongue of the harbour porpoise (*Phocoena phocoena*), bottlenose dolphin (*Tursiops truncatus*) and commerson's dolphin (*Cephalorhynchus commersonii*). Aquat. Mamm. 15, 158–170.

Kelly, B.P., Badajos, O.H., Kunnasranta, M., Moran, J.R., Martinez-Bakker, M., Wartzok, D., Boveng, P., 2010. Seasonal home ranges and fidelity to breeding sites among ringed seals. Polar Biol. 33, 1095–1109.

King, J.E., 1983. Seals of the World. Comstock, Ithaca, NY.

Kovacs, K.M., 1987. Maternal behavior and early behavioral ontogeny of harp seals, *Phoca groenlandica*. Anim. Behav. 35, 844–855.

Kovacs, K.M., 1990. Mating strategies in male hooded seals (*Cystophora cristata*). Can. J. Zool. 68, 2499–2502.

Kovacs, K.M., 1995. Harp and hooded seal reproductive behaviour and energetics—a case study in the determinants of mating systems in pinnipeds. In: Blix, A.S., Walløe, L., Ulltang, Ø. (Eds.), Whales, Seals, Fish and Man. Elsevier Sci. BV, Amsterdam, The Netherlands, pp. 329–335.

Kovacs, K.M., Lavigne, D.M., 1986. Maternal investment and neonatal growth in phocid seals. J. Anim. Ecol. 55, 1035–1051.

Kovacs, K.M., Lavigne, D.M., 1986. Growth of grey seal (*Halichoerus grypus*) neonates: differential maternal investment in the sexes. Can. J. Zool. 64, 1937–1943.

Kovacs, K.M., Lavigne, D.M., 1992. Maternal investment in otariid seals and walruses. Can. J. Zool. 70, 1953–1964.

Kovacs, K.M., Lavigne, D.M., 1992. Mass transfer efficiency between hooded seal (*Cystophora cristata*) mothers and their pups in the Gulf of St. Lawrence. Can. J. Zool. 70, 1315–1320.

Kovacs, K. M., Lydersen, C., Hammill, M. O., Lavigne, D. M., 1996. Reproductive effort of male hooded seals (*Cystophora cristata*). Can. J. Zool. 74, 1521-1530.

Krafft, B. A., Lydersen, C., Kovacs, K. M., Gjertz, I., Haug, T., 2000. Diving behaviour of lactating bearded seals (*Erignathus barbatus*) in the Svalbard area. Can. J. Zool. 78, 1408-1418.

Kretzmann, M. B., Costa, D. P., Le Boeuf, B. J., 1993. Maternal energy investment in elephant seal pups: evidence for sexual equality? Am. Nat. 141, 466-480.

Kruger, O., Wolf, J. B. W., Jonker, R. M., Hoffman, J. I., Trillmich, F., 2014. Disentangling the contribution of sexual selection and ecology to the evolution of size dimorphism in pinnipeds. Evolution 68 (5), 1485-1496.

Krutzen, M., Barre, L. M., Connor, R. C., Mann, J., 2004. O Father: where art thou? —Paternity assessment in an open fission-fusion society of wild bottlenose dolphins (*Tursiops* sp.) in Shark Bay, Western Australia. Mol. Ecol. 13, 1975-1990.

Laws, R. M., 1962. Some effects of whaling on the southern stocks of baleen whales. In: Le Cren, R. F., Holdgate, M. W. (Eds.), The Exploitation of Natural Animal Populations. Wiley, New York, pp. 137-158.

Laws, R. M., Sinha, A. A., 1993. Reproduction. In: Laws, R. M. (Ed.), Antarctic Seals. Cambridge University Press, Cambridge, UK, pp. 228-267.

Le Boeuf, B. J., 1974. Male-male competition and reproductive success in elephant seals. Am. Zool. 14, 163-176.

Le Boeuf, B. J., 1986. Sexual strategies of seals and walruses. New. Sci. 1491, 36-39.

Le Boeuf, B. J., 1991. Pinniped mating systems on land, ice, and in water: emphasis on the Phocidae. In: Renouf, D. (Ed.), The Behaviour of Pinnipeds. Chapman & Hall, London, pp. 45-65.

Le Boeuf, B. J., Reiter, J., 1988. Lifetime reproductive success in northern elephant seals. In: Clutton-Brock, T. H. (Ed.), Reproductive Success. University of Chicago Press, Chicago, IL, pp. 344-362.

Le Boeuf, B. J., Mesnick, S., 1990. Sexual behavior of male northern elephant seals: I. Lethal injuries to adult females. Behaviour 16, 143-162.

Le Boeuf, B. J., Laws, R. M., 1994. Elephant seals: an introduction to the genus. In: Le Boeuf,

B. J., Laws, R. M. (Eds.), Elephant Seals. University of California Press, Berkeley, CA, pp. 1-26.

Le Boeuf, B. J., Condit, R., Morris, P. A., Reiter, J., 2011. The northern elephant seal (*Mirounga angustirostris*) rookery at Ano Nuevo: a case study in colonization. Aquat. Mamm. 37, 486-501.

Lidgard, D. C., Boness, D. J., Bowen, W. D., 2001. A novel mobile approach to investigating mating tactics in male grey seals (*Halichoerus grypus*). J. Zool. 255, 313-320.

Lidgard, D. C., Boness, D. J., Bowen, W. D., McMillan, J. I., Fleisher, R. C., 2004. The rate of fertilization in male mating tactics of the polygynous grey seal. Mol. Ecol. 13, 3543-3548.

Lindgard, D. C., Bowen, W. D., Boness, D. J., 2012. Longitudinal changes and consistency in male physical and behavioural traits have implications for mating success in the grey seal (*Halichoerus grypus*). Can. J. Zool. 90, 849-860.

Linderfors, P., Tullberg, B. S., Biuw, M., 2002. Phylogenetic analyses of sexual selection and sexual size dimorphism in pinnipeds. Behav. Ecol. Sociobiol. 52, 188-193.

Lockyer, C., 1981. Growth and energy budgets of large baleen whales from the southern hemisphere. FAO Fish. Ser. 3, 489-504.

Lockyer, C., 1984. Review of baleen whale (Mysticeti) reproduction and implications for management. Rep. Int. Whal. Commn. Spec. Issue 6, 27-50.

Logan, F. D., Robson, F. D., 1971. On the birth of a common dolphin (*Delphinus delphis* L.) in captivity. Zool. Gart. Leipzig 40, 115-124.

Lunardi, D. G., Engel, M. H., Marciano, J. L. P., Macedo, R. H., 2010. Behavioural strategies in humpback whales, *Megaptera novaeangliae*, in a coastal region of Brazil. J. Mar. Biol. Assoc. U. K. 90, S1693-S1699.

Lydersen, C., 1995. Energetics of pregnancy, lactation and neonatal development in ringed seals (*Phoca hispida*). In: Blix, A. S., Walløe, L., Ulltang, Ø. (Eds.), Whales, Seals, Fish and Man. Elsevier Sci. BV, Amsterdam, The Netherlands, pp. 319-327.

Lydersen, C., Kovacs, K. M., 1993. Diving behaviour of lactating harp seals (*Phoca groenlandica*) from the Gulf of St. Lawrence, Canada. Anim. Behav. 46, 1213-1221.

Lydersen, C., Hammill, M. O., Kovacs, K. M., 1995. Milk intake, growth and energy consumption in pups of ice-breeding grey seals (*Halichoerus grypus*) from the Gulf of St. Lawrence,

Canada. J. Comp. Physiol. B 164,585-592.

Lydersen, C., Kovacs, K. M., 1996. Energetics of lactation in harp seals (*Phoca groenlandica*) from the Gulf of St. Lawrence, Canada. J. Comp. Physiol. B 166,295-304.

Lydersen, C., Kovacs, K. M., 1999. Behaviour and energetics of ice-breeding, North Atlantic phocid seals during the lactation period. Mar. Ecol. Prog. Ser. 187,265-281.

Lydersen, C., Kovacs, K. M., Hammill, M. O., 1997. Energetics during nursing and early postweaning fasting in hooded seal (*Cystophora cristata*) pups from the Gulf of St Lawrence, Canada. J. Comp. Physiol. B 167,81-88.

MacIntyre, K. Q., Stafford, K. M., Berchok, C. L., Boveng, P. L., 2013. Year-round acoustic detection of bearded seals (*Erignathus barbatus*) in the Beaufort Sea relative to changing environmental conditions, 2008-2010. Polar Biol. 36,1161-1173.

Mackintosh, N. A., 1966. The distribution of southern blue and fin whales. In: Norris, K. S. (Ed.), Whales, Dolphins and Porpoises. University of California Press, Berkeley, CA, pp. 125-144.

Mann, J., Connor, R. C., Tyack, P. L., Whitehead, H., 2002. Cetacean Societies: Field Studies of Dolphins and Whales. University of Chicago Press, Chicago, IL.

Marlow, B. J., 1975. The comparative behaviour of the Australasian sea lions, *Neophoca cinerea* and *Phocarctos hookeri* (Pinnipedia: Otariidae). Mammalia 39,159-230.

Marmontel, M., 1995. Age and reproduction in female Florida manatees. In: O'Shea, T. J., Ackerman, B. B., Percival, H. F. (Eds.), Population Biology of the Manatee. Tech. Rep. 1. Natl. Biol. Ser., Washington, DC, pp. 98-119.

Marsh, H., 1995. The life history, pattern of breeding, and population dynamics of the dugong. In: O'Shea, T. J., Ackerman, B. B., Percival, H. F. (Eds.), Population Biology of the Manatee. Tech. Rep. 1. Natl. Biol. Ser., Washington, DC, pp. 56-62.

Marsh, H., O'Shea, T. J., Reynolds III, J. E., 2011. Ecology and Conservation of the Sirenia: Dugongs and Manatees. Cambridge University Press, Cambridge.

Martin, A. R., de Silva, V. M. F., 2006. Sexual dimorphism and body scarring in the boto (Amazon river dolphin) *Inia geoffrensis*. Mar. Mamm. Sci. 22,25-33.

Matthews, L. P., McCordie, J. A., Parks, S. E., 2014. Remote acoustic monitoring of North Atlantic right whales (*Eubalaena glacialis*) reveals seasonal and diet variations in acoustic behavior. PLoS ONE 9, e91367..

Maynard-Smith, J., 1980. A new theory of sexual investment. Behav. Ecol. Sociobiol. 7, 247-251.

McRae, S. B., Kovacs, K. M., 1994. Paternity exclusion by DNA fingerprinting, and mate guarding in the hooded seal, *Cystophora cristata*. Mol. Ecol. 3, 101-107.

Medrano, L., Salinas, M., Salas, I., Ladronde Guevara, P., Aguayo, A., 1994. Sex identification of humpback whales, *Megaptera novaeangliae*, on the wintering grounds of the Mexican Pacific Ocean. Can. J. Zool. 72, 1771-1774.

Meise, K., Kruger, O., Trillmich, F., 2014. Being on time: size-dependent attendance patterns affect male reproductive success. Anim. Behav. 93, 77-86.

Melin, S.R., Laake, J.L., DeLong, R.L., Siniff, D.B., 2012. Age-specific recruitment and natality of California sea lions at San Miguel Island, California. Mar. Mamm. Sci. 28, 751-776.

Mesnick, S.L., Ralls, K., 2002. Mating systems. In: Perrin, W.F., Würsig, B., Thewissen, J.G.M. (Eds.), Encyclopedia of Marine Mammals. Academic Press, San Diego, CA, pp. 726-733.

Mesnick, S.L., Evans, K., Taylor, B.L., Hyde, J., Escorza-Trevino, S., Dizon, A.E., 2003. Sperm whale social structure: why it takes a village to raise a child. In: de Waal, F.B.M., Tyack, P.L. (Eds.), Animal Social Complexity: Intelligence, Culture and Individualized Societies. Harvard University Press, pp. 170-174.

Miller, E.H., 1975. Walrus ethology. 1. Social role of tusks and applications of multidimensional scaling. Can. J. Zool. 53, 590-613.

Miller, E. H., 1991. Communication in pinnipeds, with special reference to non-acoustic signalling. In: Renouf, D. (Ed.), The Behaviour of Pinnipeds. Chapman & Hall, New York, pp. 128-235.

Miller, E. H., Boness, D. J., 1983. Summer behavior of Atlantic walruses *Odobenus rosmarus rosmarus* (L.) at Coats Island, N.W.T. (Canada). Z. Säugetierkd. 48, 298-313.

Miller, E.H., Pitcher, K.W., Loughlin, T.R., 2000. Bacular size, growth and allometry in the largest extant otariid (*Eumetopias jubatus*). J. Mamm. 81 (1), 134-144.

Mills, J.G., Mills, J.E., 1979. Observations of a gray whale birth. Bull. South. Calif. Acad. Sci. 78, 192-196.

Mobley, J. R. J., Herman, L. M., 1985. Transience of social affiliations among humpback whales (*Megaptera novaeangliae*) on the Hawaiian wintering grounds. Can. J. Zool. 63, 762–772.

Modig, A. O., 1996. Effect of body size on male reproductive behavior in the southern elephant seal. Anim. Behav. 51, 1295–1306.

Morejohn, G. V., 1975. A phylogeny of otariid seals based on morphology of the baculum. Rapp. P-v. Réun. Cons. Int. Explor. Mer. 169, 49–56.

Nichols, H. J., Fullard, K., Amos, W., 2014. Costly dons do not lead to adaptive sex ratio adjustments in pilot whales *Globicephala melas*. Anim. Behav. 88, 203–209.

Nishiwaki, M., Marsh, V., 1985. Dugong, *Dugong dugong* (Mueller, 1776). In: Ridgway, S. H., Harrison, R. (Eds.), Handbook of Marine Mammals. The Sirenians and Baleen Whales, vol. 3. Academic Press, London, pp. 1–31.

Norris, K. S., Villa-Ramirez, B., Nichols, G., Würsig, B., Miller, K., 1983. Lagoon entrance and other aggregations of gray whales (*Eschrichtius robustus*). In: Payne, R. (Ed.), Communication and Behavior of Whales. Westview Press, Boulder, CO, pp. 259–293.

Norris, K. S., Johnson, C. M., 1994. Locomotion. In: Norris, K. S., Würsig, B., Wells, R. S., Würsig, M. (Eds.), The Hawaiian Spinner Dolphin. University of California Press, Berkeley, CA, pp. 201–205.

Norris, K. S., Würsig, B., Wells, R. S., Würsig, M., 1994. The Hawaiian Spinner Dolphin. University of California Press, Berkeley, CA.

Oftedal, O. T., 1997. Lactation in whales and dolphins: evidence of divergence between baleen- and toothed-species. J. Mammary Gland. Biol. 2, 205–230.

Oftedal, O. T., 2011. Lactation: marine mammal species comparisons. In: Ullrey, D. E., Kirk Baer, C., Pond, W. G. (Eds.), Encyclopedia of Animal Science, second ed. Taylor & Francis, pp. 667–669.

Oftedal, O. T., Boness, D. J., Tedman, R. A., 1987. The behavior, physiology and anatomy of lactation in the pinnipedia. In: Genoways, H. (Ed.). Current Mammalogy, vol. 1. Plenum Press, New York, pp. 175–245.

Oftedal, O. T., Gittleman, J. L., 1989. Patterns of energy output during reproduction in carnivores. In: Gittleman, J. L. (Ed.), Carnivore Behavior, Ecology, and Evolution. Cornell University Press, Ithaca, NY, pp. 355–379.

Oftedal, O.T., Bowen, W.D., Boness, D.J., 1993. Energy transfer by lactating hooded seals and nutrient deposition in their pups during the four days from birth to weaning. Physiol. Zool. 66, 412–436.

Oftedal, O.T., Bowen, W.D., Boness, D.J., 1996. Lactation performance and nutrient deposition in pups of the harp seal, *Phoca groenlandica*, on ice floes off southeast Labrador. Physiol. Zool. 69, 635–657.

Ono, K.A., Boness, D.J., 1996. Sexual dimorphism in sea lion pups: differential maternal investment, or sex-specific differences in energy allocation? Behav. Ecol. Sociobiol. 38, 31–41.

O'Shea, T.J., 1994. Manatees. Sci. Am. 273, 66–72.

O'Shea, T.J., Ackerman, B.B., Percival, H.F., 1995. Population biology of the Florida manatee. Natl. Biol. Serv. Tech. Rep. 1.

Pabst, D.A., Rommel, S.A., McLellan, W.A., 1998. Evolution of the thermoregulatory function in the cetacean reproductive systems. In: Thewissen, J.G.M. (Ed.), The Emergence of Whales: Patterns in the Origin of Cetacea. Plenum Press, New York, pp. 379–397.

Pack, A.A., Salden, D.R., Ferrari, M.J., Glockner-Ferrari, D.A., Herman, L.M., Stubbs, H.A., Straley, J.M., 1998. Male humpback whale dies in competitive group. Mar. Mamm. Sci. 14, 861–873.

Pack, A.A., Herman, L.M., Spitz, S.S., Craig, A.S., Hakala, S., Deakos, M.H., Herman, E.Y.K., Milette, A.J., Carroll, E., Levitt, S., Lowe, C., 2012. Size-assortative pairing and discrimination of potential mates by humpback whales in the Hawaiian breeding grounds. Anim. Behav. 84, 983–993.

Pastor, T., Cappozzo, H.L., Grau, E., Amos, W., Aguilar, A., 2011. The mating system of the Mediterranean monk seal in the Western Sahara. Mar. Mamm. Sci. 27, E302–E320.

Patterson-Buckendahl, P., Adams, S.H., Morales, R., Jee, W.S.S., Cann, C.E., Ortiz, C.L., 1994. Skeletal development in newborn and weanling northern elephant seals. Am. J. Physiol. 267, R726–R734.

Perrin, W.F., Donovan, G.P., 1984. Report of the workshop on reproduction of whales, dolphins and porpoises. Rep. Int. Whal. Commn. Spec. Issue 6, 1–24.

Perrin, W.F., Reilly, S.B., 1984. Reproductive parameters of dolphins and small whales of the family Delphinidae. Rep. Int. Whal. Commn. Spec. Issue 6,97-125.

Perry,E.A.,Carr,S.M.,Bartlett,S.E.,Davidson,W.S.,1995. A phylogenetic perspective on the evolution of reproduction behavior in pagophilic seals of the northwest Atlantic as indicated by mitochondrial DNA sequences. J. Mammal. 76,22-31.

Perryman,W.L.,Donahue,M.A.,Laake,J.L.,Martin,T.E.,1999. Diel variation in migration rates of eastern Pacific gray whales measured with thermal imaging sensors. Mar. Mamm. Sci. 15,426-445.

Pilson,M.E.,Waller,D.W.,1970. Composition of milk from spotted and spinner porpoises. J. Mammal. 51,74-79.

Pitcher,B.J.,Harcourt,R.G.,Charrier,I.,2010. Rapid onset of maternal vocal recognition in a colonially breeding mammal,the Australian sea lion. PLoS ONE 5,e12195..

Pomeroy,P.,2011. Reproductive cycles of marine mammals. Anim. Reprod. Sci. 124,184-193.

Pomeroy, P. P., Twiss, S. D., Redman, P., 2000. Philopatry, site fidelity and local kin associations within grey seal breeding colonies. Ethology 106,899-919.

Poole,M.M.,1984. Migration corridors of gray whales along the central California coast,1980-1982. In: Jones,M.L.,Swartz,S.L.,Leatherwood,S. (Eds.),The Gray Whale,*Eschrichtius robustus*(Lilljeborg,1861). Academic Press,New York,pp. 389-408.

Porschmann,U.,Trillmich,F.,Mueller,B.,Wolf,J.B.W.,2010. Male reproductive success and its behavioural correlates in a polygynous mammal, the Galapoagos sea lion (*Zalophus wollebaeki*). Mol. Ecol. 19,2574-2586.

Preen,A.,1989. Observations of mating behavior in dugongs. Mar. Mamm. Sci. 5,382-386.

Ralls,K.,Eagle,T.C.,Siniff,D.B.,1996. Movement and spatial use patterns of California sea otters. Can. J. Zool. 74,1841-1849.

Ralls,K.,Mesnick,S.L.,2002. Sexual dimorphism. In: Perrin,W.F.,Würsig,B.,Thewissen,J.G.M. (Eds.), Encyclopedia of Marine Mammals. Academic Press, San Diego, CA, pp. 1071-1078.

Ramsay,M.A.,Stirling,I.,1988. Reproductive biology of female polar bears (*Ursus maritimus*). J. Zool. 214,601-634.

Rathbun,G.B.,O'Shea,T.J.,1984. The manatee's simple social life. In: Macdonald,D. (Ed.), The Encyclopedia of Mammals. Facts on File,New York,pp. 300-301.

Rathbun, G.B., Reid, J.P., Bonde, R.K., O'Shea, T.J., Powell, J.A., 1995. Reproduction in free-ranging Florida manatees. In: O'Shea, T. J., Ackerman, B. B., Percival, H. F. (Eds.), Population Biology of the Florida Manatee. US Dept. of the Interior, Washington, DC, pp. 135–156.

Reilly, J.J., Fedak, M.A., Thomas, D.H., Coward, W.A.A., Anderson, S.S., 1996. Water balance and the energetics of lactation in gray seals (*Halichoerus grypus*) as studied by isotopically labelled water methods. J. Zool. 238, 157–165.

Reiter, J., Stinson, N. L., Le Boeuf, B. J., 1978. Northern elephant seal development: the transition from weaning to nutritional independence. Behav. Ecol. Sociobiol. 3, 337–367.

Reiter, J., Panken, K.J., Le Boeuf, B.J., 1981. Female competition and reproductive success in northern elephant seals. Anim. Behav. 29, 670–687.

Reynolds III, J.E., Odell, D.E., 1991. Manatees and Dugongs. Facts on File, New York.

Rice, D.W., Wolman, A.A., 1971. The life history and ecology of the gray whale (*Eschrichtius robustus*). Am. Soc. Mammal. Spec. Publ. 3, 1–142.

Riedman, M., 1990. The Pinnipeds: Seals, Sea Lions, and Walruses. University of California Press, Berkeley, CA.

Riedman, M., Estes, J., 1990. The sea otter (*Enhydra lutris*): behavior, ecology and natural history. US Fish. Wild. Biol. Rep. 90, 1–126.

Saayman, G.S., Tayler, C.K., Bower, D., 1979. The socioecology of humpback dolphins (*Sousa* sp.). In: Winn, H.E., Olla, B.L. (Eds.), Behavior of Marine Animals. Cetaeans, vol. 3. Plenum Press, New York, pp. 165–226.

Sandell, M., 1990. The evolution of seasonal delayed implantation. Q. Rev. Biol. 65, 23–42.

Schulz, T.M., Bowen, W.D., 2004. Pinniped lactation strategies: evaluation of data on maternal and offspring life history traits. Mar. Mamm. Sci. 20, 86–114.

Schulz, T. M., Bowen, W. D., 2005. The evolution of lactation strategies in pinnipeds: a phylogenetic analysis. Ecol. Monogr. 75, 159–177.

Scott, M.D., Wells, R.S., Irvine, A.B., 1989. A long-term study of bottlenose dolphins on the west coast of Florida. In: Leatherwood, S., Reeves, R.R. (Eds.), The Bottlenose Dolphin. Academic Press, Orlando, FL, pp. 235–244.

Sease, J.L., Chapman, D.G., 1988. Pacific walrus—*Odobenus rosmarus divergens*. In: Selected

Marine Mammals of Alaska. Mar. Mamm. Comm., Washington, DC, pp. 17-38.

Sinha, A. A., Conaway, C. H., Kenyon, K. W., 1966. Reproduction in the female sea otter. J. Wildl. Manage. 30, 121-130.

Sjare, B., Stirling, I., 1996. The breeding behaviour of Atlantic walruses, *Odobenus rosmarus rosmarus*, in the Canadian High Arctic. Can. J. Zool. 75, 897-911.

Slijper, E. J., 1966. Functional morphology of the reproductive system in Cetacea. In: Norris, K. (Ed.), Whales, Dolphins and Porpoises. University of California Press, Berkeley, CA, pp. 277-319.

Smiseth, P. T., Lorentsen, S. H., 1995. Evidence of equal maternal investment in the sexes in the polygynous and sexually dimorphic grey seal (*Halichoerus grypus*). Behav. Ecol. Sociobiol. 36, 145-150.

Smith, T. G., Hammill, M. O., 1981. Ecology of the ringed seal, *Phoca hispida* in its fast ice breeding habitat. Can. J. Zool. 59, 966-981.

Soto, K. H., Trites, A. W., 2011. South American sea lions in Peru hae a lek-like mating system. Mar. Mamm. Sci. 27, 306-333.

Spotte, S., 1982. The incidence of twins in pinnipeds. Can. J. Zool. 60, 2226-2233.

Stearns, S. C., 1989. Trade-offs in life history evolution. Funct. Ecol. 3, 259-268.

Stephens, P. A., Boyd, I. L., McNamara, J. M., Houston, A. I., 2009. Capital breeding and income breeding: their meaning, measurement, and worth. Ecology 90, 2057-2067.

Stewart, R. E. A., Stewart, B. E., 2002. Female reproductive systems. In: Perrin, W. F., Wursig, B., Thewissen, J. G. M. (Eds.), Encyclopedia of Marine Mammals. Academic Press, San Diego, CA, pp. 422-428.

Stirling, I., 1975. Factors affecting the evolution of social behavior in the Pinnipedia. Rapp. P-v. Réun. Cons. Int. Explor Mer. 169, 205-212.

Stirling, I., 1983. The social evolution of mating systems in pinnipeds. In: Eisenberg, J. F., Kleiman, D. G. (Eds.), Advances in the Study of Mammalian Behavior. Am. Soc. Mammal, Shippenburg, PA, pp. 489-527. Spec. Publ. No. 7.

Stirling, I., 1988. Polar Bears. University of Michigan Press, Ann Arbor, MI.

Stirling, I., 2002. Polar bears. In: Perrin, W. F., Würsig, B., Thewissen, J. G. M. (Eds.), Encyclopedia of Marine Mammals. Academic Press, San Diego, CA, pp. 945-948.

Sumich, J.L., 1986. Growth in young gray whales (*Eschrichtius robustus*). Mar. Mamm. Sci. 2, 145–152.

Sumich, J.L., 1986b. Latitudinal Distribution, Calf Growth and Metabolism, and Reproductive Energetics of Gray Whales, *Eschrichtius robustus* (Ph.D. thesis). Oregon State University, Corvallis, OR.

Sumich, J.L., 1996. An Introduction to the Biology of Marine Life. Wm. C. Brown, Dubuque, IA.

Swartz, S.L., 1986. Gray whale migratory, social and breeding behavior. Rep. Int. Whal. Comm. Spec. Issue 8, 207–229.

Temte, J.L., Bigg, M.A., Wiig, Ø., 1991. Clines revisited: the timing of pupping in the harbour seal (*Phoca vitulina*). J. Zool. 224, 617–632.

Temte, J.L., 1994. Photoperiod control of birth timing in the harbour seal. J. Zool. 233, 369–384.

Thomas, J.A., Keuche, V., 1982. Quantitative analysis of Weddell seal (*Leptonychotes weddellii*) underwater vocalizations in McMurdo sound, Antarctica. J. Acoust. Soc. Am. 72, 1730–1738.

Thomas, J.A., Demaster, D.P., 1983. Diel haul-out patterns of Weddell seal (*Leptonychotes weddellii*) females and their pups. Can. J. Zool. 61, 2084–2086.

Thomas, J.A., Stirling, I., 1983. Geographic variation in the underwater vocalizations of Weddell seals (*Leptonychotes weddellii*) from Palmer Peninsula and McMurdo Sound Antarctica. Can. J. Zool. L61, 2203–2212.

Tinker, T.M., Kovacs, K.M., Hammill, M.O., 1995. The reproductive behaviour and energetics of male grey seals (*Halichoerus grypus*) breeding on a landfast ice substrate. Behav. Ecol. Sociobiol. 36, 159–170.

Trillmich, F., 1986. Attendance behavior of Galapagos fur seals. In: Gentry, R.L., Kooyman, G.L. (Eds.), Fur Seals: Maternal Strategies on Land and at Sea. Princeton University Press, Princeton, NJ, pp. 168–185.

Trillmich, F., 1996. Parental investment in pinnipeds. In: Rosenblatt, J.S., Snowdon, C.T. (Eds.), Parental Care: Evolution, Mechanisms, and Adaptive Significance. Academic Press, San Diego, CA, pp. 533–577.

Trivers, R.L., 1972. Parental investment and sexual selection. In: Campbell, B. (Ed.), Sexual

Selection and the Descent of Man, 1871-1971. Aldine, Chicago, IL, pp. 136-179.

Valsecchi, E., Hale, P., Corkeron, P., Amos, W., 2002. Social structure in migrating humpback whales (*Megaptera novaeangliae*). Mol. Ecol. 11, 507-518.

Van Opzeeland, I., Van Parijs, S., Bornemann, H., Frickenhaus, S., Kindermann, L., Klinck, H., Plotz, J., 2010. Acoustic ecology of Antarctic pinnipeds. Mar. Ecol. Prog. Ser. 414, 267-291.

Van Parijs, S.M., Thompson, P.M., Tollit, D.J., Mackay, A., 1997. Distribution and activity of male harbour seals during the mating season. Anim. Behav. 54, 35-43.

Van Parijs, S.M., Kovacs, K.M., Lydersen, C., 2001. Temporal and spatial distribution of male bearded seal vocalizations—implications for mating system. Behaviour 138, 905-922.

Van Parijs, S.M., Corkeron, P.J., Harvey, J., Hayes, S., Mellinger, D., Rouget, P., Thompson, P.M., Wahlberg, M., Kovacs, K.M., 2003. Patterns in vocalizations of male harbor seals. J. Acoust. Soc. Am. 113 (6), 3403-3410.

Van Parijs, S.M., Lydersen, C., Kovacs, K.M., 2003. Vocalisations and movements suggest alternate mating tactics in male bearded seals. Anim. Behav. 65, 273-283.

Van Parijs, S.M., Lydersen, C., Kovacs, K.M., 2004. The effects of ice cover on the behavioural patterns of aquatic mating male bearded seals. Anim. Behav. 68, 89-96.

Weinrich, M., 1995. Humpback whale competitive groups observed on a high-latitude feeding ground. Mar. Mamm. Sci. 11, 251-254.

Wells, R.S., Scott, M.D., Irvine, A.B., 1987. The social structure of free-ranging bottlenose dolphins on the west coast of Florida. In: Genoways, H.H. (Ed.). Current Mammalogy, vol 1. Plenum Press, New York, pp. 235-244.

Wells, R.S., Boness, D.J., Rathbun, G.B., 1999. Behavior. In: Reynolds III, J.E., Rommel, S.A. (Eds.), Biology of Marine Mammals. Smithsonian Institute Press, Washington, DC, pp. 324-422.

White, J.C.D., 1953. Composition of whale's milk. Nature 171, 612.

Whitehead, H., 1993. The behaviour of mature male sperm whales on the Galapagos Islands breeding grounds. Can. J. Zool. 71, 689-699.

Whitehead, H., 1996. Babysitting, dive synchrony, and indications of alloparental care. Behav. Evol. Sociobiol. 38, 237-244.

Whitehead, H., 2003. Sperm Whales: Social Evolution in the Ocean. University of Chicago Press, Chicago, IL.

Whitehead, H., Waters, H., 1990. Social organization and population structure of sperm whales off the Galapagos Islands, Ecuador (1985 and 1987). Rep. Int. Whal. Comm. Spec. Issue 12, 1–440.

Whitehead, H., Waters, S., Lyrholm, T., 1991. Social organization of female sperm whales and their offspring: constant companions and casual acquaintances. Behav. Ecol. Sociobiol. 29, 385–389.

Whitehead, H., Kahn, B., 1992. Temporal and geographic variation in the social structure of female sperm whales. Can. J. Zool. 70, 2145–2149.

Wiig, Ø., Gjertz, I., Hansson, R., Thomassen, J., 1992. Breeding behaviour of polar bears in Hornsund, Svalbard. Polar Rec. 28, 157–159.

Willis, P.M., Dill, L.M., 2007. Mate guarding in male Dall's porpoises (*Phocoenoides dalli*). Ethology 113, 587–597.

Wilkinson, I.D., Van Aarde, R.J., 2001. Investment in sons and daughters by southern elephant seals, *Mirounga leonina*, at Marion Island. Mar. Mamm. Sci. 17, 873–887.

Wilmer, J.W., Allen, P.J., Pomeroy, P.P., Twiss, S.D., Amos, W., 1999. Where have all the fathers gone an extensive microsatellite analysis of paternity in the grey seal (*Halichoerus grypus*). Mol. Ecol. 8, 1417–1429.

Wilson, D.R.B., 1995. The Ecology of Bottlenose Dolphins in the Moray Firth, Scotland: A Population at the Northern Extreme of the Species' Range (Ph.D. thesis). University of Aberdeen, Aberdeen, Scotland.

Wisniewski, J., Corrigan, S., Beheregaray, L.B., Luciano, B., Moller, L.M., 2012. Male reproductive success increases with alliance size in Indo-Pacific bottlenose dolphins (*Tursiops aduncus*). J. Anim. Ecol. 81, 423–431.

Yablokov, A.V., Bel'kovich, V.M., Botisov, V.I., 1972. Whales and Dolphins. Nauka, Moscow.

Zenkovich, B.A., 1938. Milk of large-sized cetaceans. Dokl. Akad. Nauk. SSSR 16, 203–205.

第 14 章　种群结构和种群动力学

14.1　导言

哺乳动物**种群**可定义为同一物种中的一群相互交配的个体；一个种群通常占据一块边界分明的地理区域，不过一个物种的各种群可以在一年中的部分时间内在地理上重叠但不相互交配。在极少数情况下，一个种群可包括一个严格限定的物种的现存所有成员，但通常情况下，一个物种包括许多半自治种群，这些种群散布在该物种的分布范围中。种群成员的繁殖行为创建了它们共有的基因库，但在不同的程度上，不同种群的基因库间相互隔离。迁出、迁入、遗传漂变和自然选择可使一个种群发生遗传学变化。即使一个种群是生物学实体，它也可在不同的程度上进行再分。许多松散联系的种群共同组成了一个**集合种群**。在一个种群的所有成员间，繁殖事件并非均匀地分布，但它们有足够的基因交流以保持种群开放，而在物理上相互邻近的群体之间可以出现明显的聚类（约翰逊等，2013 年）。在过去，管理机构在地理学基础上（例如国界）对海洋哺乳动物的许多物种实施管理，因此管理机构经常出于商业利用目的重点关注种群的子集——**资源库**（地理定义，而非生物学定义）（泰勒，2005 年）。然而，这会导致问题的出现，例如，不同的经济实体在不同的地区捕猎相同种群的不同部分，而没有可遵循的合作的管理决策。在格陵兰西部和加拿大北极地区东部，海象（*Odobenus rosmarus*）即是遭遇了这种猎捕，直到最近情况才有改善（斯图尔特等，2014 年）。

在理论上，管理机构应在生物学种群的基础上实施管理和资源养护计划。尽管如此，辨别海洋哺乳动物种群的真正界限通常是一项具有挑战性的工作，因为许多物种都会大范围运动，并且海洋环境广阔无垠，通常无法显示出清楚的边界。然而，与其他哺乳动物物种类似，海洋哺乳动物物种也具有同样的种群结构。在末次冰盛期，冰川形成的障碍划分出当今的开阔洋盆，物理隔离导致了冰期生物种遗区的形成，一些现存物种由此分化为隔离的种群（例如，班戈拉·希内斯托萨等，2014年；克利莫瓦等，2014年）。隔离的种群基因库一经确立即可保持独特性，这是由于归家冲动或不同的生态因素（包括不同的生境或食谱偏好）限制了它们之间的交流（例如，海德·乔根森等，2013年）。或者，一个种群能够通过相互交配实现遗传学上的充分融合，但该种群通过文化上传递的群体归家冲动，保留群体的季节性空间隔离；这类群体常需要特别的管理关注，例如位于哈得孙湾东部的白鲸（*Delphinapterus leucas*）资源库（特金等，2012年）。

为了对所有物种实施有效的资源养护和管理，研究者必须了解它们的丰度和种群数量的趋势。但是，尽管人们对海洋哺乳动物具有浓厚的兴趣，但对这些动物种群规模的估计却远远不足，而对它们的时间序列的了解甚至更少，其稳健性不足以确定趋势（泰勒等，2007年；席佩尔等，2008年）。甚至在全球性分布的个体物种内，人们通常仅了解其中一些种群的丰度。有很多原因致使研究者难以评估海洋哺乳动物种群的丰度，其中大部分原因与这些动物的分布模式和自然行为紧密相关。许多海洋哺乳动物的种群在一年中的大部分时间为广域性分布，并且实际上所有这些物种都在水下度过相当长的时间，研究人员难以使用正常的哺乳动物普查方法对它们进行研究。因此，对于几乎所有的海洋哺乳动物物种，在研究过程中使用的估算方法必须包括对一个种群的不可见部分进行估算。一般而言，与未利用的种群相比，人们更加了解已利用的海洋哺乳动物的种群丰度，因为经济利益和配额管理要求促使人们付出更多努力对这些已利用的种群进行种群评估。此外，研究者对鳍脚类的种群规模的了解通常优于对鲸目动物或海牛目动物的了解，因为至少在每年的繁殖阶段，大部分鳍脚类种群在传统繁殖地（陆地上或冰上）聚集，进行分娩和交配，这使得研究者能够对幼仔、繁殖期成体和不同的年龄组进行计数。

虽然总体而言，我们掌握的关于海洋哺乳动物种群规模的知识有限，但它们种群的一些特征能够提供有价值的信息，反映它们种群的潜在响应和它们数量的可能趋势。种群中个体的生命史特征和表征种群的基本参数非常重要，它们既有助于理解随着时间发展变化的种群动态，也直接为海洋哺乳动物的管理提供了基本参考信息（见第15章）。

14.2　海洋哺乳动物的丰度及其测定

鉴于海洋哺乳动物的分类学和生态学多样性、相差悬殊的体型，以及各自所经历的不同的商业开发历史，海洋哺乳动物在丰度上的巨大差异也就不足为奇。严重濒危物种例如加湾鼠海豚（*Phocoena sinus*）和地中海僧海豹（*Monachus monachus*），它们在世界范围内的数量分别为少于100头和数百头；也有一些物种数以百万计，例如食蟹海豹（*Lobodon carcinophaga*）、竖琴海豹（*Pagophilus groenlandicus*）和一些大洋海豚（表14.1）。大型须鲸、海獭（*Enhydra lutris*）、象海豹属所有种（*Mirounga* spp.）等的状况和种群结构则受到了历史上商业开发的严重影响。一些种群灭绝了，也有一些因过度捕猎从最初分布连续的种群锐减为碎片化分布（布朗尼尔等，1989年；马格拉等，2013年）。

表14.1　一些海洋哺乳动物在世界范围的丰度估计值

物种	丰度估计值	来源	IUCN趋势
鳍脚类			
食蟹海豹	5 000 000~10 000 000	本特森（2009年）	未知

续表

物种	丰度估计值	来源	IUCN 趋势
竖琴海豹	8 000 000	拉维尼（2009 年）	增加
环斑海豹塞马湖亚种	200~250	什利海和加勒特（2006 年）	未知
南极海狗	4 500 000~6 250 000	霍夫梅尔（2014 年）和引用的参考文献	增加
新西兰海狮	6 200~11 855	加尔斯（2008 年）	减少
瓜达卢佩海狗	15 000~17 000	奥利尔勒斯和特里尔米希（2008 年）	增加
海象	230 000	科瓦奇（2005 年）	未知
地中海僧海豹	350~450	阿基里尔和洛瑞（2013 年）和引用的参考文献	减少
鲸目动物			
点斑原海豚	1 400 000	佩兰（2009 年）	未知
小须鲸	182 000	莱利等（2008 年 a）	稳定
加湾鼠海豚	<100		减少
灰鲸（ENP）	15 000~20 000	莱利等（2008 年 a）	稳定
北大西洋露脊鲸	300~350	莱利等（2012 年）	未知
海牛目动物			
佛罗里达海牛	3 300	德伊奇等（2008 年）和引用的参考文献	未知
儒艮	未知	马尔什（2002 年）	未知
其他海洋哺乳动物			
海獭	<100 000	多罗夫和伯丁（2013 年）	稳定
北极熊	20 000~25 000	施利伯等（2008 年）	减少

简而言之，对海洋哺乳动物种群丰度的测定有两种基本方法：①

种群总数量统计（调查）；② 对种群中的一个样本进行计数并推算，以代表整个种群（见加尔纳等，1999 年）。种群总数量统计法很少用于海洋哺乳动物，因为难以数清一个种群的所有成员。比格等（1990 年）通过自然标记确认种群的个体，由此在加拿大不列颠哥伦比亚省和美国华盛顿州的海岸外对定居型虎鲸（*Orcinus orca*）种群进行了计数。肯尼（2002 年）使用类似的方法统计北大西洋露脊鲸（*Eubalaena glacialis*）和终生保留个体标记的其他一些物种（见 14.3 节）。最近，有研究人员使用空中调查技术统计了加拿大哈得孙湾西部的北极熊（*Ursus maritimus*）种群，当时恰逢季节性海冰消退之后，北极熊滞留在陆地上（斯特普尔顿等，2014 年），统计难度有所下降。在一些情况下，丰度的指标，例如适用于分散种群的单位努力捕获量（CPUE），可为研究人员评估丰度的相对趋势提供信息。然而，适用于海洋哺乳动物的最普遍的评估方法无疑是对种群中的一个样本进行计数，然后运用模型和一些假设以估算整个种群。在这些评估中，计数方法包括横断面调查（距离取样法）、标记重捕法、迁徙计数，以及聚居地计数（通常包括幼仔计数）。在聚居地计数中，基于对妊娠率、年龄结构等的建模，可估算整个种群（巴克兰德和约克，2002 年）。

研究人员通常使用舰船或航空器（或综合使用不同的运输工具）对海洋哺乳动物开展横断面调查，包括线上统计、条块统计和线索统计。科学家可在整个研究区域的系统网格中随机选取线或条（常基于调查区内不同生境类型中定位动物的相对概率）。人们统计动物的数量，并确定它们在线上和线周围的空间布局，从而对种群规模进行建模（巴克兰德等，1993 年 a）。在对海洋哺乳动物的统计过程中，常采用之字形设计，以最大限度地减少调查过程中离线的时间。这种统计方法一般用于测定鲸目动物的丰度（例如，拉科等，1997 年；哈蒙德等，2002 年）。条块横断面调查类似于线上调查，但特定宽度的条块内的所有动物都会纳入计数。为使该方法得出合理的结果，指定范围内的所有动物必须是在调查中可发现的。研究者对许多海洋哺乳动物物种的调查均使用该方法，包括估算竖琴海豹和冠海豹（*Cystophora cristata*）的幼仔生产数（萨贝格等，2009 年；奥加尔德等，2014 年），以及评估环斑海豹（*Pusa hispida*）在年度换皮期间在聚集地的丰度（克拉夫特等，2006 年 a）。通过建模，可根据幼仔的数量估算出整个种群的规模，建模考虑到（或估算出）年龄结构和各种繁殖产出参数。例如，洛瑞等（2014 年）估算，分布于美国的北象海豹（*Mirounga angustirostris*）总计大约有 179 000 头，这是根据在 11 个繁殖地中出生的总计 40 684 头幼仔推算出的。线索调查不统计动物个体，而是统计它们留下的一些线索，例如一些鲸目物种的喷水行为；单位时间内的线索密度可随后换算为动物的密度。

标记重捕法主要用于评估每年在一些特定地点聚集的种群。该方法涉及到对一个种群内的大量个体进行标记（加标记或标签；见 14.3 节），然后在一些未来的时间点以某种方法（重捕、重新观察或捕猎）对种群取样，并将标记的比例与未标记的比例相对照，以评估种群的规模。研究者对个体动物的重捕概率做出了许多假设，并与时俱进地改良了标记重捕法（见瑟伯，1982 年）。使用这些方法评估了鳍脚类种群，取得了相当高的成功率（查普曼和约翰逊，1968 年；西尼夫等，1977 年；鲍恩和萨金特，1983 年；约克和卡洛夫，1987 年）；在过去人们也曾尝试评估鲸目动物种群，但成功率相当有限。种群的捕获—重捕研究解决了使用自然标记的摄影照片评估不均匀捕获概率的问题，例如怀特黑德（2001 年）对抹香鲸（*Physeter macrocephalus*）的研究，高恩斯和怀特黑德（2001 年）对北瓶鼻鲸（*Hyperoodon ampullatus*）的研究，以及斯特维克等（2001 年）对座头鲸（*Megaptera novaeangliae*）的研究。对于一些沿着狭窄的走廊（通常为沿岸走廊）迁徙的物种，沿着迁徙路线计数可获得可靠的指标。例如，人们在迁徙沿线对灰鲸（*Eschrichtius robustus*）的观察和对弓头鲸（*Balaena mysticetus*）发声频率的研究获得的数据已用于评估它们的丰度（巴克兰德等，1993 年

b)。源自渔业生物学的单位努力捕获量（CPUE）法也得到了应用，主要是根据渔获估算海洋哺乳动物的丰度（见鲍恩和西尼夫，1999年）。

在聚居地对动物数量的视觉或摄影计数法可提供与丰度相关的指标。如果辅以适当的行为学数据，该方法也可用于测定种群丰度。对于行踪不明的动物（在繁殖季分散产仔、换皮期的性别和年龄模式或觅食的昼夜模式等难以确定），可根据行为学数据调整计数方法。例如，默克尔等（2013年）对一个北极港海豹（*Phoca vitulina*）种群进行了立体摄影调查，他们使用甚高频（VHF）遥测数据，根据特定年龄和性别的行为学模型对调查方法做出了调整，使得他们在调查时能够统计水中的动物数量。

14.3 种群监测技术

当在长期观察中可识别和确认种群的个体成员时，研究者即可确定一些动物的生活史特征，并推断出这些动物所属种群的一些参数。目前，为了重复地鉴别非捕获的海洋哺乳动物个体，应用最广泛的技术包括：鳍肢标签、照片鉴别、卫星连接的无线电标签，以及遗传学鉴别。一些鳍脚类动物或海獭个体在幼年时被研究者加上了清晰可辨的塑料标签，当它们在岸上、甚至是海面上休息时，研究者能够重复地鉴别不同的个体（图14.1；表14.2），并且根据对相同个体的重复目击观察，有时可确定它们的运动模式、活动范围或领地、生长速率、寿命和繁殖成功率。例如，自20世纪70年代早期，人们开始进行一项关于种群动力学和行为的长期研究，研究对象是集中于美国加州阿诺努耶佛群岛的北象海豹。研究结果表明，繁殖地在受到保护后的最初，种群数量快速增长，部分原因可能是一些迁入的北象海豹个体，之后是一个增长逐渐减缓的时期，少数繁殖地在一段稳定期过后规模减小（例如，雷波夫等，1972年；洛瑞等，2014年）。类似地，研究者在苏格兰的北罗纳岛对灰海豹（*Halichoerus grypus*）进行了一项为期数十年的长期研究，研究结果使我们得以更加深刻地理解它们的种群和社会动态（博伊德和坎贝尔，1971 年；特威斯等，2012 年）。对威德尔海豹（*Leptonychotes weddellii*）的长期研究也令我们更透彻地理解了南冰洋鳍脚类动物在随机的环境中的生命史进化，此项研究在为期 30 年的标记重捕工作期间，追踪了超过 5000 头已知年龄的雌性个体（罗泰拉等，2012 年）。对威德尔海豹的研究证实了动物数量统计缓冲，根据对种群增长的相对重要性，不同因素对**生命率**（见下文）产生的影响存在差别；环境引发的变化对繁殖概率影响最大，对年轻动物的生存率产生中等影响，对年老动物的生存率影响最小。

图 14.1 断奶后的北象海豹幼仔身上的标记（鳍肢标签和身体左侧的一处烙印）

用于长期鉴别和估计鳍肢标签损失率

（照片提供：B 斯图尔特，哈布斯海洋世界研究所）

14.3.1 摄影鉴别

通过使用摄影技术，可为鳍脚类动物、鲸目动物和海牛属动物

(*Trichechus* spp.）的一些物种建立生命史和种群信息，使研究者能够基于伤痕、天然色素沉着、胼胝或皮肤上块状藤壶的式样鉴别动物个体。该技术的最简单形式是对目标动物的可鉴别性身体部分，例如头部或尾叶进行摄影，然后收集这些图像并进行编目整理，以便与相同动物在其他时间或地点的照片进行比较。研究者基于鲸类个体肤色和伤痕模式的摄影照片，建立起一个广泛的收集和编目系统（图14.2），表明东北太平洋虎鲸种群（见图11.26）、北太平洋和北大西洋的座头鲸以及北大西洋露脊鲸具有复杂而分离的系谱。

图 14.2　鲸类个体的鉴别照片
(a) 东北太平洋，一个小群中的两头虎鲸；
(b) 北太平洋东部的墨西哥索科罗岛附近，一头座头鲸的尾鳍
（照片提供：J 雅各布森）

为了鉴别鲸类个体，研究者收集了一些摄影图像，包括 10 000 幅照片，其中共有数千头鲸。随着鲸类照片的数量持续增长，更快捷的新方法应运而生，包括数字化图像和基于计算机的检索和匹配方法（米兹罗克等，1990 年；希尔曼等，2003 年）。在此领域，高分辨率的数字视频和静止的数字图像正在快速取代基于胶片的摄影技术（见米兹罗克，2003 年，和马科维茨等，2003 年，关于传统技术和新技术相对优点的一项讨论）。高分辨率的航空摄影照片也成功地用于评估海洋哺乳动物各物种的体型、繁殖状况，甚至体脂含量，包括灰鲸、港海豹和海象（佩里曼和林恩，2002 年；里德森等，2012 年；默克尔等，2013 年）。马特金等（2012 年）使用照片鉴别法，在阿拉斯加湾北部的威廉王子湾和基奈峡湾对两个同域的虎鲸种群开展了长达 27 年的研究，证实了这项技术的力量。这些研究者确定了这些虎鲸的种群规模和结构，并在 1989 年"埃克森·瓦尔迪兹"号油轮泄漏事故之后，清楚地指出这些虎鲸显著不同的幸存值和种群变动轨迹。这次原油泄漏事故之后，其中一个虎鲸种群衰退，而另一个规模较大、活动更广泛的虎鲸种群没有衰退。照片鉴别（照片 ID）也与分子技术（见下文）结合使用，以探索种群结构。例如，阿尔维斯等（2013 年）将线粒体 DNA（mtDNA）和微卫星遗传学与近 10 年的照片鉴别工作相结合，以探索马德拉群岛附近领航鲸（*Globicephala* spp.）的岛屿相关群体和远洋群体的连通性。他们发现，生活在母系社会中的定居型、经常到访型和过客型领航鲸共同组成了关系密切的群体，其中各氏族之间的个体可交配繁殖。他们得出结论认为，在种群统计学上，各种不同的群体不应视为独立的种群，而应视为一个扩展的种群，该种群不同的个体显示出不同程度的社会性归家冲动。在普拉塔河豚（*Pontoporia blainvillei*）中，主要的社会单位可能也为母系（哥斯达·乌鲁希亚等，2012 年），这与许多社会化的齿鲸类似。

表 14.2 在非捕获的海洋哺乳动物身上使用多种"标签"的调查记录

标签类型	固定方法	物种	潜水特征			图像		地理位置	音频	ID	其他	应用
			时长	深度	剖面	视频	静止					
CTD	刺入	白鲸	x	x	x			x		x	盐度、电导率	里德森等（2002 年）
SRDL	黏着	环斑海豹	x	x	x			x		x	水温	里德森等（2004 年）
VHF	刺入	灰鲸	x					x				哈维和马特（1984 年）
SL	刺入	弓头鲸	x	x	x			x				马特等（2000 年）
VHF w/TDR	吸盘	喙鲸	x	x	x			x				贝尔德等（2004 年）
有声应答器	植入	抹香鲸	x	x	x			x		x		沃特金斯等（1993 年）
VHF w/TDR	植入	抹香鲸	x	x	x			x		x		沃特金斯等（2002 年）
TDR w/音频	吸盘	抹香鲸	x	x	x				x			马德森等（2002 年）
D-标签	吸盘	抹香鲸	x	x	x			3-D 加速计	x		方向	米勒等（2004 年）
鳍肢标签	刺入	威德尔海豹								x		特斯塔和罗瑟里（1992 年）

续表 14.2

标签类型	固定方法	物种	潜水特征			图像		地理位置	音频	ID	其他	应用
			时长	深度	剖面	视频	静止					
SL w/TDR	黏着	威德尔海豹	x	x								伯恩斯和卡斯特里尼（1998 年）
TDR w/速度	黏着	威德尔海豹	x	x	x	x		3-D 定位	x			戴维斯等（2003 年）
头部标签	黏着	港海豹								x		哈尔等（2000 年）
SL	黏着	港海豹						x				洛瑞等（2001 年）
TDR w/数码相机	黏着	海狗	x	x	x		x					虎克等（2002 年）
VHF w/鳍肢标签	植入	海獭						x				西尼夫和罗尔斯（1991 年）
应答器芯片	植入	海獭									x	托马斯等（1987 年）
应答器芯片	植入	海牛									x	莱特等（1998 年）

注：VHF：甚高频无线电；TDR：时间/深度记录仪；SL：卫星连接

14.3.2 无线电和卫星遥测

海洋哺乳动物种群间的扩散（和因此产生的基因流）可受到物理或环境障碍的限制，例如大陆、海流和温度状况。不过一般而言，海洋哺乳动物具有大范围活动的特性，其中许多物种能够穿越漫长的距离（通常是在繁殖场和摄食场之间的季节性迁徙）。卫星跟踪技术已成为一种有效的工具，有助于探索这些大尺度的运动和种群之间的重叠部分。甚高频（VHF）发射系统和声学跟踪系统可用于研究局地尺度的运动（数十千米），但当需要卫星数据传输时，超高频（UHF）无线电发射机不可或缺，这适用于对大部分海洋哺乳动物的运动模式进行跟踪研究（见第8章、第10章和第12章，以及雷德，2009年）。

为了在自由活动的鳍脚类身上安装记录仪和发射器，人们通常首先需要捕获它们，并使用物理或化学方法控制住它们的身体（德朗和斯图尔特，1991年）。对于较小的动物，物理控制通常是首选方法（图14.3），一般可安全地进行操作而无需使用化学药品（甘特利和卡萨纳斯，1997年）。对于较大的动物，常需要采用麻醉方法，既为保证动物自身的安全，也为保证实际操作的研究人员安全。在北极熊（*Ursus maritimus*）和许多鳍脚类物种的研究中，适用于它们的麻醉剂的发展已取得了长足进步（加尔斯等，2009年）。但是，化学药品控制方法不能应用于鲸目动物或海牛目动物。因此，即使在为大型鲸和海牛安装标签时，研究者也不能使用麻醉剂。

在固定或控制住动物之后，研究者可采用几种方法，将成组仪器成功地连接到动物身上。这些方法包括：在鳍脚类动物的皮毛上进行速干黏合（图14.4；德朗和斯图尔特，1991年）、为灰鲸幼仔穿戴全身式安全带（诺里斯和甘特利，1974年）、为海牛套上尾部束带（瑞德等，1995年）、在海象的长牙上安装托架、在海獭身上进行体外手术植入仪器（罗尔斯等，1989年），以及在齿鲸的背鳍上以机械连接的方式安装

图 14.3 使用渔网暂时控制住港海豹,以便测量和安装标签

(照片提供:J 哈维)

仪器(马特等,1995 年)。为了避免因捕获或控制大型鲸目动物导致的并发症,沃特金斯和谢维尔(1977 年)率先研制出小型射弹式发射器,用于跟踪抹香鲸。自这些早期研究开展以来,研究者不断改进适用于野生动物的输送和连接系统,最新的方法是使用皮肤刺入设备植入生物遥测仪器(雷等,1978 年;马特和哈维,1984 年;马特等,1995 年)和采用非刺入式吸盘连接(图 14.5;斯通等,1994 年)。研究者还可以使用弩或长杆将仪器连接到动物身上,而不必捕获动物(图 14.6)。

通过使用多种平台式信号发射器(PTT)或卫星中继数据记录器(SRDL),人们可对海洋哺乳动物进行追踪,其中大部分研究都使用 ARGOS 野生动物追踪系统,或铱星技术,当海洋哺乳动物上岸休息或浮上海面换气时,该系统可报告它们的位置。最近,Fastloc™ GPS 技术也应用于海洋哺乳动物追踪研究,这项新技术使研究者能够更加精确地获得许多物种的位置信息(贝努瓦·比尔德等,2013 年)。新型全球定位传感器(GLS)的数据记录仪也令人们能够跟踪更多种不同体型大小的动物,不过这些微小的数据记录仪仅可提供粗略的位置估计值,研究人员也必须对它们进行物理上的恢复以下载数据(斯塔尼兰德等,

图 14.4　港海豹的身上安装有基于微处理器的时间-深度记录仪（TDR），紧贴在新近换皮的背部，后鳍肢上也带有标签

（照片提供：B 斯图尔特，哈布斯海洋世界研究所）

2012 年）。无论使用何种具体技术，卫星跟踪使人们更深入地洞悉海洋哺乳动物的种群边界、交流和重叠。通过船载传感器，研究者也在测量海洋环境条件（例如，里德森等，2002 年，2004 年；哥斯达等，2003 年；虎克和博伊德，2003 年）。这些研究收集了海量数据，甚至包括偏远环境和不宜人居环境中的动物数据。"太平洋捕食者标记"（TOPP）计划已开展了 15 年之久，是最著名的追踪项目之一。TOPP 计划关注各类海洋哺乳动物的水下活动（例如，迁徙和生境偏好），并已提供了海量数据，研究对象包括象海豹、加州海狮（*Zalophus californianus*）、长须鲸（*Balaenoptera physalus*）、座头鲸、蓝鲸（*Balaenoptera musculus*）和抹香鲸（也包括鲨鱼、金枪鱼、海龟和海鸟）（布洛克等，2011 年；彩图 17）。"国际极地年"期间启动的另一项大规模海洋哺乳动物追踪

图 14.5 座头鲸身上通过吸盘连接的发射器

(照片提供：J 古德伊尔)

图 14.6 使用长杆将甚高频（VHF）发射器安装在灰鲸身上

(照片提供：S 路德维希)

研究是"从北极到南极海洋哺乳动物探索"（MEOP）计划，该计划集中研究南极和北极的鳍脚类物种（比乌等，2010 年；罗吉特等，2013 年）。目前，MEOP 计划作为南冰洋观测系统（SOOS）的重要组成部分而持续开展，其中覆冰海区的大部分海洋数据均来自海洋哺乳动物携载的温盐深仪（CTD）标签。

14.3.3 分子遗传学技术和种群研究

生物的 DNA 有经常（至少可预测）发生突变的趋势，DNA 自然发生的变异可用于鉴定个体、性别、父母身份（特别是父亲身份）、种群规模、边界，甚至历史上的种群规模。其涉及的技术包括：传统的低分辨率老方法——等位酶电泳蛋白质分析、细胞遗传学（染色体研究）和 DNA 间的杂交；以及多种高分辨率的 DNA 变异分析新技术——包括限制性片段长度多态性（RFLP）、扩增片段长度多态性（AFLP）、多位点 DNA 指纹、直接 DNA 测序微卫星分析和下一代测序技术（NGS 基因组学）（表 14.3）。在下文的讨论中，我们集中关注这些不同的技术在海洋哺乳动物个体识别和种群结构分析中的应用，并讨论可使用分子技术解决的一些种群相关问题。关于该主题的额外信息，读者可参见多佛（1991 年）、赫尔策尔（1993 年，1994 年）、赫尔策尔等（2002 年 a）以及帕尔斯波尔（2009 年）的论述。

14.3.3.1 等位酶

等位酶电泳是用于检测种群内和种群间遗传变异水平的最简单、最多用途和最廉价的技术。通过使用该技术，可分离不同分子大小和电荷的蛋白质，因它们在电场中具有不同的迁移速率。等位酶电泳技术的分辨率低，因为仅可评估 DNA 的蛋白质编码区，并且该区域中仅有一小部分变化可在蛋白质的移动中检测到。迁移后，等位酶通过对电泳凝胶的化学染色形成图像。蛋白质移动和等位酶变异的差异表示为凝胶上不同的条带位置（**纯合子**）和多条带（**杂合子**）。这些不同的条带位置代表了等位酶和所评估位点的基因频率。

表 14.3 各种分子遗传学技术在种群生物学中的应用

技术	种群结构	地理变异	父系试验	交配系统	个体间的亲缘关系	选择适应
等位酶	+	+	m	+	m	
染色体	m	m	−	m	−	
DNA 序列分析（mtDNA）	+	+	+	+	+	
限制性片段长度多态性分析（RFLP）	+	m	+	m	m	
DNA 图谱（小卫星和微卫星，DNA 指纹）	+, −	+, m	+, +	+, −	+, m	
NGS 基因组学	+	+				+

注：+表示技术的适当使用；m 表示边缘适当或在限定的条件下适当（基于希利斯等（1996年）作品修正）

邦内尔和瑟兰德（1974 年）对北象海豹中等位酶变异的经典评估是等位酶分析在海洋哺乳动物中的最早应用之一。该项研究讨论了过度捕猎对遗传多样性水平的潜在不利影响。

瓦达和努马什（1991 年）根据须鲸种群内和种群间的等位酶变异情况，开展了另一项著名的大规模遗传变异分析。他们调查了 15 个区位的 17 925 头鲸，包括长须鲸、大须鲸（塞鲸，*Balaenoptera borealis*）、小须鲸（*Balaenoptera acutorostrata*）和拟大须鲸（布氏鲸，*Balaenoptera edeni*）。不同半球的鲸表现出等位基因的频率差异。然而，最近的研究结果建议，人们应当谨慎地解释等位酶位点的分歧（反映了种群结构）。例如，一项对长须鲸等位酶的研究表明，等位酶位点存在大量分歧，但这些并非 DNA 核苷酸位点变异所导致，研究者的结论认为，等位酶变异是由表型可塑性或压力引发，而非反映了北大西洋长须鲸群体间存在遗传学的分化现象（奥尔森等，2014 年）。

14.3.3.2 染色体

染色体大小与形态的相似性和差异（染色体多态性）经常用于研究基因图谱、种群和物种差异，以及生殖隔离。在鲸目动物中，染色体可用于研究种内和种间变异的模式。在种群研究中，染色体多态性分析使人们能够根据已知的联系查清动物间的关系，并确定海洋哺乳动物群体间繁殖交流的模式。例如，研究者使用这种方法确定宽吻海豚（*Tursiops truncatus*）社会群体中的亲子关系（达菲尔德和钱伯林·李，1990年；达菲尔德和威尔斯，1991年）。最近，对长吻原海豚（*Stenella longirostris*）开展的一项研究表明，Y染色体的快速进化对种群间的进化多样化有重要意义。安德鲁斯等（2013年）进行的这项研究表明，长吻原海豚有6个主要的生态型，在形态和交配系统上存在差异。这些生态型的线粒体DNA或常染色体标志基因表现出很少的遗传分化，但Y染色体内含子分析说明，在3个表型差异最大的群体之间存在固定的差异。

14.3.3.3 DNA序列分析

DNA以一种有限数量的方式随着时间而变化，包括将4个核苷酸碱基的其中一个替换为另一个碱基、删除一个或多个碱基、插入一个或多个碱基，以及复制一个DNA片段。通过对DNA序列的直接分析，可确定这些变化的数量。DNA可从多种组织中提取，包括肌肉、皮肤、血液、骨骼、毛发和内脏器官。在提取之后，可扩增（复制）特定的DNA序列，通过聚合酶链式反应（PCR）的方法完成。在反应中，一个高度特异性的DNA区段被同时复制和分离许多次。PCR扩增和分离DNA的能力意味着，研究者仅需要非常少量的组织，因此可使用小型活检标枪获取组织样本，甚至收集小块脱落皮肤样本。在不同的基因组区段，核苷酸置换的速率和模式存在差异，因此几乎每个区段都适合种群遗传学分析；在此基础上为特定研究选择基因组目标区。

(1) 线粒体DNA（mtDNA）分析

通过对线粒体DNA（mtDNA）序列数据的研究，可了解种群结构和种群动力学的几个方面。此类研究通常以一项遗传多样性评估开始，然后描述并绘制出地理分布范围。研究者可估算出种群范围或其子群间的迁移率。根据对遗传多样性的测量，也可估算出有效种群规模。尽管如此，或许线粒体DNA数据的最重要的应用之一，是确定许多濒危物种或受管理物种的属性或资源库结构。

线粒体DNA的进化速度为核基因组DNA的5～10倍。由于线粒体DNA进化较快，其多态性更有可能检测出（与蛋白质或核DNA相比）。线粒体DNA是从母系遗传获得的，因此它仅代表母系的系统发育，这令研究者能直接评估雌性的分散模式。几乎母系专有的（但已知也有一些例外；见艾维斯，1994年总结）线粒体DNA的遗传模式导致它对种群规模的波动更敏感。在本质上而言，如果一个种群中存在更多雌性，则应出现更多的线粒体DNA变异。例如，赫尔策尔和多佛（1991年a）依据3个种群中的线粒体DNA变异，将小须鲸的长期有效种群规模估计为400 000头。类似地，鲁尼等（2001年）应用线粒体控制区中的核苷酸序列变异，提供了对白令海—楚科奇海—波弗特海弓头鲸种群的历史储备规模的遗传学估计，该研究表明，弓头鲸有效雌性种群规模是目前总种群规模的2倍。

对线粒体DNA变异的分析也可提供种群间遗传变异的信息，进而用于群体的鉴别和管理。在3个主要的座头鲸世系（即，北大西洋、北太平洋和南冰洋的种群）中对线粒体DNA变异进行了研究，结果显示种群间存在高度的遗传变异（例如，贝克等，1990年，1993年，1994年；贝克和梅德拉诺·冈萨雷斯，2002年）。研究表明，座头鲸进化枝的这种分布（和母系方向的忠实度）与末次冰期消退之后新摄食场的开拓相一致（贝克和梅德拉诺·冈萨雷斯，2002年）。对其他鲸目物种，包括虎鲸（赫尔策尔和多佛，1991 年 b；赫尔策尔等，2002 年 b）和鼠海豚（*Phocoena phocoena*）（罗塞尔等，1999 年）的控制区（线粒体 DNA 基因组的重要组成部分）多样性进行了研究，发现它们的遗传多样性低（所有虎鲸和鼠海豚的东北大西洋种群），这可能是因历史瓶颈（见后文）所导致。最近以来，人们在虎鲸的遗传分化研究中确认了，地理分离和生态特化是种群结构的驱动力，这说明虎鲸可能包括多个物种或亚种（例如，勒杜克等，2008 年；莫林等，2010 年；富特等，2009 年，2010 年，2011 年；帕森斯等，2013 年；另见第 6 章）。微卫星和线粒体 DNA 的组合研究表明，东北大西洋中的宽吻海豚包括隔离的种群，尽管对基因流而言没有明显的物理障碍将其隔离（路易斯等，2014 年）。历史上的环境过程和随后的生态特化作用似乎导致了不同的群体的形成，归家冲动与不同的社会组织和觅食特化作用相结合，可能起到了维持这些群体的作用。

在鳍脚类物种中，港海豹的线粒体 DNA 变异模式说明，该物种的太平洋和大西洋种群是高度分化的（斯坦利等，1996 年）。这些数据与古时的一次两洋种群隔离相一致，这次隔离起因于 300 万～200 万年前极地海冰的发展。在大西洋和太平洋，种群似乎自西向东地迁移，欧洲的种群显示出最近的共同祖先。斯坦利等（1996 年）的研究结果可用于界定种群单位的层次，从而确定分级保护的优先事项。在另一项研究中，研究人员对南半球海狗的线粒体 DNA 变异进行了分析，说明 4 个同属种的分子进化和种群子结构具有明显区别的模式（兰托等，1994 年，1997 年）。维恩等（2001 年）提出了南美海狗的另一种群分支。研究者基于这些分子数据，主张对"物种"的定义进行重新评估，因该定义具有重要的管理意义。人们还对另一些海洋哺乳动物种群的线粒体 DNA 变异进行了类似的研究，包括加州海狮（马尔多纳多等，1995 年）、北海狮（*Eumetopias jubatus*）（比卡姆等，1996 年；特鲁希略等，2004 年）、海象指名亚种（*Odobenus rosmarus rosmarus*）与太平洋亚种

(*Odobenus rosmarus divergens*)（克罗宁等，1994 年；安德森等，1998 年）、鼠海豚（罗塞尔等，1999 年）、白鲸（*Delphinapterus leucas*）（布朗·格拉登等，1997 年；奥科里·克罗等，1997 年）、海獭（克罗宁等，1996 年）和北极熊（克罗宁等，1991 年）。研究结论认为，线粒体 DNA 在群体鉴别和养护管理中具有特别的实用价值。对于活动能力逊于鲸目动物和鳍脚类的海牛目动物，线粒体 DNA 研究确认，美洲海牛（*Trichechus manatus*）的种群之间具有明显的地理分布差异（加西亚·罗德里格兹等，1998 年），包括佛罗里达与波多黎各的种群（亨特等，2012 年）。通过在研究中使用线粒体 DNA 与核 DNA 标记，人们发现，显示出形态变异的其他物种具有相当大的遗传分化（例如，一些宽吻海豚物种的近岸型和外海型；赫尔策尔等，1998 年），然而也有其他一些物种可表现出相当大的形态变异却没有大量基因变异（迪桑等，1991 年；见下文）。

遗传变异分析也可提供关于一些物种的数量统计历史的重要信息，包括一个种群内同系繁殖的程度。一些曾经遭受过度捕猎的海洋哺乳动物种群在短期内经历了严重的种群锐减，称为种群瓶颈。在鳍脚类中，北象海豹是种群瓶颈的一个经典案例（图 14.7）。19 世纪晚期，人们为获取高含油量的鲸脂，在加利福尼亚屠杀了整群的北象海豹。墨西哥政府首先在墨西哥海岸外的瓜达卢佩岛开展北象海豹保护工作。这个小而隔离的建立者种群恢复增长，并最终再度移居到加利福尼亚和墨西哥本土。虽然这些顽强、卓越的动物实现了令人惊奇的种群恢复，但它们于 19 世纪晚期和 20 世纪早期经历的种群严重锐减仍造成一个重要的种群问题。当今的所有北象海豹都是同一群（20~100 头）海豹的后代，因此整个种群在遗传学上非常相似。这称为**建立者效应**；遗传变异的缺乏使得它们极易受到新疾病或不利环境变化的影响。在小型种群中，遗传变异的缺乏也可导致**近交衰退**。最近，在南极洲的白岛上记录了一个小型、隔离的威德尔海豹种群。当前，那里的海豹群包括约 80 头个体，可能由来自附近的埃里伯斯湾的海豹建立。遗传分析涵盖了该群体中的所有海豹，吉列特等（2010年）据此解决了3个相互重叠的世代的亲代关系问题，并确认建立者群体可能仅包括3头雌性和2头雄性。因此，这个种群存在相当多的同系繁殖，导致幼仔存活率低。严重枯竭的种群也可受到**阿利效应**的困扰，此时一个种群显示出相反的密度制约，而较小的种群增长乏力（见杰克逊等，2008年）。尽管如此，并非所有经历瓶颈的小型种群（或种群）都显示出较低的遗传多样性。小型种群可通过配偶选择（挑选不相似的个体）或配子选择，减轻遗传多样性的损失。在研究濒危的北大西洋露脊鲸时，研究人员对它们交配后的选择（遗传学上不相似的配子）进行了记录，根据其种群规模，该物种的杂合性水平比预期高得多（弗雷泽等，2013年）。

图14.7 北象海豹的种群瓶颈

赫尔策尔等（1993年）及哈雷和赫尔策尔（1996年）依据线粒体DNA变异和普查数据，计算北象海豹经历的种群瓶颈的规模和持续时间。置信限度95%，说明该瓶颈事件为：少于30头海豹、瓶颈期不到20年，或者少于20头海豹、瓶颈期1年。历史证据支持后一种1年瓶颈期假说。一项研究考虑了北象海豹种群在人类猎捕前后的遗传多样性，结果说明，人类猎捕之前的北象海豹种群的遗传多样性确实比当代种群高（韦伯等，2000年）。对比皮货贸易兴起前的海獭种群和当代海獭种群，可发现相似的结果（拉森等，2002年）。地中海僧海豹也遭受了过度猎捕以致接近灭绝，该物种的遗传多样性水平低，可归因于种群瓶颈（舒尔茨等，2009 年）。此外，有遗传学证据表明，夏威夷僧海豹（*Neomonachus schauinslandi*）在近代经历了一次种群瓶颈（帕斯特等，2004 年），但舒尔茨（2011 年）的结论认为有一个更可能的解释：较早、未记录的捕猎或自然机制（例如，猎物丰度低）长期限制了其种群规模。不同于北象海豹，夏威夷僧海豹没有能力从过度捕猎中恢复，原因是未知的生态驱动因素导致它们的幼年死亡率高（格伯等，2011 年）。据报道，一些经历了瓶颈的物种可设法维持遗传多样性，包括座头鲸、瓜达卢佩海狗（*Arctocephalus philippii townsendi*）、南极海狗（*Arctocephalus gazella*）和胡岛海狗（*Arctocephalus philippii*）（原始文献见赫尔策尔等，2002 年 a；博宁等，2013 年）。

人们对历史上鲸类种群的丰度（另见第 15 章）特别感兴趣，并开展了两项研究：捕鲸业兴起之前鲸类的遗传多样性研究和太平洋灰鲸的丰度研究。研究结论认为，重大种群瓶颈的发生时间大致与商业捕鲸的时间相吻合（奥尔特等，2012 年），鲸类种群虽然已在一定程度上有所恢复，但仅达到祖先储量的 25% ~ 50%（奥尔特等，2007 年）。就加湾鼠海豚而言，低遗传变异性外加有限的活动范围，产生了持久的效应，导致该物种的**有效种群规模小**（或建立者事件；见上文及罗塞尔和罗哈斯·布拉彻，1999 年）。对于小型种群，研究者必须认识到，种群的总丰度不足以评估种群的健康状态和未来趋势，因为不是所有的个体都能够产生下一代，特别是在一夫多妻制的物种中（见格兰迪等，2012 年）。

线粒体 DNA 测序和其他分子证据也可用于推断海洋哺乳动物各物种之间的杂交，包括圈养环境和野生环境中的杂交。关于野生鳍脚类之间杂交的报道有：南极海狗和亚南极海狗（*Arctocephalus tropicalis*）（戈尔兹沃西等，1999 年），以及竖琴海豹和冠海豹（*Cystophora cristata*）（科瓦奇等，1997 年）。不同种海狗间的杂交率如此之高，以致对它们种群的成功重建构成了风险，但随着海狗的数量恢复，杂交的频率似乎下降了。归家冲动和某些不同的生境偏好促进了真实遗传，导致杂交率下降（戈尔兹沃西等，2009 年；兰卡斯特等，2010 年）。在鲸目动物中，研究者已记录到了长须鲸（*Balaenoptera physalus*）和蓝鲸（*Balaenoptera musculus*）的杂交（阿纳森等，1991 年；斯皮利亚特等，1991 年；贝鲁布和阿基里尔，1998 年），以及白腰鼠海豚（*Phocoenoides dalli*）和鼠海豚杂交产生的后代（贝尔德等，1998 年；威利斯等，2004 年）。在一些情况下，杂交的证据得到了形态学（即，长须鲸和蓝鲸，竖琴海豹和冠海豹）和皮肤色素样式（白腰鼠海豚和鼠海豚）的支持。在缺乏分子证据的情况下，形态学证据可支持杂交的存在（例如，暗色斑纹海豚（*Lagenorhynchus obscurus*）、南露脊海豚（*Lissodelphis peronii*）和一些海狮类物种；布伦纳，1998 年，2002 年；亚兹迪，2002 年）。

（2）限制性内切酶位点分析

限制性内切酶（最初从细菌中分离）在特定的核苷酸序列将双链 DNA 切为片段，长度通常为 4~6 个核苷酸。每当特定识别序列（或限制性位点）出现时，限制性内切酶会切开 DNA，结果是形成 DNA 的一系列"限制酶断片"。在个体间，这些断片的长度差异说明了限制性位点存在或缺失导致的变异，而检验长度差异的测试称为限制性片段长度多态性（RFLP）。在 RFLP 分析中，先以一个或多个限制性内切酶切割每个个体的 DNA，然后通过凝胶电泳分离得到的断片，并记录按大小排列的断片的直观谱带。一个种群的个体间 RFLP 谱带的频率分布可用于描述该种群结构。这种方法可高效地检查种群或物种中序列的具体变化。

迪桑等（1991 年）在长吻原海豚（飞旋海豚）的不同种群（东方、白腹和泛热带）之间比较了线粒体 DNA 的 RFLP 数据。此项研究的结果显示，在东方种群和白腹种群的内部和两个种群之间存在高度的变异，说明虽然它们有较大的形态差异，但这两个种群之间有显著的基因交流。在另一项研究中，道林和布朗（1993年）探索了太平洋东部和北大西洋西部的宽吻海豚之间线粒体 DNA 的 RFLP 变异。该项研究的主要结论是大西洋和太平洋种群存在隔离现象，以及北大西洋西部可能存在两个或更多种群。博斯科维茨等（1996年）研究了北大西洋和波罗的海的灰海豹种群，并发现大西洋东部和西部的种群间没有共享的单倍型，并且没有证据表明，加拿大的圣劳伦斯湾和塞布尔岛的海豹间存在隔离。维恩等（2000年）应用 RFLP 分析并结合其他技术，探索了南极和亚南极海狗聚居地的种群结构和历史，发现其与商业猎捕海豹业的影响有关。

（3）DNA 指纹分析和微卫星分析

DNA 图谱是一种常用技术，以微卫星和小卫星序列等重复的 DNA 区中非常高的变化率为基础。研究者通过使用单位点或多位点探针，将 DNA 图谱用于研究小卫星位点的变异，这种探针可在核基因组中的一个或多个位置测量变化性。研究得到的条形码状谱带构成了 DNA 图谱或指纹，可用于测定 3 个主要事实：① 身份；② 亲子关系；③ 相互关系。传统指纹分析可用于确定独特的个体，DNA 图谱用于测定身份的方式与之相同。DNA 指纹可用于鉴定亲子关系，因为后代中约 50% 的谱带来自母亲，其余谱带来自父亲。因此，如果所谓双亲的图谱中都不存在后代中的谱带，则有可能排除个体作为亲代的可能性（图 14.8）。或者，人们可就亲子关系的可能性得出一个盖然论的观点。这项工作需要测定共有谱带系数，测定对象是所有可能的父亲和后代以及母亲和后代组成的对。共有谱带系数最高的一对最可能是一级亲属。这种能力使 DNA 指纹分析具有极大潜力。DNA 指纹分析也可用于测定非亲代的相互关系。在许多物种中，兄弟姐妹（两个个体）之间的共有谱带系数大于 50%，与亲代和后代之间的系数相似。两个不相关的个体之间的共有谱带的比例可低至 20%~30%。因此，基于调查已知相互关系的个体的共有谱带，可通过两个个体共有谱带的程度估算它们之间相互关系的紧密程度。

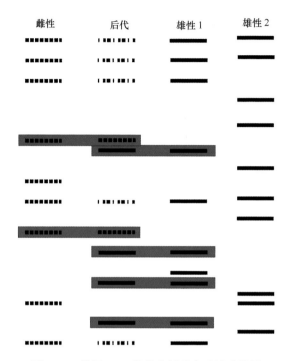

图 14.8　使用 DNA 指纹分析的亲系试验结果

后代的谱带来自母亲（均匀的虚线）、父亲（实线）或双亲（不均匀的虚线）；可排除雄性 2 作为父亲的可能性，因为它和后代不共有谱带

（根据赫尔策尔（1993 年）作品重绘）

研究者大规模地应用 DNA 图谱研究鲸目动物的种群结构、交配系统和繁殖行为。当必须进行许多成对比较时，使用 DNA 图谱检验父系可能会特别耗费时间。在一夫多妻制的物种中研究父系的情况即是如此。为了检验父系，通常有必要从母系和后代以及可能的雄性那里收集样本。然而，即使是鉴别可能是父亲的雄性，也需要长期的个体识别工作，并观察雌性怀孕时与可能的配偶之间的关系。例如，在佛罗里达的墨西哥湾沿岸海域，对宽吻海豚开展了一项研究，获得了详细的野外观察数据（达菲尔德和威尔斯，1991 年）。该研究的结果说明，雄性宽吻

海豚游进母系群体的活动范围，通过形成临时的配偶关系实现交配。雄性海豚对雌性海豚或雌性群体进行排他性控制的观点未得到 DNA 分析的支持。

人们还在法罗群岛的渔场中捕获到长鳍领航鲸（*Globicephala melas*）小群，并对其中雄鲸的父亲身份进行了研究，阿莫斯等（1991 年）发现，34 个小群中仅有 4 个小群的雄性成员在这个小群内同雌性成功交配并产下后代。在大部分情况下，研究者可假设对整个小群进行了捕获和取样。通过使用多位点 DNA 指纹分析技术，可排除一些雄鲸的父系。在多位点模式中，明显代表单一位点的一对谱带可用于评估随机交配的可能性。阿莫斯等（1991 年）的结论认为，雄鲸经常成功地与两头或更多雌鲸交配，但一般情况下不与自己所在小群内的雌鲸交配。奥雷穆斯等（2013 年）对长鳍领航鲸的搁浅进行了研究，得出了某种程度上不同的研究结果：在观察到的 12 次集体搁浅中，至少有 9 次的搁浅鲸群存在多个母系世系，并且在搁浅的鲸群内缺乏血缘关系的凝聚力。这些研究者认为，正常社会秩序的瓦解可能在集体搁浅事件中产生了一定作用。

DNA 图谱是研究鲸目动物的常用技术，但尚未广泛地用于研究鳍脚类，这可归结为一些原因。人们可直接观察一些鳍脚类的繁殖行为，但却难以直接观察鲸目动物的繁殖行为。鳍脚类通常不会形成小型社会群体，并且不表现出明显的合作行为，但这些在鲸目动物的社会群体中司空见惯。不过，DNA 图谱也揭示出了鳍脚类社会结构的重要信息，博内斯等（1993 年）对此进行了论述，人们也越来越多地运用该技术，以评估早年关于鳍脚类社会和种群结构的假设。例如，至少两项研究表明，雌性港海豹可能会选择配偶，而位于近岸水域的雄性并不是简单地享有专属交配权，它们无法完全占有穿过它们领地的雌性（哈里斯等，1991 年；佩里，1993 年）。冠海豹常形成 3 头一组（包括一头成年雌性及其幼仔，和一头陪伴的成年雄性），麦克雷和科瓦奇（1994 年）使用

DNA 指纹分析技术，曾排除了陪伴的雄性是幼仔父亲的可能性。对此的解释是，冠海豹在一个繁殖季中形成的配偶关系不持续到下个繁殖季，或者冠海豹与灰海豹类似，陪伴的雄性未必能使接受陪伴的所有雌性怀孕。

其他一些鳍脚类动物的研究者使用超变量小卫星位点分析，用以研究遗传变异性固有水平的一般性问题。小卫星是已发现的最多变的 DNA 序列之一，最适合于表明个体的相互关系。此外，在遗传变异性降低的种群中，小卫星通常是能探测有用的多态性的仅有标记（伯克等，1996 年）。雷曼等（1993 年）在一项研究中，对北象海豹的 DNA 图谱进行了检查并与港海豹的 DNA 图谱相比较，结果说明象海豹缺乏遗传变异性，所有接受测试的个体共有约 90% 的等位基因。相比之下，来自东太平洋的港海豹在这些位点上的变异水平高得多。在其他研究中，阿莫斯（1993 年）和阿莫斯等（1995 年）使用多位点和单位点图谱分析，在苏格兰的北罗纳岛的灰海豹聚居地中研究雄性灰海豹的父亲身份。阿莫斯等（1995 年）还研究了灰海豹的长期配偶忠诚度，研究结果说明，这个一夫多妻制的物种年复一年地忠诚于配偶，其忠诚度之高令人惊奇。

除小卫星外，人们将另一类重复 DNA——微卫星位点作为传统的个体识别方法的代用技术之一，因为所有个体都具有这些永久性的位点。单一位点或一些位点上的微卫星等位基因的频率分布可用于表征种群子结构。在一些位点上等位基因结合的统计学分析可用于进行个体识别。在一项对座头鲸的研究中，微卫星位点分析使人们能够明确地识别座头鲸个体（帕尔斯波尔等，1997 年）。除了能显示座头鲸的局地和迁徙运动外，研究者使用遗传标记并基于基因型数据，首次估算了座头鲸的丰度（帕尔斯波尔等，1997 年）。微卫星标记可用于确定雄性座头鲸的父亲身份，这证实了人们对其性关系混乱的交配系统的观察结果（克拉普汉姆和帕尔斯波尔，1997 年）。在对长鳍领航鲸的小群结构的研究中，阿莫斯（1993 年）使用微卫星位点证实了一项以前研究的结果（阿莫斯等，1991 年），据该研究报道，领航鲸生活在以母亲为中心的家族群中。在夏威夷群岛附近，人们使用微卫星技术调查宽吻海豚的种群结构，结果表明夏威夷的每个岛的海域中都生活着人口统计学上独立的种群（马蒂恩等，2012 年）。微卫星数据也用于研究加拿大的北极熊种群之间的遗传学关系（帕特考等，1995 年，1999 年）。在大多数北极熊种群间检测到了相当大的遗传变异。一些北极熊种群中极小的遗传结构说明，尽管北极熊会进行长距离的季节性迁移，局地种群之间的基因流仍是受限的。在另一项研究中，使用微卫星标记分析测量了抹香鲸的遗传变异，这使人们对抹香鲸的亲属关系模式有了更深入的了解，研究结果说明，雌性抹香鲸会基于一个或数个母系，形成持久的社会单位（理查德等，1996 年）。基于微卫星的研究显示，在抹香鲸中没有遗传结构，并且雄鲸（而不是雌鲸）在不同的洋盆中频繁地进行繁殖活动（里尔霍姆等，1999 年）。微卫星（和线粒体 DNA 序列）还用于探索南极海狗的恢复模式，由此人们发现了出人意料的结果（博宁等，2013 年）。锐减的种群通常显示出有限的遗传多样性，但南极海狗的情况并非如此，虽然该物种的数量遭遇了严峻的瓶颈，但它们保持着高度的遗传多样性，令人惊叹不已。这种多样性似乎通过多个小型遗留种群实现，这些种群表现出时间和特定性别相关的变异，促使南极海狗再度移居进入从前的分布范围中。

　　研究者将分子遗传学数据、长期野外研究和各种不同学科（例如，形态学）整合为一种综合性方法，通过应用这种方法和多种标记物，我们得以更全面深入地理解一些物种的种群遗传学。对于海洋哺乳动物的任何物种而言，鉴定种群结构是在未来制定和实施资源养护和管理计划的一个必要条件，也是理解这些物种的基础生物学（例如雄性和雌性动物在洋盆内的运动模式）所必需的。例如，在一项为期 3 年的国际研究（"座头鲸的种群结构、丰度水平和状态"，简称为 SPLASH）期间,在北太平洋的 10 个摄食区和冬季繁殖区对座头鲸开展了一项线粒体 DNA 和微卫星数据综合性研究,揭示出多个有区别的遗传种群(贝克等,2013 年)。研究者发现这些种群具有明显不同的迁徙路线、摄食场和繁殖区,并认为母鲸会将这些传统教授给幼鲸,使它们终生遵守并代代传承。综合性方法的另一个实例是"海景遗传学",该方法可用于评估塑造了遗传结构的环境条件。对短吻真海豚(*Delphinus delphis*)即进行了此项研究,结果表明海洋生产力和海表面温度会影响猎物的行为,从而与种群的分化相关(亚马拉尔等,2012 年)。

通过研究核 DNA 与线粒体 DNA,人们可了解一个物种的数量变迁史的不同方面。例如,在北美洲西北航道对北极熊种群进行了一项研究,揭示了跨越多个空间和时间尺度的种群分化。线粒体 DNA 表明,北极熊在其分布范围内具有可追溯至全新世的强母系结构,而在同一种群内的微卫星显示出在数百年尺度上的分化,这或许反映了当代基因流遇到的障碍(坎帕尼亚等,2013 年)。虽然这可能有些令人困惑,但多种遗传学技术的应用可带来富有洞察力的信息。霍夫曼等(2009 年)通过使用微卫星和线粒体 DNA,发现遗传多样性和聚居地规模或者人口统计趋势之间存在极小的相关性,但北海狮的种群规模和扩增片段长度多态性(AFLP)标记物之间具有非常强的正相关。

(4) 海洋哺乳动物基因组研究

应用**下一代测序(NGS)**技术与生物信息学分析,可生成海量的基因组序列数据,研究者由此能够开展涉及海洋哺乳动物的各种基因组测序工程。除了虎鲸的线粒体基因组研究(例如,莫林等,2010 年),使用 NGS 技术的另一个实例是最近对长须鲸的线粒体基因组开展的研究,结果表明北太平洋和北大西洋种群存在显著的遗传分化,因此研究者有必要重新审视长须鲸的分类(阿彻等,2013 年)。研究者已对加州海狮(爱德华兹等,2013 年)、小须鲸(伊姆等,2014 年)、白鱀豚(*Lipotes vexillifer*)(周开亚等,2013 年)的完整基因组,以及宽吻海豚的部分基因组进行了测序，而海洋哺乳动物其他物种（例如，宽脊江豚，*Neophocacna phocaenoides*）的基因组正在测序中。基因组研究可应用于广阔领域，包括研究种群遗传学和物种形成、界定种群结构（例如，莫林等，2010年；阿彻等，2013年）、探索进化和适应（即，选择研究，内利等，2013年；周等，2013年；威尔什等，2014年）、研究神经系统基因（麦高恩等，2011年，2012年）与抗逆性基因（伊姆等，2014年）；基因组研究还可服务于保护遗传学，包括在海洋哺乳动物的健康管理和疾病诊断中的基因功能（例如，霍夫曼等，2013年）。与以前的海洋哺乳动物研究相比，基因组分析具有较高的效率和成本效益，可赋予这些技术以高得多的基因组覆盖率和系统发育生物地理学分辨率（汉考克·汉瑟等，2013年）。

14.4 种群结构和种群动力学

一个种群内个体成员的生命史特征影响（或控制）着种群的规模和种群随着时间的变化模式。种群增长率（正增长或负增长）由生态因子间的相互作用引起，有些因子使**出生率**和存活率增长，也有些使死亡率增长。迁出和迁入也能够影响种群丰度的变化，但通常趋向产生较小作用（与其他因子相比）。**出生率**是一个种群参数，描述了一个种群中产生后代的速率；它由一个种群中雌性个体的集体出生率决定，这相应取决于达到性成熟的年龄、在一个繁殖季中出生的幼仔数量、雌性生殖的频率，以及该物种在其寿命中结束生殖的年龄。**死亡率**描述了一个种群中单位时间的死亡数目。出生率和死亡率之间的平衡确立了一个种群的**生存率**和**年龄分布**的模式（图14.9）。在种群内和种群间，生殖的生命史特点或一个种群的生命率表现出变化性，不应认为是固定的物种特点；生长、成熟和繁殖产出表现出相当大的可塑性，并常可反映食物可利用性（这常与种群密度有关，但也有其他因素的影响，例如种间竞争的水平）。例如，在加拿大的不列颠哥伦比亚，研究者发现一种海中的鲑鱼指数与定居型虎鲸的成活率高度相关（福特等，2005 年），并且许多繁殖参数随着身体状况而变化，身体状况则随着猎物可利用性的变化而变化。研究者在各种鳍脚类、儒艮（*Dugong dugon*）、北极熊、海獭和鲸目动物中，也已证实了食物资源可利用性、妊娠率和补充率之间的直接联系（例如，克拉夫特等，2006 年 b；马尔什和关，2008 年；弗利等，2012 年；奥加尔德等，2013 年；罗德等，2014 年；托梅茨等，2014 年）。当研究者充分了解（或可估算）一个种群中生殖的生命史特点时，即可使用莱斯利矩阵或类似的模型，以预测种群的变化趋势。对于海洋哺乳动物种群，人们很少得知它们在特定年龄的死亡率，因此当建立种群预测模型时，通常在几个不同的水平上估算死亡率。

所有海洋哺乳动物都具有相对较大的体型和较长的寿命，因此它们成熟慢、生育时间较晚。它们产生的后代数量相对很少，但它们会精心养育后代。因此，海洋哺乳动物的幼年死亡率相对低，并且达到性成熟的动物趋向具有很长的寿命。就种群生物学而言，海洋哺乳动物是 **K 选择物种**的经典案例（图 14.9）：这些物种在长久进化中维持相对稳定的种群规模，位于或接近所在环境的**承载能力**（麦克阿瑟和威尔逊，1967 年）。

海洋哺乳动物是 K 选择物种，因此它们数量的年际变化率在某种程度上得到了缓冲，尽管如此，它们的丰度确实会明显地随着时间而变化。种群动力学旨在研究种群的丰度如何随着时间而变化和为何变化。这涉及到种群的内在因素（即，出生率、生长率和寿命）以及外在因素（即，疾病、海洋环境中的天然毒素、种间竞争、掠食动物的捕食和人类的捕捉）。海洋哺乳动物因种类和体型的不同而在种群增长能力上具有显著差异。海獭的内在年增长率可高达 20%，鳍脚类动物为 5%～13%，而鲸目动物的种群增长能力似乎较低，其正常增长率为 3%～10%（见瓦德，2009 年，和其中引用的参考文献）。

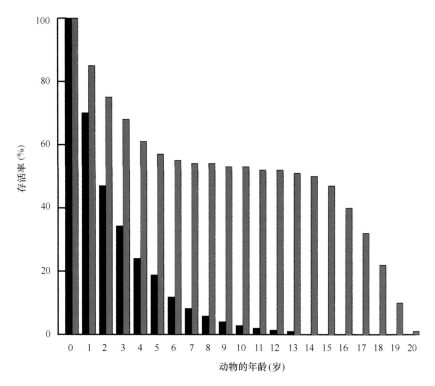

图 14.9 一个 R 选择（黑条）和 K 选择（彩条）种群的假设年龄分布

这些种群在死亡率、平均年龄、最大年龄和存活率的模式上存在显著差异

14.4.1 出生率和妊娠率

一头雌性海洋哺乳动物产生的后代数量取决于它的妊娠频率（不会超过每年一次；参见第 13 章的表 13.1）和生殖寿命的长度，在北极熊中还取决于每次妊娠生育的幼仔数目（其他所有海洋哺乳动物通常在每次成功的妊娠中产生单一后代）。在一些物种中，雌性个体生育时的出生率会在其寿命中发生变化。在大部分海洋哺乳动物中，性成熟比生理成熟提前数年到来，这使雌性动物能够在初次生育之后大幅增加身体质量。休伯等（1991 年）发现在法拉隆群岛，较年轻（可能体型也

较小）的性成熟的雌性象海豹更可能（与年老雌性相比）隔年妊娠，如果它们成熟得早，它们也可能在以后的年份中继续隔年妊娠。然而，据雷波夫和莱特（1988 年）报道，在附近的阿诺努耶佛岛上，与象海豹的年龄相关的出生率没有显著变化。象海豹等物种会在哺乳期的全程或部分时间禁食，隔年妊娠可为小型雌性提供必要的时间，便于它们在两次妊娠之间增加身体质量（希德曼和努尔，1994 年）。研究认为，新成熟的雌性灰鲸也有类似的隔年妊娠现象，它们需要在禁食期间支持怀孕和哺乳期的能量成本，其身体质量可能接近满足此要求的最低限度（苏密西，1986 年 a）。

根据对短鳍领航鲸（*Globicephala macrorhynchus*）的记录，年长动物的妊娠率会逐渐降低（马尔什和粕谷，1991 年；另见第 13 章）。在短鳍领航鲸、虎鲸（福特等，1994 年）和（可能还有）其他齿鲸中，妊娠率随着雌性年龄的增长而降低。已知雌性短鳍领航鲸的最大年龄可达 63 岁，但尚未发现有大于 36 岁的雌鲸怀孕；马尔什和粕谷（1991 年）指出，在他们的研究种群中，所有超过 40 岁的雌性（约占全部雌性的 25%）已终止了排卵。即使如此，研究发现许多雌鲸的生殖道中存在精子，这说明它们在生育后期会继续交配。诺里斯和普赖尔（1991 年）提出，在这些物种中，衰老的雌性增加了其近亲属以及它们自身的生殖适度，因为它们将能量、时间或信息投资给它们的直系后代或其他至亲：① 在稳定、持久的母系或**母权**（母系的聚集）齿鲸类社会群体中（即，领航鲸、抹香鲸和虎鲸），群体的老年成员几乎全部为雌鲸，并且这些老年雌鲸可成为知识的宝库和文化信息的传播者；② 它们履行养育责任，例如托幼服务和收养（包括偶尔看护其他雌鲸的幼仔）（怀特黑德，1996 年，2004 年），并且由于这些物种均为大深度潜水的鲸类，觅食的母亲可受益于其他年长和关系密切的雌鲸，因它们可帮助照料其幼鲸。加州海狮的出生率随着年龄的增长而降低（梅林等，2012 年），这也有可能发生在其他鳍脚类中。然而，一些已得到研究的物种，例如象海豹和竖琴海豹，似乎不发生生殖衰老（塞格安特，1966 年；皮斯托瑞斯和贝斯特，2002 年）。雌性海豹一旦经过了前几年的生殖，大部分物种似乎总能具有高妊娠率，直到它们生命的终点，大部分成熟雌性在每个繁殖期都会怀孕（例如，鲍尔格，1992 年；皮彻等，1998 年；里德森和科瓦奇，2005 年）。在理论上，海象等社会化物种的系统与齿鲸类相似，当雌性海象不再生育之后，它们会照料群体中的幼海象。在全盛的生育年份过后，北极熊随着年龄的增加，其每窝产仔数减少，其他繁殖能力也下降（德罗什和斯特林，1994 年）。

14.4.2 个体生长率

在海洋哺乳动物中，新生儿在哺乳期的生长率因物种的不同而相差极大（另见第 13 章）。就绝对生长度而言，质量增长的平均速率可相差几个数量级，海狗为不到 0.1 千克/日（表 14.4），冠海豹在为期 4 天的哺乳期中则可超过 5 千克/日（鲍恩等，1985 年），而蓝鲸的幼仔可超过 100 千克/日（莱斯，1986 年）。通过分析身体质量加倍所需的时间，研究者可比较生长的相对速率（表 14.4）。在此方面，海豹类和海狮类之间存在明显的区别，港海豹的身体质量加倍时间介于典型的海豹类和典型的海狮类之间。据推测，在断奶和性成熟之间，质量增长的绝对速率甚至增加更多；然而，关于断奶后生长率的可获得数据很少。

表 14.4　海洋哺乳动物各物种的出生质量加倍时间和身体质量增长率

物种	出生质量加倍的大致时间（天）	出生质量增长率（千克/天）	来源
鳍脚类			
海豹类			
港海豹	18	0.6	哥斯达（1991 年）；鲍恩（1991 年）*

续表 14.4

物种	出生质量加倍的大致时间（天）	出生质量增长率（千克/天）	来源
灰海豹	9	2.7	哥斯达（1991 年）；鲍恩（1991 年）*
北象海豹	10	3.2	哥斯达（1991 年）；鲍恩（1991 年）*
海狮类			
北海狗	85	0.07	哥斯达（1991 年）；鲍恩（1991 年）*
加州海狮	79	0.13	哥斯达（1991 年）；鲍恩（1991 年）*
南极海狗	62	0.08	哥斯达（1991 年）；鲍恩（1991 年）*
鲸目动物			
须鲸类			
灰鲸	60	16	苏密西（1986 年 b）
蓝鲸	25	108	甘伯尔（1979 年）；莱斯（1986 年）
其他海洋哺乳动物			
北极熊	10	0.1	斯特林（1988 年）

* 见原始文献来源

在经历了长时间的断奶后禁食或季节性禁食的物种中，虽然它们的身体质量随着季节的不同而大幅变化，但它们的体长趋于不断增加，直至达到生理成熟。体长随着年龄而增加的模式通常是 S 形生长曲线和渐近的。一些常用的指数方程可用于描述和模拟体长随着年龄增长而增加的模式（理查兹，1959 年；布罗迪，1968 年；麦克拉伦，1993 年）。

海洋哺乳动物的个体生长模式有两个突出的特征：一个是，在达到性成熟之后，它们还要持续发育数年，才能达到生理成熟（见下文）。因此年老的性成熟个体通常比相同性别的年轻个体大得多；另一个是，在一夫多妻制和两性异形的鳍脚类和齿鲸类物种中，雄性生长的模式表现为性成熟年龄的延迟,以适应一段加速生长期,从而获得比雌性大得多的体型(图 14.10)。在一夫多妻制物种中,雄性在能够成功地竞争繁殖领地或建立高优势等级之前,必须获得比雌性大很多的体型。雄性达到性成熟的较长延迟需要付出相当高的成本代价,这些代价反映在雄性总体死亡率增加的现象上。

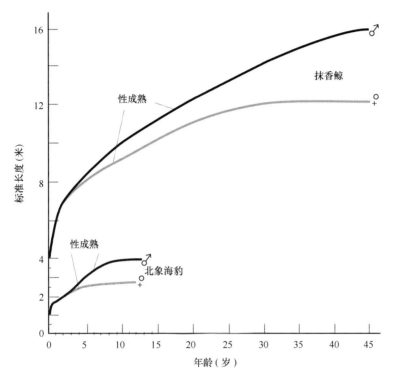

图 14.10　雄性和雌性抹香鲸(根据洛克耶(1981 年)作品修正)和北象海豹(根据克林顿(1994 年)作品修正)的生长曲线

雄性北象海豹的生命史与它们晚年的高交配成功率相适应,不过由于雄性的死亡率相对高,它们存活至高交配成功率年龄的机会低。在北象海豹中,雄性中最高的交配成功率平均出现在 12~13 岁,但存活至此年龄的雄性仅约为出生雄性的 1%(克林顿和雷波夫,1993 年)。在两性体型大致相同的海豹类动物中，两性的生长发育也大致类同（科瓦奇和拉维尼，1986年）。在须鲸类动物中，雌鲸的生长速度通常在其生长周期的后期超过雄鲸，以在性成熟时达到比雄鲸略大的体型（洛克耶，1984年）。特别应指出的是，对须鲸类动物生长速率的研究存在一些障碍，包括一些物种因遭受过度捕猎而缺少年老和生理成熟的个体，以及普遍缺少确切知晓年龄的雄性动物。

14.4.3 性成熟的年龄

当海洋哺乳动物能够产生配子（精子和卵细胞）时，即将它们视为性成熟。如图14.10和表14.5中所表明，性成熟年龄中雄性与雌性的对分通常存在于两性异形的物种中。例如，在北象海豹和灰海豹中，雌性的性成熟发生在4岁前后，但雄性至少到6岁后才达到生理成熟（在更大的年龄才能成功地竞争到配偶）。雄性海象的成熟时间大致比雌性晚4年（表14.5）。在大部分须鲸类物种中，性成熟的平均年龄为8~14岁。然而，弓头鲸在体型相当大时才可认为是达到成熟，雌性弓头鲸在超过25岁时才达到成熟（罗萨等，2013年）。在齿鲸类动物中，性成熟年龄的估计值大小不一：鼠海豚为3~3.5岁，虎鲸为14岁（表14.5），并且极少有基于性别的年龄差异。在体型上明显两性异形的抹香鲸中，雄鲸达到性成熟的时间比雌鲸晚大约3年。

表14.5 海洋哺乳动物各物种的性成熟年龄近似值

物种	性成熟的平均年龄（岁）		来源
	雌性	雄性	
鳍脚类			
海豹科			
夏威夷僧海豹	4~7	?	阿特金森（1997年）*
港海豹	2~7	3~7	里德曼（1990年）*

续表 14.5

物种	性成熟的平均年龄（岁）		来源
	雌性	雄性	
灰海豹	3~5	6	里德曼（1990年）*
北象海豹	4	6	里德曼（1990年）*
竖琴海豹	4~6	7~8	阿特金森（1997年）*
威德尔海豹	2~6	3~6	阿特金森（1997年）*
海狮科			
北海狗	3~7	5	里德曼（1990年）*
加州海狮	4~5	4~5	里德曼（1990年）*
南极海狗	3~4	3~4	里德曼（1990年）*
澳洲海狮	3	?	阿特金森（1997年）*
南非海狗	1~4	2~4	阿特金森（1997年）*
新西兰海狗	4~6	8~9	阿特金森（1997年）*
海象科			
海象	5~6	9~10	里德曼（1990年）*
鲸目动物			
齿鲸亚目			
宽吻海豚	~12	~11	佩兰和莱利（1984年）
条纹原海豚	9	9	佩兰和莱利（1984年）
真海豚	2~6	3~7	佩兰和莱利（1984年）
长鳍领航鲸	6~7	12	佩兰和莱利（1984年）
虎鲸	14	12~14	福特等（1994年）
鼠海豚	3~3.5	3~3.5	波默罗伊等（2011年）*
白鲸	4~7	6~7	波默罗伊等（2011年）*

续表 14.5

物种	性成熟的平均年龄（岁）		来源
	雌性	雄性	
抹香鲸	9	19	波默罗伊等（2011 年）*
须鲸亚目			
灰鲸	9	9	莱斯和沃尔曼（1971 年）
蓝鲸	10	10	莱斯（1986 年）
小须鲸	7~14	7~14	洛克耶（1984 年）
座头鲸（北太平洋）	8	8	波默罗伊等（2011 年）*
海牛目动物			
海牛	6~10，12.6	6~10	雷诺兹和奥德尔（1991 年）；马蒙泰尔（1995 年）
儒艮	9.5	9~10	马尔什（1995 年）
其他海洋哺乳动物			
海獭	4	6~7	詹姆森（1989 年）；詹姆森和约翰逊（1993 年）
北极熊	4	6	斯特林（1988 年）

* 见原始文献来源

性成熟的平均年龄与生长速率相关，因此在某种程度上是灵活可变的并取决于资源的状况。在此背景下，密度相关的种内食物竞争似乎特别重要。南象海豹的拥挤的繁殖聚居地未受到商业开发的影响，那里雌性的平均成熟年龄为 6 岁，而在近年移居的不拥挤的繁殖地，雌性在 2 岁时即达到青春期（卡里克等，1962 年）。研究证实，成熟年龄降低的类似情况包括：南半球的长须鲸和大须鲸（*Balaenoptera borealis*），商业捕猎导致它们的种群减少；以及小须鲸，比它们体型更大的须鲸类食物竞争者的数量在 20 世纪上半叶大幅减少（图 14.11）（洛克耶，1984

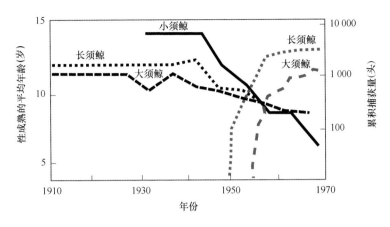

图 14.11　南极须鲸科（Balaenopteridae）3 个物种的性成熟年龄变化
（黑线）和相同捕鲸区内的累积捕获量（彩色线）

（洛克耶（1984 年）和卡托和樱本（1991 年））

年；卡托和樱本，1991 年）。洛克耶（1984 年）估计，至 1970 年，在整个南极夏季摄食区的须鲸总密度已降低至 1920 年之前水平的约 15%。捕鲸引发的变化在资源竞争中的效应是否会影响这些物种的怀孕间隔，克拉普汉姆和布朗尼尔（1996 年）对此进行了讨论。

在海牛中，雄性和雌性通常都在 6~10 岁之间达到性成熟（雷诺兹和奥德尔，1991 年），不过据马蒙泰尔（1995 年）报道，雌性佛罗里达海牛（*Trichechus manatus latirostris*）的平均性成熟年龄为 12.6 岁。在儒艮中，据一项研究报道，一头雌性儒艮的性成熟年龄为 9.5 岁，而雄性的性成熟年龄范围为 9 岁至 10 岁（马尔什，1995 年，表 14.5）。在圈养环境下，对雌性儒艮的激素监测表明，它们在达到性成熟的年龄（3~9 岁）上有相当大的弹性（伯吉斯等，2013 年）。在同一研究中，一头圈养的雄性儒艮在 9 岁时进入青春期，在 11 岁时萌出长牙，并且证实它在 12.8 岁达到性成熟。在野外环境下的激素监测表明，雄性儒艮在长到约 240 厘米长时进入青春期，与长牙萌出同时发生；但它们直到体长 260 厘米、长牙发育完全时才达到社会成熟（伯吉斯等，2012

年)。雌性加州海獭和阿拉斯加海獭的性成熟平均年龄为 4 岁（里德曼和埃斯蒂斯，1990 年；詹姆森和约翰逊，1993 年）。与其他一夫多妻制、两性异形的物种类似，雄性海獭很可能先达到生理成熟，数年之后它们才有能力成功地竞争到与雌性的交配权。雄性和雌性北极熊的性成熟平均年龄均为 4~6 岁，并在 20 岁时开始生殖衰老（拉姆齐和斯特林，1988 年）。

14.4.4 年龄的测定和寿命

种群的年龄结构和个体年龄测定，对种群的描述及其动力学建模至关重要。对海洋哺乳动物新生儿的各种形式的标记使它们成为可终生识别的个体，这令我们能够追踪一些海洋哺乳动物物种的生命史参数，包括年龄相关的繁殖产出。鳍脚类幼仔的鳍肢标签一般适用于野外种群；海豹科动物保留标签的时间比海狮科长得多，但在对这两个科的研究中，人们均是通过个体身份标签收集了很多有价值的信息。在得到深入研究的鳍脚类种群中，研究者既使用热烙印也使用冷标签，而对个体的再次目击可能发生在它们出生时的聚居地。研究者对海獭也使用低温标记。如果出于其他目的捕获和麻醉母北极熊，常会给它们的幼仔戴上独立编号的耳部标签。在最近几十年间，兽医"个体身份标签"（PIT）的应用也成为了许多鳍脚类动物和北极熊种群研究中的普遍实践。这些微小的标签嵌入它们的皮肤下，并可在几米远的距离外读数。尽管有阅读者距离的限制，PIT 标签促进了有趣的社会动力学研究的发展，包括对雌性南极海狗的极端恋出生地性的记录，它们会返回其出生的位置，误差不到一个体长（霍夫曼和福尔卡达，2012 年）。当研究者麻醉北极熊时，唇刺标也是普遍采用的方法。

对鲸目动物进行个体标记更具挑战性，但自 20 世纪 30 年代开始，研究者通力合作，对大型鲸目动物进行标记，进而研究它们的种群生物学。这个"探索标签发射"项目（图 14.12）在 20 世纪前半叶持续了数十年。"探索标签"是一种独立编号的金属标签，可射入鲸目动物的鲸脂中，当以后捕获它们时，人们可对鲸的年龄进行最小估计。因此，该系统仅成功地应用于遭受大范围捕猎的鲸目物种，现已不再使用。

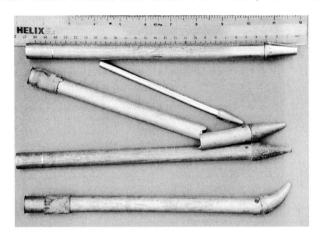

图 14.12 用于标记大型鲸目动物的几种"探索项目"刺入型标签

（照片提供：G 多诺万，国际捕鲸委员会（IWC））

此外，广泛使用的方法还包括：通过使用牙齿和骨骼测定个体的年龄（谢弗，1950 年；劳斯，1962 年）。随着动物的生长发育，其体内一些硬组织中积累着增加的生长层，特别是牙齿和骨骼。这些增加的生长层成为动物个体生命史的记录，类似于树干的年轮；目前，对这些层计数的方法广泛地用于确定海洋哺乳动物个体的年龄。应用此项技术的前提是，可获得牙齿或其他硬组织（牙齿优于骨骼）、可辨别增加的生长层，以及可独立地确定一次生长量所代表的时间间隔。海洋哺乳动物所有类群（除须鲸类外）的牙齿通常获取自死亡的样本、捕获的个体或暂时控制的个体。一些工序可增强牙齿上生长量的清晰度，通常包括对牙齿进行薄切片和抛光，然后对已抛光的表面进行蚀刻或染色，从而更好地分解生长层（见佩兰和迈里克，1980 年论述）。重复增加的生长层的每个可数单元至少包含着组织密度、硬度或不透明性的变化，该单元称为生长层组（GLG）（图 14.13）。在迄今已得到研究的大部分物种中，可认为每个 GLG 代表了一次年增量（例如，佩兰和迈里克，1980 年）。该方法可应用于鳍脚类、北极熊、海獭和大部分齿鲸。研究者曾提出一些问题，如单个 GLG 是否代表了白鲸和一角鲸（*Monodon monoceros*）中的年增量；人们一度认为两个 GLG 代表一年。然而，通过放射性碳年代测定法，该问题现已澄清，如同其他物种，成对的条带是年度标记（斯图尔特等，2006 年）。研究者常使用牙齿中的生长层测定海豹和北极熊的年龄，对大部分物种而言，该方法具有良好的精度。关于鳍脚类动物的寿命，研究者可得出一些一般化的结论。雌性，特别是一夫多妻制的物种中的雌性，趋向于比雄性寿命更长，而大部分雄性甚至不能存活至性成熟的延迟年龄（比格，1981 年）。人们已知，雌性南象海豹（*Mirounga leonina*）可成功地生育 24~25 年，而野生的环斑海豹和灰海豹个体可超过 40 岁（邦纳，1971 年；里德森和格尔茨，1987 年）。

在须鲸类动物中，没有测定年龄的公认方法。人们研究了鼓泡和颅骨等骨组织的生长层组（GLG），该方法的成功率有限，GLG 的最大数目至少可提供对年龄的最小估计（克莱夫萨尔等，1986 年）。一种更常用的方法着眼于须鲸硕大的蜡质耳栓中交替排列的亮区和暗区（图 14.14）。一些研究确认，一个 GLG 包括一条亮带和一条毗邻的暗带，代表了一次年增量（劳斯和珀维斯，1956 年；罗伊，1967 年；莱斯和沃尔曼，1971 年；苏密西，1986 年 b）。不过，在莱斯和沃尔曼（1971 年）以及布洛欣和图珀雷夫（1987 年）对灰鲸开展的两项研究中，采集的耳栓中仅有略超过 1/2 的部分为可读的样本。此外，在较年老的动物中，动物早年沉积的耳栓层常有一些损失，并且对于性成熟开始后已历经多年的动物，该项技术通常不考虑为一种可靠的评估方法。研究发现，鲸的耳栓可记录污染物（例如，汞、杀虫剂）和激素（例如，皮质醇和睾酮），这些物质也会在鲸脂中日积月累。在蜡质耳栓层中测量

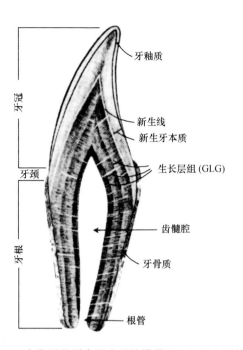

图 14.13　一头海豚的牙齿抛光后的横截面，显示主要结构特征和清晰界定的生长层组（GLG）

（佩兰和迈里克，1980 年）

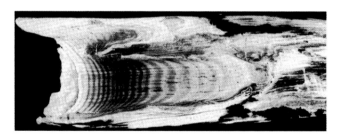

图 14.14　一头长须鲸的耳栓抛光的横截面，显示年生长层

（洛克耶，1984 年）

到的这些污染物和激素浓度，可用于重建关于污染物暴露和鲸类个体间压力的寿命剖面（特朗布尔等，2013 年）。

对于经历了人类长期捕猎和解剖学样本收集的鲸目物种（例如，抹香鲸和大型须鲸类）而言，它们的生殖器官可提供一些关于年龄和生育史的证据（见第13章）。如前一章所述，根据对卵巢的检查和对乳头体总数的计数，研究者能够解读雌性个体的生育史。如果能够独立地确定连续妊娠之间的时间间隔，并已知性成熟的年龄（见前节），则可推导出年龄的估计值。例如，据莱斯和沃尔曼（1971年）报道，一头生理成熟的大型雌性灰鲸具有34个乳头体，估计它死亡时的寿命已高达75~80岁〔（34个乳头体）×（2年怀孕间隔）＋（8~9年至性成熟）〕，并且这头母鲸遭受捕杀时已经怀孕。虽然所有鲸目动物普遍具有持久的卵巢白体，但学界也承认，卵巢瘢痕的意义具有一些不确定性，不过人们对此的了解不多。例如，在北大西洋对短吻真海豚（*Delphinus delphis*）开展了一项研究，结果说明总白体计数不代表过去的排卵总数，并且研究者已提出了重新评估方法，使用卵巢瘢痕重建鲸目动物个体的终生生育史（达尔宾等，2008年）。

对于鲸目动物的许多物种，人们难以估计它们的平均寿命或最大寿命。这或是因为这些物种从未遭受过大规模捕猎，研究者尚未获取确定它们年龄所需的组织；或是因为一些长寿命物种的种群在历史上经历过大规模商业捕猎（包括须鲸类的大部分物种），体型和年龄较大的个体遭到过度捕杀，留下相对年轻的种群，其中很少有个体表现出最大年龄，因此现存种群表现为年龄分布偏移（苏密西和哈维，1986年）。研究者探索采用基于眼睛晶状体核的天冬氨酸外消旋化（AAR）技术，用于测定一些海洋哺乳动物物种的年龄（加尔德等，2012年；罗萨等，2013年）。该项技术背后的基本原理是：在新陈代谢不活跃的组织（例如眼睛的晶状体核）中，天冬氨酸的左旋对映体（L）可随着时间的推移而转化为D-对映体（D），该过程称为外消旋作用。在动物个体的整个生命过程中，这种外消旋作用以恒定的速率发生。因此，当已知外消旋的速率和出生时 D/L 比率 $(D/L)_0$ 时，在理论上有可能计算出一个动物的年龄。对于通过传统方法特别难以测定年龄的物种，可证明该技术具有实用价值，不过特定物种的变化速率必须得到校准。近年来，研究者探索出另一种方法，可基于平均端粒长度的测量，估计一些海洋哺乳动物物种的年龄。端粒是真核染色体末端的核蛋白复合体，在许多物种中，端粒的长度在整个寿命期间发生变化。不过，端粒研究的结果不如 AAR 技术前景广阔（细节参见加尔德等，2012 年）。

基于传统捕鲸工具（和 AAR 测定年龄法）的恢复，人们发现弓头鲸的寿命可超过 100 岁，似乎为海洋哺乳动物之最（乔治等，1999 年；罗萨等，2013 年）。已有研究者提出，弓头鲸的寿命实际上可达 200 岁。这并非不可思议，考虑到它们的估计性成熟年龄和下列事实：其他体型较小的北极鲸类（一角鲸和白鲸）似乎可活到 100 岁（斯图尔特等，2006 年；加尔德等，2007 年）。

在海牛中，它们的牙齿持续替换，因此牙齿不能用于测定年龄，而使用海牛的骨骼（包括耳周围骨）代替。已证实海牛的骨骼具有生长层组（GLG）。然而，骨骼常需要重新建模，并且在年龄大于 15 岁的海牛中，凭骨龄估计值可能不足以推算出精确的年龄（马蒙泰尔等，1996 年）。研究证实，儒艮的长牙中有 GLG 的年度沉积。尽管如此，儒艮的长牙在青春期之后萌出并会磨损，因此在儒艮中仅可获得最小年龄估计值；此外，很少有雌性儒艮发育出长牙（见马尔什等，2011 年）。对海牛寿命的估计表明，它们在野外环境中能够存活大约 60 年，而在圈养条件下佛罗里达海牛的寿命也为 60 年左右（马蒙泰尔等，1996 年）。研究认为，儒艮的寿命比海牛更长一些，它们可存活大约 70 年。

14.4.5 自然死亡

在海洋哺乳动物种群中，自然死亡的常见原因（第 15 章将讨论由人类引起的死亡）包括种内和种间的疾病相互作用（即，食物网、捕食和竞争），并且这些原因也可成为控制种群动态变化的主要因素。一般而言，特定年龄死亡率是一个种群的年龄分布及其特定年龄死亡模式的函数。大部分哺乳动物种群具有 U 形死亡率年龄曲线，年轻组的死亡率高，然后经过数年的中年组低死亡率，老年组的死亡率又会上升（考格利，1966 年）。然而，如前文所述，一些大型鲸目物种在 20 世纪遭受商业捕猎，经历过一段种群规模减少期，目前尚未恢复至商业开发前的种群规模，并且这些相对年轻的种群很少表现出年龄较大动物的自然死亡特征。因此，就这些大型鲸而言，人们对年轻组死亡率的记录和理解优于老年组。在一些鳍脚类动物（巴洛和波文格，1991 年；哈考特，1992 年）和鲸目动物（苏密西和哈维，1986 年；阿基里尔，1991 年）中，首年死亡率超过 50% 的情况普遍存在并已得到记录。在鳍脚类动物中，断奶前死亡率多变且经常达到高值，这是因为拥挤的繁殖地条件经常导致身体创伤。北象海豹在移居到阿诺努耶佛岛的早期，繁殖地中的幼仔死亡率平均为 34%，并且它们长到 1 岁时死亡率增加至 63%。发生在繁殖地的大部分（约 60%）死亡可归因于成年个体造成的伤害（雷波夫等，1994 年）。研究表明，离开繁殖地后的存活率估计值与断奶时幼仔的性别或身体质量无关。然而，在南美海狮中，生活在聚居地的幼仔的断奶前死亡率明显低于独居母亲抚养的幼仔（坎帕尼亚等，1992 年）。捕食率和猎物可利用性的变化也可显著影响幼仔的存活率（例如，霍宁和米利什，2012 年），在更极端的情况下这些也可影响成体的存活率（例如，特里尔米希和欧诺，1991 年；埃斯蒂斯等，2009 年；另见库克和巴雷特·伦纳德，2010 年）。

疾病

在一些海洋哺乳动物种群中，疾病是死亡的一个常见原因。致病原包括细菌、病毒、真菌和原生动物，以及各种寄生物（考恩，2002 年；哈伍德，2002 年）。海洋哺乳动物可患癌症、结核病、疱疹、关节炎和其他并非野生动物特有的疾病。研究认为，细菌感染是海洋哺乳动物患病和疾病相关死亡的主要原因，特别是在圈养条件下（霍华德等，1983

年)。有时细菌病原体会以暴发的形式出现，例如1998年在濒危的新西兰海狮（*Phocarctos hookeri*）的一个种群中发生的感染事件（考恩，2002年，引用自加尔斯等，1999年），导致超过50%的幼仔在生命最初的2个月中死亡。一种可在座头鲸间传染的皮肤细菌群落反映了个体的地理位置和代谢状态的差异，可作为监测海洋哺乳动物种群健康的工具（阿普里尔等，2014年）。其他已知或可疑会感染海洋哺乳动物的病毒包括导致乳头瘤、生殖器疣、阴茎斑块或阴道上皮斑块的病毒，这些病毒感染可能干扰成功的生殖活动。病毒也可造成高死亡率，有时在海洋哺乳动物种群中引发高比例的流行病（哈伍德，2002年；豪尔等，2006年）。疱疹感染会导致皮肤损害（皮疹）和肺炎，并且在加州海狮中，疱疹与一种主要癌症的暴发存在联系（古尔兰德等，1996年；利普斯科姆等，2000年）。克鲁德等（2003年）确认，原生动物和棘头动物导致的疾病和心脏病是加利福尼亚海獭（南方海獭）死亡的另一类常见原因。

麻疹病毒（图14.15）会导致狗的发狂和人类的麻疹，也是会对鲸目动物和鳍脚类动物造成严重影响的病原体（豪尔，1995年；豪尔等，2006年；肯尼迪，1998年）。1988年初，北海和波罗的海的港海豹大量死亡，总数达17 000~20 000头。在一些当地种群，有60%~70%的港海豹死亡。制造这起死亡事件的病毒是海豹瘟病毒（PDV）（奥斯特豪斯和维达，1988年；哈伍德和格伦弗尔，1990年；格伦弗尔等，1992年），这种病毒能够阻止免疫系统反应，导致动物易遭受继发性细菌感染。2002年，海豹瘟病毒再次侵袭了欧洲的港海豹，此次暴发的后果与第一次相比相对较轻（哈丁等，2002年）。研究还确认了另两种可影响海洋哺乳动物的麻疹病毒：鼠海豚麻疹病毒（PMV）和海豚麻疹病毒（DMV）。后者在1990年造成地中海的条纹原海豚（*Stenella coeruleoalba*）大规模死亡（杜伊格南等，1992年）。在佛罗里达海牛、北极熊和多种多样的小型鲸目动物中，已检测到了麻疹病毒的抗体，这说明这些动物已经暴露于该病毒（例如，杜伊格南等，1995 年 a，b；考恩，2002 年）。这些物种的其中一些可能是终端宿主，这使病毒能够足量复制以诱发抗体反应，但不足以传染该疾病。

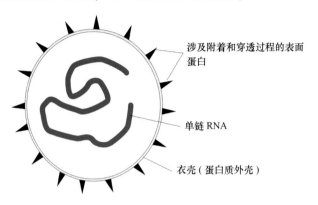

图 14.15 麻疹病毒的一般结构简化图

（根据豪尔（1995 年）作品重绘）

在海洋哺乳动物种群中，海豹的大规模死亡不是新事件（见格拉西等，1999 年；多明戈等，2001 年综述）。历史记录表明，在过去 200 年间，在英国附近已发生了至少 4 次港海豹死亡事件，其中海豹的症状均与 1988 年事件相似。此外，在 1918 年，冰岛附近的港海豹种群大量死于"肺炎"。另一次病毒引发的港海豹死亡事件发生于 1979—1980 年的新英格兰。1955 年，南极附近超过 60% 的食蟹海豹（Lobodon carcinophaga）死于一种不知名的病毒感染。虽然大部分海豹死亡事件的元凶是一种病毒（可能是同一病毒），但我们尚未理解是什么因素促使病毒快速传播和毒力增强，导致受感染的个体大规模死亡。研究者已提出了一些假说，包括拥挤现象、种群规模的快速增加导致资源竞争加剧、食物中环境污染物浓度增加、有毒的甲藻或硅藻暴发（伯施等，1997 年；巴尔古等，2002 年），以及水温的升高（拉维尼和施密茨，1990 年）。对于每种假说，都存在一些证据支持其观点，并解释为何海豹种群在 1988 年突然变得易受病毒感染。

有害藻类水华（HAB）可释放**软骨藻酸**。在一些案例记录中，HAB 导致了海洋哺乳动物的大量死亡（见范·多拉，2005 年论著）。1998 年 5 月和 6 月，有超过 400 头加州海狮死于软骨藻酸中毒。类似事件发生在 2002 年（2—8 月）和 2003 年（4—6 月），据报道，在加利福尼亚中部和南部海岸线上发现了数百头搁浅的海洋哺乳动物，包括真海豚和加州海狮（古尔兰德和豪尔，2007 年）。在夏威夷僧海豹、座头鲸和海牛的死亡，以及地中海僧海豹（*Monachus monachus*）的最近一次大规模死亡事件中，研究者发现了类似的毒素（见哈伍德，2002 年；瓦德，2009 年，和其中参考文献）。在智利的阿塔卡马地区发现了中新世晚期的 40 副骨骼，包括长须鲸、抹香鲸、海豹和水生树懒，这些化石海洋哺乳动物的集群死亡可解释为 HAB 所导致。这些动物因摄食猎物或吸入，导致它们在海上相对快速地死亡。研究认为，大量尸体向海岸线漂流并因此埋藏在沉积层中，此间没有发生显著的清除或关节脱落过程（佩因森等，2014 年）。

通过限制性片段长度多态性（RFLP）分析（见 14.3.3.3 节）可测得，一些南象海豹（*Mirounga leonina*）种群在免疫反应位点上的遗传变异性（即，主要组织相容性复合体，MHC）低于陆地哺乳动物（斯莱德，1992 年）。在长须鲸中，报道了类似的观察结果。总之，这些结果可解释为，至少一些海洋哺乳动物暴露于相对很少的病原体，因此它们维持基于种群的免疫反应位点多样性的选择压力较低。很少暴露于病原体的情况广泛存在于海洋环境中，这也意味着，海洋哺乳动物种群可能易受偶尔的病原体攻击而发生感染，引发大量死亡（例如，前文中讨论的麻疹病毒）。此外，研究表明，低遗传变异水平可增加一个物种对传染性疾病的易感性（克雷茨曼等，1997 年，和其中引用的参考文献），并且许多海洋哺乳动物种群已经历了瓶颈和伴随的遗传多样性降低（见 14.3 节）。

14.4.6　变化的生态系统动力学

食物网构成了大部分物种相互作用的框架，因为它界定或至少描述了在生态系统中，能量如何从初级生产者流通到各种消费者。几乎所有的食物网都是基于光合作用系统，不过一些海洋食物链（例如，鲸落群落，见下文）要依靠细菌的化能合成作用（将化学能源用于生产）。在海洋哺乳动物中，海牛目动物是仅有的食物链底层动物，它们食用海草和海藻。其他全部海洋哺乳动物都是食肉动物（主要是食鱼动物），它们消费植食动物以及其他较高营养级的肉/鱼捕食者（图14.16）。生态系统的食物网动力学受到"下行"和"上行"过程的调控。"下行控制效应"是指顶级捕食者控制并影响较低营养级的群落结构（捕食者控制猎物的密度）；而"上行控制效应"是指决定系统中猎物"资源"可利用性的物理特性（例如，气候）驱动的食物链控制（见安莱等，2007年）。在海洋食物链中，海獭、北极熊和虎鲸都是高级捕食者，它们作为优势捕食者或关键种控制着较低营养级的物种多样性。

14.4.6.1　虎鲸的捕食

在过去数十年间，北太平洋的多种海洋哺乳动物数量锐减，有人认为，虎鲸的捕食已成为影响它们种群动力学的主要因素之一（例如，埃斯蒂斯等，1998年）。然而，人们并不清楚在这些物种数量减少之初时，虎鲸事实上捕食各物种的程度究竟如何。最新的证据表明，虎鲸可能是目前阻碍这些物种从枯竭的状态恢复的一个因素。但是经过梳理，人们事后认识到的这种非常复杂的联系因如下事实而变得更加错综复杂：虎鲸的数量正在下降，北海狮（西部种群）和海獭（特别是阿拉斯加种群）正处于危机中；而在北海狮正显示出恢复迹象的地方，虎鲸的数量却很丰富。

上文所述的虎鲸捕食假说的一个扩展理论认为，在商业捕鲸的高峰

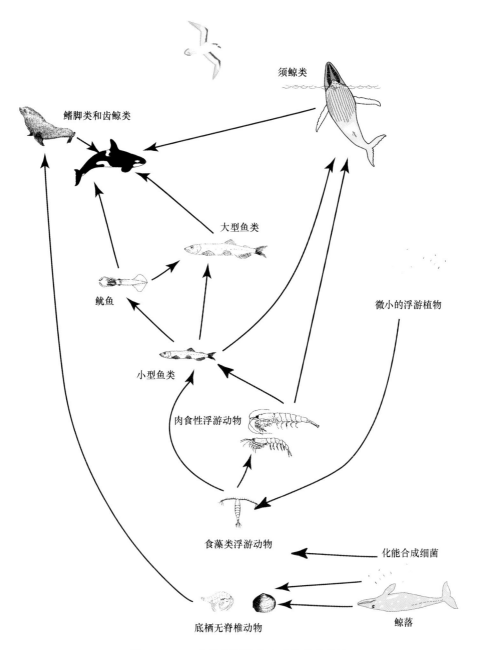

图 14.16 一个典型海洋生态系统的食物链

期之后，虎鲸失去了用以捕食的大型须鲸和抹香鲸，因为它们的这些传统猎物遭受了人类的大批捕杀。这促使虎鲸的捕食行为发生了转变，它们在20世纪70年代初转而捕食北海狮。此次转变可视为一种"下行"效应，这在生态学中是指一种顶级捕食者（本案例中为虎鲸）控制着生态系统。北海狮的种群减少和鲸目动物种群的缓慢恢复，导致虎鲸继续转向捕食其他海洋哺乳动物种群：港海豹、北海狗，最后是海獭（近年数量减少）。支持这一假说的证据包括种群崩溃的时间、虎鲸的已知食谱和观察到的觅食行为，以及它们的猎物。有人还提出了另一种"上行"情况以解释这种北太平洋的形势。"上行"效应的观点认为，对渔场的过度捕捞和生产力的下降导致一些海区的海洋哺乳动物种群崩溃，其恢复也持续乏力（见下文和图14.17）。

14.4.6.2 海洋哺乳动物的其他敌害

鳍脚类动物明显倾向于在冰上或岛屿上休息，由此限制了陆地捕食者对它们种群的影响。然而，鳍脚类动物（特别是幼仔）受到一些机会主义的陆地捕食者的威胁，包括狼、狗、狐狸、貂、鬣狗和美洲狮（见里德曼，1990年的总结）；研究者还记录到了一些鸟类对鳍脚类幼仔的捕食行为（例如，里德森和史密斯，1989年）。北极熊对北极冰栖海豹的捕食司空见惯；第12章已对此问题进行了讨论。人们观察到，大白鲨捕杀和吃掉小型齿鲸，还会摄食大型鲸目动物的尸体腐肉（朗和琼斯，1996年，和其中引用的参考文献）。根据记录，格陵兰睡鲨（卢卡斯和斯托博，2000年；鲍恩等，2003年；勒克莱尔等，2012年）和其他至少4种鲨鱼物种（虎鲨、远洋白鳍鲨、牛鲨和灰鲭鲨）会捕食鳍脚类（里德曼，1990年）。朗等（1996年）总结了鳍脚类动物身上的大白鲨咬痕记录，并在一项23年期的鲨鱼—鳍脚类捕食相互作用的研究中推断了年度、季节和地理的趋势与变化。大白鲨还捕杀加利福尼亚海獭（埃姆斯等，1996年），不过尚不清楚大白鲨是否确实会吃掉

上行假说 下行假说
对鱿鱼和鱼类进行大规模商业捕捞之前　　对大型须鲸类进行大规模商业捕猎之前

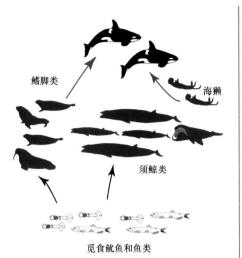
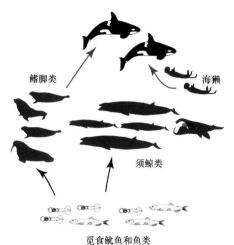

对鱿鱼和鱼类进行大规模商业捕捞之后　　对大型须鲸类进行大规模商业捕猎之后

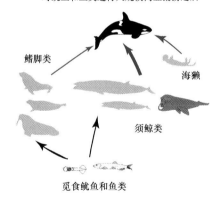
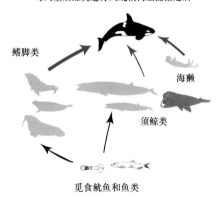

图14.17　海洋哺乳动物群落，图解上行和下行过程
箭头的粗细表示虎鲸捕食两类猎物的相对强度

它们。西鲁基等（1992年，1993年）及韦斯特莱克和吉尔马丁（1990年）描述了虎鲨和远洋白鳍鲨造成的创伤对雌性夏威夷僧海豹成功繁殖的影响。克利姆利等（1996年）记录了大白鲨对年轻北象海豹的捕

食行为（特利卡斯和麦科斯克，1984 年；安莱等，1985 年的早年描述）：在海豹进入海中的浅水区时，大白鲨沿着海底隐秘地游弋，然后发动攻击。大白鲨以强烈的反荫蔽体色模式为特征，并且当它们在海面游泳时，海豹必须难以发现它们的攻击方式。大白鲨会将流血不止的海豹拖入水下，鲨腭紧紧控制住海豹，直到它死于失血。胃内容物分析表明，大白鲨对鳍脚类或鲸类的兴趣大于海鸟或海獭等其他猎物。这种对海洋哺乳动物的选择性偏好是因为这些猎物具有大量脂类储备，可能对满足大白鲨的需求必不可少，有助于它们在较凉的水域中维持较高肌肉温度和高生长率，在这些较凉的水域中，它们对鳍脚类发动密集的攻击（安莱等，1985 年）。可严重地影响一些鳍脚类种群的其他海洋掠食动物包括：成年雄性海狮、豹形海豹（Hydrurga leptonyx）和虎鲸（见第 12 章的描述）。

14.4.6.3 鲸类和南冰洋食物网

另一个实例来自围绕着南极洲的南冰洋生态系统，显示"下行"捕食者去除的效应。在南冰洋，人们认为大型鲸类的减少导致了"磷虾过剩"（莫利和巴特沃斯，2006 年）。根据该假说，大型鲸类种群锐减后出现的"磷虾过剩"导致了其他捕食者种群的扩张，例如企鹅和小须鲸（它们不再需要与大型鲸类竞争）。其他科学家认为，该系统受到上行控制的驱动，其中环境条件控制着系统中磷虾的丰度。关于这两个观点的争论仍在继续，两方均在整理支持"下行"或"上行"解释的证据（见鲁格等，2010 年，黄等，2014 年）。

14.4.6.4 鲸落群落

如同深海热液喷口附近的动物群落，**鲸落群落**也围绕着一种主要的食物来源演化（史密斯等，2014 年）。在深海热液喷口，细菌消费从喷口中涌出的硫化物，继而为动物提供了营养物。在鲸落处也观察到了类似的食物网，那里的硫化物可能产生自鲸机体组织的细菌性腐烂。这些化能自养（嗜硫）的鲸落群落与典型的食物网不同，因为它们是基于化能合成细菌，而非光合自养生物。在鲸落处发现的化能自养物种中，大约有 10%~20% 的物种也发现于深海热液喷口群落，但在每种类型的环境中发现的大部分物种都是独特的。

14.4.6.5 鲸的碳汇和氮循环作用

一项有趣的研究发现，抹香鲸和须鲸可能通过在捕食中摄入大量的碳，影响南冰洋的温室气体。抹香鲸吞食鱿鱼后游至海面，须鲸则会吞食磷虾，这些都是鲸类摄入碳的过程，它们还会摄入深水中的铁等其他营养物。鲸在深潜捕食中会将额外的铁带到海面，促进浮游生物的生长，而这种生长能够捕集碳。我们人类通过燃烧煤和化石燃料以及驱动汽油动力车辆，产生极大量的碳，远非鲸的碳汇作用所能抵消，但是鲸的碳汇作用（特别是在鲸类种群庞大的过去）进一步证明，鲸类物种在维持海洋生态系统中具有关键作用（罗曼和麦卡锡，2010 年）。

另有研究表明，鲸通过释放排泄物增强氮循环，其作用可能与上升流相似，鲸的排泄物趋向于扩散而非沉降。在水中，这种含氮物质的释放形成了一种向上的"鲸泵"，在鲸群聚集捕食处提高了养分有效性（图 14.18）。在美国/加拿大的缅因湾（大西洋西北部）对氮通量进行了一项研究，表明在商业捕鲸之前"鲸泵"具有更大作用，那时氮循环量为大气输入量的 3 倍多（例如，威利斯，2014 年）。

14.4.6.6 种间竞争

海洋哺乳动物的不同物种之间，或许还有海洋哺乳动物和其他海洋掠食动物之间的竞争可能对海洋哺乳动物的种群产生影响，不过通常缺少关于竞争的确切证据。尽管如此，斯瓦尔巴群岛上海象的事实上灭绝可能促进了髯海豹种群在该群岛上的扩张（维斯劳斯基等，2000 年），

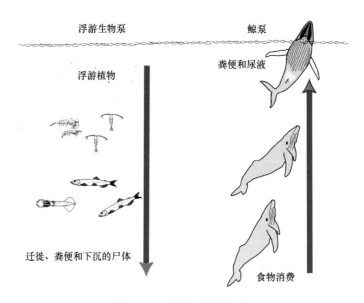

图 14.18　鲸泵的概念模型

（根据罗曼和麦卡锡（2010 年）作品修正）

注：在一个典型的浮游生物泵中，浮游动物和鱼类依靠排泄物颗粒的沉降摄食和输出营养物；鲸类可能在较浅的水层中摄食和排泄，因为它们需要浮上海面呼吸

并且灰海豹在塞布尔岛（加拿大新斯科舍省外海）的快速扩张可能是该岛上港海豹种群严重衰退的原因（鲍恩等，2003 年）；在英国，灰海豹和港海豹之间可能也发生了类似的动态变化。相似的研究报道还包括：在南极，蓝鲸和其他大型须鲸的衰退使得小须鲸和食蟹海豹的种群增长；也有相关报道表明，当前南极小须鲸的丰度对其他须鲸的恢复构成了制约（瓦德，2009 年）。种内竞争对生长率和成熟年龄具有明确的影响，这可能是通过对食物资源的竞争，对鳍脚类的许多研究反映了这一事实（例如，塞格安特，1966 年；弗雷等，2012 年）。代谢需求旺盛的海獭可能对食物可利用性以及同种个体的相对密度特别敏感（托梅茨等，2014 年）。然而，在复杂的海洋系统中，难以确切地证实竞争造成的影响。

14.5 总结和结论

许多海洋哺乳动物为广域性分布,并在水下度过大部分生命时光,因此对它们种群规模的估计颇具挑战性。对鲸目动物丰度的估计通常涉及沿着一条样线对样本的个体进行计数,然后推算整个种群。研究者常在栖息地对鳍脚类动物进行计数,然后在调查时使用校正系数计算水中的动物数量。对海豹幼仔的计数在其出生地进行,然后通过对年龄结构和繁殖率的建模,推算出种群数量。适用于长期研究个体的技术包括:鳍肢标签、照片鉴别和多种分子遗传学方法(即,对染色体、等位酶和 DNA 序列的分析)。分子遗传学技术现已广泛应用于个体识别、性别确认和亲子关系(特别是父亲身份)的鉴定,新方法还使研究者能够估计种群的规模和边界。对海洋哺乳动物的许多物种而言,遗传学工具正在成为界定资源库的同一性的重要手段,并可指导种群的养护和管理。生物遥测方法也有助于描述种群的范围、评估种群之间的重叠,以及定位繁殖区等。

海洋哺乳动物是 K 选择物种,它们基于低出生率和低死亡率的生命史模式在进化中维持相对稳定的种群规模,位于或接近所在环境的承载能力。在海洋哺乳动物中,种间的生长率差异相当大,可相差几个数量级,这并不出人意料,因为这些动物的体型、寿命和其他生命史参数有显著差异。在海洋哺乳动物种群中,自然死亡的普遍原因包括:捕食者(特别是鲨鱼和虎鲸)、寄生虫、疾病(例如,麻疹病毒、有毒的甲藻水华)和创伤。

14.6 延伸阅读与资源

哥斯达(1991 年)论述了鳍脚类动物,佩兰和莱利(1984 年)以及洛克耶(1984 年)论述了鲸目动物的生命史特征。蒙森等(2000

年）论述了海獭生命史特征和种群调节的可塑性。奥谢和哈特利（1995年）总结了海牛目动物的种群动力学。关于分子遗传学在海洋哺乳动物种群生物学问题中的应用，博伊德（1993年）和迪桑等（1997年）提供了一系列编选的文献。鲍恩和西尼夫（1999年）论述了海洋哺乳动物的分布和种群生物学，麦克拉伦和史密斯（1985年）论述了海豹的种群生态学。加尔内尔等（1999年）论述了海洋哺乳动物调查和种群评估方法，迪桑等（1997年）就海洋哺乳动物的分子遗传学进行了综述。泰勒等（2010年）评估了遗传标记及其在确定海洋哺乳动物养护相关单位中的应用。麦高恩等（2014年）从基因组的观点出发，开展了鲸目动物的分子进化研究。古尔兰德和豪尔（2005年）论述了疾病对海洋哺乳动物种群的作用。帕尔斯波尔（2009年）概述了海洋哺乳动物遗传学，包括在种群研究中的应用。瓦德（2009年）总结了海洋哺乳动物的种群动力学，而马格拉等（2013年）全面地综述了它们的种群恢复趋势。

参考文献

Aguilar, A., 1991. Calving and early mortality in the western Mediterranean striped dolphin, *Stenella coeruleoalba*. Can. J. Zool. 69, 1408–1412.

Aguilar, A., Lowry, L., 2013. IUCN SSC Pinniped Specialist Group. *Monachus monachus*. The IUCN Red List of Threatened Species. Version 2014. 2 www.iucnredlist.org.

Ainley, D.G., Henderson, R.P., Huber, H.R., Boekekheide, R.J., Allen, S.G., McElroy, T.L., 1985. Dynamics of white shark/pinniped interactions in the Gulf of the Farallones. South. Calif. Acad. Sci. Mem. 9, 109–122.

Ainley, D., Ballard, G., Ackley, S., Blight, L.K., Eastman, J.T., Emslie, S.D., Lescroel, A., Olmanstron, S., Townsend, S.E., Tynan, C.T., Wilson, P., Woehler, E., 2007. Paradigm lost, or is top-down forcing no longer significant in the Antarctic marine ecosystem? Antarctic Sci. 19, 283–290.

Alter, S.S., Rynes, E., Palumbi, S.R., 2007. DNA evidence for historic population size and past ecosystem impacts of gray whales. Proc. Natl. Acad. Sci. U.S.A. 104, 15162–15167.

Alter, S.E., Newsome, S.D., Palumbi, S.R., 2012. Pre-whaling genetic diversity and population ecology in eastern Pacific gray whales: insights from ancient DNA and stable isotopes. PLoS ONE 7, e35039.

Alves, F., Querouil, S., Dinis, A., Nicolau, C., Ribeiro, C., Freitas, L., Kaufmann, M., Fortuna, 2013. Population structure of short-finned pilot whales in the oceanic archipelago of Madeira based on photo-identification and genetic analyses: implications for conservation. Aquatic Conserv. 23, 758–776.

Amaral, A.R., Beheregaray, L.B., Bilgmann, K., Boutov, D., Freitas, L., Robertson, K.M., Sequeira, M., Stockin, K.A., M. Coelho, M., Möller, L.M., 2012. Seascape genetics of a globally distributed, highly mobile marine mammal: the short-beaked common dolphin (genus *Delphinus*). PLoS ONE 7, e31482.

Ames, J.A., Geibel, J.J., Wendell, F.E., Pattison, C.A., 1996. White shark-inflicted wounds of sea otters in California, 1968–1992. In: Klimley, A.P., Ainley, D.G. (Eds.), Great White Sharks: The Biology of *Carcharodon carcharias*. Academic Press, San Diego, CA, pp. 309–319.

Amos, B., 1993. Use of molecular probes to analyze pilot whale pod structure: two novel approaches. Symp. Zool. Soc. Lond. 66, 33–48.

Amos, B., Barrett, J., Dover, G.A., 1991. Breeding behaviour of pilot whales revealed by DNA fingerprinting. Heredity 67, 49–55.

Amos, B., Twiss, S., Pomeroy, P.P., Anderson, S., 1995. Evidence for mate fidelity in the gray seal. Science 268, 1897–1899.

Andersen, L.W., Born, E.W., Gjertz, I., Wiig, Ø., Holm, L.E., Bendixen, C., 1998. Population structure and gene flow of the Atlantic walrus (*Odobenus rosmarus rosmarus*) in the eastern Atlantic Arctic based on mitochondrial DNA and microsatellite variation. Mol. Ecol. 7, 1323–1336.

Andrews, K.R., Perrin, W.F., Oremus, M., Karczmarski, L., Bowen, B.W., Puritz, J.B., Tonnen, R.J., 2013. The evolving male: spinner dolphins (*Stenella longirostris*) ecotypes are divergent at Y chromosome but not mtDNA or autosomal markers. Mol. Ecol. 22, 2408–2423.

Apprill, A., Robbins, J., Murat Eren, A., Pack, A. A., Reveillaud, J., Mattila, D., Moore, M., Niemeyer, M., Moore, K. T. M., Mincer, T. J., 2014. Humpback whale populations share a core skin bacterial community: towards a health index for marine mammals? PLoS ONE 9, e90785.

Archer, F. I., Morin, P. A., Hancock-Hauser, B. L., Robertson, K. M., Leslie, M. S., Bérubé, M., Panigada, S., Taylor, B. L., 2013. Mitogenomic phylogenetics of fin whales (*Balaenoptera physalus* spp.): genetic evidence for revision of subspecies. PLoS ONE 8, e63396.

Arnason, U., Spilliaert, R., Palsdottir, A., Arnason, A., 1991. Molecular identification of hybrids between the two largest whale species, the blue whale (*Balaenoptera musculus*) and the fin whale (*B. physalus*). Hereditas 115, 183-189.

Atkinson, S., 1997. Reproductive biology of seals. Rev. Reprod. 2, 175-194.

Aurioles, D., Trillmich, F., 2008. IUCN SSC Pinniped Specialist Group. *Arctocephalus townsendi*. The IUCN Red List of Threatened Species. Version 2014. 2 www.iucnredlist.org.

Avise, J. C., 1994. Molecular Markers, Natural History, and Evolution. Chapman & Hall, New York.

Baird, R. W., Willis, P. M., Guenther, T. J., Wilson, P. J., White, B. N., 1998. An inter-generic hybrid in the family Phocoenidae. Can. J. Zool. 76, 198-204.

Baird, R. W., McSweeney, D. J., Ligon, A. D., Webster, D. L., 2004. Tagging feasibility and diving of Cuvier's beaked whales (*Ziphius cavirostris*) and Blainville's beaked whales (*Mesoplodon densirostris*) in Hawaii. Report prepared under Order No. AB133F-03-SE-0986 to the Hawaii Wildlife Fund. Volcano, HI; National Marine Fisheries Service, US.

Baker, C. S., Palumbi, S. R., Lambertsen, R. H., Weinrich, M. T., Calambokidis, J., O'Brien, S., 1990. Influence of seasonal migration on geographic distribution of mitochondrial DNA haplotypes in humpback whales. Nature 344, 238-240.

Baker, C. S., Perry, A., Bannister, J. L., Weinrich, M. T., Abernathy, R. B., Calambokidis, J., Lien, J., Lambertsen, R. H., Urban Ramirez, J., Vasquez, O., Clapham, P. J., Ailing, A., O'Brien, S. J., Palumbi, R. S., 1993. Abundant mitochondrial DNA variation and world-wide population structure in humpback whales. Proc. Natl. Acad. Sci. U.S.A. 90, 8239-8243.

Baker, C. S., Slade, R. W., Banister, J. L., Abernathy, R. B., Weinrich, M. T., Lien, J., Urban Ramirez, J., Corkeron, P., Calambokidis, J., Vasquex, O., Palumbi, S. R., 1994. Hierarchical structure of mitochondrial DNA gene flow among humpback whales *Megaptera novaeangliae*, worldwide. Mol. Ecol. 3, 313-327.

Baker, C. S., Medrano-Gonzalez, L., 2002. Worldwide distribution and diversity of humpback whale mitochondrial lineages. In: Pfeiffer, C. J. (Ed.), Molecular and Cell Biology of Marine Mammals. Krieger Publishing, Melbourne, FL, pp. 84-99.

Baker, C.S., Steel, D., Calambokidis, J., Falcone, E., Gonzalez-Peral, U., Barlow, J., Burdin, A. M., Clapham, P.J., Ford, J.K.B., Gabriele, C.M., Mattila, D., Rojas-Bracho, L., Straley, J. M., Taylor, B. L., Urban, J., Wade, P. R., Weller, D., Witteveen, B. H., Yamaguchi, M., 2013. Strong maternal fidelity and natal philopatry shape genetic structures in North Pacific humpback whales. Mar. Ecol. Prog. Ser. 494, 291-306.

Banguera-Hinestroza, E., Evans, P.G.H., Mirimin, L., Reid, R.J., Mikkelsen, B., Couperus, A. S., Deaville, R., Rogan, E., Hoelzel, A.R., 2014. Phylogeography and population dynamics of the white-sided dolphin (*Lagenorhynchus acutus*) in the North Atlantic. Conserv. Genetics 15, 789-802.

Bargu, S., Powell, C.L., Coale, S.L., Busman, M., Doucette, G.J., Silver, M.W., 2002. Krill: a potential vector for domoic acid in marine food webs. Mar. Ecol. Prog. Ser. 237, 209-216.

Barlow, J., Boveng, P., 1991. Modeling age-specific mortality for marine mammal populations. Mar. Mamm. Sci. 7, 50-65.

Bengtson, J.L., 2009. Crabeater seal (*Lobodon carcinophaga*). In: Perrin, W.F., Würsig, B., Thewissen, J.G.M. (Eds.), Encyclopedia of Marine Mammals. Academic Press, San Diego, CA, pp. 290-292.

Benoit-Bird, K.J., Battaile, B.C., Heppell, S.A., Hoover, B., Irons, D., Jones, N., Kuletz, K.J., Nordstrom, C.A., Paredes, R., Suryan, R.M., 2013. Prey patch patterns predict habitat use by top marine predators with diverse foraging strategies. PLoS ONE 8, e53348.

Berube, M., Aguilar, A., 1998. A new hybrid between a blue whale, *Balaenoptera musculus* and a fin whale, *B. physalus*: frequency and implications of hybridization. Mar. Mamm. Sci. 14, 82-98.

Bickham, J.W., Patton, J.C., Loughlin, T.R., 1996. High variability for control-region sequences in a marine mammal: implications for conservation and biogeography of Steller sea lions. J. Mammal. 77, 95-108.

Bigg, M.A., 1981. Harbour seal—*Phoca vitulina* and *P. largha*. In: Ridgway, S.H., Harrison, R.J. (Eds.) Handbook of Marine Mammals, vol. 2, pp. 1-27 Seals, Academic Press, London.

Bigg, M. A., Olesiuk, P. F., Ellis, G. M., Ford, J. K. B., Balcomb III, K. C., 1990. Social organization and genealogy of resident killer whales (*Orcinus orca*) in the coastal waters of British Columbia and Washington State. Rep. Int. Whal. Comm. Spec. Issue 12, 383-405.

Biuw, M., Nøst, Ø. A., Stien, A., Zhou, Q., Lydersen, C., Kovacs, K. M., 2010. Effects of hydrographic variability on the spatial, seasonal and diel diving patterns of southern elephant seals in the eastern Weddell Sea. PLoS ONE 5, e13816.

Bjørge, A., 1992. The reproductive biology of the harbor seal, *Phoca vitulina* L., in Norwegian waters. Sarsia 77, 47-51.

Block, B.A., Jonsen, I.D., Jorgensen, S.J., Winship, A.J., Shaffer, S.A., Bograd, S.J., Hazen, E. L., Foley, D.G., Breed, G.A., Harrison, A.L., Ganong, J.E., Swithenbank, A., Castleton, M., Dewar, H., Mate, B.R., Shillinger, G.L., Schaefer, K.M., Benson, S.R., Weise, M.J., Henry, R.W., Costa, D.P., 2011. Tracking apex marine predator movements in a dynamic ocean. Nature 475, 86-90.

Blokhin, S.A., Tiupeleyev, P.A., 1987. Morphological study of the earplugs of gray whales and the possibility of their use in age determination. Rep. Int. Whal. Comm. 37, 341-345.

Boesch, D.F., Anderson, D. M., Homer, R. A., Shumway, S. E., Tester, P. A., Whitledge, T. E., 1997. Harmful algal blooms in coastal waters: options for prevention, control, and mitigation. NOAA Coast. Ocean. Program Decis. Anal. Ser. No. 10.

Boness, D.J., Bowen, W.D., Francis, J.M., 1993. Implications of DNA fingerprinting for mating systems and reproductive strategies of pinnipeds. Symp. Zool. Soc. Lond. 66, 61-93.

Bonnell, M. L., Selander, R. K., 1974. Elephant seals: genetic variation and near extinction. Science 184, 908-909.

Bonner, W.N., 1971. An aged gray seal (*Halichoerus grypus*). J. Zool. 164, 261-262.

Bonin, C.A., Goebel, M.E., Forcada, J., Burton, R.S., Hoffman, J.I., 2013. Unexpected genetic differentiation between recently recolonized populations of a long-lived and highly vagile marine mammal. Ecol. Evol. 3, 3701-3712.

Boskovic, R., Kovacs, K. M., Hammill, M. O., White, B. N., 1996. Geographic distribution of mitochondrial DNA haplotypes in grey seals (*Halichoerus grypus*). Can. J. Zool. 74, 1787-1796.

Bowen, W. D., 1991. Behavioural ecology of pinniped neonates. In: Renouf, D. (Ed.), The Behaviour of Pinnipeds. Chapman & Hall, London, UK, pp. 66-127.

Bowen, W. D., Sergeant, D. E., 1983. Mark-recapture estimates of harp seal pup (*Phoca groenlandica*) production in the Northwest Atlantic. Can. J. Fish. Aquat. Sci. 40, 728-742.

Bowen, W. D., Oftedal, O. T., Boness, D. J., 1985. Birth to weaning in four days: remarkable growth in the hooded seal, *Cystophora cristata*. Can. J. Zool. 63, 2841-2846.

Bowen, W. D., Siniff, D. B., 1999. Distribution, population biology, and feeding ecology of marine mammals. In: Reynolds III, J. E., Rommel, S. A. (Eds.), Biology of Marine Mammals. Smithsonian Institute Press, Washington, DC, pp. 423-484.

Bowen, W. D., Ellis, S. L., Iverson, S. J., Boness, D. J., 2003. Maternal and newborn life-history traits during periods of contrasting population trends: implications for explaining the decline of harbour seals (*Phoca vitulina*), on Sable Island. J. Zool. 261, 155-163.

Boyd, I. L. (Ed.), 1993. Marine Mammals: Advances in Behavioural and Population Biology. Symp. Zool. Soc. London, vol. 66. Clarendon Press, Oxford, UK.

Boyd, J. M., Campbell, R. N., 1971. The grey seal (*Halichoerus grypus*) at North Rona, 1959 to 1968. J. Zool. 164, 469-512.

Brody, S., 1968. Bioenergetics and Growth. Hafner, New York.

Brownell, R. L., Ralls, K., Perrin, W. F., 1989. The plight of the forgotten whales. Oceanus 32, 5-11.

Brown-Gladden, J. G., Ferguson, M. M., Clayton, J. W., 1997. Matriarchial genetic population structure of North American beluga whales *Delphinapterus leucas* (Cetacea: Monodontidae). Mol. Ecol. 6, 1033-1046.

Brunner, S., 1998. Cranial morphometrics of the southern fur seals *Arctocephalus forsteri* and *A. pusillus* (Carnivora: Otariidae). Aust. J. Zool. 46, 67-108.

Brunner, S., 2002. A probable hybrid sea lion—*Zalophus californianus* X *Otaria byronia*. J. Mammal. 83, 135-144.

Buckland, S. T., Anderson, D. R., Burnham, K. P., Laake, J. L., 1993. Distance Sampling:

Estimating Abundance of Biological Populations. Chapman & Hall, London.

Buckland, S.T., Breiwick, J.M., Cattanach, K.L., Laake, J.L., 1993. Estimated population-size of the California grey whale. Mar. Mamm. Sci. 9, 235-249.

Buckland, S. T., York, A. E., 2002. Abundance estimation. In: Perrin, W. F., Würsig, B., Thewissen, J. G. M. (Eds.), Encyclopedia of Marine Mammals. Academic Press, San Diego, CA, pp. 1-6.

Burgess, E.A., Lanyon, J.M., Keeley, T., 2012. Testosterone and tusks: maturation and seasonal reproductive patterns of live, free-ranging male dugongs (*Dugong dugon*) in a subtropical population. Reprod. 143, 683-697.

Burgess, E.A., Blanshard, W.H., Barnes, A.A., Gilchrist, S., Keeley, T., Chua, J., Lanyon, J.M., 2013. Reproductive hormone monitoring of dugongs in captivity: detecting the onset of sexual maturity in a cryptic marine mammal. Anim. Reprod. Sci. 140, 255-267.

Burke, T., Hanotte, O., Van Piljen, I., 1996. Minisatellite analysis in conservation genetics. In: Smith, T.B., Wayne, R.K. (Eds.), Molecular Genetic Approaches in Conservation. Oxford University Press, Oxford, pp. 251-277.

Burns, J.M., Castellini, M.A., 1998. Dive data from satellite tags and time-depth recorders: A comparison in Weddell seal pups. Mar. Mamm. Sci. 14, 750-764.

Campagna, C., Le Boeuf, B.J., Lewis, M., Bisoli, C., 1992. The Fisherian seal: equal investment in male and female pups in southern elephant seals. J. Zool. 226, 551-561.

Campagna, L., de Grott, P. J. V., Saunders, B. L., Atkinson, S. N., Weber, D. S., Dyck, M. G., Boag, P.T., Lougheed, S.C., 2013. Extensive sampling of polar bears (*Ursus maritimus*) in the Northwest Passge (Canadian Arctic Archipelago) reveals population differentiation across multiple spatial and temporal scales. Ecol. Evol. 3, 3152-3165.

Carrick, R., Csordas, S.E., Ingham, S.E., 1962. Studies on the southern elephant seal, *Mirounga leonina* (L.) IV. Breeding and development. CSIRO Wildl. Res. 7, 61-197.

Caughley, G., 1966. Mortality patterns in mammals. Ecology 47, 906-918.

Chapmann, D. G., Johnson, A. M., 1968. Estimation of fur seal populations by randomized sampling. Trans. Am. Fish. Soc. 97, 264-270.

Clapham, P. J., Brownell, R. L. J., 1996. The potential for interspecfic competition in baleen whales. Rep. Int. Whal. Comm. 46, 361-367.

Clapham, P.J., Palsbøll, P.J., 1997. Molecular analysis of paternity shows promiscuous mating in female humpback whales (*Megaptera novaeangliae*, Borowski). Proc. R. Soc. B 264, 95–98.

Clinton, W.L., 1994. Sexual selection and growth in male northern elephant seals. In: Le Boeuf, B.J., Laws, R.M. (Eds.), Elephant Seals. University of California Press, Berkeley, CA, pp. 154–168.

Clinton, W.L., Le Boeuf, B.J., 1993. Sexual selection's effects on male life history and the pattern of male mortality. Ecology 74, 1884–1892.

Costa, D.P., 1991. Reproductive and foraging energetics of pinnipeds: implications for life history patterns. In: Renouf, D. (Ed.), The Behavior of Pinnipeds. Chapman & Hall, London, pp. 299–344.

Costa, D.P., Klinck, J., Hofman, E., Burns, J.M., Fedak, M.A., Crocker, D.E., 2003. Marine mammals as ocean sensors. Integr. Comp. Biol. 43 920–920.

Costa-Urrutia, P., Abud, C., Secchi, R.R., Lessa, E.P., 2012. Population genetic structure and social kin associations of Franciscana dolphin *Pontoporia blainvillei*. J. Hered. 103, 92–102.

Cowan, D.F., 2002. Pathology. In: Perrin, W.F., Würsig, B., Thewissen, J.G.M. (Eds.), Encyclopedia of Marine Mammals. Academic Press, San Diego, CA, pp. 883–890.

Cronin, M.A., Amstrup, S.C., Garner, G., Vyse, E.R., 1991. Intra-and interspecific mitochondrial DNA variation in North American bears (*Ursus*). Can. J. Zool. 69, 2985–2992.

Cronin, M.A., Hills, S., Born, E.W., Patton, J.C., 1994. Mitochondrial DNA variation in Atlantic and Pacific walruses. Can. J. Zool. 72, 1035–1043.

Cronin, M.A., Bodkin, J., Ballachey, B., Estes, J., Patton, J.C., 1996. Mitochondrial variation among subspecies and populations of sea otters (*Enhydra lutris*). J. Mammal. 77, 546–557.

Dalbin, W., Cossais, F., Pierce, G.J., Ridoux, V., 2008. Do ovarian scars persist with age in all cetaceans: new insight from the short-beaked common dolphin (*Delphinus delphis* Linnaeus, 1758). Mar. Biol. 156, 127–139.

Davis, R.W., Fuiman, L.A., Williams, T.M., Horning, M.W., Hagey, M., 2003. Classification of

Weddell seal dives based on 3-dimensional movements and video-recorded observations. Mar. Ecol. Prog. Ser. 264,109-122.

DeLong,R.L.,Stewart,B.S.,1991. Diving patterns of northern elephant seal bulls. Mar. Mamm. Sci. 7,369-384.

Derocher,A.E.,Stirling,I.,1994. Age-specific reproductive performance of female polar bears (*Ursus maritimus*). J. Zool. 234,527-536.

Deutsch,C.J.,Self-Sullivan,C.,Mignucci-Giannoni,A.,2008. *Trichechus manatus*. The IUCN Red List of Threatened Species. Version 2014. 2. www.iucnredlist.org.

Dizon, A. E., Southern, S. O., Perrin, W. F., 1991. Molecular analysis of mtDNA types in exploited populations of spinner dolphins (*Stenella longirostris*). Rep. Int. Whal. Comm. Spec. Issue 13,183-202.

Spec. Publ. No. 3,Society for Marine Mammalogy. In: Dizon,A.E.,Chivers,S.J.,Perrin,W.F. (Eds.),1997. Molecular Genetics of Marine Mammals. Allen Press,Lawrence,KS.

Domingo,M.,Kennedy,S.,Van Bressem,M.F.,2001. Marine mammal mass mortalities. In: Evans,P.G.H.,Raga,J.A. (Eds.),Marine Mammals: Biology and Conservation. Kluwer Publishing,New York,pp. 425-456.

Doroff,A.,Burdin,A.,2013. *Enhydra lutris*. The IUCN Red List of Threatened Species. Version 2014. 2. www.iucnredlist.org.

Dover,G.A.,1991. Understanding whales with molecular probes. Rep. Int. Whal. Comm. Spec. Issue 13,29-38.

Dowling,T.E.,Brown,W.M.,1993. Population structure of the bottlenose dolphin as determined by restriction endonuclease analysis of mitochondrial DNA. Mar. Mamm. Sci. 9,138-155.

Duffield,D.A.,Chamberlin-Lea,J.,1990. Use of chromosome heteromorphisms and hemoglobins in studies of bottlenose dolphin populations and paternities. In: Leatherwood,S.,Reeves,R.R. (Eds.),Bottlenose Dolphin. Academic Press,San Diego,CA,pp. 609-622.

Duffield, D. A., Wells, R., 1991. The combined application of chromosome, protein, and molecular data for the investigation of social units structure and dynamics in *Tursiops truncatus*. Rep. Int. Whal. Comm. Spec. Issue 13,155-170.

Duignan,P.J.,Geraci,J.R.,Raga,J.A.,Calzada,N.,1992. Pathology of morbillivirus infection in striped dolphins (*Stenella coeruleoalba*) from Valencia and Murcia. Spain. Can. J. Vet.

Res. 56,242-248.

Duignan, P.J., House, C., Walsh, M.T., Campbell, T., Bossart, G.D., Duffy, N., Fernandes, P.J., Rima, B.K., Wright, S., Geraci, J.R., 1995. Morbillivirus infection in manatees. Mar. Mamm. Sci. 11,441-451.

Duignan, P.J., House, C., Geraci, J.R., Duffy, N., Rima, B.K., Walsh, M.T., Early, G., St. Aubin, D.J., Sadove, S., Koopman, H., Rhinehart, H., 1995. Morbillivirus infection in cetaceans of the Western Atlantic. Vet. Microbiol. 44,241-249.

Edwards, R.A., Haggerty, J.M., Cassman, N., Busch, J.C., Aguinaldo, K., Chinta, S., Houle Vaughn, M., Morey, R., Harkins, T.T., Teiling, C., Fredrikson, K., Dinsdale, E.A., 2013. Microbes, metagenomes and marine mammals: enabling the next generation of scientist to enter the genomic era. BMC Genomics 14,600.

Estes, J.A., Doak, D.F., Springer, A.M., Williams, T.M., 2009. Causes and consequences of marine mammal population declines in southwest Alaska: a food-web perspective. Phil. Trans. R. Soc. B. 364,1647-1658.

Estes, J.A., Tinker, M.T., Williams, T.M., Doak, D.F., 1998. Killer whale predation on sea otters linking coastal with oceanic ecosystems. Science 282,473-476.

Foote, A.D., Newton, J., Pierney, S.B., Willerslev, E., Gilbert, M.T.P., 2009. Ecological, morphological and genetic divergence of sympatric North Atlantic killer whale population. Mol. Ecol. 18,5207-5217.

Foote, A.D., Similä, T., Víkingsson, G.A., Stevick, P.T., 2010. Movement, site fidelity and connectivity in a top marine predator, the killer whale. Evol. Ecol. 24,803-814.

Foote, A.D., Vilstrup, J.T., De Stephanis, R., Verborgh, P., Abel Nielsen, S.C., Deaville, R., Kleivane, L., Martin, V., Miller, P.J., Oien, N., Pérez-Gil, M., Rasmussen, M., Reid, R.J., Robertson, K.M., Rogan, E., Similä, T., Tejedor, M.L., Vester, H., Vikingsson, G.A., Willerslev, E., Gilbert, M.T., Piertney, S.B., 2011. Genetic differentiation among North Atlantic killer whale populations. Mol. Ecol. 20,629-641.

Ford, J.K.B., Ellis, G.M., Balcomb, K.C., 1994. Killer Whales: The Natural History and Genealogy of *Orcinus orca* in British Columbia and Washington State. University of Washington Press, Seattle, WA.

Ford, J.K.B., Ellis, G.M., Olesiuk, P.F., 2005. Linking prey and population dynamics: did food limitation cause recent declines on "resident" killer whales (*Orcinus orca*) in British Columbia? Can. Sci. Advis. Sec. Res. Doc. 2005/042.

Frasier,T.R., Gillett, R.M., Hamilton, P.K., Brown, M.W., Kraus, S.D., White, B.N., 2013. Postcopulatory selection for dissimilar gametes maintains heterozygosity in the endangered North Atlantic right whale. Ecol. Evol. 3,3483-3494.

Frie, A.K., Stenson, G.B., Haug, T., 2012. Long-term trends in reproductive and demographic parameters in female Northwest Atlantic hooded seals (*Cystophora cristata*) population responses to ecosystem change? Can. J. Zool. 90,376-392.

Gales, N., Duignan, P., Childerhouse, S., Gibbs, N., 1999. New Zealand sea lion mass mortality event, January/February 1998: (Ⅰ). Descr. Epidemiol. Soc. Mar. Mammal. 13th Bienn. Conf. Wailea, Maui, Hawaii November 29 - December 3,1999. Abstracts, p. 63.

Gales, N., Bowen, W.D., Johnston, D., Kovacs, K.M., Littman, C., Perrin, W., Reynolds, J., Thompson, P.M., 2009. Guidelines for the treatment of marine mammals in research. Mar. Mamm. Sci. 25,725-736.

Gales, N.,; IUCN SSC Pinniped Specialist Group., 2008. *Phocarctos hookeri*. The IUCN Red List of Threatened Species. Version 2014. 2. www.iucnredlist.org.

Gambell, R., 1979. The blue whale. Biologist 26,209-215.

Garcia-Rodriguez, A.I., Bowen, B.W., Domning, D., Mignucci-Giannoni, A.A., Marmontel, M., Montoya-Ospina, R.A., Morales-Vela, B., Rudin, M., Bonde, R.K., McGuire, P.M., 1998. Phylogeography of the West Indian manatee (*Trichechus manatus*): how many populations and how many taxa? Mol. Ecol. 7,1137-1149.

Garde, E., Heide-Jørgensen, M.P., Hansen, S.H., Nachman, G., Forchhammer, M.C., 2007. Age specific growth and remarkable longevity in narwhals (*Monodon monoceros*) from West Greenland as estimated by aspartic acid racemization. J. Mammal. 88,49-58.

Garde, E., Heide-Jørgensen, M.P., Ditlevsen, S., Hansen, S.H., 2012. Aspartic acid racemization rate in narwhal (*Monodon monoceros*) eye lens nuclei estimated by counting of growth layers in tusks. Polar Res. 31.

Garner, G.W., Amstrup, S.C., Laake, J.L., Manly, B.F.J., McDonald, L.L., Robertson, D.G. (Eds.), 1999. Marine Mammal Survey and Assessment Methods. A. A. Balkema, Rotterdam, The Netherlands.

Gelatt, T.S., Davis, C.S., Stirling, I., Siniff, D.B., Strobeck, C., Delisle, I., 2010. History and fate of small isolated populations of Weddell seals at White Island, Antarctica. Conserv. Genet. 11, 721-735.

Gentry, R. L., Casanas, V. R., 1997. A new method for immobilizing otariid neonates. Mar. Mamm. Sci. 13, 155-156.

George, J.C., Bada, J., Zeh, J., Scott, L., Brown, S.E., O'Hara, T., Suydam, R., 1999. Age and growth estimates of bowhead whales *Balaena mysticetus* via aspartic acid racemization. Can. J. Zool. 77, 571-580.

Geraci, J. R., Harwood, J., Lounsbury, V. J., 1999. Marine mammal die-offs: causes, investigations and issues. In: Twiss Jr., J. R., Reeves, R. R. (Eds.), Conservation and Management of Marine Mammals. Smithsonian Institute Press, Washington, DC, pp. 367-395.

Gerber, L. R., Estes, J., Crawford, T. G., Peavvey, L. E., Read, A. J., 2011. Managing for extinction? Conflicting conservation objectives in a large marine reserve. Conserv. Lett. 4, 417-422.

Goldsworthy, S.D., Boness, D.J., Fleisher, R.C., 1999. Mate choice among sympatric fur seals: female preference for conphenotypic males. Behav. Ecol. Sociobiol. 45, 253-267.

Goldsworthy, S.D., McKenzie, J., Page, B., Lancaster, M.L., Shaughnessy, P.D., Wynen, L.P., Robinson, S. A., Peters, K. J., Baylis, A. M. M., McIntosh, R. R., 2009. Fur seals att Macquaarie island: post-sealing colonisation, trends in abundance and hybridization of three species. Polar Biol. 32, 1473-1486.

Gowans, S., Whitehead, H., 2001. Photographic identification of northern bottlenose whales (*Hyperoodon ampullatus*): sources of heterogeneity from natural marks. Mar. Mamm. Sci. 17, 76-93.

Grandi, M.F., de Oliveira, L.R., Crespo, E.A., 2012. A hunter populaton in recovery: effective population size for South American sea lions from Patagonia. Anim. Biol. 62, 433-450.

Grenfell, B. T., Lonergan, M. E., Harwood, J., 1992. Quantitative investigations of the epidemiology of phocine distemper virus (PDV) in European common seal populations. Sci. Total Environ. 115, 15-29.

Gulland, F. M. D., Trupkiewicz, J. G., Spraker, T. R., Lowenstine, L. J., 1996. Metastatic carcinoma of probable transitional cell origin in 66 free-living California sea lions (*Zalophus californianus*) 1979 to 1994. J. Wildl. Dis. 32,250-258.

Gulland, F. M. D., Hall, A. J., 2005. The role of infectious disease in influencing status and trends. In: Reynolds, J. E., Perron, W. F., Reeves, R. R., Mongomery, S., Ragen, T. J. (Eds.), Marine Mammal Research: Conservation beyond Crisis. The Johns Hopins University Press, Baltimore, MA, pp. 47-61.

Gulland, F.M.D., Hall, A.J., 2007. Is marine mammal health deterioration? Trends in the global reporting of marine mammal disease. EcoHealth 4,135-150.

Hall, A.J., 1995. Morbilliviruses in marine mammals. Trends Microbiol. 7,4-9.

Hall, A.J., Moss, S., McConnell, B., 2000. A new tag for identifying seals. Mar. Mamm. Sci. 16, 254-257.

Hall, A.J., Jepson, P.D., Goodman, S.J., Härkonen, T., 2006. Phocine distemper virus in the North and European Seas-data and models, nature and nurture. Biol. Conserv. 131, 221-229.

Halley, J., Hoelzel, A.R., 1996. Simulation models of bottleneck events in natural populations. In: Wayne, T.B., Wayne, R.K. (Eds.), Molecular Genetic Approaches in Conservation. Oxford University Press, Oxford, UK, pp. 347-364.

Hammond, P.S., Berggren, P., Benke, H., Borchers, D.L., Collet, A., Heide-Jorgensen, M.P., Heimlich, S., Hiby, A.R., Leopold, M.F., Øien, N., 2002. Abundance of harbour porpoise and other cetaceans in the North Sea and adjacent waters. J. Appl. Ecol. 39,361-376.

Hancock-Hanser, B.L., Frey, A., Leslie, M.S., Dutton, P.H., Archer, F.I., Morin, P.A., 2013. Targeted multiplex next-generation sequencing advances in techniques of mitochondrial and nuclear DNA sequencing for population genomics. Mol. Ecol. Res. 13,254-268.

Harcourt, R., 1992. Factors affecting early mortality in the South American fur seal (*Arctocephalus australis*) in Peru: density-related effects and predation. J. Zool. Lond. 226,259-270.

Harding, K.C., Härkönen, T., Caswell, H., 2002. The 2002 European seal plague: epidemiology and population consequences. Ecol. Lett. 5,727-732.

Harris, A.S., Young, J.S.F., Wright, J.M., 1991. DNA fingerprinting of harbour seals (*Phoca vitulina concolor*): male mating behavior may not be a reliable indicator of reproductive success. Can. J. Zool. 69,1862-1866.

Harvey, J.T., Mate, B.R., 1984. Dive characteristics and movements of radio-tagged gray whales in San Ignacio. Baja California Sur, Mexico. In: Jones, M.L., Leatherwood, S., Swartz, S.L. (Eds.), The Gray Whale, *Eschrichtius robustus* (Lilljeborg, 1861). Academic Press, New York, US, pp. 577-589.

Harwood, J., 2002. Mass die-offs. In: Perrin, W.F., Würsig, B., Thewissen, J.G.M. (Eds.), Encyclopedia of Marine Mammals. Academic Press, San Diego, CA, pp. 724-726.

Harwood, J., Grenfell, B., 1990. Long term risks of recurrent seal plagues. Mar. Pollut. Bull. 21,284-287.

Heide-Jørgensen, M.P., Richard, P.D., Dietz, R., Laidre, K.L., 2013. A metapopulation model for Canadian and West Greenland narwhals. Anim. Conserv. 16,331-343.

Hillis, D.M., Moritz, C., Mable, B.K., 1996. Molecular Systematics, second ed. Sinauer Associates, Sunderland, MA, US.

Hillman, G.R., Wursig, B., Gailey, G.A., Kehtarnavaz, N., Drobyshevsky, A., Araabi, B.N., Tagare, H.D., Weller, D.W., 2003. Computer-assisted photo-identification of individual marine vertebrates: a multi-species system. Aquat. Mamm. 29,117-123.

Hiruki, L.M., Stirling, I., Gilmartin, W.G., Johanos, T.C., Becker, B.L., 1992. Significance of wounding to female reproductive success in Hawaiian monk seals (*Monachus schauinslandi*) at Laysan Island. Can. J. Zool. 71,469-474.

Hiruki, L.M., Gilmartin, W.G., Becker, B.L., Stirling, I., 1993. Wounding in Hawaiian monk seals (*Monachus schauinslandi*). Can. J. Zool. 71,458-468.

Hoelzel, A.R., 1993. Genetic ecology of marine mammals. Symp. Zool. Soc. Lond. 66,15-29.

Hoelzel, A.R., 1994. Genetics and ecology of whales and dolphins. Annu. Rev. Ecol. Syst. 25, 377-399.

Hoelzel, A.R., Dover, G.A., 1991. Mitochondrial d-loop DNA variation within and between populations of the minke whale (*Balaenoptera acutorostrata*). Rep. Int. Whal. Comm. Spec. Issue 13,171-183.

Hoelzel, A.R., Dover, G.A., 1991. Genetic differentiation between sympatric killer whale populations. Heredity 66,191-195.

Hoelzel, A.R., Halley, J., Campagna, C., Arnbom, T., Le Boeuf, B., O'Brien, S.J., Ralls, K.,

Dover, G. A., 1993. Elephant seal genetic variation and the use of simulation models to investigate historical population bottlenecks. J. Hered. 84,443-449.

Hoelzel, A. R., Potter, C. W., Best, P., 1998. Genetic differentiation between parapatric 'nearshore' and 'offshore' populations of the bottlenose dolphin. Proc. R. Soc. B 265,1-7.

Hoelzel, A. R., Goldsworthy, S. D., Fleisher, R. C., 2002. Population genetic structure. In: Hoelzel, A. R. (Ed.), Marine Mammal Biology: An Evolutionary Approach. Blackwell Publishing, Oxford, UK, pp. 325-352.

Hoelzel, A. R., Natoli, A., Dalheim, M. E., Olavarria, C., Baird, R. W., Black, N. A., 2002. Low worldwide genetic diversity in the killer whale (*Orcinus orca*): implications for demographic history. Proc. R. Soc. B 269,1467-1473.

Hoffman, J. I., Dasmahapatra, K. K., Ams, W., Phillips, C. D., Gelatt, T. S., Bickham, J. W., 2009. Contrasting patterns of genetic diversity at three different genetic markers in a marine mammal metapopulation. Mol. Ecol. 18,2961-2978.

Hoffman, J. I., Forcada, J., 2012. Extreme natal philopatry in female Antarctic fur seals (*Arctocephalus gazella*). Mammal. Biol. 77,71-73.

Hoffman, J. I., Thorne, M. A. S., Trathan, P. N., Forcada, J., 2013. Transcriptome of the dead: characterisation of immune genes and marker development from necropsy samples in a free-ranging marine mammal. BMC Genomics 14,52.

Hofmeyr, G., 2014. *Arctocephalus gazella*. The IUCN Red List of Threatened Species. Version 2014. 2. www.iucnredlist.org.

Hooker, S. K., Boyd, I. L., Jessopp, M., Cox, O., Blackwell, J., Boveng, P. L., Bengtson, J. L., 2002. Monitoring the prey-field of marine predators: Combining digital imaging with data-logging tags. Mar. Mamm. Sci. 1,680-697.

Hooker, S. K., Boyd, I. L., 2003. Salinity sensors on seals: use of marine predators to carry CTD data loggers. Deep-Sea Res. Part-Oceanogr. Res. Pap. 50,927-939.

Horning, M., Millish, J. A. E., 2012. Predation of an upper trophic marine predator, the Steller sea lion: evaluating high juvenile mortality in a density dependent conceptual framework. PLoS ONE 7,e30173.

Howard, E. B., Britt, J. O., Matsumoto, G. K., Itahara, R., Nagano, C., 1983. Bacterial diseases. In: Howard, E. B. (Ed.), Pathobiology of Marine Mammals. CRC Press, Boca Raton, FL, pp. 69-118.

Huang, T., sun, L. G., Wang, Y. H., Emslie, S. D., 2014. Paleodietary changes by penguins and seals in association with Antarctic climate and sea ice extent. Chinese Sci. Bull 59, 4456-4464.

Huber, H. R., Rovetta, A. C., Fry, L. A., Johnston, S., 1991. Age-specific natality of northern elephant seals at the South Farallon Islands, California. J. Mammal. 72, 525-534.

Hunter, M. E., Mignucci-Giannomi, A. A., Tucker, K. P., King, T. L., Bonde, R. K., Gray, B. A., McGuire, P. M., 2012. Puerto Rico and Florida manatees represent genetically distinct groups. Conserv. Genet. 13, 1623-1635.

Jackson, J. A., Patenaude, N. J., Carroll, E. L., Baker, C. S., 2008. How few whales were there after whaling? Inference from contemporary mtDNA diversity. Mol. Ecol. 17, 236-251.

Jameson, R. J., 1989. Movements, home range, and territories of male sea otters off central California. Mar Mamm. Sci. 5, 159-172.

Jameson, R. J., Johnson, A. M., 1993. Reproductive characteristics of female sea otters. Mar. Mamm. Sci. 9, 156-167.

Johnson, D. S., Ream, R. R., Towell, R. G., Williams, M. T., Guerrero, J. D. L., 2013. Bayesian clustering of animal abundance trends for inference and dimension reduction. J. Agr. Biol. Envir. St. 18, 299-313.

Kato, H., Sakuramoto, K., 1991. Age at sexual maturity of southern minke whales: a review and some additional analyses. Rep. Int. Whal. Comm. 41, 331-337.

Kennedy, S., 1998. Morbillivirus infections in aquatic mammals. J. Comp. Pathol. 119, 201-225.

Kenny, R. D., 2002. North Atlantic, North Pacific, and southern right whales (*Eubalaena glacialis*, *E. japonica*, and *E. australis*). In: Perrin, W. F., Würsig, B., Thewissen, J. G. M. (Eds.), Encyclopedia of Marine Mammals. Academic Press, San Diego, CA, pp. 806-813.

Klevezal', G. A., Sukhovskaya, L. I., Blokhin, S. A., 1986. Age determination of baleen whales from bone layers. Zool. Zh. 65, 1722-1730.

Klimley, A. P., Pyle, P., Anderson, S. D., 1996. The behavior of white sharks and their pinniped prey during predatory attacks. In: Klimley, A. P., Ainley, D. G. (Eds.), Great White Sharks: The Biology of *Carcharodon carcharias*. Academic Press, San Diego, CA, pp.

175-192.

Klimnova, A., Phillips, C. D., Fietz, K., Olsen, M. T., Harwood, J., Amos, W., Hoffman, J. I., 2014. Global population structure and demographic history of the grey seal. Mol. Ecol. 23, 3999-4017.

Kovacs, K.M. (Ed.), 2005. Birds and Mammals of Svalbard. Polarhandbok No. 13 Norweigian Polar Institute, Tromsø, Norway; Kovacs, K. M. (Ed.), 2005. Birds and Mammals of Svalbard. Polarhandbok No. 13 Norweigian Polar Institute, Tromsø, Norway.

Kovacs, K.M., Lavigne, D.M., 1986. Maternal investment and neonatal growth in phocid seals. J. Anim. Ecol. 55, 1035-1051.

Kovacs, K.M., Lydersen, C., Hammill, M.O., White, B.N., Wilson, P.J., Malik, S., 1997. A harp seal x hooded seal hybrid. Mar. Mamm. Sci. 13, 460-468.

Krafft, B.A., Ergon, T., Kovacs, K. M., Andersen, M., Aars, J., Haug, T., Lydersen, C., 2006. Abundance of ringed seals (*Pusa hispida*) in the fjords of Spitsbergen, Svalbard, during the peak moulting period. Mar. Mamm. Sci. 22, 394-412.

Krafft, B.A., Kovacs, K. M., Frie, A. K., Haug, T., Lydersen, C., 2006. Growth and population parameters of ringed seals (*Pusa hispida*) from Svalbard, Norway, 2003-2004. ICES J. Mar. Sci. 63, 1136-1144.

Kretzmann, M., Gilmartin, W.G., Meyer, A., Zegers, G.P., Fain, S.R., Taylor, B.F., Costa, D.P., 1997. Low genetic variability in the Hawaiian monk seal. Conserv. Biol. 11, 482-490.

Kreuder, C., Miller, M.A., Jessup, D.A., Lowenstine, L.J., Harris, M.D., Ames, J.A., Carpenter, T.E., Conrad, P. A., Mazet, J. A. K., 2003. Patterns of mortality in southern sea otters (*Enhydra lutris nereis*) from 1998-2001. J. Wildl. Dis. 39, 495-509.

Kuker, K., Barrett-Lennard, L., 2010. A re-evaluation of the role of killer whales *Orcinus orca* in a population deline of sea otters *Enhydra lutris* in the Aleutian islands and a review of alternative hypotheses. Mamm. Rev. 40, 103-124.

Laake, J.L., Calambokidis, J., Osmek, S.D., Rugh, D.J., 1997. Probability of detecting harbor porpoise from aerial surveys: estimating g(0). J. Wildl. Manage. 61, 63-75.

Lancaster, M.L., Goldsworthy, S.D., Sunnucks, P., 2010. Two behavioural traits promote fine-scale species segregationand moderate hybridization in a recovering sympatric fur seal population. Evol. Biol. 10, 143.

Larson, S., Jameson, R., Etinier, M., Fleming, M., Bentzen, P., 2002. Loss of genetic diversity in sea otters (*Enhydra lutris*) associated with the fur trade of the 18th and 19th centuries. Mol. Ecol. 11, 1899-1903.

Lavigne, D. M., 2009. Harp seals (*Pagophilus groenlandicus*). In: Perrin, W. F., Würsig, B., Thewissen, J.G.M. (Eds.), Encyclopedia of Marine Mammals, second ed. Academic Press, San Diego, CA, pp. 542-546.

Lavigne, D. M., Schmitz, O. J., 1990. Global warming and increasing population densities: a prescription for seal plagues. Mar. Pollut. Bull. 21, 280-284.

Laws, R. M., 1962. Age determination of pinnipeds with special reference to growth layers in teeth. Z. Säugetierkd. 27, 129-146.

Laws, R. M., Purves, P. E., 1956. The ear plug of the Mysticeti as an indication of age with special reference to the North Atlantic fin whale (*Balaenoptera physalus* Linn.). Nor. Hvalfangst-Tid. 45, 413-425.

Le Boeuf, B. J., Whiting, R. J., Gantt, R. F., 1972. Perinatal behavior of northern elephant seal females and their young. Behav. 42, 121-156.

Le Boeuf, B. J., Reiter, J., 1988. Lifetime reproductive success in northern elephant seals. In: Clutton-Brock, T.H. (Ed.), Reproductive Success. University of Chicago Press, Chicago, IL, pp. 344-362.

Le Boeuf, B. J., Morris, P., Reiter, J., 1994. Juvenile survivorship of northern elephant seals. In: Le Boeuf, B., Laws, R.M. (Eds.), Elephant Seals. University of California Press, Berkeley, CA, pp. 121-136.

Leclerc, L. M. E., Lydersen, L., Haug, T., Bachmann, L., Fisk, A. T., Kovacs, K. M., 2012. A missing puzzle piece in Arctic food web puzzle? Stomach contents of Greenland Sharks sampled off Svalbard, Norway. Polar Biol. 35, 1197-1208.

LeDuc, R., Robertson, K. M., Pitman, R. L., 2008. Mitochondrial sequence divergence among Antarctic killer whale ecotypes is consistent with multiple species. Biol. Lett. 4, 426-429.

Lehman, N., Wayne, R. K., Stewart, B. S., 1993. Comparative levels of genetic variability in harbor seals and northern elephant seals as determined by genetic fingerprinting. Symp. Zool. Soc. Lond. 66, 49-60.

Lento, G. M., Mattlin, R. H., Chambers, G. K., Baker, C. S., 1994. Geographic distribution of mitochondria cytochrome b DNA haplotypes in New Zealand fur seals (*Arctocephalus forsteri*). Can. J. Zool. 72,293-299.

Lento, G. M., Hadden, M., Chambers, G. K., Baker, C. S., 1997. Genetic variation of southern hemisphere fur seals: *Arctocephalus* spp.: investigation of population structure and species identity. J. Hered. 88,202-208.

Lipscomb, T.P., Scott, D.P., Garber, R.L., Krafft, A.E., Tsai, M.M., Lichy, J.H., Taubenberger, J.F., Schulman, F.Y., Gulland, F.M.D., 2000. Common metastatic carcinoma of California sea lions (*Zalophus californianus*): evidence of genital origin and association with novel gammaherpesvirus. Vet. Pathol. 37,609-617.

Lockyer, C., 1981. Estimates of growth and energy budget for the sperm whale, *Physeter catadon*. FAO Fish. Ser. 5 (3),489-504.

Lockyer, C., 1984. Review of baleen whale (*Mysticeti*) reproduction and implications for management. Rep. Int. Whal. Comm. Spec. Issue 6,27-50.

Long, D.J., Hanni, K.D., Pyle, P., Roletto, J., Jones, R.E., Pyle, E., Bandar, R., 1996. White shark predation on four pinniped species in central California waters: geographic and temporal patterns inferred from wounded carcasses. In: Klimley, A.P., Ainley, D.G. (Eds.), Great White Sharks: The Biology of *Carcharodon carcharias*. Academic Press, San Diego, CA, pp. 263-291.

Long, D.J., Jones, R.E., 1996. White shark predation and scavenging on cetaceans in the eastern North Pacific Ocean. In: Klimley, A.P., Aínley, D.G. (Eds.), Great White Sharks: The Biology of *Carcharodon carcharias*. Academic Press, San Diego, CA, pp. 293-308.

Louis, M., Viricel, A., Lucas, T., Peltier, H., Alfonsi, E., Berrow, S., Brownlow, A., Covelo, P., Dabin, W., Deaville, R., De Stephanis, R., Gally, F., Gauffier, P., Penrose, R., Silva, M.A., Guinet, C., Simon-Bouchet, B., 2014. Habitat-driven population structure of bottlenose dolphins, *Tursiops truncatus*, in the North-East Atlantic. Mol. Ecol. 23,857-874.

Lowry, L.F., Frost, K.J., VerHoef, J.M., DeLong, R.A., 2001. Movements of satellite-tagged subadult and adult harbor seals in Prince William Sound, Alaska. Mar. Mamm. Sci 17, 835-861.

Lowry, M.S., Condit, R., Hatfield, B., Allen, S.G., Berger, R., Morris, P.A., Le Boeuf, B.J., Reiter, J., 2014. Abundance, distribution, and population growth of the northern elephant seal (*Mirounga angustirostris*) in the United States from 1991–2010. Aquat. Mamm. 40, 20–31.

Lucas, Z., Stobo, W.T., 2000. Shark-inflicted mortality on a population of harbour seals (*Phoca vitulina*) at Sable island, Nova Scotia. J. Zool. 252, 405–414.

Lydersen, C., Gjertz, I., 1987. Population parameters of ringed seals (*Phoca hispida* Schreber, 1775) in the Svalbard area. Can. J. Zool. 65, 1021–1027.

Lydersen, C., Smith, T.G., 1989. Avian predation on ringed seal *Phoca hispida* pups. Polar Biol. 9, 489–490.

Lydersen, C., Nost, O.A., Lovell, P., McConnell, B.J., Gammelsrod, T., Hunter, C., Fedak, M.A., Kovacs, K.M., 2002. Salinity and temperature structure of a freezing Arctic fjord—monitored by white whales (*Delphinapterus leucas*). Geophys. Res. Lett. 29 Art. No. 2119.

Lydersen, C., Nost, O.A., Kovacs, K.M., Fedak, M.A., 2004. Temperature data from Norwegian and Russian waters of the northern Barents Sea collected by free-living ringed seals. J. Mar. Syst. 46, 99–108.

Lydersen, C., Kovacs, K.M., 2005. Growth and population parameters of the world's northernmost harbour seals *Phoca vitulina* residing in Svalbard. Nor. Polar Biol. 28, 156–163.

Lydersen, C., Chernook, V.I., Glzov, D.M., Trukhanova, I.S., Kovacs, K.M., 2012. Aerial survey of Atlantic walruses (*Odobenus rosmarus rosmarus*) in the Pechora Sea, August 2011. Polar Biol. 35, 1555–1562.

Lyrholm, T., Leimar, O.B., Gyllensten, U., 1999. Sex–biased dispersal in sperm whales: contrasting mitochondrial and nuclear genetic structure of global populations. Proc. R. Soc. B 266, 347–354.

MacArthur, R.H., Wilson, E.O., 1967. The Theory of Island Biogeography. Princeton University Press, Princeton, NJ.

Madsen, P.T., Payne, R., Kristiansen, N.U., Wahlberg, M., Kerr, I., Mohl, B., 2002. Sperm whale sound production studied with ultrasound time/depth-recording tags. J. Exp. Biol 205, 1899–1906.

Magera, A.M., Mills Fleming, J.E., Kaschner, K., Christensen, L.B., Lotze, H.K., 2013. Recovery trends in marine mammal populations. PLoS ONE 8, e77908.

Maldonado, J. E., Orta Davila, F., Stewart, B. S., Geffen, E., Wayne, R. K., 1995. Intraspecific genetic differentiation in California sea lions (*Zalophus californianus*) from southern California and the Gulf of California. Mar. Mamm. Sci. 11, 46-58.

Markowitz, T. M., Harlin, A. D., Würsig, B., 2003. Digital photography improves efficiency of individual dolphin identification: a reply to Mizroch. Mar. Mamm. Sci. 19, 608-612.

Marmontel, M., 1995. Age and reproduction in female Florida manatees. In: O'Shea, T. J., Ackerman, B. B., Percival, H. F. (Eds.), Population Biology of the Florida Manatee, Inf. Tech. Rep. No.1, Natl. Biol. Ser, pp. 98-119 Washington, DC.

Marmontel, M., O'Shea, T., Kochmman, H. I., Humphrey, S. R., 1996. Age determination in manatees using growth-layer groups in in bone. Mar. Mamm. Sci. 12, 54-88.

Marsh, H., 1995. The life history, pattern of breeding, and population dynamics of the dugong. In: O'Shea, T. J., Ackerman, B. B., Percival, H. F. (Eds.), Population Biology of the Florida Manatee, Inf. Tech. Rep. No.1, Natl. Biol. Ser, pp. 56-62 Washington, DC.

Marsh, H., 2002. Dugong (*Dugong dugon*. In: Perrin, W. F., Würsig, B., Thewissen, J. G. M. (Eds.), Encyclopedia of Marine Mammals. Academic Press, pp. 344-347 (San Diego, CA).

Marsh, H., Kasuya, T., 1991. An overview of the changes in the role of a female pilot whale with age. In: Pryor, K., Norris, K. S. (Eds.), Dolphin Societies: Discoveries and Puzzles. University of California Press, Berkeley, CA, pp. 281-285.

Marsh, H., Kwan, D., 2008. Temporal variability in the life history and reproductive biology of female dugons in Torres Strait: the likely role of sea grass dieback. Cont. Shelf Res. 28, 2152-2159.

Marsh, H., O'Shea, T. J., Reynolds III, J. E., 2011. Ecology and Conservation of the Sirenia: Dugongs and Manatees. Cambridge University Press, Cambridge.

Martien, K. K., Baird, R. W., Hedrick, N. M., Gorgone, A. M., Thieleking, J. L., McSweeney, D. J., Robertson, K. M., Webster, D. L., 2012. Population structure of island-associated dolphins: evidence from mitochondrial and microsatellite markers for common bottlenose dolphins (*Tursiops truncatus*) around the main Hawaiian Islands. Mar. Mamm. Sci. 28, E208-E232.

Mate, B. R., Harvey, J. L., 1984. Ocean movements of radio-tagged whales. In: Jones, M. L., Leatherwood, S., Swartz, S. L. (Eds.), The Gray Whale, *Eschrichtius robustus* (Lilljeborg,

1861). Academic Press, New York, pp. 577-589.

Mate, B.R., Rossbach, K.A., Nieukirk, S.L., Wells, R.S., Irvine, A.B., Scott, M.D., Read, A.J., 1995. Satellite-monitored movements and dive behavior of a bottlenose dolphin (*Tursiops truncatus*) in Tampa Bay, Florida. Mar. Mamm. Sci. 11, 452-463.

Mate, B.R., Krutzikowsky, G.K., Windsor, M., 2000. Satellite-monitored movements of radio-tagged bowhead whales in the Beaufort and Chukchi Seas during the late-summer feeding season and fall migration. Can. J. Zool 78, 1168-1181.

Matkin, C.O., Durban, J.W., Saulitis, E.L., Andrews, R.D., Straley, J.M., Matkin, D.R., Ellis, G.M., 2012. Contrasting abundance and residency patterns of two sympatric populations of transient killer whales (*Orcinus orca*) in the northern Gulf of Alaska. Fish. Bull. 110, 143-155.

McGowen, M.R., Montgomery, S.H., Clark, C., Gatesy, J., 2011. Phylogeny and adaptive evolution of the brain-development gene microcephalin (MCPH1) in cetaceans. BMC Evol. Biol. 11, 98.

McGowen, M.R., Grossman, L.I., Wildman, D.E., 2012. Dolphin genome provides evidence for adaptive evolution of nervous system genes and a molecular rate slowdown. Proc. R. Soc. B 279, 3643-3651.

McGowen, M.R., Gatesy, J., Wildman, D.E., 2014. Molecular evolution tracks macroevolutionary transitions in Cetacea. Trends Ecol. Evol. 29, 336-346.

McLaren, I.A., 1993. Growth in pinnipeds. Biol. Rev. Camb. Philos. Soc. 68, 1-79.

McLaren, I.A., Smith, T.G., 1985. Population ecology of seals—retrospective and prospective views. Mar. Mamm. Sci. 1, 54-83.

McRae, S.B., Kovacs, K.M., 1994. Paternity exclusion by DNA fingerprinting, and mate guarding in the hooded seal, *Cystophora cristata*. Mol. Ecol. 3, 101-107.

Melin, S.R., Laake, J.L., DeLong, R.L., Siniff, D.B., 2012. Age-specific recruitment and natality of California sea lions at San Miguel Island, California. Mar. Mamm. Sci. 28, 751-776.

Merkel, B., Lydersen, C., Yoccoz, N.G., Kovacs, K.M., 2013. The worlds's northernmost harbour seal population-how many are there? PLoS ONE 8, e67576.

Miller, P.J.O., Johnson, M.P., Tyack, P.L., 2004. Sperm whale behaviour indicates the use of rapid echolocation click buzzes 'creaks' in prey capture. Proceedings of the Royal Society of London B 271,2239-2247.

Mizroch, S. A., 2003. Digital photography improves efficiency of individual dolphin identification: a reply to Markowitz et al. Mar. Mamm. Sci. 19,612-614.

Mizroch, S. A., Beard, J. A., Lynde, M., 1990. Computer assisted photo-identification of humpback whales. Rep. Int. Whal. Comm. Spec. Issue 12,63-70.

Monson,D.H.,Ester,J.A.,Bodkin,J.L.,Siniff,D.B.,2000. Life history plasticity and population regulation in sea otters. Oikos 90,457-468.

Mori,M.,Butterworth,D.S.,2006. A first step towards modelling the krill-predator dynamics of the Antarctic ecosystem. CCAMLR Sci 13,217-277.

Morin,P.P.A., Archer, F.I., Foote, A.D., Vilstrup, J., Allen, E.E., Wade, P., Durban, J., Parsons, K., Pitman, R., Li, L., Bouffard, P., Abel Nielsen, S.C., Rasmussen, M., Willerslev, E., Gilbert, M.T., Harkins, T., 2010. Complete mitochondrial genome phylogeographic analysis of killer whales (*Orcinus orca*) indicates multiple species. Genome Res. 20,908-916.

Nery,M.F.,Arroyo,J.I.,Opazo,J.C.,2013. Genomic organization and differential signature of positive selection in the alpha and beta globin gene clusters in two cetacean species. Genome Biol. Evol. 5,2359-2367.

Norris,K.S., Gentry, R.L., 1974. Capture and harnessing of young California gray whales, *Eschrichtius robustus*. Mar. Fish. Rev. 36,58-64.

Norris,K.S., Pryor, K., 1991. Some thoughts on grandmothers. In: Pryor, K., Norris, K.S. (Eds.), Dolphin Societies: Discoveries and Puzzles. University of California Press, Berkeley,CA,pp. 287-289.

O'Corry-Crowe, G. M., Suydam, R. S., Rosenberg, A., Frost, K. J., Dizon, A. E., 1997. Phylogeography, population structure and dispersal patterns of the beluga whale *Delphinapterus leucas* in the western Nearctic revealed by mitochondria DNA. Mol. Ecol. 6, 955-970.

Olsen, M. T., Pampoulie, C., Danielsdottir, A. K., Lidh, E., Berube, M., Vikingsson, G. A., Palsbøll,P.J.,2014. Fin whale MDH-1 and MPI allozyme variation is not reflected in the corresponding DNA sequences. Ecol. Evol. 4,1787-1803.

Oremus, M., Gales, R., Kettles, H., Baker, C.S., 2013. Genetic evidence of multiple matrilines and spatial disruption of kinship bonds in mass stranding of long-finned pilot whales, *Globicephala melas*. J. Hered. 104, 301–311.

O'Shea, T. J., Hartley, W. C., 1995. Reproduction and early-age survival of manatees at Blue Spring, upper St. Johns River, Florida. In: O'Shea, T. J., Ackerman, B. B., Percival, H. F. (Eds.), Population Biology of the Florida Manatee, Inf. Tech. Rep. No.1, Natl. Biol. Ser, pp. 157–170 Washington, DC.

Osterhaus, A. D. M. E., Vedder, E. J., 1988. Identification of virus causing recent seal deaths. Nature 335, 20.

Øigård, T. A., Lindstom, U., Haug, T., Nilssen, K. T., Smout, S., 2013. Functional relationship between harp seal body condition and available prey in the Barents Sea. Mar. Ecol. Prog. Ser. 484, 287–301.

Øigård, T. A., Haug, T., Nilssen, K. T., 2014. Current status of hooded seals in the Greenland Sea. Victims of climate change and predation? Biol. Consev. 172, 29–36.

Paetkau, D., Calvert, W., Stirling, I., Strobeck, C., 1995. Microsatellite analysis of population structure in Canadian polar bears. Mol. Ecol. 4, 347–354.

Paetkau, D., Amstrup, S. C., Born, E. W., Calvert, W., Derocher, A. E., Garner, G. W., Messier, F., Stirling, I., Taylor, M. K., Wigg, Ø., Strobeck, C., 1999. Genetic structure of the world's polar bear populations. Mol. Ecol. 8, 1571–1584.

Palsbøll, P. J., 2009. Genetics, overview. In: Perrin, W., Wursig, B., Thewissen, J. G. M. (Eds.), Encyclopedia of Marine Mammals, second ed. Academic Press, San Diego, CA, pp. 483–492.

Palsbøll, P.J., Allen, J., Bérubé, M., Clapham, P.J., Feddersen, T.P., Hammond, P.S., Hudson, R.R., Jorgensen, H., Katona, S., Holm Larsen, A., Larsen, F., Lein, J., Mattlla, D. K., Sigurjónsson, J., Sears, R., Smith, T., Sponer, R., Stevick, P., Olen, N., 1997. Genetic tagging of humpback whales. Nature 388, 767–769.

Parsons, K.M., Durban, J.W., Burdin, A.M., Burkanov, V.N., Pitman, R.L., Barlow, J., Barrett-Lennard, G., LeDuc, R.G., Robertson, K.M., Matkin, C.O., Wade, P.R., 2013. Geographic patterns of genetic differentiation among killer whales in the northern North Pacific. J. Hered..

Pastor, T., Garza, J.C., Allen, P., Amos, W., Aguilar, A., 2004. Low genetic variability in the highly endangered Mediterranean monk seal. J. Hered. 95,291-300.

Perrin, W. , 2009. Pantropical spotted dolphin *Stenella attenuata*. In: Perrin, W.F. , Würsig, B. , Thewissen, J.G.M. (Eds.), Encyclopedia of Marine Mammals, second ed. Academic Press, San Diego, CA, pp. 819-821.

Perrin, W. F. , Myrick, A. C. , 1980. Growth of odontocetes and sirenians problems in age determination. Rep. Int. Whal. Comm. Spec. Issue 3,1-229.

Perrin, W.F. , Reilly, S.B. , 1984. Reproductive parameters of dolphins and small whales of the family Delphinidae. Rep. Int. Whal. Comm. Spec. Issue 6,97-134.

Perry, E. A. , 1993. Mating system of harbour seals. (Ph. D. thesis), Memorial University, Newfoundland.

Perryman, W.L. , Lynn, M.S. , 2002. Evaluation of nutritive condition and reproductive status of migrating gray whales (*Eschrichtius robustus*) based on analysis of photogrammetric data. J. Cetacean Res. Manage. 4,155-164.

Pistorius, P.A. , Bester, M.N. , 2002. A longitudinal study of senescence in a pinniped. Can. J. Zool. 80,395-401.

Pitcher, K. W. , Calkins, D. G. , Pendleton, G. W. , 1998. Reproductive performance of female Steller sea lions: an energetic-based reproductive strategy? Can. J. Zool. 76,2075-2083.

Pomeroy, P. , 2011. Reproductive cycles of marine mammals. Animal Reprod. Sci. 124, 184-193.

Pyenson, N.D. , Gutstein, C.S. , Parham, J.F. , Le Roux, J.P. , Chavarría, C.C. , Little, H. , Metallo, A. , Rossi, V. , Valenzuela-Toro, A.M. , Velez-Juarbe, J. , Santelli, C.M. , Rubilar Rogers, D. , Cozzuol, M.A. , Suárez, M.E. , 2014. Repeated mass strandings of Miocene marine mammals from Atacama region of Chile point to sudden death at sea. Proc. R. Soc. B 281.

Ralls, K. , Siniff, D.B. , Williams, T.D. , Kuechle, V.B. , 1989. An intraperitoneal radio transmitter for sea otters. Mar. Mamm. Sci. 5,376-381.

Ramsay, M.A. , Stirling, I. , 1988. Reproductive biology of female polar bears (*Ursus maritimus*). J. Zool. 214,601-634.

Ray, G.C. , Mitchell, E.D. , Wartzok, D. , Kozicki, V.M. , Maiefski, R. , 1978. Radio tracking of a fin whale (*Balaenoptera physalus*). Science 202,521-524.

Read, A. J. , 2009. Telemetry. In: Perrin, W. , Wursig, B. , Thewissen, J. G. M. (Eds.),

Encylopedia of Marine Mammals, second ed. Academic Press, San Diego, CA, pp. 1153-1155.

Reid, J.P., Bonde, R.K., O'Shea, T.J., 1995. Reproduction and mortality of radio-tagged and recognizable manatees on the Atlantic coast of Florida. In: O'Shea, T.J., Ackerman, B.B., Percival, H.F. (Eds.), Population Biology of the Florida Manatee, Inf. Tech. Rep. No.1, Natl. Biol. Ser, pp. 171-190 Washington, DC.

Reilly, S.B., Bannister, J.L., Best, P.B., Brown, M., Brownell Jr., R.L., Butterworth, D.S., Clapham, P.J., Cooke, J., Donovan, G.P., Urbán, J., Zerbini, A.N., 2008. *Balaenoptera acutorostrata*. The IUCN Red List of Threatened Species. Version 2014.2. www.iucnredlist.org.

Reilly, S.B., Bannister, J.L., Best, P.B., Brown, M., Brownell Jr., R.L., Butterworth, D.S., Clapham, P.J., Cooke, J., Donovan, G.P., Urbán, J., Zerbini, A.N., 2008. *Eschrichtius robustus*. The IUCN Red List of Threatened Species. Version 2014.2. www.iucnredlist.org.

Reilly, S.B., Bannister, J.L., Best, P.B., Brown, M., Brownell Jr., R.L., Butterworth, D.S., Clapham, P.J., Cooke, J., Donovan, G., Urbán, J., Zerbini, A.N., 2012. *Eubalaena glacialis*. The IUCN Red List of Threatened Species. Version 2014.2. www.iucnredlist.org.

Reynolds III, J.E., Odell, D.K., 1991. Manatees and Dugongs. Facts on File, New York.

Rice, D.W., Wolman, A., 1971. The life history and ecology of the gray whale (*Eschrichtius robustus*). Am. Soc. Mammal. Spec. Pub. 3, 1-142.

Rice, D.W., 1986. Gray whale. In: Haley, D. (Ed.), Marine Mammals of Eastern North Pacific and Arctic Waters. Pacific Search Press, Seattle, WA, pp. 62-71.

Richard, K.R., Dillon, M.C., Whitehead, H., Wright, J.M., 1996. Patterns of kinship in groups of free-living sperm whales (*Physeter macrocephalus*) revealed by multiple molecular genetic analyses. Proc. Natl. Acad. Sci. U.S.A. 93, 8792-8795.

Richards, F.J., 1959. A flexible growth function for empirical use. J. Exp. Bot. 10, 290-300.

Riedman, M., 1990. The Pinnipeds: Seals, Sea Lions, and Walruses. University of California Press, Berkeley, CA.

Riedman, M.L., Estes, J.A., 1990. The sea otter (*Enhydra lutris*): behavior, ecology and natural history. Biol. Rep. No. 90 (14) US Fish and Wildl. Ser. Washington, DC.

Rode, K.D., Regehr, E.V., Douglas, D.C., Durner, G., Derocher, A.E., Thiemann, G.W., Budge,

S. M., 2014. Variation in the response of an arctic top predator experiencing habitat loss: feeding and reproductive ecology of two polar bear populations. Glob. Change Biol. 20, 76-88.

Roe, H.S.J., 1967. Rate of lamina formation in the ear plug of the fin whale. Nor. Hvalfangst-Tid. 56, 41-45.

Roman, J., McCarthy, J. J., 2010. The whale pump: Marine mammals enhance primary productivity in a coastal basin. PLoS ONE 5 (10), e13255.

Rooney, A.P., Honeycutt, R.L., Derr, J.N., 2001. Historical population size change of bowhead whales inferred from DNA sequence polymorphism data. Evol. 55, 1678-1685.

Roquet, F., Wunsch, C., Forget, C., Heimbach, P., Guinet, C., Reverdin, G., Charrassin, J.-B., Bailleul, F., Costa, D., Huckstadt, L., Goetz, K., Kovacs, K. M., Lydersen, C., Nøst, O. A., Bornemann, H., Ploetz, J., Bester, M. N., McIntyre, T., Muelbert, M. C., Hindell, M., Williams, G., Field, I., Harcourt, R., Nicholls, K., Chafik, L., Biuw, M., Boehme, L., Fedak, M., 2013. Hydrographic data collected by seals significantly reduce the observational gap in the. South. Ocean. Geophys. Res. Lett. 40, 6176-6180.

Rosa, C., Zehn, J., George, J. C., Botta, O., Zausher, M., Bada, J., O'Hara, T. M., 2013. Age estimates based on aspartic acid racemization for bowhead whales (*Balaena mysticetus*) harvested in 1998 – 2000 and the relationship between racemization rates and body temperature. Mar. Mamm. Sci. 29, 424-445.

Rosel, P.E., Rojas-Bracho, L., 1999. Mitochondrial DNA variation in the critically endangered vaquita *Phocoena sinus* Norris and MacFarland, 1958. Mar. Mamm. Sci. 15, 990-1003.

Rosel, P. E., Tiedemann, R., Walton, M., 1999. Genetic evidence for limited trans-atlantic movements of the harbor porpoise *Phocoena phocoena*. Mar. Biol. 133, 583-591.

Rotella, J.J., Link, W. A., Chambert, T., Stauffer, G. E., Garrott, R. A., 2012. Evaluating the demographic buffering hypothesis with vital rates estimated for Weddell seals from 30 years of mark-recapture data. J. Anim. Ecol. 81, 162-173.

Ruegg, K.C., Anderson, E.C., Baker, C.S., Vant, M., Jackson, J. A., Palumbi, S.R., 2010. Are Antarctic minke whales unusually abundant because of 20th century whaling? Mol. Ecol. 19, 281-291.

Salberg, A.-B., Øigård, T. A., Stenson, G. B., Haug, T., Nilssen, K. T., 2009. Estimation of seal pup production from aerial surveys using generalized additive models. Can. J. Fish. Aquat. Sci. 66,847–858.

Scheffer,V.B.,1950. Growth layers on the teeth of Pinnipedia as an indication of age. Science 112,309–311.

Schultz,J.K.,Baker,J.D.,Toonen,R.J.,Bowen,B.W.,2009. Extremely low genetic diversity in the endangered Hawaiian monk seal (*Monachus schauinslandi*). J. Hered. 100,25–33.

Schultz,J.K.,2011. Population genetics of the monk seals (Genus *Monachus*): a review. Aquat. Mamm. 37,227–235.

Schipper,J.,Chanson,J.,Chiozza,F.,Cox,N.,Hoffmann,M.,Katariya,V.,et al.,2008. The biogeography of diversity, threat, and knowledge in the world's terrestrial and aquatic mammals. Science 322,225–230.

Schliebe,S.,Wiig,Ø.,Derocher,A.,Lunn,N.,; IUCN SSC Polar Bear Specialist Group.,2008. *Ursus maritimus*. The IUCN Red List of Threatened Species. Version 2014.2. www.iucnredlist.org.

Seber,G.A.F.,1982. The Estimation of Animal Abundance and Related Parameters,second ed. Macmillan,New York.

Sergeant,D.E.,1966. Reproductive rates of harp seals,*Pagophilus groenlandicus*(Erxleben). J. Fish. Res. Board Can. 23,757–766.

Shirihai,H.,Jarrett,B.,2006. Whales,Dolphins and Other Marine Mammals of the World. Princeton University Press,Princeton.

Siniff,D.B.,DeMaster,D.P.,Hofman,R.J.,Eberhardt,L.L.,1977. An analysis of the dynamics of a Weddell seal population. Ecol. Monogr. 47,319–335.

Siniff,D.B.,Ralls,K.,1991. Reproduction,survival and tag loss in California sea otters. Mar. Mamm. Sci. 7,211–229.

Slade,T.W.,1992. Limited MHC polymorphism in the southern elephant seal: implications for MHC evolution and marine mammal population biology. Proc. R. Soc. B 249,163–171.

Smith,K.E.,Thatje,S.,Smsler,M.O.,Vos,S.C.,McClintock,J.B.,Brothers,C.J.,Brown,A.,Ellis,D.,Anderson,J.S.,Aronson,R.B.,2014. Discovery of a recent,natural whale fall on the continental slope off Anvers,Island,western Antarctic Peninsula. Deep-Sea Res. Oceans 90,76–80.

Spilliaert, R., Vikingsson, G., Arnason, U., Palsdottir, A., Sigurjonsson, J., Arnason, A., 1991. Species hybridization between a female blue whale (*Balaenoptera musculus*) and a male fin whale (*B. physalus*): molecular and morphological documentation. J. Hered. 82, 269-274.

Staniland, I. J., Robinson, S. L., Silk, J. R. D., Warren, N., Trathan, P. N., 2012. Winter distribution and haul-out behaviour of female Antarctic fur seals from South Georgia. Mar. Biol. 159, 291-301.

Stanley, H., Casey, F. S., Carnahan, J. M., Goodman, S., Harwood, J., Wayne, R. K., 1996. Worldwide patterns of mitochondrial DNA differentiation in the harbor seal (*Phoca vitulina*). Mol. Biol. Evol. 13, 368-382.

Stapleton, S., Atkinson, S., Hedman, D., Garshelis, D., 2014. Revisiting Western Hudson Bay: using aerial surveys to update polar bear abundance in a sentinel population. Biol. Conserv. 170, 8-47.

Stevick, P. T., Palsbøll, P. J., Smith, T. D., Bravington, M. V., Hammond, P. S., 2001. Errors in identification using natural markings: rates, sources and effects on capture-recapture estimates of abundance. Can. J. Fish. Aquat. Sci. 58, 1861-1870.

Stewart, R. E. A., Campana, S. E., Jones, C. M., Stewart, B. E., 2006. Bomb radiocarbon dating calibrates beluga (*Delphinapterus leucas*) age estimates. Can. J. Zool. 84, 1840-1852.

Stewart, R. E. A., Kovacs, K. M., Aquarone, M., 2014. Walruses of the North Atlantic, vol. 9. NAMMCO Sci. Publ., Tromsø, Norway.

Stirling, I., 1988. Polar Bears. University of Michigan Press, Ann Arbor, US.

Stone, G., Goodyear, J., Hutt, A., Yoshinaga, A., 1994. A new non-invasive tagging method for studying wild dolphins. Mar. Technol. Soc. J. 28, 11-16.

Sumich, J. L., 1986a. Latitudinal distribution, calf growth and metabolism, and reproductive energetics of gray whales, *Eschrichtius robustus*. (Ph. D. dissertation). Oregon State University, Corvallis, OR.

Sumich, J. L., 1986. Growth in young gray whales (*Eschrichtius robustus*). Mar. Mamm. Sci. 2, 145-152.

Sumich, J. L., Harvey, J. T., 1986. Juvenile mortality in gray whales (*Eschrichtius robustus*). J. Mammal. 67, 179-182.

Sydeman, W., Nur, J. N., 1994. Life history strategies of female northern elephant seals. In: Le

Boeuf, B.J., Laws, R.M. (Eds.), Elephant Seals. University of California Press, Berkeley, CA, pp. 137-153.

Taylor, B.L., 2005. Identifying units to conserve. In: Reynolds, J.E., Perrin, W.F., Reeves, R.R., Montogmery, S., Ragen, T.J. (Eds.), Marine Mammal Research Conservation beyond Crisis. Johns Hopkins University Press, Baltimore, pp. 149-162.

Taylor, B.L., Martinez, M., Gerrodette, T., Barlow, J., Hrovat, Y.N., 2007. Lessons from monitoring trends in abundance of marine mammals. Mar. Mamm. Sci. 23, 157-175.

Taylor, B.L., Martien, K.K., Morin, P.A., 2010. Identifying units to conserve using genetic data. In: Boyd, I., Bowen, W.D., Iverson, S. (Eds.), Marine Mammal Ecology and Conservation: A Handbook of Techniques. Oxford University Press, Oxford, UK, pp. 306-324.

Testa, J.W., Rothery, P., 1992. Effectiveness of various cattle ear tags for Weddell seals. Mar. Mamm. Sci. 8, 344-353.

Thomas, J.A., Cornell, L.H., Joseph, B.E., Williams, T.D., Dreischman, S., 1987. An implanted transponder chip used as a tag for sea otters (*Enhydra lutris*). Mar. Mamm. Sci. 3, 271-274.

Thometz, N.M., Tinker, M.T., Staedler, M.M., Mayer, K.A., Williams, T.M., 2014. Energetic demands of immature sea otters from birth to weaning: implications for maternal costs, reproductive behavior and population trends. J. Exp. Biol. 217, 2053-2061.

Tricas, T.C., Mc Cosker, J.E., 1984. Predatory behavior of the white shark (*Carcharodon carcharias*). South. Calif. Acad. Sci. Mem. 9, 81-91.

Trillmich, F., Ono, K.A., 1991. Pinnipeds and El Niño: Responses to Environmental Stress. Springer-Verlag, Berlin.

Trujillo, R.G., Loughlin, T.R., Gemmell, N.J., Patton, J.C., Bickham, J.W., 2004. Variation in microsatellites and mtDNA across the range of the Steller sea lion, *Eumetopias jubatus*. J. Mamm. 85, 338-346.

Trumble, S.J., Robinson, E.M., Berman-Kowalewski, M., Potter, C.W., Usenko, S., 2013. Blue whale earplug reveals lifetime contaminant exposure and hormone profiles. Proc. Natl. Acad. Sci. U.S.A. 110, 16922-16926.

Turgeon, J., Duchesne, P., Colbeck, G.J., Postma, L.D., Hammill, M.O., 2012. Spatiotemporal segregation among summer stocks of beluga (*Delphinapterus leucas*) despite nuclear gene flow: implications for the endangered belugas in eastern Hudson Bay (Canada). Conserv. Genet. 13,419-433.

Twiss, S.D., Cairns, C., Culloch, R.M., Richards, S.A., Pomeroy, P.P., 2012. Variation in female grey seal (*Halichoerus grypus*) reproductive performance correlates to proactive-reactive behavioral types. PLoS ONE 7, e49598.

Van Dolah, F.M., 2005. Effects of harmful algal blooms. In: Reynolds, J.E., Perron, W.F., Reeves, R.R., Mongomery, S., Ragen, T.J. (Eds.), Marine Mammal Research: Conservation beyond Crisis. The Johns Hopins University Press, Baltimore, MA, pp. 85-99.

Wada, S., Numachi, K.I., 1991. Allozyme analysis of genetic differentiation among the populations and species of the *Balaenoptera*. Rep. Intern. Whal. Comm. Spec. Issue 13, 125-154.

Wade, P.R., 2009. Population dynamics. In: Perrin, W.F., Würsig, B., Thewissen, J.G.M. (Eds.), Encyclopedia of Marine Mammals, second ed. Academic Press, San Diego, CA, pp. 913-918.

Watkins, W.A., Schevill, W.E., 1977. The development and testing of a radio whale tag, Ref. No. 77-58. WHOI Woods Hole, MA.

Watkins, W.A., Daher, M.A., Fristrup, K.M., Howald, T.J., Disciara, G.N., 1993. Sperm whales tagged with transponders and tracked underwater by sonar. Mar. Mamm. Sci. 9,55-67.

Watkins, W.A., Daher, M.A., DiMarzio, N.A., Samuels, A., Wartzok, D., Fristrup, K.M., Howey, P.W., Maiefski, R.R., 2002. Sperm whale dives tracked by radio tag telemetry. Mar. Mamm. Sci. 18,55-68.

Weber, D.S., Stewart, B.S., Garza, J.C., Prins, H.T., 2000. An empirical genetic assessment of the severity of the northern elephant seal population bottleneck. Curr. Biol. 10,1287-1290.

Welch, A.J., Bedoya-Reina, O.C., Carretero-, P., Miller, W., Rode, K.D., Lindqvist, C., 2014. Polar bears exhibit genome-wide signatures of bioenergetic adaptation to life in the Arctic environment. Genome Biol. Evol. 6,433-450.

Weslawski, J.M., Hacquebord, L., Stempniewicz, L., Malinga, M., 2000. Greenland whales and walruses in the Svalbard food web before and after exploitation. Oceanologia 42,37-56.

Westlake, R.L., Gilmartin, W.G., 1990. Hawaiian monk seal pupping locations in the northwestern Hawaiian islands. Pac. Sci. 44,366-383.

Whitehead, H., 1996. Babysitting, dive synchrony, and indications of alloparental care. Behav. Evol. Sociobiol. 38, 237–244.

Whitehead, H., 2001. Direct estimation of within-group heterogeneity in photo-identification of sperm whales. Mar. Mamm. Sci. 17, 718–728.

Whitehead, H., 2004. Sperm Whales. University of Chicago Press, Chicago, IL.

Willis, P.M., Crespi, B.J., Dill, L.M., Baird, R.W., Hanson, M.B., 2004. Natural hybridization between Dall's porpoises (*Phocoenoides dalli*) and the harbour porpoises (*Phocoena phocoena*). Can. J. Zool. 82, 828–834.

Willis, J., 2014. Whales maintained a high abundance of krill: Both are ecosystems engineers in the Southern Ocean. Mar. Ecol. Prog. Ser. 513, 51–69.

Wright, I.E., Wright, S.D., Sweat, J.M., 1998. Use of passive integrated transponder (PIT) tags to identify manatees (*Trichechus manatus latirostris*). Mar. Mamm. Sci. 14, 641–645.

Wynen, L.P., Goldsworthy, S.D., Guinet, C., Bester, M.N., Boyd, I.L., Hofmeyr, G.J.G., White, R.G., Slade, R., 2000. Postsealing genetic variation and population structure of two species of fur seal (*Arctocephalus gazella* and *A. tropicalis*). Mol. Ecol. 9, 299–314.

Wynen, L.P., Goldsworthy, S.D., Insley, S.D., Adams, M., Bickham, J.W., Francis, J., Gallo, J.P., Hoelzel, A.R., Majluf, P., White, R.W.G., Slade, R., 2001. Phylogenetic relationships within the eared seals (Otariidae: Carnivora), with implications for the historical biogeography of the family. Mol. Phylogenet. Evol. 21, 270–284.

Yazdi, P., 2002. A possible hybrid between the dusky dolphin (*Lagenorhynchus obscurus*) and the southern right whale dolphin (*Lissodelphis peronii*). Aquat. Mamm. 28, 211–217.

Yim, H.-Y., Cho, Y.S., Guang, X., Kang, S.G., Jeong, J.Y., Cha, S.S., Oh, H.M., Jae-Hak Lee, J.H., Yang, E.C., Kwon, K.K., Kim, Y.J., Kim, T.W., Kim, W., Jeon, J.H., Kim, S.J., Choi, D.H., Jho, S., Kim, H.K., Ko, J., Kim, H., Shin, Y.A., Jung, H.J., Zheng, Y., Wang, Z., Chen, Y., Chen, M., Jiang, A., Li, E., Zhang, S., Hou, H., Kim, T.H., Yu, L., Liu, S., Ahn, K., Cooper, J., Park, S.G., Hong, C.P., Jin, W., Kim, H.S., Park, C., Lee, K., Chun, S., Morin, P.A., O'Brien, S.J., Lee, H., Kimura, J., Moon, D.Y., Manica, A., Edwards, J., Kim, B.C., Kim, S., Wang, J., Bhak, J., Lee, H.S., Lee, J.H., 2014. Minke whale genome and aquatic adaptation in cetaceans. Nat. Genet. 46, 88–92.

York, A.E., Kozloff, P., 1987. On the estimation of numbers of northern fur seal, *Callorhinus* ursinus, pups on St. Paul Island. Fish. Bull. 85, 367-375.

Zhou, X., Sun, F., Xu, Fan, G., Zhu, K., Liu, X., Chen, Y., Shi, C., Yang, Y., Huang, Z., Chen, J., Hou, H., Guo, X., Chen, W., Chen, Y., Wang, X., Lv, T., Yang, D., Zhou, J., Huang, B., Wang, Z., Zhao, W., Tian, R., Xiong, Z., Xu, J., Liang, X., Chen, B., Liu, W., Wang, J., Pan, S., Fang, X., Li, M., Wei, F., Xu, X., Zhou, K., Wang, J., Yang, G., 2013. Baiji genomes reveal low genetic variability and new insights into secondarily aquatic adaptation. Nat. Commun. 4, 2708..

第3部分 利用、资源养护和管理

第 15 章　利用和资源养护

15.1　导言

在这最后一章中，我们既考虑人类的利用活动等对海洋哺乳动物的威胁，也阐述了资源养护方面的进步。在数百年的漫长时间中，不加克制的人类捕猎活动使海洋哺乳动物种群反复地惨遭大批量捕杀，这已成为教科书上关于落后的资源管理的案例。过度利用是导致一些物种灭绝、另一些物种处于濒危状态的部分原因。已灭绝的物种包括斯氏海牛（*Hydrodamalis gigas*）、加勒比僧海豹（*Neomonachus tropicalis*）和大西洋灰鲸（*Eschrichtius robustus*）；濒危物种包括北大西洋露脊鲸（*Eubalaena glacialis*）、弓头鲸（*Balaena mysticetus*）大西洋种群、海牛属所有种（*Trichechus* spp.）的几乎所有种群（霍夫曼，1995 年）、儒艮（*Dugon dugon*）以及淡水豚类（里夫斯，2009 年）。但是，人类终于认识到海洋哺乳动物是需要保护的关键性自然资源和宝贵的生态系统组成部分，进而为海洋哺乳动物的资源养护和管理制定了许多国际法律框架以及国家和地方行动计划，所有这些都是至关重要的。在这些行动计划中，人们监测大量的、人类引发的海洋哺乳动物死亡事件，包括商业捕猎、渔网缠绕、渔业中的误捕、环境污染物和导致生境退化的其他因素造成的死亡。

与陆地哺乳动物相比，世界自然保护联盟（IUCN）仍将海洋哺乳动物归类为"数据缺乏和处于危险"，当前一些物种还面临灭绝的风险，这样的归类方法与它们的受威胁程度不相称（施佩尔等，2008

年)。不过，值得注意的是，鲸目动物、海牛目动物、海獭、北极熊（*Ursus maritimus*）和鳍脚类动物的一些种群已经走出了早期被人类过度利用的阴影，显示出了强有力的恢复迹象，这可归功于各种保护制度的建立与执行（马格拉等，2013 年；见下文）。虽然一些海洋哺乳动物种群仍处于危险中，但不可否认的是，许多国家的大环境在最近数十年间发生了很大改变，从资源利用转向了资源养护，海洋哺乳动物因此受益良多。然而，气候变化可能会导致海洋哺乳动物的许多物种在未来数十年间处于危险状态，与海冰相关的北极物种特别易受目前发生在北极的快速变化的影响。因此，在这最后一章中，我们将深入思考历史上和当前的消费性和非消费性利用，并简要地描述其他威胁，然后评估我们在海洋哺乳动物的养护和保护方面取得的进步，以及未来可能的目标和资源养护面临的挑战。

15.2　海洋哺乳动物的利用

在人类居住的所有大陆上，沿海居民出于生计目的对海洋哺乳动物资源的开发利用已长达数个世纪之久。集中出现在聚居地或休息地的鳍脚类动物特别易受早期猎人的攻击——这些人外出寻觅食物、衣着和建造住房的材料。当年人类捕杀海豹、海狮和近岸鲸目动物留下的遗骸堆的出现时间可追溯至成千上万年之前（克鲁普尼克，1984 年；奥莱利，1984 年；贝兰德，1996 年；里奇和厄尔兰德森，2008 年）。甚至大型鲸目动物也吸引了早期猎人的注意。历史证据表明，大约自 9 世纪以来，人们经常在北海和英吉利海峡捕猎露脊鲸，或许还有灰鲸（斯莫特和戈登，1981 年）。但是，与后来工业化的商业捕猎相比，这些早期捕猎活动对海洋哺乳动物种群的影响限于局部、规模也小。

15.2.1　历史上的实践

对海洋哺乳动物种群的商业化利用历史，包括捕鲸业、猎捕海豹业和猎捕海獭业，导致了悲剧性的后果，人类应以此案例为戒，避免再对可再生的生物资源进行掠夺性开发。巴斯克人早在 12 世纪就开始捕猎北大西洋露脊鲸，日本捕鲸者在 16 世纪晚期捕猎沿海的灰鲸（大村，1984 年），海洋哺乳动物的"商业化"利用造成了反复的过度捕猎，是鲸类种群规模锐减的原因之一。在挪威的斯瓦尔巴群岛，可发现对早期捕鲸历史的详尽记录，在威廉·巴伦支于 1596 年发现该群岛之后不久，人们即到那里开始了针对弓头鲸的捕鲸业。历史遗迹包括工作场地（鲸脂在此蒸煮以产生可运输的油）以及鲸和人类的骨骼，这些资料证明在那里发生过大规模的鲸类（和其他海洋哺乳动物）屠宰事件。在大规模开发鲸类资源之前，斯瓦尔巴群岛的弓头鲸储量估计为 2.5 万~10 万头（艾伦和凯伊，2006 年）。然而，不出一个世纪，来自荷兰、英国和丹麦的捕鲸者就将弓头鲸捕杀至灭绝的边缘（他们利用巴斯克人的捕鲸专业技能；图 15.1）。直到今天，该种群依然处于极危状态（韦格等，2010 年）。

来自新英格兰的美国捕鲸者扩展了捕鲸范围，他们于 19 世纪初跨越大西洋并进入太平洋和印度洋，以扩大对抹香鲸（*Physeter macrocephalus*）、露脊鲸、弓头鲸和灰鲸的搜索，这些鲸游速缓慢，捕鲸者能够用手掷鱼叉和长矛杀死它们（图 15.1）。至 19 世纪末，南北半球的露脊鲸，以及弓头鲸和灰鲸在其整个分布范围中都已严重枯竭（多诺万，1995 年）。尽管已经被严格保护了 100 多年，北大西洋露脊鲸依然是大型鲸目动物中最濒危的物种，总计少于 400 头。《白鲸记》的作者赫尔曼·梅尔维尔在 1851 年对所有鲸类面临的未来表达了担忧："……数以千计的鱼叉和长矛沿着所有大陆的海岸掷出；争论的焦点是，利维坦（抹香鲸）是否能够长久地躲避如此大范围的追捕、度过如此残酷的浩劫"（梅尔维尔，1851 年）。但这仅仅是开始。

在 19 世纪 60 年代，随着头部可爆炸的炮射鱼叉（鲸炮）的发明，现代商业捕鲸的时代开始了。捕鲸者将鲸炮与更快的蒸汽动力捕鲸船相

图 15.1　在 19 世纪捕猎弓头鲸的场景

(斯卡蒙，1874 年)

结合，第一次能够大量地捕获游速更高的须鲸科物种（最初是蓝鲸（*Balaenoptera musculus*）和长须鲸（*Balaenoptera physalus*））。捕鲸者在此之前曾一度忽视须鲸科成员，因为它们的速度太快，以致帆船和划桨船无法追上它们。

最初，捕鲸业利用地面站猎杀须鲸科动物，可捕获的须鲸数量也是有限的。1904 年，南乔治亚岛上建造了首座南极捕鲸站，当年捕获 195 头鲸。1925 年，船尾滑道发明问世，配备加工设备的远洋捕鲸船由此得以将鱼叉捕获的鲸拖上船，实施海上加工（图 15.2），而非依赖海岸站，鲸的捕获量由此激增。至 1913 年，已建立起 6 座地面站和 21 座浮动工厂，总捕获量达到 10 760 头（多诺万，1995 年）。1931 年，鲸的年捕获量上升至 37 000 头以上（大部分是蓝鲸），当年有 41 艘配备加工设备的捕鲸船在南极水域作业（图 15.3）。这个捕获量纪录最高的年份之后，蓝鲸日益稀少，其捕获量也稳步下降，到 20 世纪 50 年代中期，蓝鲸的捕获量已无商业意义。1966 年，世界海洋中仅有 70 头蓝鲸遭到捕杀。当对蓝鲸的搜捕不再有利可图时，远洋捕鲸者转而捕杀体型稍小、数量更多的长须鲸。在 20 世纪 50 年代的大部分时间中，长须鲸的捕获量猛涨至每年 25 000 头以上（图 15.3）（劳斯，1962 年）。至 1960 年，长须鲸的捕获量开始骤然跌落，捕鲸压力又转移至体型更小的大须鲸（塞鲸）。南半球的大须鲸（*Balaenoptera borealis*）种群总计很可能从未超过 60 000 头；仅在 1965 年一年，该种群的 1/3 就惨遭捕杀。到 20 世纪 60 年代末，大须鲸步了蓝鲸和长须鲸的后尘，成为商业上绝种的物种，此时捕鲸业的魔爪再次伸向了体型小得多的小须鲸（*Balaenoptera acutorostrata*）。小须鲸自此成为了远洋捕鲸者的主要目标物种，直到 1986 年的捕鲸禁令颁布、远洋须鲸捕猎活动中止（见下文的讨论）。

图 15.2　一艘配备加工设备的南极捕鲸船（"南方冒险者"号）的船艉视图，船上的滑道可用于将鲸拖上加工甲板

（照片提供：英国南安普顿海洋中心）

但是，鲸类并非唯一遭受过度捕猎的海洋哺乳动物。海獭（*Enhydra lutris*）、海狮类的大部分物种、竖琴海豹（*Pagophilus groenlandicus*）和冠

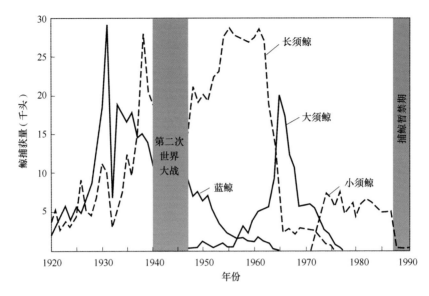

图 15.3　南极须鲸的商业捕获量（1920—1990 年）

数据来自联合国粮食及农业组织（FAO）的渔获和卸载统计

海豹（*Cystophora cristata*）、北象海豹（*Mirounga angustirostris*）和南象海豹（*Mirounga leonina*）以及海象（*Odobenus rosmarus*）全都遭受过大规模捕杀。自 18 世纪初起，猎人追捕这些物种以获取皮毛和/或油脂（斯卡蒙，1874 年；布施，1985 年；图 15.4），但是这些猎人很少留下捕获动物数量的记录。至 19 世纪末，人们曾认为加州海獭和北象海豹已灭绝。其他物种也经历了严重的枯竭，包括南半球的大部分海狗和海狮（肖内西，1982 年；里德曼，1990 年）。

15.2.2　当前对海洋哺乳动物的利用

在世界的许多地区，海洋哺乳动物仍被视为人类的食物。在以海洋哺乳动物物种为目标的渔业中，一些是商业活动，而其他一些是维持生计的捕猎。此外，人们还对一些海洋哺乳动物种群开展非消费性商业利用，主要是生态旅游活动。人类还捕捉并圈养少量海洋哺乳动物，不过

图 15.4　18 世纪阿留申群岛的猎人追捕海獭

(斯卡蒙，1874 年)

目前大部分动物园和水族馆均可共享繁殖群并开展设施间交换，从而最大限度地减少了在野外捕获动物的数量。

15.2.2.1　对海洋哺乳动物的捕猎

当前，一些国家继续捕猎鲸目动物。例如，法罗群岛每年捕获接近 1 000 头长鳍领航鲸（*Globicephala melas*），日本捕猎沿海的小型齿鲸、抹香鲸和几种须鲸（克拉普汉姆等，2003 年）。挪威和冰岛对小须鲸进行商业捕猎，每年可捕获数百头。挪威的小须鲸捕猎活动是北半球规模最大的商业捕鲸，其年度配额约为 1200 头，并设定了 5 年浮动平均，以利于未捕获的小须鲸进行年际移动，适应海冰和海况的年际变化。不过，实际捕获量仅约为配额的一半，因为渔业中的活跃船只相对很少，并且内销市场受到限制。冰岛最初遵守国际捕鲸委员会（IWC）1982 年颁布、1986 年生效的捕鲸禁令（见下文），但在 2006 年，冰岛重新开始捕鲸。最初，配额设定为 30 头小须鲸，但最近几年，配额已增加至超过 200 头，不过实际捕获量通常远低于 100 头。在一些年份，冰岛人还捕猎少量的长须鲸（*Balaenoptera physalus*），冰岛水域的长须鲸配额为 9 头。这些北欧国家详细记录种群数量和捕获的储量，捕获量也处于可持续限值内。日本在南冰洋的小须鲸捕猎活动在某种程度上更加引发争议，因为日本在国际水域捕鲸，并且无从知晓日本捕获鲸类的种群规模和储量结构。在过去 10 年间，日本捕鲸的平均年捕获量约为 700 头（另见下文）。加拿大、美国、俄罗斯、格陵兰及圣文森特和格林纳丁斯（加勒比海国家）的土著社区也以生计目的捕猎鲸目动物。例如，格陵兰持有 IWC 批准的配额：每年可捕 176 头小须鲸、19 头长须鲸、10 头座头鲸和 2 头弓头鲸，为期 2015—2018 年（IWC，2014 年）。

国际捕鲸委员会（IWC）批准的其他生计捕鲸活动与相应限额包括：俄罗斯楚科奇民族自治区分配到的 140 头灰鲸配额，以及白令海—楚科奇海—波弗特海弓头鲸资源库的 6 年期共 336 头捕猎限额。这里与挪威的小须鲸捕猎活动类似，一年内未用尽的配额可转到第二年继续使用，因此 2014 年的实际配额为 82 头鲸（《联邦公报》，2014 年）。格陵兰和加拿大也相对大量地猎捕一角鲸（*Monodon monoceros*）和白鲸（*Delphinapterus leucas*），捕获量比 IWC 的管理限值大得多。在最近力图以降低捕获量为目的的配额体系实施之前，这些捕猎活动可能已造成了不可持续的生态后果。因此，加拿大和格陵兰成立了一个联合委员会，旨在保护受到两国猎捕的鲸类种群（例如，见维廷等，2008 年；杰弗逊等，2012 年 a）。俄罗斯和阿拉斯加的白鲸也遭受了捕猎，并且在过去几年，某些资源库的捕获量超出了可持续限值，但人们正在努力稳定白鲸资源库、设法使枯竭的种群恢复（例如，马奥尼和谢尔登，2000 年）。目前，对未知状态的小型白鲸资源库的捕猎活动是白鲸种群面临的主要威胁之一（杰弗逊等，2012 年 b）。

当前，一些国家也存在商业猎捕鳍脚类的现象。最明显的例子是加拿大的竖琴海豹捕猎配额。在加拿大，竖琴海豹的总可捕量（TAC）目前为 400 000 头。这个设定的猎捕水平明确地导致了竖琴海豹种群的衰退（加拿大渔业和海洋部（DFO），2010 年），在海洋哺乳动物的管理机制中，这并非普遍的管理实践。然而，竖琴海豹的捕获量，在 2009 年前为数十万头，近年下降至约为 TAC 的 20%，同时约 700 万头海豹组成的种群也在持续增长（DFO，2012 年）。挪威也在格陵兰海捕猎竖琴海豹（过去，苏联/俄罗斯也参与捕猎）。目前在格陵兰海，竖琴海豹的 TAC 为 25 000 头幼仔和成年动物（两只幼仔可替代一头成年海豹），而近年的捕获量为 5 000 头到 16 000 头之间（挪威渔业与海岸事务部，2013 年）。俄罗斯和挪威共同捕猎巴伦支海—白海的竖琴海豹种群，目前该种群的 TAC 约为 15 000 头，但实际上受到捕猎的海豹相对较少（挪威-俄罗斯联合委员会报告，2013 年）。在加拿大，冠海豹也仍在遭受商业捕猎，其 2007—2014 年的 TAC 为 8 200 头。考虑到最近的数据更新相当缓慢，因此我们尚未可知对冠海豹的猎捕是否可持续。2008 年，冠海豹成为挪威的保护动物，因为其种群在最近数十年间衰退了超过 70%，部分可归因于过度捕猎（奥加尔德等，2014 年；另见"气候变化"部分）。在格陵兰岛的捕猎活动中，竖琴海豹和冠海豹也遭受着大量捕猎：在不设配额的生计捕猎活动中，每年有 78 000 头竖琴海豹和大约 6 000 头冠海豹在格陵兰水域遭到捕杀（格陵兰政府情况说明书，2012 年）。加拿大的灰海豹（*Halichoerus grypus*）也遭到捕猎。灰海豹的 TAC 为 60 000 头，约为可持续估算值的 2 倍。这种管理策略的意图也是减少灰海豹的种群数量（DFO，2014 年）。但是，正常情况下的捕获量仅约为每年 1 000 头。在挪威，基于运动的捕猎活动也会少量捕猎灰海豹（相对于商业捕猎而言）；管理机构为挪威沿海的竖琴海豹和环斑海豹（*Pusa hispida*）发布了类似、但数量更少的运动捕猎配额。目前遭受大规模商业捕猎的唯一海狮科物种是南非海狗（*Arctocephalus pusillus*），特别是在纳米比亚。南非海狗的 TAC 为 92 000 头，其 90% 的配额设定为幼仔，剩余的可捕量为成年海狗。尽管目前的捕获量仅约为 TAC 的一半，但遭受捕猎的 3 个聚居地中已有 2 个处于数量衰退状态（柯克曼等，2013 年）。依据《保护南极海豹公约》规定的总可捕量（TAC）考虑到了食蟹海豹（*Lobodon carcinophaga*）（175 000）、豹形海豹（*Hydrurga leptonyx*）（12 000）和威德尔海豹

（*Leptonychotes weddellii*）（5 000）的捕获量，然而目前还没有出现猎捕这些物种的行为。

一些对鳍脚类的大规模捕猎是出于生计目的，主要发生在北极地区。仅在格陵兰岛，每年就有超过 78 000 头环斑海豹遭到捕杀。实际上，整个环北极地带的环斑海豹均遭受捕猎，但大多数国家不记录捕获量。在整个北极地区，髯海豹（*Erignathus barbatus*）、带纹环斑海豹（*Histriophoca fasciata*）和斑海豹（*Phoca largha*）的年捕获量也可超过 10 000 头（特鲁金，2009 年；艾伦和安格利斯，2011 年；海洋哺乳动物委员会，2012 年）。当前，猎捕北海狗（*Callorhinus ursinus*）仅是为满足生计需求，每年仅捕获 500~1 000 头，大幅低于对该物种的早期商业捕猎水平（莱斯特恩考夫和扎瓦迪尔，2007 年；马拉凡斯基等，2007 年）。阿拉斯加、俄罗斯、加拿大和格陵兰的海象也受到生计捕猎活动的影响。在太平洋，海象的捕获量约为每年 1 000 头（海洋哺乳动物委员会，2009 年）；而在大西洋，捕获量为每年数百头。但是一些在大西洋的捕猎活动导致了种群衰退。2006 年，格陵兰岛为西格陵兰的海象资源库设定了配额，力图阻止种群衰退（斯图尔特等，出版中）。

在阿拉斯加、加拿大和格陵兰，北极熊受到原著民的捕猎；俄罗斯和挪威的北极熊种群受到法律法规保护，不过俄罗斯可能存在少量的非法捕猎（见奥巴德等，2009 年）。在整个北极地区，每年约有 800 头北极熊遭到非法捕杀，而目前全世界的北极熊种群共有约 2 万头。大部分捕猎活动发生在加拿大北极，少数发生在其他地区（见世界自然保护联盟（IUCN）北极熊专家组——在线，海洋哺乳动物委员会，2012 年）。在一些没有捕猎配额的地区，可能发生过度捕猎的现象（施利伯等，2008 年）。海獭也受到阿拉斯加原住民的捕猎：猎捕活动没有季节限制或重量限制，他们也无需取得许可。近年来，基于猎人报告的捕杀活动，每年约捕猎 1 000 头海獭（费希和阿拉斯加野生动物局，2013 年）。海牛在其整个分布范围中均受到法律法规保护，但亚马孙海牛

(*Trichechus inunguis*）和西非海牛（*Trichechus senegalensis*）正面临非法捕猎的威胁（马蒙泰尔，2008 年；鲍威尔和库亚迪奥，2008 年）。儒艮在其整个分布范围中均遭受生计捕猎的影响，在一些地区，捕猎活动正在导致儒艮的种群衰退（马尔什等，2002 年；马尔什，2008 年；见"资源养护"部分）。

一些海洋哺乳动物种群也遭受着各种形式的"选择性捕杀"，即捕杀特定的动物以减小种群规模。沿海的鳍脚类是选择性捕杀项目的最常见目标，但海豚和其他鲸类也遭到捕杀（鲍恩和里德加尔德，2013 年）。这种项目作为一种渔业管理措施而实施，意图在于减少海洋哺乳动物对鱼类物种（渔获目标）的捕食。在选择性捕杀项目中，人们通常大比例地减少捕食者种群（>50%）。捕杀的效果通常是短期的，因为当缺乏持续控制时，捕食者种群通常可迅速回归至捕杀前的密度。有时，地方政府对批准的捕杀行为给付赏金以鼓励这类项目（向悬赏方出示颌部或其他一些身体部分）（例如，德沃伊斯等，2012 年）。海洋哺乳动物选择性捕杀项目很少针对猎物种群制定可衡量的指标，证明这些行动有道理的科学证据也通常具有高度的不确定性（见鲍恩和里德加尔德，2013 年综述）。事实上，很多研究表明，当捕杀海洋哺乳动物以图增加渔业收获时，可能带来适得其反的效果，因为移除这些天然捕食者会产生系统性效应，导致食肉鱼类泛滥，进而威胁渔场的目标物种（例如，对本格拉寒流系统进行的深入研究——见范德林根等，2006 年；柯克曼，2010 年；特拉维斯等，2014 年）。

15.2.2.2 海洋哺乳动物的非消费性利用——生态旅游

海洋哺乳动物是充满魅力的大型动物，吸引着大量公众的关注。在许多生态旅游项目中，海洋哺乳动物是人们在野生环境中特别喜爱的观赏主题，它们几乎在任何地方都表现出亲近人类的行为。它们也是水族馆和其他一些设施吸引游客的招牌，日常由馆内的工作人员圈养并照料它们。当然，至于是否应当将这些动物用于商业盈利，舆论有着不同的观点和声音，但对许多人而言，组织生态旅游或参观圈养动物是他们见到活的海洋哺乳动物的唯一可能途径。我们不应低估向公众展示海洋哺乳动物所带来的资源养护价值，因为大多数潜在的生态游客都非常赞同环境保护（卢森堡等，2014年），当然，应当尽可能地减小这些活动的占用空间（例如，奥尔特加等，2013年），特别是要当心不能妨碍繁殖场的动物。根据巴斯托（1986年）的观点，非消费性利用还包括：使用遥感或非侵入技术的温和研究、以保护区或避难所的形式开展的生境保护、通过艺术作品传达的鲸目动物审美的文化价值，以及强调鲸类是一种独特的教育资源。在此，我们集中关注涉及野生动物的生态旅游。

观鲸是一种古老的消遣方式，但也是一个相对年轻的产业。直到过去数十年间，观鲸产业才有了明确和增长的市场，大量观鲸者出于教育或生态旅游目的，获得了与鲸豚类动物亲密接触的机会。观鲸活动的内容多种多样，既包括对鲸类迁徙、摄食和求偶活动的偶然观察，也包括从船上或飞机上长时间地集中观察鲸类或与它们互动。1991年，全世界估计有400万人体验了观鲸活动。到1994年，这个数字已增长至540万人，总收益估计超过5亿美元（霍伊特，1995年），并且有超过50个国家和地区开展了观鲸旅行（国际爱护动物基金会（IFAW），1995年）。一些较著名的观鲸地点参见表15.1。在加那利群岛，观鲸活动以16种齿鲸为观赏对象，与大型渡轮相似的船只每日运送超过1000名旅客去观鲸，每年产生1200万欧元的收益。对2010年全球观鲸潜力分析的结果（希斯内罗斯·蒙特马约尔等，2010年）表明，该产业的总潜力为：年收入超过25亿美元和在全世界产生约1.9万份工作，不过同年（2010年）全世界观鲸产业的实际收入估计为10亿美元（兰伯特等，2010年）。鲸和其他海洋哺乳动物为生态旅游活动带来的经济价值对地方政府施加了正压力，促使他们确保当地海洋哺乳动物种群的存活，特别是在经济不发达地区——在那里，环境保护难以通过其他方式推行，渔业等事项的优先度高于资源养护（见埃德加等，2008 年）。对于一些海洋小国，例如汤加王国，观鲸活动是一项重要的国家收入来源（凯斯勒和哈考特，2012 年）。但是随着许多地区观鲸活动的扩张，管理机构面临新职责：监督非消费性利用的鲸目动物储量的养护（奥尔特加等，2013 年）。

表 15.1　商业观鲸活动的目标物种和观鲸地点

目标物种	观鲸地点
宽吻海豚	美国、澳大利亚、日本
飞旋海豚和花斑原海豚	加勒比海群岛、巴西、夏威夷
虎鲸	挪威、不列颠哥伦比亚、皮吉特湾、南极、巴塔哥尼亚
抹香鲸	加那利群岛、亚速尔群岛、新西兰南岛、挪威
座头鲸	夏威夷、阿拉斯加、澳大利亚、日本、新英格兰
灰鲸	不列颠哥伦比亚至下加利福尼亚
露脊鲸	巴塔哥尼亚

观鲸旅游包括一种特别的形式：与圈养或野生的海豚共游，或给它们喂食。宽吻海豚（*Tursiops truncatus*）是海豚与人的互动中涉及的典型物种。美国和其他一些地方的几处设施在圈养的室内环境中开展了"与海豚共游"项目。在这些项目中，对宽吻海豚的定量行为学研究表明，在某些情况下，人类游泳者和海豚的相遇可能存在风险（塞缪尔斯和斯普拉德林，1995 年；塞缪尔斯等，2000 年）。当管理人员不直接控制海豚和游泳者之间的相遇时，这些负面互动（例如，攻击性、服从性或性行为）的发生率更高。在受控的情形下，训练人员能够降低海豚受到痛苦和游泳者受伤的可能性。在野外，共游项目对海豚行为的长期影响尚未可知，并且研究者需要长期跟踪海豚个体的行为，才能对海豚受到的长期影响进行评估，并将定量的行为学数据（即，塞缪尔

斯和斯普拉德林，1995 年；塞缪尔斯等，2000 年）与未经历过共游的野生海豚的研究数据进行分析和比较。在新西兰的群岛湾，科学家研究了野生宽吻海豚对游泳者存在的反应。结果表明，当经营者的船只接近海豚时，海豚在接近船只的 1/3 ~ 1/2 的时间中改变了它们的行为。海豚的反应随着游泳者位置的改变而变化。游泳者在水中采取"并列队形"策略时，海豚的回避率最低，但一些数据表明，随着时间的推移，海豚可能改变它们的反应（康斯坦丁和贝克，1997 年；康斯坦丁，2001 年）。在少数国家，人们有机会与除海豚之外的鲸类共游（例如，在汤加与座头鲸（*Megaptera novaeangliae*）共游，在加拉帕戈斯群岛和亚速尔群岛与抹香鲸共游，在加那利群岛外海与领航鲸（*Globicephala* spp.）和喙鲸共游；康斯坦丁，1999 年）。凯斯勒和哈考特（2010 年）指出，汤加政府针对"与座头鲸共游"项目制定了法规、操作指南和参观者教育活动，以确保这个小国的"与鲸共游"产业得到可持续发展。

允许喂食野生海豚的国家很少，澳大利亚即是其中之一。在澳大利亚，这种实践活动已成为科学研究的主题。西澳大利亚州的芒基米亚是以人类与海豚的互动历史而闻名的地区之一（科纳和斯莫尔克，1985 年）。已有研究报道了野生海豚和接受喂食的海豚之间行为的重要差异，包括接受喂食的母海豚所生幼豚的死亡率升高（康斯坦丁，1999 年，引用的参考文献）。澳大利亚的另一个喂食项目位于昆士兰州摩尔顿岛的汤佳路玛，有报道称在喂食过程中，人类和野生海豚之间发生过有力的接触（例如，莽撞的行为）；出现在特定喂食区的海豚数量显著增加，当摄食群体中有成年雄性时，可能会发生粗鲁的行为（奥朗姆斯等，1996 年）；当地政府已制定了喂食指南，旨在尽可能减少人类或海豚所受到的不利影响。

随着鲸豚类个体暴露于各种类型和强度的观鲸旅游活动，地方管理机构（和其他管理组织，例如国际捕鲸委员会（IWC）——见下文）

通常面临着一个基本问题：这些活动对目标动物的正常行为的潜在影响是什么？观鲸活动是否构成了对鲸类动物的侵扰？毫无疑问，一些观鲸或观海豹活动以及一些温和的研究活动（图15.5）明显导致了低水平的干扰。在各种研究中，人们调查了船只往来和噪声的存在对须鲸的影响（见理查德森等，1995年b论述；另见佩特瑙德等，2002年），也有一些研究关注这些内容对小型齿鲸的影响（见巴克斯塔夫，2004年论述）。这些研究结果报道的鲸目动物的主要行为反应是短期效应，例如：休息行为减少、游泳速度提高、空间规避、呼吸同步性增强，以及潜水行为改变（詹尼克和汤普森，1996年；诺瓦塞克等，2001年；哈斯蒂等，2003年；巴克斯塔夫，2004年；康斯坦丁等，2004年；鲁塞，2006年）。这种短期的干扰可造成一个种群的行为的较长期改变。萨尔登（1988年）指出，在夏威夷座头鲸（*Megaptera novaeangliae*）中，母鲸和幼鲸可能放弃了毛伊岛海岸附近的传统冬季休息区，而是栖息于离岸3~4千米远的水域，这很可能是受到日益增加的观鲸活动的影响而做出的反应。类似地，卡特莱特等（2012年）也报道，在夏威夷群岛，成为母亲的雌性座头鲸根据当地观鲸活动产生的压力变化，改变了它们的生境。然而，没有证据表明，座头鲸个体或小群的相对相遇率有所下降。在加利福尼亚南部的海湾，观赏迁徙的灰鲸是当地冬季垂钓业的重要组成部分，苏密西和肖（1999年）证实了即使灰鲸种群的规模继续增加，灰鲸的迁徙路线也发生了明确的改变，从沿岸路线移至外海路线。因此，对夏威夷的座头鲸和加利福尼亚的灰鲸而言，它们的正常（或至少是历史）行为已发生了改变，这或许是观鲸活动导致的后果之一。在新英格兰，一项研究显示，观鲸与座头鲸的产仔率或生产不相关（温里克和科尔伯力，2009年）。这些结果说明，观鲸所产生的轻微的负面影响未必会导致对个体或种群的长期有害影响。类似地，里克特等（2006年）发现，在新西兰的凯库拉，抹香鲸对商业观鲸活动仅表现出少量反应，他们提出，观鲸引发的改变很可能不具有生物学重要性。但是，在新西兰峡湾的另一项研究强烈地表明，该区域中的海豚与船只互动水平不可持续（峡湾中有 3 个小型宽吻海豚种群）。研究表明，船只与海豚之间的互动既具有短期效应也具有长期效应，会影响到个体和它们所属的种群（鲁塞等，2006 年）。这些研究者提出，应建立一个多层次的海洋哺乳动物保护区，以最大限度地降低海豚和船只的相互影响。

图 15.5 在挪威的斯瓦尔巴群岛，海洋巡游旅行者参观一处海象的陆地聚居地
该海象种群已得到了超过 60 年的保护，它们免于捕猎的威胁，人类参观者也不轻易打扰它们
（照片提供：克里斯蒂安·里德森，挪威极地研究所）

关于旅游活动对鳍脚类动物的影响，人们可获得的信息很少，尽管在许多地区，鳍脚类动物是生态旅游的目标物种（图 15.6）（理查德森等，1995 年 b；康斯坦丁，1999 年）。有研究者探索了圣劳伦斯湾的旅游活动对竖琴海豹的影响，研究结果显示，在旅游者参观期间，雌性海豹明显减少了对幼仔的照料，幼仔的活动水平增加、休息减少。幼海豹的年龄和旅游者的行为都会影响海豹受干扰的程度。不过，在旅游者离开 1 小时之内，母海豹和幼海豹的行为即可恢复到未受干扰的状态（科

瓦奇和英尼斯，1990 年）。

图 15.6　在灰鲸的冬季繁殖潟湖中与一头灰鲸近距离相遇
（对呼出的肺部气体进行采样）

在一些地区，海牛也是很多生态旅游关注的对象。每年有将近 10 万人参观佛罗里达水晶河，观察佛罗里达海牛（*Trichechus manatus*）并与其共游。该物种的分级为"濒危"，这令"利用和保护"之间的平衡面临挑战（索利斯等，2006 年）。游客为佛罗里达沿海社区带来数百万美元的收入，而这些收入肯定非常有助于抵制商业压力，阻止开发海牛赖以栖息的湿地（所罗门等，2004 年）。在试验中，船只的接近导致海牛出现各种反应（米克西斯·奥尔兹等，2007 年 a），但研究表明，海牛对觅食区的利用与噪声水平相关（米克西斯·奥尔兹等，2007 年 b）。一些人号召旅游业自身建立起"最优实践"，在对游客进行培训的同时，确保未来对佛罗里达海牛的养护，而不是由政府管理部门（美国鱼类及野生动植物管理局）执行一种自上而下的管理机制。在一些地区（例如，加拿大马尼托巴省的丘吉尔、斯瓦尔巴群岛），北极熊也得到相当多旅游者的关注。然而人们尚未研究这些活动对北极熊所产生的潜在影响。

15.2.3 海洋哺乳动物面临的其他风险

虽然直接以海洋哺乳动物为猎捕对象的渔业在很大程度上受到控制，并且在可持续的范围内进行（有大量例外），但是可认为其他渔业的相互作用也对一些海洋哺乳动物种群构成了重大威胁（菲尔特尔，2009 年；诺尔斯里奇，2009 年）。这些相互作用涉及营养相互作用，海洋哺乳动物是以某些海洋动物种群为猎物的消费者，而人类也捕捞和消费这些种群（于是可将人类理解为海洋哺乳动物的竞争者），或者，人类的过度捕捞行为可能会限制一些海洋哺乳动物种群的规模或恢复（戈尔兹沃西等，2003 年）并导致冲突。后一类相互作用包括：海洋哺乳动物直接食用（或毁坏）渔线、陷阱或渔网捉住的鱼类、蟹类等，或是意外地缠在渔具中。此外，世界海洋中的污染物和其他形式的生境退化，例如海洋噪声水平的增加，对海洋哺乳动物构成了逐步升级的危险。舰船的撞击会危及小型种群，例如北大西洋露脊鲸，每次死亡事件都成为环境保护议题（克劳斯等，2005 年）。对北极物种而言，全球变暖已经是迫在眉睫的威胁，并且气候变化给世界海洋带来的变化将可能是未来数十年间最深刻的影响源之一（例如，科瓦奇等，2011 年，2012 年）。下文将详尽地讨论其中的一些重要威胁。

15.2.3.1 各类渔业及渔具的相互作用

(1) 意外捕获海洋哺乳动物

远洋刺网（包括定置刺网和流刺网）和远洋延绳钓对海洋哺乳动物的意外、附带捕获或**误捕**是一个全球问题（例如，刘易森等，2014 年；曼格尔等，2013 年）。一些物种也可能被陷阱、线袋或拖网缠住（例如，戈尔兹沃西等，2003 年；哈默和戈尔兹沃西，2006 年；阿迪梅等，2014年）。在20世纪90年代初，单是刺网导致的全球海洋哺乳动物最小误捕量据估计就高达每年50万~80万头（雷德等，2006年）。门德斯等（2010年）指出，与死亡数量的意义相比，齿鲸的社会性可导致误捕的影响更为有害。母亲和后代及成对的配偶一同缠在渔网中的情况会加剧误捕对种群的有害影响；成群亲属的同时死亡意味着遗传多样性的重要组分一并失去，该问题对小型种群尤其严峻。

现有证据表明，小型鲸目动物的一些资源量可能无法承受因捕捉和渔网缠绕导致的死亡率。这些鲸目动物包括：栖息于加利福尼亚湾的加湾鼠海豚（*Phocoena sinus*）、中华白海豚（*Sousa chinensis*）、南非纳塔尔海岸的宽吻海豚、在南非的夸祖鲁—纳塔尔省外海分布的驼海豚（*Sousa* spp.）、地中海条纹原海豚（*Stenella coeruleoalba*）（5 000~10 000头）、北大西洋西部的鼠海豚（*Phocoena phocoena*）（5 000~8 600头）、南太平洋东部的暗色斑纹海豚（*Lagenorhynchus obscurus*）（1 800~1 900头）、北太平洋的北露脊海豚（*Lissodelphis borealis*）（19 000头）、地中海的抹香鲸（20~30头），以及地中海的各种小型齿鲸，例如灰海豚（*Grampus griseus*）（例如，佩兰等，1994年；洛佩兹和巴塞罗那，2012年，阿特金斯等，2013年）。长江中的白鱀豚（*Lipotes vexillifer*）已于近年灭绝，这是生境退化和渔网误捕综合作用的结果（特维等，2010年）；并且研究和保护人员担心，长江江豚（*Neophocaena asiaeorientalis asiaeorientalis*）会面临相似的命运（梅等，2012年）。在20世纪90年代期间，美国的渔业每年意外地捕获或缠住超过3 000头鲸目动物和300头鳍脚类（雷德，2008年）。在美国，几乎所有鲸目动物的误捕均涉及到鼠海豚、海豚与刺网渔业，大部分严重的伤害和死亡均是由刺网渔业引起。在一些地区，由于渔具的误捕作用，须鲸也处于危险中（例如，芬利，2001年；宋，2011年）。

各类渔具对一些鳍脚类物种的误捕也是引发人们关注的环境保护问题之一。例如，新西兰海狮（*Phocarctos hookeri*）和澳大利亚海狮

（*Neophoca cinerea*）都是受威胁物种，刺网和其他渔具正对它们造成致死性的严重影响（奇尔弗斯和威尔肯森，2008 年；哈默等，2013 年）。这两种海狮的分布区范围有限并表现出较强的恋出生地性，因此对它们栖息地的保护可能是一种有效的资源养护方法（见奥格等，2014 年，另见下文）。此外，一些形式的渔具也会缠住海牛目动物（例如，阿迪梅等，2014 年）。

通过渔具改良（先科等，2014 年）、各种驱赶方法，以及更深入地了解海洋哺乳动物的分布，研究者正在竭力降低海洋哺乳动物的误捕死亡率（查克内尔和布卢姆斯坦，2013 年；哈默等，2013 年；曼格尔等，2013 年；劳里亚诺等，2014 年）。但是，成功的一个必要条件当然是捕鱼船只对误捕缓解措施的遵守（见格耶尔和雷德，2013 年）。驱赶海洋哺乳动物的方法包括触觉、视觉、化学感应和声学驱赶手段。声驱赶法也称为声学干扰装置（AHD），其中**声波发射器**输出低声，向海洋哺乳动物告警渔网的存在。结果表明，声警告装置可减少对鼠海豚（例如，克劳斯等，1997 年；拉尔森和克罗格，2007 年）、普拉塔河豚（*Pontoporia blainvillei*）（波尔蒂诺等，2002 年）和短吻真海豚（*Delphinus delphis*）（巴洛和卡梅伦，2003 年）的意外捕获事件。然而研究也发现，声驱赶对其他一些物种（例如，白腰鼠海豚（*Phocoenoides dalli*）和真海豚）效果很不明显甚至全无效果，而且声波发射器导致宽吻海豚、澳大利亚短吻海豚和驼海豚属所有种（*Sousa* spp.）发生了轻微的行为改变（见索托等，2013 年引用的参考文献）。清楚的是，声波发射器的有效性需在特定案例的基础上测量；研究表明，它们仅应当用于降低环境保护关注物种被渔网缠住的发生率（霍奇森等，2007 年），因为与这些装置有关的噪声污染水平可能对非目标的海洋哺乳动物种群构成不利影响（约翰斯通和伍德利，1998 年；戈茨和詹尼克，2013 年），而且一些目标物种迅速地习惯了声音恐吓装置，实际上还可能使用它们定位潜在食物来源。海洋哺乳动物遭受误捕的全球模式显示，东太平洋是一个误捕现象的高发区（刘易森等，2014年）。

除了人们积极关注的渔网缠住海洋哺乳动物的情况外，丢弃或遗失的渔具也会导致未知（很可能不可知）数量的海洋哺乳动物死亡（图15.7）。自 1940 年起，渔业不再使用天然材料的网线，转而采用人造纤维的渔网、渔线和其他渔具，导致遗失和丢弃的渔具的出现频率大量增加，因为这些物质非常难以降解。在北太平洋中部，渔业使用刺网捕捉鱿鱼，每年布设超过 100 万千米的网，大量废弃渔具可能由此产生。一旦遗失，这些渔网经常漂流数年之久，使海洋哺乳动物和海鸟种群遭受持续的伤亡（另见下文）。

图 15.7　美国俄勒冈海岸，一头被渔网缠住的灰鲸

丢弃的渔网和鱼线即使在漂流上岸之后，也可继续导致海洋哺乳动物死亡。在南乔治亚岛和南桑威奇群岛中的鸟岛上，研究者对南极海狗（*Arctocephalus gazella*）进行了一项调查，发现即使是在如此偏远的岛屿上，也有将近 1% 的鳍脚类动物受困于合成纤维的渔业垃圾（克罗克索

尔等，1990年）。大部分被缠住的鳍脚类动物戴着"颈环"，由塑料质的鱼箱碎条（59%）或渔线和渔网（29%）缠绕造成（图15.8）。在这些鳍脚类动物中，有很大一部分显示出身体损伤的迹象，并且大多数受伤的动物很可能在遭受缠绕之后死去。1985—1996年间，美国的海洋纠缠物研究计划（MERP）支持对海洋废弃物的评估工作，包括监测废弃物数量、将问题和解决方案告知公众、减少丢弃的渔具，以及鼓励国际合作以解决海洋废弃物污染问题（沃尔什，1998年）。2005年，美国国会专门拨款以支持国家海洋和大气管理局（NOAA）重建集中的海洋废弃物处置能力。NOAA与其他部门合作，旨在组织、加强和增加应对海洋废弃物的行动（另见下文的"资源养护计划"）。1992年末，一项在全球公海禁止开展所有大型流网作业的渔业活动的议定生效（霍夫曼，1995年）。

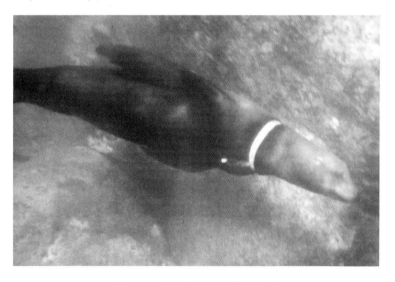

图15.8 海狮的颈部缠绕着渔线

（2）金枪鱼与海豚的相互作用

在捕猎金枪鱼的渔业中，存在一种海洋哺乳动物与渔业相互作用的特殊情况，由于一些种类的海豚与金枪鱼共游，因此渔民可根据海面上的海豚判断水下金枪鱼的踪迹（豪尔和多诺万，2002 年；詹金斯，2007 年）。例如，在热带东太平洋（ETP），黄鳍金枪鱼倾向与几种特定的海豚共游（特别是泛热带的点斑原海豚（*Stenella attenuata*）、长吻原海豚（*Stenella longirostris*）和短吻真海豚（*Delphinus delphis*））。数十年间，渔民使用大型围网对海豚群进行围捕，以捕获在下方游泳的金枪鱼。在这些围网中惨遭杀害的海豚很容易计数；然而，还有未观察到的海豚死亡：不能独立生活的幼豚从它们的母亲身边分离进而死亡，其数量估计约为观察到死亡海豚数量的 10%（阿彻等，2004 年）。但即使是最低估计，海豚的死亡数量也以数百万头计（瓦德，1995 年）。

到 1970 年，每年有 20 万~30 万头海豚在金枪鱼围网作业中丧生。在整个 20 世纪 60 年代至 70 年代初，美国的船队在这项渔业中占主导地位，应对 80% 以上的海豚死亡负责（杨等，1993 年）。1977 年，美国将金枪鱼围网渔业中的年度致死海豚数量限制在 5.2 万头，到 1980 年，这个数字需进一步降低至 3.1 万头。随着该指标的提出，政府要求船上配备观察员，并实施一些渔具改良和程序限制，例如使用细孔网和新的撤回步骤（图 15.9），以释放网中捕到的海豚（国家研究理事会，1992 年）。这些管理行动非常成功，在这些年间，海豚的死亡率下降至低于配额指标的 50%。到 1984 年，美国金枪鱼围网船队走向衰退：1980 年共有 94 艘船，至 2009 年仅剩 2 艘（美洲国家热带金枪鱼委员会（IATTC），1981 年；海洋哺乳动物委员会，2009 年）。渔船数量下降的部分原因是很多美国渔船悬挂他国国旗，以此规避国家法规并避免承担美国的高运营成本和高劳动力成本。数十年来，国际金枪鱼船队依然是海豚死亡的一个主要根源。以 1986 年为例，有 133 174 头海豚在金枪鱼捕鱼业中惨遭杀害（杨等，1993 年）。在过去的 25 年间，这些统计数字已大幅下降，在 2009 年估计有 1 239 头海豚死亡；美国渔船导致的最近的海豚死亡事件发生在 2002 年（海洋哺乳动物委员会，2009 年）。

图 15.9　现代金枪鱼围网，海豚在撤回步骤期间逃逸（图片底部）

（照片提供：W 佩里曼）

海豚的死亡率下降的部分原因是消费者对"海豚安全"产品的需求。只有在捕获金枪鱼的过程中没有导致海豚死亡或严重受伤的情况下，这些金枪鱼在北美市场上出售时方可贴上"海豚安全"标签（海洋哺乳动物委员会，2009 年，和以前的年度报告）。各项管理行动和市场需求迫使国内和国外的金枪鱼围网作业改善做法，降低了热带东太平洋（ETP）中海豚的死亡率（图 15.9 和图 15.10），也降低了这项渔业涉及的所有海豚资源量的相对年死亡率。然而，这些渔业早先已导致东太平洋的长吻原海豚（飞旋海豚）和东北太平洋的点斑原海豚种群规模锐减。格罗戴特和福尔卡达（2005 年）得出结论，虽然渔业中海豚的死亡率降低了两个数量级，但直到 2000 年，东北太平洋的点斑原海豚储量和东太平洋的长吻原海豚储量都没有在丰度上增加。原本预期的恢复没有发生，这些海豚的储量近于枯竭，但尚不确定这是不加管理的渔业产生的恶果还是环境变化的影响（瓦德等，2007 年）。当前，东太平洋的长吻原海豚（东方飞旋海豚）总计约 106 万头，外海的点斑原海豚总计约 43.9 万头，近岸的点斑原海豚总计 27.8 万头（格罗戴特等，2008 年）。

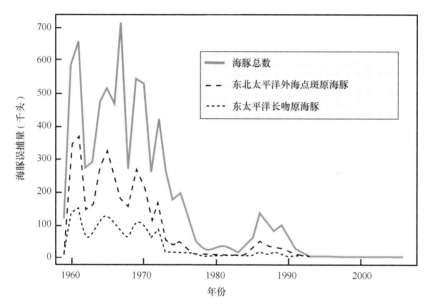

图 15.10　热带太平洋金枪鱼围网渔业导致的海豚年死亡率
不包括从母亲身边分离和推定为失踪的幼豚数量
（根据国家研究理事会（1992 年）作品重绘）

值得注意的是，海洋哺乳动物与渔业相互作用也有另一个方面。海洋哺乳动物的某些行为也会造成渔业损失，它们缠在渔网中时会导致渔具损坏和合适的捕鱼时机丧失。一些鲸目动物和鳍脚类动物积极地攫取渔线、渔网和其他渔具捕捉到的鱼。高价值鱼类，例如北方水域的各种鲑鱼和南冰洋的小鳞犬牙南极鱼（*Dissostichus eleginoides*），是海洋哺乳动物劫掠的目标，这造成很大经济损失（例如，克拉克和阿格纽，2010年；蒂克西尔等，2010年；霍尔马等，2014年）。在美国加州，恢复的海狮种群（例如，加州海狮，*Zalophus californianus*）将休闲渔业和小型商业渔船作为获取食物的来源，以致与垂钓者发生明显冲突（库克等，2014年）。管理部门会对海豹和海狮进行定向清除，作为减少此类冲突的一种管理办法（奥克莎侬等，2014年），并保护受威胁的鲑科种群，例如美国俄勒冈州哥伦比亚河的邦纳维尔水坝附近的鲑鱼（海洋哺乳动物委员会，2010—2011年）。但是在亚南极的一些海区，抹香鲸和虎鲸（*Orcinus orca*）依然是捕捞南极鱼的渔业面临的一个严重障碍。在世界的一些地区，与寄生虫的生态相互作用现象也导致渔业不欢迎鳍脚类和鲸目动物。例如，伪地新线虫（*Pseudoterranova decipiens*）的终末宿主是灰海豹，而中间宿主是大西洋鳕鱼（*Gadus morhua*）；灰海豹与伪地新线虫的流行有明确的联系，而该寄生虫使渔获的价值大幅降低（例如，布赫曼和卡尼亚，2012年）。

15.2.3.2　环境污染物

人们广泛认可环境污染物危及海洋哺乳动物种群这一事实。许多海洋哺乳动物物种占据着高营养级的位置，所有海洋哺乳动物倾向维持明显的鲸脂层，用于体温调节和能量需求，它们因此特别易受有毒化合物的伤害。有毒化合物在环境中持久留存，并趋向通过食物网而生物积累（**生物放大作用**）——特别是亲脂性物质。研究发现，持久性有机污染物（POPs）、碳氢化合物、金属和其他化合物以高浓度存在于海洋哺乳动物各物种的组织中。在港海豹的一处小型聚居地中，这些污染物与港海豹的器官和骨骼异常、生殖和免疫功能缺陷、各种疾病暴发，以及单纯的急性中毒有关（卡南等，1997年；考恩，2002年）。世界范围的海洋哺乳动物种群均暴露在污染物的威胁之下，包括远离污染源的北极和南极地区，因为大气和洋流可长距离输送这些化合物（莱彻等，2010年；特朗布尔等，2012年）。然而，尽管很多研究表明，海洋哺乳动物种群因暴露于污染物而受到影响（主要是生殖和死亡），但很少有研究证实二者之间存在直接联系（见雷金德斯等，2009年综述）。但是，或许这不足为奇，因为海洋生态系统具有复杂的特性，研究海洋哺乳动物受到污染物的影响的内容与方法也存在逻辑和伦理上的困难。

然而，下述的两个"案例研究"（以及对试验动物进行的许多实验室研究）确实强烈地表明，暴露于高浓度污染物可对海洋哺乳动物的健康和生殖造成有害影响。在20多年的时间中，科学家对圣劳伦斯河口的白鲸进行了大量研究，记录下了白鲸体内的汞、铅、多氯化联苯（PCBs）、二氯二苯三氯乙烷（DDT）、灭蚁灵和其他杀虫剂的严重污染情况，以及在白鲸中通常高发的损伤、肿瘤、溃疡和在其他哺乳动物中通常与受损的免疫力有关的情况（例如，雷波夫等，2014年）。当在搁浅的动物和以其他方式获得的样本之间比较污染物浓度和疾病事件时，虽然存在内在问题（见霍布斯等，2003年；金斯利，2002年），但依然可得出非常明确的结论：圣劳伦斯河口的白鲸已陷入工业污染物造成的危险之中。在最近数十年间，政府竭力限制毒素沿着圣劳伦斯河释放到环境中，并努力清除污染物，这些似乎正对白鲸种群产生有利的效果。一些研究表明，圣劳伦斯河口的白鲸种群正显示出恢复的迹象（金斯利，1999年；但另见马蒂诺，2002年），不过繁忙的船舶交通和一些可疑的食物来源问题依然存在（见麦奎恩等，2011年；特鲁顿等，2013年）。第二个案例发生在波罗的海。数十年间，波罗的海中严重的污染负荷可认为是生活在此的环斑海豹和灰海豹出现病理学损害的原因，包括生殖障碍，导致了低下的生殖能力和免疫损伤（例如，赫勒等，1983年；马特森等，1998年；尼曼等，2002年，2003年）。在DDT和PCB的全球使用量显著减少之后，各国立法禁止它们的生产和环境释放（法国国际发展农业研究中心（AMAP），1998年；尼曼等，

2002年），波罗的海（和其他海区）海洋哺乳动物组织中的DDT和PCB浓度由此下降，并且有证据表明，波罗的海的灰海豹和环斑海豹资源量显示出恢复的迹象（哈丁和哈科恩，1999年）。根据研究记录，在北极（例如，沃尔克斯等，2008年）和遵守使用禁令的其他地区，海洋哺乳动物种群中"遗留"有机氯化合物的浓度明显下降，但是在人类人口稠密和工业发展集中的较低纬度地区，动物体内的有机氯化合物浓度仍处于毒性显著水平，可能对海洋哺乳动物构成风险（见劳，2014年）。

海洋环境中的塑料碎片也成为一个日益严重的问题。海鸟和海洋哺乳动物可能吞下未分解的塑料物体，从而产生毒副作用或损害消化系统，甚至导致胃破裂（例如，德斯特法伊斯等，2013年）。

灾难性的石油泄漏是非常明显的污染源，会对海洋哺乳动物种群造成明确的影响。近年发生的一系列此类事件包括："埃克森·瓦尔迪兹"号油轮阿拉斯加漏油事故（1989年）、"布里尔"号油轮在苏格兰东北设德兰群岛海域搁浅漏油事故（1993年）、"威望"号油轮在西班牙海域沉没事故（2002年）以及"深水地平线"钻井平台爆炸引发墨西哥湾溢油灾难（2010年）。泄漏出的石油漂浮在海面上并持久留存，直到石油冲刷上岸、沉降或挥发。大量溢油可堵塞鳃和过滤结构或污损消化道，从而使底栖生物窒息。海鸟和海洋哺乳动物的羽毛或皮毛可浸透石油并缠结，进而失去隔绝和浮力，以致遭受极大痛苦。动物在溢油之后数小时和数天内吸入的烃蒸气可导致有害的影响，并且动物在梳理皮毛或进食时可将石油摄入体内，导致长期的不利影响。

在1989年3月22日，"埃克森·瓦尔迪兹"号超级油轮在阿拉斯加的威廉王子湾与布莱暗礁相撞而搁浅（图15.11）。油轮的11个载油舱中的8个、7个专用压载舱中的3个因搁浅导致穿孔。结果是发生了迄今美国水域的第三大石油泄漏事故（24.2万桶或将近4000万升）。溢油发生区聚集着大量海鸟、海洋哺乳动物、鱼类和其他野生动物。溢油区的砾石和鹅卵石海滩对石油污染尤其敏感。在某些地方，厚重、柏油状的原油渗入海滩表面之下 1 米多深。在事故发生后的数日间，强风、波浪和洋流令石油迅速扩散，其覆盖范围超过 2.6 万平方千米。野生生物的伤亡数量是灾难性的。在海洋哺乳动物中，许多海獭、海豹和海狮因石油泄漏事故致死。关于"埃克森·瓦尔迪兹"号石油泄漏事故对海洋哺乳动物种群的生物学影响，更多细节可参见洛克林（1994年）的论著。

图 15.11　1989 年在阿拉斯加的威廉王子湾，"埃克森·瓦尔迪兹"号超级油轮与布莱暗礁碰撞之后的原油泄漏（照片提供：J 哈维）

在 2002 年 11 月，吨位更大的超级油轮"威望"号在离西班牙的西北海岸约 200 千米的海域解体，其载运的大部分原油泄漏殆尽。"威望"号泄漏的原油量大于"埃克森·瓦尔迪兹"号，并且由于西班牙沿岸的水温更高，石油的毒性也更强。当地渔业遭受了毁灭性打击，环境损害、原油清理和补救的成本显著高于"埃克森·瓦尔迪兹"号石油泄漏事故。

在 2010 年 4 月，英国石油公司的移动式近海钻井平台"深水地平线"号在发生爆炸、燃烧后沉没，此后近 3 个月的时间中估计有 2.06 亿加仑（490 万桶）原油泄漏到墨西哥湾中。这是有史以来报道的最大的石油泄漏事故。对墨西哥湾海洋哺乳动物的初步评估显示，一些物种（大部分是宽吻海豚）的死亡率增加（以搁浅的形式）、生殖成功率降低、健康问题增多，这是石油暴露的毒性作用导致的后果（海洋哺乳动物委员会，2012 年）。

15.2.3.3 海洋噪声

声音是许多海洋哺乳动物物种赖以生存的一个重要因素（迪亚克，2008 年）。对大部分哺乳动物而言，声信号的能量成本低，生理上也容易发出，因此是一种极佳的交流模式。声音在海水中传导迅速而长远，因此海洋哺乳动物的一些物种能够在很远的距离上凭借声音交流。此外，所有齿鲸都依靠声音（回声定位，见第 11 章）寻觅猎物和导航。但是，理论研究和日益增长的数据表明，人类活动产生的声音（海洋噪声或声污染）已对海洋哺乳动物的行为、能量学和生理机能构成了不利影响（莱欧拉，2010 年；威廉姆斯等，2014 年 a）；最坏的情况是：海洋哺乳动物因强噪声而直接致死，例如声呐震波可损害它们的身体，或者引发搁浅事件（见下文所述的集体搁浅）。但是，海洋的工业化导致海洋噪声水平长期增长，这在海洋哺乳动物的种群水平上或许是更加令人担忧之事（博伊德等，2011 年）。人类活动引发的噪声有许多来源，包括商业和其他船舶交通、地震和石油勘探、风电场基础设施建设、石油钻塔或其他基于海洋的工业、水下爆炸，以及声呐测试（维尔加特，2007 年；埃利森等，2012 年；汤普森等，2013 年；纳伯·尼尔森等，2014 年）。

研究已证明，低频军用声呐对一些海洋哺乳动物而言是一个重大问题。美国海军在 20 世纪 90 年代中期使用一种主动声呐系统："拖曳式传感器阵列监视系统—低频主动系统"（SURTASS LFA）声呐。该系统通过水面舰船下方拖曳的水下声发射器阵列发射高强度（声源级高达235分贝）、低频（100~500赫兹）的声音，用以在大于200千米的距离上探测和追踪静音潜艇。在1996年，巴哈马群岛、加那利群岛、马德拉群岛和希腊发生了一系列鲸类搁浅事件，主要是喙鲸在暴露于海军声呐的声音之后搁浅，民众自那时起开始表达对声呐可能戕害鲸目动物的强烈担忧（例如，考克斯等，2006年；菲拉德尔佛等，2009年；迪亚克等，2011年）。大部分搁浅的动物得到了及时检查，研究者发现它们出现了声创伤的症状。对这些搁浅鲸类的验尸结果表明，它们的状况包括大量出血、水肿和主要器官的血管内充满小气泡。这种类型的血管内气泡形成也是人类潜水减压病的特征。对海洋哺乳动物病理学家而言，这些症状是新情况，符合动物暴露于军用声呐或地震爆破等高强度声学活动的背景（杰普森等，2003年）。损伤模式说明，喙鲸类可能对这些声呐的声音特别敏感，这或是因为它们的气腔和组织的共振频率对声呐的频率敏感，或是因为它们的深海觅食习性导致它们在面对强烈的声压时特别易于在体内形成气泡（见德瑞特等，2013年）。虽然需要进一步研究，海洋哺乳动物暴露于军用声呐会对身体和行为造成怎样的影响，但人们已清晰地认识到：此前为保护海洋哺乳动物免于声创伤而划定的180分贝阈值实在是过高了；并且我们应立即付诸努力，尽可能减轻人类制造的水下噪声的危害，而不能坐等我们完全理解了海洋哺乳动物的声创伤机制才有所行动（见安图尼斯等，2014年）。虽然须鲸似乎较少受到此类声音的损害，因为没有须鲸因声呐致死的记录，但研究表明，此类声音确实会导致须鲸产生规避行为，对须鲸的摄食行为也确实具有不利影响（例如，哥德伯根等，2013年）。

监测海洋噪声的必要性已得到学界认可，既需要监测高强度、剧烈的海洋噪声的影响，也需要监测声强较低、但日益增多的长期噪声源，即使是常见的船舶噪声也可成为一些海洋哺乳动物的应激源（例如，罗兰等，2012年）。一些国家现已将声级纳入测量标准，用于为一些海洋哺乳动物物种确定关键性生境和生境质量（例如，威廉姆斯等，2014年b）。当前，学界正积极地采取多项措施，旨在理解水下声音对海洋哺乳动物的影响。美国斯特勒威根海岸国家海洋保护区位于马萨诸塞湾的湾口，研究者在此监测，人类活动如何令水下噪声增加（图 15.12），以及噪声对鲸类产生何种影响。该研究发现，较大舰船产生的声音频率与一些海洋哺乳动物和鱼类使用的声音频率相同，这说明这些动物间的相互交流可受到船舶交通噪声的严重威胁（例如，哈奇等，2012年）。另一项计划试图建立被动声学监测（PAM）装置的环极地网络，用于研究海洋哺乳动物的分布和环境变化的影响，特别是受到海洋噪声的影响（例如，莫尔等，2012年；斯塔福德等，2012年）。在未来数十年间，该技术将具有很大的潜力，可用于实现低成本、高效益的监测（马尔克斯等，2013年）。

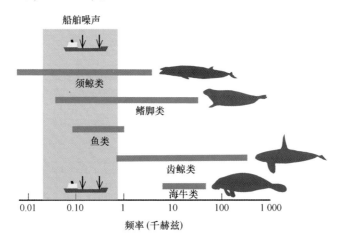

图 15.12　在美国马萨诸塞州的斯特勒威根海岸国家海洋保护区，海洋哺乳动物和船舶产生的声音频率

（根据马拉考夫（2010年）作品修正）

15.2.3.4　气候变化

全球变暖的最早迹象令人们担忧海洋哺乳动物可能受到相应的影响

（例如，泰南和德迈斯特，1997 年；卡马克和麦克劳克林，2001 年；凯利，2001 年），研究者反复地表达对海冰相关物种的高度担忧（见莱德雷等，2008 年；科瓦奇等，2011 年，2012 年综述）。更高的水温、升高的海平面和世界海洋酸化已经引发了海洋动物分布改变和海洋食物网的重大变化（吉尔格等，2012 年）。海洋环境中的此类变化将导致许多海洋哺乳动物物种的可利用生境减少，同时少数物种的可利用生境增加（萨尔瓦多等，2013 年）。一般而言，食性特化种受食物网变化的影响程度可能高于食性泛化种，并且与分布范围受限的物种相比，广泛分布的物种将具有更多机会，能够转移至更有利的海区（例如，莱德雷等，2008 年；威廉姆斯等，2014 年 b）。近年在北太平洋，一些海洋哺乳动物种群发生了崩溃，包括北海狗、北海狮（*Eumetopias jubatus*）、港海豹（*Phoca vitulina*）和海獭，这似乎与一次大尺度的稳态转换相联系，此次稳态转换是大尺度、长期的气象形态的结果（见马斯彻纳等，2014 年综述，特别关注北海狮）；种群在近年的严重衰退可能是全球变暖趋势的结果（联合国政府间气候变化专门委员会（IPCC），2014 年）。

一些与海冰相关物种，例如北极熊、环斑海豹和冠海豹，已经受到了地理范围缩小、季节持续时间缩短和海冰质量（稳定性）降低的挑战（梅尔等，2014 年；奥加尔德等，2014 年）。冰栖海豹依赖海冰（在一些情况下也包括内陆湖冰层）生境用于分娩、换皮、休息和规避捕食者；一些海豹还将海冰用作交配平台或集结地，一些捕食海冰相关的猎物。研究者高度怀疑，它们是否具有适应当前环境变化速率的能力（例如，斯滕森和哈米尔，2014 年）。北极熊将冰栖海豹作为主要食谱，还将海冰用作觅食区之间的通行平台，这对带着幼熊的母熊特别重要，因为幼熊不能长距离游泳。未来北极熊可能遭遇的危机包括：北极熊分布范围的显著缩小，它们当前占据的许多地区面临毁灭（杜尔内尔等，2009 年）。海冰相关的鲸依靠海冰作为规避风暴和虎鲸等捕食者的庇护所（见希格登和弗格森，2009 年；希格登等，2014 年），冰边缘和冰间湖还是觅食的热点地区。除生境丧失和食物网变化造成的直接影响（富含脂质的传统猎物物种的可利用性降低）外，这些鲸目物种也可能受到无冰区人类活动增多的不利影响；北极特有的 3 种鲸的分布范围与含油区大面积重叠，油气产业获取这些北方资源所面临的压力无疑将会增加（里夫斯等，2014 年）。预计海冰将持续减退，在 21 世纪末之前肯定会出现一个季节性无冰的北极（IPCC，2014 年）。海洋哺乳动物的许多物种已适应了栖息于北极独特的海冰生境，预计包括它们在内的北极生物将面临"变化的"北极环境（约翰内森和米尔斯，2010 年；波斯特等，2013 年）。

南极的冰栖海豹也可能受到未来海冰变化的影响，不过与北极海豹相比，对南极海豹影响的时间框架更长些、也更多变（西尼夫等，2008 年）。食蟹海豹和威德尔海豹可能将是受影响最大的南极海豹，因为对这些物种而言，海冰的缩小可能会同时增加它们遭受捕食的几率，并降低食物的可利用性。豹形海豹和罗斯海豹将受到进程较慢且不太剧烈的影响，因为它们的食物在某种程度上与海冰的分布无直接联系。但是与许多北极海豹一样，海冰是所有这些物种的繁殖生境。栖息于陆地包围环境中的海豹保留了它们的生物学联系，同样将冰层用作分娩和照料幼仔的平台，或许应对这些海豹给予最大的直接关注，因为当环境条件变化时，它们不能将活动范围转移至更有利的地区。例如，环斑海豹塞马湖亚种的数量很少，这意味着它们已经处于危险之中，并且近年缺乏冰雪的气候加剧了养护面临的挑战。

极地区域之外的海洋哺乳动物物种也将受到气候变化的影响。两种僧海豹都处于"极危"状态，上升的海平面可能会淹没低矮的环礁和海滩，以及地中海僧海豹（*Monachus monachus*）用于分娩的小洞穴，而更温暖的水温和海洋酸化可降低夏威夷僧海豹（*Neomonachus schauinslandi*）赖以觅食的珊瑚礁的生存能力。在陆地上繁殖的物种也将受到海平面上升（例如，船山等，2013 年）和食物可利用性改变的影响。在常识化的意义上,具有热带条件的地区将随着全球变暖而扩展,因此世界海洋中水温较凉、季节性高生产力的区域将减少,而这些海区才适于支持大型、繁盛的海洋哺乳动物种群。大型和小型鲸目动物具有高度机动性,它们会通过改变觅食区以响应气候变化,但它们的迁徙时机和高纬度可利用猎物的季节性峰值可能存在是否匹配的问题,其他因素也可能对它们的分布构成障碍(利尔蒙斯等,2006 年;兰伯特等,2014 年)。由于更温暖的海洋中的疾病和寄生虫,所有顶级海洋掠食动物都将可能暴露于增加的风险中(哈维等,1999 年,布雷克等,2008 年),并且人们预计,伴随着全球变暖,污染物的毒性也会增强(诺伊斯等,2009 年)。

15.2.4 海洋哺乳动物面临的内在和外在风险

在一项量化海洋哺乳动物的灭绝风险的研究中,主要的风险预测指标是两个生命史因素:断奶时的身体质量和每年的出生数量(戴维森等,2012 年)。其他因素是分类群、地理分布范围和社会性程度。在海洋哺乳动物中,海牛目动物的繁殖率最低。虽然许多齿鲸的繁殖率低,但它们具有广阔的地理分布范围并形成大型社会群体,由此降低了它们的灭绝风险。鳍脚类动物的繁殖率相对较高,但海象和海狮类的繁殖率低于海豹类,这使它们更易灭绝(戴维森等,2012 年;彩图 18)。该项研究预测,在数据缺乏的所有海洋哺乳动物中,实际上约有 1/3 的物种可能面临灭绝的风险。这些科学家利用模型确认了有灭绝风险的物种的名单,并创作了一张地图以显示风险的全球分布和热点地区。科学家将海洋哺乳动物物种的丰度、海洋生产力和人类影响均绘制在海洋哺乳动物全球分布图上,由此不难发现,在海洋哺乳动物中有 74% 的物种经受着高水平的人类影响(例如,渔业、船舶、污染、海洋酸化、物种入侵、石油钻塔、人类种群密度)(彩图 18)。过度捕猎和误捕是人类对海洋哺乳动物的主要威胁。针对鳍脚类动物的全球威胁分析与这些研究结果相一致,但分析也表明，可以确认气候变化是一个重要且日益增长的威胁（科瓦奇等，2012 年）。

15.3　海洋哺乳动物的资源养护和保护

保护海洋哺乳动物种群的努力始于 20 世纪初（里夫斯，2009 年）。在早期，资源养护行动的必要性通常直接来自对高价值资源种群的过度开发，而且跨边界管理的动机和愿望常是维持可开发储量，以利于未来各方的使用。但最近以来，人们认识到，维持顶级捕食者的健康种群至关重要，因为它们是海洋生态系统中宝贵的组成部分，这个观点无关于捕猎利用或资源缺乏，正在成为生态保护动机的主流认识。在某种程度上，非消费性利用驱动了人类对海洋哺乳动物的保护，但这也反映了伦理观的变化：人们更加关注对全球生物多样性的保护。在过去，明显缺乏良好的管理机制，海洋哺乳动物的许多物种成为公众关注的焦点，许多双边及国际协定和公约也应运而生，旨在保护海洋哺乳动物种群和它们的生境。一些非政府组织（NGO）也参与了对海洋哺乳动物的保护运动。下文对一些最重要的立法和行动进行了概述（参见表 15.2 的总结）。

表 15.2　与海洋哺乳动物保护有关的重要组织机构/国际公约

组织机构/国际公约	生效年份	主要内容和行动（与海洋哺乳动物保护有关）
关于普里比洛夫群岛海狗的国际公约	1911	禁止在远洋捕猎北海狗，以减缓由于过度开发导致的北海狗种群衰退
世界自然保护联盟（IUCN）	1948	专家组提供科学知识、促进和协调环境保护研究。IUCN 公布红色名录，包括所有海洋哺乳动物物种；这份重要名录为《濒危野生动植物种国际贸易公约》（CITES）和国际捕鲸委员会（IWC）等提供了建议

续表 15.2

组织机构/国际公约	生效年份	主要内容和行动（与海洋哺乳动物保护有关）
国际捕鲸管理公约（ICRW）— 国际捕鲸委员会（IWC）	1948/1951	最初管理渔获以减缓大型鲸种群的衰退，自 1982 年起管理更普遍的保护问题，包括鲸的资源量（须鲸、抹香鲸和瓶鼻鲸），但也促进其他鲸目物种的配额设定和信息交流
美洲国家热带金枪鱼委员会（IATTC）	1949	执行观察员项目，在热带东太平洋的金枪鱼捕捞作业中观察、降低和管理附带的海豚死亡率
世界自然基金会（WWF）	1961	非政府组织环境保护游说团体，支持环境保护和研究。WWF 从事或支持许多海洋哺乳动物保护计划
濒危野生动植物种国际贸易公约（华盛顿公约，CITES）	1975	管理和监测分类为"受威胁"物种和种群产品的国际贸易
保护北极熊及其栖息地的国际协定（根据签署年通常称为 1972 年保护北极熊协定）	1976	防止北极熊种群因过度捕猎或其他人类影响而濒危。作为交流与合作的平台，但也是一份有法律约束力的文件，签约国（环北极国家）一致同意"在所需限度下颁布和执行……立法和其他措施以实施该协定"，即，防止北极熊成为濒危物种
保护南极海豹公约	1978	保护一些南极鳍脚类（罗斯海豹、南象海豹和南海狗属（*Arctocephalus*）物种，后两者遭受了严重的滥捕；为其他冰上繁殖的南极海豹（威德尔海豹、食蟹海豹和豹形海豹）设定配额
南极海洋生物资源养护公约（CCAMLR）	1982	在 CCAMLR 规定的区域内管理所有渔业捕捞，防止对资源库或生态系统造成不利影响。CCAMLR 具有强有力的科学和资源养护基础
保护野生动物迁徙物种公约（波恩公约，CMS）	1983	参与保护定期跨越一国或多国边界进行迁徙的物种（或种群）。CMS 认定鲸目动物和北极熊，但不认定鳍脚类或海牛类为迁徙动物

续表 15.2

组织机构/国际公约	生效年份	主要内容和行动（与海洋哺乳动物保护有关）
联合国大会第 46/215 号决议 关于流网捕鱼作业	1992	禁止在公海使用大规模（长度>2.5 千米）流网，从而消除海洋哺乳动物大规模死亡的一个来源
北大西洋海洋哺乳动物委员会（NAMMCO）	1992	促进对海洋哺乳动物种群的可持续利用，并作为一个论坛促进科学信息的交流
养护波罗的海和北海小鲸类协定（ASCOBANS）——根据 CMS 议定	1994	努力为波罗的海和北海的小型鲸目动物维持"有利的状态"。该协定鼓励对鲸类丰度的评估，以及在渔业中减少对鼠海豚和海豚的误捕
关于养护黑海、地中海和毗连大西洋海域鲸目动物的协定（ACCOBAMS）——根据 CMS 议定	2001	完全禁止在 ACCOBAMS 管辖范围内故意捕杀鲸目动物，并建立一个特别保护区网络以保护鲸目动物。将 ASCOBANS 扩展，涵盖所有鲸类，并将其他威胁纳入考虑，例如船舶撞击、猎物枯竭等

注：根据里夫斯（2009 年）作品修正

15.3.1 国际上的养护努力

1911 年《关于普里比洛夫群岛海狗的国际公约》是针对海洋哺乳动物特定物种的首批保护措施之一。该公约禁止在远洋捕猎北海狗，以图减缓北海狗种群衰退，不过在 20 世纪的大部分时间中，在陆地上捕猎年轻的单身雄性海狗的行为仍然存在（甘特利和库伊曼，1986 年）。在该公约于 1984 年失效之后，对北海狗的商业水平捕猎已经有效地终止，当前仅存在生计捕猎行为（博纳，1994 年）。

在此之后，关于海洋哺乳动物的重要国际公约是国际捕鲸委员会（IWC）。第二次世界大战后的现代捕鲸历史在本质上是 IWC 的历史。在 1946 年，《国际捕鲸管理公约》（ICRW）签署，1948 年该公约得到批准，正式建立了国际捕鲸委员会（IWC）（甘伯尔，1999年）。该公约通过赋予资源养护与捕鲸经济同等的地位，为国际自然资源管理设立了一个前例。其陈述的目标是"为鲸的资源量提供适当养护，并因此促进捕鲸产业的有序发展"。IWC的建立目标是管理南极捕鲸，主要是对配额提出建议，但该机构还管理捕鲸的其他方面，以确保鲸类资源的永续利用，例如规定最小规模、禁止捕杀看护幼鲸的雌鲸。虽然IWC创立时的传统任务是管理"大型鲸"（习惯上定义为须鲸外加抹香鲸），但其职能已经扩展，覆盖全球成员国的所有远洋商业捕鲸活动，目前它还作为一个会场，用于讨论沿海的捕鲸问题，偶尔也讨论小型鲸目动物的养护实践。IWC认可科学建议的必要性，并建立了一个顾问科学委员会，其成员由成员国政府提名。IWC的宗旨是"鼓励、建议和组织"研究和"收集、分析、研究、评估和传播"信息（第4条）；然而，该机构既缺乏监察，也缺乏执行能力（华莱士，1994年）。任何成员国政府都能够对其不同意的任何决定置若罔闻，并借口推托、拒绝执行决定中规定的限制。成员国还有权利单方面签发"科学目的捕鲸许可"，这些都限制了国际捕鲸委员会（IWC）执行其建议和规章的权威性。

国际捕鲸委员会（IWC）的早期管理程序是基于**蓝鲸单位(BWU)** 的使用，为捕鲸活动设定配额。基于油脂产量，认为1头蓝鲸相当于2头长须鲸、2.5头座头鲸，或6头大须鲸（图15.13）（安德烈森，1993年），对于捕获的实际物种并无区别对待。在1962—1963年，科学委员会要求根据物种确定配额，但遭到拒绝，不过总配额从1.5万BWU减少到1万BWU，并且整个南半球的座头鲸均得到保护。在1964—1965年，蓝鲸和座头鲸获得了完全保护的地位，挪威、荷兰和英国也终止了南极捕鲸活动，仅剩日本和苏联在南冰洋大肆捕猎须鲸和抹香鲸（托内森和约翰森，1982年）。

目标种群规模的缩小、国家和国际新法规、市场需求的变化、海洋哺乳动物油脂的合成代用品的可利用性，以及许多国家的态度转变

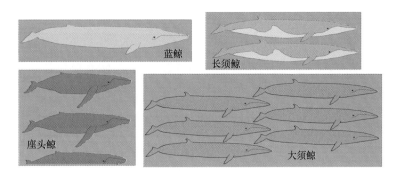

图 15.13　蓝鲸单位（BWU）与 4 个须鲸物种的对应关系
1 BWU = 1 头蓝鲸 = 2 头长须鲸 = 2.5 头座头鲸 = 6 头大须鲸

（为利润杀害大型鲸的伦理问题），所有这些都促使大规模远洋捕鲸业走向终结。IWC 于 1974 年建立了一套新的管理程序，其宗旨是：管理程序应适用于地理上局域化的资源量，而非适用于物种。新程序还认可了受保护的资源库目录，宣布个别资源库为零配额，即禁止捕猎。1979 年，IWC 正式通过了一项提案，旨在终结对所有鲸目物种的远洋捕鲸业（除小须鲸外），并在印度洋（南极之外）宣布设立一个保护区。至 1982 年，IWC 已同意自 1986 年起暂禁所有商业捕鲸，并在 1990 年之前对大型鲸储量进行一项综合性评估。1994 年，IWC 接受了一项修订程序，估算可捕杀的鲸的数量，而不导致受影响种群减小至低于其最大净生产力。这个**修订的管理程序**（**RMP**；见霍夫曼，1995 年）用于为各种生计捕猎计算鲸的总可捕量（TAC）。

国际捕鲸委员会（IWC）的建议在许多情况下受到了挑战。在猎捕小须鲸用于科学研究数年之后，挪威表达了反对暂禁捕鲸的立场，并重新开始在可持续限制内对小须鲸进行商业捕猎。挪威制定了一项国家监测计划，以确保在资源库的生存能力方面执行良好的管理实践；挪威还建立起国家监察系统以改进捕杀做法和对捕猎的监测。近年，冰岛也在大西洋东北部捕猎了少量小须鲸和长须鲸。在暂禁捕鲸之后，日本是唯一继续进行南冰洋捕鲸的国家，他们在科学捕鲸的幌子下做出如此勾当，这种情况已持续了数十年之久。但是，在 2014 年，国际审判法院受理了这个问题，并作出了对日本不利的裁决：法院宣布科学计划的结果不能证明日本的捕鲸水平合理，并判定继续捕鲸非法。在 IWC 管理小型鲸目物种的权威性方面也存在持续的争论，小型鲸目物种是指除抹香鲸和瓶鼻鲸属所有种（Hyperoodon spp.）之外的齿鲸（细节详见里夫斯，2009 年论著）。一些成员国坚称，对这些鲸目动物的利用和养护完全是国家或地区事务，这反映在各国和各地区的计划中（见下文）。

世界自然保护联盟（IUCN） 于 1948 年成立。该组织定期更新关于全球动物保护现状的最佳可获得信息。IUCN 坚持编制《濒危物种红色名录》，确定物种（有时也包括更低的分类单元）的风险级别，从"极危"到"无危"。《濒危物种红色名录》使用的标准关注特定物种最近三代的野生种群规模和结构、生境质量，以及这些参数的趋势（IUCN，2014 年）。根据该分级系统，海洋哺乳动物受到了不成比例的威胁，其数据缺乏的程度也与其重要性不相称，这些与陆地哺乳动物形成了鲜明对比（施佩尔等，2008 年）。在《IUCN 红色名录》（2014 年版）中，约 25% 的海洋哺乳动物物种进入了"受威胁"的分类（"极危"（CR）、"濒危"（EN）和"易危"（VU）3 个级别统称"受威胁"，译者注），并且约 40% 的海洋哺乳动物分类单元被考虑为"数据缺乏"。IUCN 是一个受到高度尊敬的环境保护组织，许多国家都在环境保护优先事务方面非常严肃地援引其名称。

美洲国家热带金枪鱼委员会（IATTC） 于 1949 年根据美国和哥斯达黎加之间的条约创立，经过多年发展，该委员会的范围得到扩展，包括法国、日本、墨西哥、瓦努阿图以及许多中美洲和南美洲国家。在最近数十年间，IATTC 在面临挑战的情况下，管理大型围网作业中导致的海豚附带死亡。1960—1972 年间，在热带东太平洋（ETP）猎捕黄鳍金枪鱼（Thunnus albacares）的围网船只（图 15.9）杀害了超过 400 万头海豚（瓦德，1995 年）。渔业法规的执行使得海豚的死亡率大幅降低。

在 20 世纪 50 年代末之前，没有实质性的法规可约束对竖琴海豹和冠海豹的大规模商业捕猎行为（里夫斯，2009 年）。但是自 50 年代末之后，挪威和俄罗斯（前苏联）之间的双边协定为东北大西洋的资源量设定了配额，加拿大和挪威之间的双边协定为西北大西洋的资源量设定了配额。自 20 世纪 60 年代起，西北大西洋渔业组织（NAFO）下属的一个捕猎海豹业委员会制定了配额和其他资源养护措施。最近以来，国际海洋考察理事会（ICES）和 NAFO 相互协调，成立了竖琴海豹和冠海豹工作组，对所有相关资源库进行讨论和报告。自 1992 年以来，北大西洋海洋哺乳动物委员会（NAMMCO）要求其成员国（冰岛、挪威、格陵兰和法罗群岛）采纳工作组的建议。NAMMCO 是地区性委员会，其建立时的目标是：促使海洋部门承担责任、确保海洋哺乳动物资源的可持续性，并促进各方共享东北大西洋海洋哺乳动物种群的科学研究结果。

《保护北极熊及其栖息地的国际协定》于 1973 年签署，1976 年生效。北极熊分布国（加拿大、美国、丹麦（代表格陵兰）、挪威和苏联（俄罗斯））订立该协定以控制捕猎活动、保护北极熊的生境，并确保实施管理所需的研究以协调的方式进行。IUCN 的北极熊专家组事实上具有科学委员会的职能，而政策在各方会议上（即，北极熊分布国的政府代表）决定。

《濒危野生动植物种国际贸易公约》（CITES）于 1975 年开始生效，该公约建立起管理濒危动植物种国际贸易的机制，包括海洋哺乳动物的许多物种。CITES 附录一中所列物种包括所有认为受到灭绝威胁的物种，它们受到或可能受到国际贸易政策或活动的影响。具有商业价值的所有须鲸以及抹香鲸等齿鲸于 2007 年被列入 CITES 附录一。CITES 附录二中包括虽然当前尚未受到灭绝威胁，但未来可能受威胁的物种，除非参与国政府限制或管理国际贸易（华莱士，1994 年）。尽管 CITES 和 IWC 正式通过决议进行合作，但仍偶尔发生鲸产品（即，鲸肉和鲸脂）的非法贸易事件。然而，挪威的小须鲸捕猎产业现应用遗传学技术辨别来源物种、资源量特性，甚至追踪捕获的个体，因此该产业保有资料库以记录合法捕猎的每头鲸（见细雪等，1995 年；格洛弗等，2012 年）。对鲸产品的分子遗传学分析发现，日本和韩国的零售市场中的鲸和海豚物种具有惊人的多样性（贝克和帕伦比，1994 年；贝克等，1996 年 2002 年）。在美国加州，人们应用同样的分子技术，为流刺网渔业意外捕获的喙鲸确定物种身份（亨肖等，1997 年）。

《南极条约》签署于 1959 年，并于 1961 年开始生效。一些管理和养护海洋哺乳动物的组织机构在《南极条约》的框架内运作或依据该条约而成立。《保护南极海豹公约》是保护海洋哺乳动物的首次具体行动，公约禁止杀害或捕捉罗斯海豹（*Ommatophoca rossii*）、南象海豹、南海狗属（*Arctocephalus*）所有种，并为允许猎捕的物种设定配额（见上文）。该公约于 1972 年修订并于 1978 年生效。此外，公约还建立了一些保护区，包括一些海洋哺乳动物生境。但是，或许最有意义的进展是通过了《南极海洋生物资源养护公约》（**CCAMLR**）。该公约于 1980 年得到批准，是首部以生态系统视角管理海洋资源的国际协定。在南极的商业活动，包括所有渔业（例如，蟹、磷虾、鱼类、冰栖海豹等）的渔获必须符合该公约的目标，亦即"维护南极海洋生物资源的捕获、独立和相关的种群之间的生态关系，并恢复枯竭的种群"（贝丁顿和梅，1982 年）。在实践中的一个实例是，人类对磷虾的捕捞不能令捕食磷虾的海狗和须鲸等动物处于风险中。在各国和国际社会缓慢而不断地做出努力的趋势中，该公约首次着眼于大型海洋生态系统（LME）的完整性。联合国环境规划署（UNEP）已在大西洋、太平洋和印度洋的海岸边缘附近确认了 64 个独特的大型海洋生态系统（LME）（亚历山大，1993 年；谢尔曼和亨佩尔，2009 年）。

在 1982 年，第三次联合国海洋法会议正式通过了一份草案《联合国海洋法公约》（UNCLOS），该公约于 12 个月后生效（克拉文和施奈德，1989 年；赫德利，2000 年）。但是，事实上直到 1994 年该公约才真正议定和生效，当年第 60 个国家成为签约国。截至 2013 年 8 月，165 个国家和欧盟加入了该公约。在《联合国海洋法公约》中，可发现美国《渔业保护和管理法》的许多关键特征。特别是，该公约将 200 海里宽（324 千米）专属经济区（EEZ）的概念国际化，授予了沿海国关于自然资源（包括渔业和海洋哺乳动物捕猎）、科学研究和环境保护的主权权利。世界上几乎所有沿海国均享有 200 海里宽专属经济区，这显著地改变了海洋哺乳动物管理和保护中的责任承担，因为海洋哺乳动物的大部分物种都在一些国家近岸 200 海里内度过整个生命周期，或至少是关键部分时期（摄食或繁殖）。在一些情况下，这对资源量的适当管理构成了挑战，双边管理协定未必总能引起足够的资源养护关注（见里夫斯，2009 年）。《联合国海洋法公约》要求各国防止或控制海洋污染、促进海洋技术的发展及向发展中国家的转移，以及和平地解决因利用海洋资源产生的争端。该公约没有涉及南极上升流区，因为公约不认可一些国家对南极大陆的领土声索。因此，《南极海洋生物资源养护公约》为南极海洋哺乳动物物种（除鲸之外）的管理问题提供了基础的法律框架，而鲸由国际捕鲸委员会管理。

在 1992 年，联合国执行对远洋流网的使用禁令，这对海洋哺乳动物的养护具有重大意义，特别是在北太平洋海区。这里的渔业目标是鱿鱼、鲑鱼、金枪鱼和枪鱼，其作业模式每年都杀害数量巨大的鳍脚类动物、海豚和鼠海豚，外加许多其他动物，包括海鸟和海龟。该禁令有效地制止了远洋流网的使用，但不幸的是，联合国的禁令不能控制沿海国在其 200 海里专属经济区内使用流网，因此对一些海洋哺乳动物种群而言，流网依然是重要的致死原因。此外，远洋延绳钓渔业取代了流网渔业，但这种方式也存在对海洋哺乳动物的误捕问题（雷德，2005 年）。

《保护野生动物迁徙物种公约》（CMS）通常简称为《波恩公约》，该公约促成了一些重要的海洋哺乳动物养护行动。在这些行动中，最先实行的是生效于 1994 年的《养护波罗的海和北海小鲸类协定》（ASCOBANS）。该协定促使研究者在波罗的海、北海和毗连的东北大西洋海区开展大规模鲸类调查。CMS 也推动了《关于养护黑海、地中海和毗连大西洋海域鲸目动物的协定》（ACCOBAMS）的颁布，目标是解决鲸类面临的多种威胁，包括水下噪声、污染和渔业致死。CMS 的影响还通过一份谅解备忘录《太平洋群岛地区鲸目动物及其生境的养护》进入太平洋地区，目前人们正依据该备忘录确定养护优先事项和制订计划。

　　其他一些综合性海洋公约也对海洋哺乳动物有益，例如 1972 年《防止倾倒废物和其他物质污染海洋的公约》（伦敦倾倒公约）和 1973—1978 年《防止船舶污染国际公约》（MARPOL 公约）。当然，维持全球海洋质量的任何事物都有益于所有海洋物种。研究者反复地证明，海洋垃圾（鱼箱捆扎带等）已对海洋哺乳动物构成威胁。

15.3.2　双边、国家和地区的养护努力

　　一些双边协定管理分布范围跨越国际边界的种群，从而有益于一些海洋哺乳动物的种群。此类协定的一个实例是加拿大和格陵兰之间的养护和管理一角鲸和白鲸联合委员会。该委员会的科学工作组计划和从事对这两个物种的合作研究，并形成和提出管理建议，考虑在边界两边的捕猎活动的合理形式。此前在没有考虑这些情况的时候，过度捕猎导致了一角鲸和白鲸种群的衰退。

　　许多国家都立法保护所有或一些海洋哺乳动物及其栖息的水域，其中美国《海洋哺乳动物保护法》（MMPA）尤其重要，该法对海洋哺乳动物的国家保护力度值得称道。《海洋哺乳动物保护法》（MMPA）于 1972 年颁布实施。该法禁止在美国水域捕猎海洋哺乳动物，并禁止海

洋哺乳动物和海洋哺乳动物产品进入美国。雷和波特（2011年）总结了《海洋哺乳动物保护法》制定和实施的历史记录。该法适用于美国领海或其专属经济区内的美国公民和悬挂美国国旗的船只的活动。该禁令不适用于阿拉斯加沿海的印第安人、阿留申人或因纽特人，这些原住民对海洋哺乳动物的捕猎是出于生计目的或用于制作和出售手工艺品。根据 MMPA 许可体系，该法允许捕捉和进口海洋哺乳动物用于科学研究、教育、公众展示，也容许在商业捕鱼作业（例如金枪鱼围网渔业）过程中发生意外捕获（见上文，霍夫曼，1989年）。除了管理方面，《海洋哺乳动物保护法》（MMPA）还建立了美国海洋哺乳动物委员会（由美国总统任命的3名科学家组成）、海洋哺乳动物科学咨询委员会（由海洋哺乳动物委员会任命），以及一项海洋哺乳动物健康和搁浅响应计划。该计划包括建立美国海洋哺乳动物搁浅网络，后文将对此进行讨论。罗曼等（2013年）最近回顾了 MMPA 在保护海洋哺乳动物方面的成功做法。综述的主要结论是，许多海洋哺乳动物种群的现状比1972年时好得多，这说明当前的管理实践正在对这些种群产生积极的影响。然而，船舶撞击和渔业误捕依然高发，而美国尽管实施了《海洋哺乳动物保护法》，当前仍有71%的海洋哺乳动物资源量趋势状况未知。

美国1973年《濒危物种法》（ESA）也是一部强有力的立法文件，深刻地影响着美国国界之内对海洋哺乳动物的养护。尤其是，ESA 和 MMPA 是美国首批养护立法行动，承认受保护物种具有非消费性使用价值。ESA 认为，需要保护的物种分级为"濒危"（在其分布范围的重要部分处于灭绝危险中）或"受威胁"（可能成为濒危物种）。MMPA 将受威胁的种群自动地视为枯竭的种群。枯竭的种群可定义为：种群中包含的个体少于其**最适可持续种群**（OSP）水平，而 OSP 可解释为介于承载能力的60%和100%之间的种群水平（格里戴特和德迈斯特，1990年）。《濒危物种法》（ESA）为保护受威胁和濒危物种制定了标准，包括过度利用的影响、生境改造、毁坏、疾病或捕食、不适当的管理，或其他自然或人类活动的因素。最初，所有商业捕猎的大型鲸类物种均定为"濒危"状态（布雷厄姆，1992 年）。后来，仅有东北太平洋灰鲸种群得到了恢复，进而移出名录（《联邦公报》，1994 年）。根据 ESA，环斑海豹和髯海豹最近（2012 年）列入了"受威胁"名录。研究者基于生境质量和范围的衰退做出这些决定，预计在未来数十年间，这些冰栖海豹的生境质量和范围将继续恶化（完整的背景细节见卡梅伦等，2010 年；凯利等，2010 年）。

在上文描述的较大规模立法行动中，不应低估当地民众的认识对海洋哺乳动物养护的影响。当地民众，特别是渔民和传统海洋哺乳动物捕猎文化圈的成员（既有土著也有非土著），以及其他海洋环境的使用者必须"支持"可持续的捕猎、恢复计划或对海洋哺乳动物生境的适当保护。总体而言，当地的参与对养护行动的成功十分重要（更深入的讨论和实例见里夫斯，2009 年）。

15.3.3 具体养护行动

15.3.3.1 海洋保护区和国家海洋保护区

在陆地环境中，指定保护区是一种存在已久的养护方法，相比之下海洋保护区（MPA）远不如陆地保护区常见。海洋保护区通常面临来自渔业利益获取方的反对，例如在《南极海洋生物资源养护公约》（CCAMLR）的背景下，方案制定人试图在南冰洋建立一个海洋保护区网络，但该方案引发了持续而激烈的争论。此外，许多海区目前已成为实际上不影响渔业活动的海洋公园或海洋储备区，这可否定建立海洋保护区的合理性。海洋哺乳动物保护区国际委员会（ICMMPA）是一个非正式的国际专家组织，致力于海洋哺乳动物及其生境的养护工作（通过在世界范围内建立海洋保护区）。ICMMPA 的成员代表各个地理区域，具有范围广阔的专业知识，领域涵盖海洋哺乳动物生物学、生态学，以及海洋保护区和其他海洋行动计划的设计和管理。就海洋保护区保护海洋哺乳动物物种的潜力而言，新西兰班克斯半岛海洋保护区是一个效果极佳的案例，成立该保护区的目的是保护珍稀的新西兰黑白海豚（*Cephalorhynchus hectori*）和毛伊海豚（*Cephalorhynchus hectori maui*）以及其他物种。在保护区内，新西兰黑白海豚的存活率提高、种群增长，这证实了海洋保护区可有效地促进海洋哺乳动物种群的恢复（戈姆利等，2012年）。

15.3.3.2 圈养繁殖计划

对于陆地哺乳动物和鸟类，圈养繁殖计划是另一种非常传统的养护方法，但对于大部分海洋哺乳动物物种，采用这种方法并非易事。人类对海洋哺乳动物的圈养和照料是引发争议之事，甚至包括用于繁殖的圈养。一些设施圈养并展示海洋哺乳动物，其经营者声称，他们提供的方法可引发公众对保护海洋哺乳动物的兴趣，也有益于教育。针对圈养海洋哺乳动物的训练制度通常会设计一些行为，有助于兽医对动物进行检查，圈养设施也广泛采用预防医学方案。反对圈养海洋哺乳动物的论点指出，在小水池或水箱中幽禁海洋哺乳动物不合理，因为那里不是它们的自然生境，而且这些动物在圈养中展示的行为与野生环境中的行为非常不同（例如，梅森，2010年；马里诺和弗罗霍夫，2011年）。

但是，在少数情况下，特定物种面临的威胁是如此可怕和直接，以致为避免坐视该物种灭绝，唯一方案是建立圈养繁殖计划。最近的例子是白鱀豚，但不幸的是，试图将白鱀豚保育在"半自然保护区"中的努力最终未取得成功。然而，海洋哺乳动物的其他一些物种已在圈养环境中成功实现了繁殖（例如，港海豹、加州海狮、宽吻海豚和虎鲸），这至少减少了动物园和水族馆从野外捕捉动物的需求，还可在必要时（例如，疾病暴发之后）确保再引入的可能。

15.3.3.3 迁地保护

重建濒危或受威胁物种的种群，即**迁地保护**或迁移，是另一种既有的养护策略，适用于许多陆地哺乳动物。然而，涉及海洋哺乳动物的此类计划相对较少。在 20 世纪 80 年代末，对海洋哺乳动物进行了一次迁地保护的尝试，美国鱼类及野生动植物管理局于那时迁移了 140 头加州海獭（*Enhydra lutris nereis*），从加州蒙特雷湾附近的大陆种群迁至海峡群岛中的圣尼古拉斯岛（大约离岸 65 海里）。这次行动的目标是建立一个海獭的聚居地，它们不会受到近岸灾难性石油泄漏的影响，也不会耗尽加州南部海岸外的商业贝类资源。然而，迁移去的大部分海獭消失了，只有不到 20 头存活至今日。虽然这次迁地保护试验失败了，但研究者获得了宝贵的教训。例如，迁移过程没有充分考虑海獭的归家行为，将近 1/4 的海獭径直返回了捕获地，也未预测到释放这些动物之后发生的高死亡率（海洋哺乳动物委员会，2010—2011 年）。不过，另一次迁地保护计划取得了成功。在一次夏威夷僧海豹恢复计划中，研究者从中途岛迁移出一些雌性海豹，然后在夏威夷群岛的一处设施中使它们康复，并释放它们。这次试验性研究提供了重要的信息，用以支持更广泛的物种保护策略（贝克等，2011 年）。

15.3.3.4 搁浅网络

世界各地的搁浅网络旨在对搁浅的海洋哺乳动物做出反应，这些动物或是游上岸，或是被波浪或退潮困在岸上。虽然这在本质上更多的是一个关于动物福利而非养护的问题，但搁浅事件可损失大量海洋哺乳动物，而且一些物种还经常搁浅，很可能导致不利的种群后果（霍夫曼，1991 年）。搁浅可单独地发生（图 15.14），也可成群发生——称为**集体搁浅**事件（图 15.15）。柯林诺斯卡（1985 年）将集体搁浅定义为：同一物种的 3 头或更多个体大致在相同时间、在相同的区域搁浅。集体搁浅事件通常涉及社会化的齿鲸，尤其常见于领航鲸和大西洋斑纹海豚。在不同的地理位置，搁浅的频率不同。佩因森（2011年）整理了关于全世界搁浅记录的长期数据，结果证实，搁浅记录如实地反映了物种的数量和相对丰度，基于地区的现场调查可对此进行验证。

图15.14　在美国俄勒冈海岸搁浅的小须鲸

在美国，《海洋哺乳动物保护法》（MMPA）1992年修正案制定了一项海洋哺乳动物健康和搁浅响应计划。MMPA提供了6个具有适当权力和资源的国家网络，以对海洋哺乳动物的搁浅做出反应，目的是对搁浅的动物进行验尸并抢救其机体组织，以及对活着的搁浅动物开展救援和/或使其康复（迪劳夫，1990年；霍夫曼，1991年）。对于珍稀或受法律保护的海洋哺乳动物物种，这些网络成为有价值的（有时是唯一的）机体组织来源。在1987年和1988年，有数百头宽吻海豚搁浅在美国大西洋沿岸，该计划对此事件做出了反应。自该计划实施后的20年间，救援人员已对5万头搁浅的海洋哺乳动物做出响应，使1万多头动物恢复健康并放归海洋，还调查了56起不寻常的死亡事件（海洋哺乳动物委员会，2012 年）。威尔金森和沃希（1999 年）及古尔兰德等（2001 年）对美国和其他国家的网络及行动进行了总结。

图 15.15　在美国俄勒冈海岸集体搁浅的抹香鲸（1979 年）

对齿鲸类集体搁浅的解释包括：呼吸道、脑或中耳存在寄生虫感染；细菌或病毒感染（例如，第 14 章讨论的麻疹病毒）；有害藻华（见第 14 章）；对捕食者的规避；以及在近岸水域，回声定位出现方向障碍或用于导航的地磁信号迷乱（见格拉西等，1999 年；沃尔什等，2001 年综述）。后一种解释基于以下假设：齿鲸类能够探测和响应地球磁场的方向和/或强度。研究者已在宽吻海豚、居氏喙鲸（*Ziphius cavirostris*）、白腰鼠海豚、长须鲸和座头鲸的脑、骨骼、鲸脂与肌肉中发现了生物磁探测器（一种磁性形式氧化铁，即磁铁的小晶体）（鲍尔等，1985 年）。通过感知这些晶体排列方向的变化，研究者认为这些鲸豚能够确定行进的方向，这是在长期的开阔大洋迁徙中形成的一种有用能力。由于频繁的鲸类搁浅事件似乎发生在地磁异常（地质结构扭曲了地球磁场）的区域，研究表明（柯林诺斯卡，1985 年，1986 年，

1988年），这些搁浅可能是由导航错误引起。然而，该假说受到了质疑。惠（1994年）评估了对野生真海豚的观察结果，并证实这仅与海底地貌样式有联系。他发现，没有证据支持"野生海豚使用磁场强度梯度作为导航途径"的假说。对于新西兰发生的单独搁浅和集体搁浅事件，布拉宾和弗鲁（1994年）对同等大小的样本进行了一项分析，他们发现集体搁浅位置和地磁等值线或磁最小值之间没有明显的关系，并且没有证据表明鲸对磁场梯度进行规避。

研究发现，最近发生的一些喙鲸集体搁浅事件与军用声呐系统的使用有关（见人类活动产生的噪声）。在英国（柯林诺斯卡，1985年，1986年，1988年）和美国东海岸（科尔什文克等，1986年；科尔什文克，1990年；沃尔克等，1992年），研究人员对鲸目动物的搁浅模式进行了分析，取得了可用于解释集体搁浅的间接证据和实验证据。

15.4　进步与未来

在21世纪，我们可以回顾过去对海洋哺乳动物种群的努力管理和养护取得的一些积极成果。在过去的20世纪，北象海豹、太平洋座头鲸和东太平洋灰鲸均实现了显著的恢复。在南半球和东北大西洋，一些大型须鲸的种群也在增长（例如，布兰奇等，2004年；洛克耶和派克，2009年）。在20世纪60年代和70年代，波罗的海港海豹和灰海豹得到了保护，之后它们的数量增加，污染水平也得到了控制（海德·乔根森和哈尔考恩，1988年；斯文松等，2011年）；一些海象的资源量也在恢复（例如，科瓦奇等，2014年）。此外，人类还从灭绝的边缘拯救了一些海獭种群。当今，对海洋哺乳动物的大规模商业捕猎数量很少，公众也对海洋哺乳动物产生了许多同理心。

但是，尽管公众对海洋哺乳动物的重要性有了普遍的认识和关注，一些海洋哺乳动物种群（甚至是物种）仍处于危险中，一些是与人类直接相互作用的结果，一些是人类对世界海洋影响的结果。《海洋哺乳动物保护法》（MMPA）列为枯竭、《濒危物种法》（ESA）列为濒危、收录于《濒危野生动植物种国际贸易公约》（CITES）附录一或附录二（见表15.3），或在世界自然保护联盟（IUCN）《濒危物种红色名录》中收录的海洋哺乳动物物种包括：须鲸类物种，它们的种群因直接捕猎而减少；小型齿鲸，例如加湾鼠海豚，其小型种群因渔网导致的意外死亡而继续衰退；佛罗里达海牛，游艇活动造成了该物种的高死亡率；鳍脚类，受到渔业误捕的威胁；以及生境面临危险的物种（例如，北极熊）。还有一些海洋哺乳动物种群遭受了猎捕却没有保存记录，人们甚至不清楚其大体的种群丰度。气候变化已经对海冰相关的海洋哺乳动物物种构成了严重的威胁，并可能会导致其他海洋哺乳动物物种在未来处于危险中。白鱀豚于近年灭绝的事实证明，当前人类对海洋哺乳动物的养护行动有时仍远远不够和太迟。

表 15.3 最受威胁的海洋哺乳动物分类单元

分类单元	丰度	主要威胁
加湾鼠海豚	少于 100 头	渔业误捕
毛伊海豚	约 100 头	渔业误捕
昂加瓦港海豹	数百头	水管理和捕猎导致生境丧失和碎片化
环斑海豹塞马湖亚种	少于 300 头	气候变暖引发的冰雪减少和渔业误捕导致合适的繁殖生境减少
北大西洋露脊鲸	300~350 头	丰度和具体威胁罕为人知，但船舶撞击是一个问题
地中海僧海豹	少于 500 头	养育幼仔和休息生境的丧失、渔业误捕和渔民故意射杀
夏威夷僧海豹	约 1000 头	可能的猎物枯竭、渔具碎片纠缠、养育幼仔和休息生境受到干扰、气候变暖对珊瑚礁群落的影响
红海儒艮	数百至数千头	捕猎和渔业误捕

续表 15.3

分类单元	丰度	主要威胁
恒河豚印度河亚种	约 1000 头	水管理实践、渔业误捕和污染导致生境丧失和碎片化
长江江豚	少于 2000 头	水管理实践、渔业误捕导致生境丧失和碎片化
加州海獭	约 3000 头	渔业误捕和可能由人类促成的疾病

注：在海洋哺乳动物中，许多物种的丰度罕为人知

随着世界人口预计以大约 1.3% 的年速率增长，世界海洋作为蛋白质来源和休闲之所的压力也同步增长，同时工业入侵的规模也成倍增加。因此，我们必须继续优先关注对海洋哺乳动物的养护。我们与海洋哺乳动物种群相互作用的历史已反复地证明，实践认识的缺乏导致了人类对这些自然系统的不当干涉。随着人类进入 21 世纪，我们有望提高我们对世界海洋和栖息于此的动物的责任感，这些内容将反映在我们的个人决定和政治决策中。

15.5 总结和结论

过度开发利用导致了 3 个海洋哺乳动物物种的灭绝：斯氏海牛、大西洋灰鲸和加勒比僧海豹。尽管建立了许多法律框架以解决利用问题，但一些物种继续受到捕猎的影响，而其他物种也正在受到其他各种人类活动的影响，例如商业渔业中的误捕、渔网纠缠和环境污染物。人们从搁浅的海洋哺乳动物那里获得了关于死亡模式、疾病和环境污染物浓度的信息，并设计野外种群研究或实验室研究以解决这些问题。研究清楚地表明，船舶交通以及人类与鲸和海豚的共游和喂食活动（至少在短期）改变了这些动物的正常行为模式，但这些生态旅游活动的长期效应尚未可知。北象海豹、太平洋座头鲸和加州海獭的种群恢复说明，我

们的一些养护努力已取得了成功。但在未来，对海洋哺乳动物的养护要求我们更全面地掌握种群状况和生态系统内海洋哺乳动物的生态关系，并更深入地理解人类活动导致的影响，特别是气候变化引发的影响。

15.6 延伸阅读与资源

海洋哺乳动物的养护是西蒙兹和哈钦森（1996年）、里夫斯和特威斯（1999年）及克拉普汉姆等（1999年）等多作者文献的主题；另见海洋哺乳动物委员会的年度报告，特别是美国立法对海洋哺乳动物保护的影响。《鲸目动物研究与管理杂志》发表的论文涉及鲸、海豚和鼠海豚的养护和管理，特别是国际捕鲸委员会（IWC）科学委员会发表的论题。《海洋哺乳动物科学与保护生物学》以海洋哺乳动物的养护研究为特色。里夫斯（2002年）对原住民的生计捕鲸进行了综述。洛克林（1994年）论述了"埃克森·瓦尔迪兹"号油轮漏油事故对海洋哺乳动物的影响。理查德森等（1995年a）总结了噪声（即，船舶交通、近海钻探、地震剖面）对海洋哺乳动物的影响，雷茵德斯等（1999年）和沃斯等（2003年）总结了持久性污染物对海洋哺乳动物的影响。关于海洋哺乳动物养护相关主题的一般性综述，可参见埃文斯和拉格（2001年）及雷诺兹等（2005年）的作品。里夫斯（2009年）根据国际、国家和地方的养护行动，就海洋哺乳动物的养护进行了概述。

海洋哺乳动物养护组织/机构及其互联网地址如下：

美国国家海洋渔业局（NMFS）总部，网址：http://www.nmfs.gov。该办公室主要负责海洋哺乳动物的养护，可链接至NMFS的其他办公室。

国际鲸豚学会，网址：http://elfi.com/csihome.html。该志愿者组织在全世界参与对野生鲸类和海豚类的保护。

世界自然保护联盟（IUCN），网址：http://www.iucn.org。该组织的环境生物学家在全球范围内积极参与鲸目动物的养护。

海洋哺乳动物学会，网址：http：//www.marinemammalscience.org。职责包括：科学、教育和养护。

参考文献

Adimey, N. M. , Hudak, C. A. , Powell, J. R. , Bassos-Hull, K. , Foley, A. , Farmer, N. A. , White, L. , Minch, K. , 2014. Fishery gear interactions from stranded bottlenose dolphins, Florida manatees and sea turtles in Florida, USA. Mar. Pollut. Bull. 81, 103-115.

Allen, B. M. , Angliss, R. P. , 2011. Alaska Marine Mammal Stock Assessments, 2010. US. Dept. Commer. , NOAA Tech. Memo. NMFS-AFSC-223.

Allen, R. C. , Keay, I. , 2006. Bowhead whales in the Eastern Arctic, 1611-1911：population reconstruction with historical whaling records. Envir. Hist. 12, 89-113.

Alexander, L. M. , 1993. Large marine ecosystems. Mar. Policy 17, 186-198.

AMAP (Arctic Monitoring and Assessment Programme). , 1998. AMAP Assessment Report：Arctic Pollution Issues. AMAP, Oslo, Norway.

Andresen, S. , 1993. The effectiveness of the International Whaling Commission. Arctic 46, 108-115.

Antunes, R. , Kvadsheim, P. H. , Lam, F. P. A. , Tyack, P. L. , Thomas, L. , Wensveen, P. J. , Miller, P. J. O. , 2014. High thresholds for avoidance of sonar by free-ranging long-finned pilot whales (*Globicephala melas*). Mar. Pollut. Bull. 83, 165-180.

Archer, F. , Gerrodette, T. , Chivers, S. , Jackson, A. , 2004. Annual estimates of the unobserved incidental kill of pantropical spotted dolphin (*Stenella attenuata attenuata*) calves in the tuna purse-seine fishery of the Eastern Tropical Pacific. Fish. Bull. 102, 233-244.

Atkins, S. , Cliff, G. , Pillay, N. , 2013. Humpback dolphin bycatch in the shark nets in KwaZulu-Natal. South Afr. Biol. Conserv. 159, 442-449.

Auge, A. A. , Chilvers, B. L. , Moore, A. B. , Davis, L. S. , 2014. Importance of studying foraging site fidelity for spatial conservation measures in a mobile predator. Anim. Conserv. 17, 61-71.

Baker, S. C. , Palumbi, S. R. , 1994. Which whales are hunted? A molecular genetic approach to monitoring whaling. Science 265, 1538-1539.

Baker, S. C. , Cipriano, F. , Palumbi, S. R. , 1996. Molecular genetic identification of whale and dolphin products from commercial markets in Korea and Japan. Mol. Ecol. 5,671−685.

Baker,C.S., Dalebout, M.L., Lento, G.M., 2002. Gray whale products sold in commercial markets along the Pacific coast of Japan. Mar. Mamm. Sci. 18,295−300.

Baker,J.D., Becker,B.L., Wurth, T.A., Johanos, T.C., Littnan, C.L., Henderson,J.R., 2011. Translocation as a tool for the conservation of the Hawaiian monk seal. Biol. Conserv. 144, 2692−2701.

Barlow,J., Cameron,G.A., 2003. Field experiments show that acoustic pingers reduce marine mammal by-catch in the California drift net fishery. Mar. Mamm. Sci. 19,265−283.

Barstow,R., 1986. Non-consumptive utilization of whales. Ambio 15,155−163.

Bauer, G.B., Fuller, M., Perry, A., Dunn, J.R., Zoeger, J., 1985. Magnetoreception and biomineralization of magnetite in cetaceans. In: Kirschvink,J.L.,Jones,D.S., McFadden, B.J. (Eds.), Magnetic Biomineralization and Magnetoreception in Organisms. Plenum Press,New York,pp. 489−508.

Beddington,J.R., May,R.M., 1982. The harvesting of interacting species in a natural ecosystem. Sci. Am. 247,62−69.

Beland,P., 1996. The beluga whales of the St. Lawrence River. Sci. Am. 274,58−65.

Bonner,W.N., 1994. Seals and Sea Lions of the World. Facts on File,New York.

Bordino,P.S., Kraus, S., Albareda, D., Fazio, A., Palmerino, A., Mendez, M., Botta, S., 2002. Reducing incidental mortality of Franciscana dolphin *Pontoporia blainvillei* with acoustic warning devices attached to fishing nets. Mar. Mamm. Sci. 18,833−842.

Boyd,I.L., Frisk, G., Urban, E., Tyack, P., Ausubel, J., Seeyave, S., Cato, D., Southall, B., Weise, M., Andrew, R., Akamatsu, T., Dekeling, R., Erbe, C., Farmer, D., Gentry, R., Gross, T., Hawkins, A., Li, F., Metcalf, K., Miller, J.H., Moretti, D., Rodrigo, C., Shinke, T., 2011. An international quiet ocean experiment. Oceanography 24,174−181.

Bowen, W.D., Lidgard, D., 2013. Marine mammal culling programmes; review of effects on predator and prey populations. Mamm. Rev. 43,207−220.

Brabyn,M., Frew,R.V.C., 1994. New Zealand herd stranding sites do not relate to geomagnetic topography. Mar. Mamm. Sci. 10,195−207.

Braham, H., 1992. Endangered whales: status report. In: Working Document Presented at a Workshop on the Status of California Cetacean Stocks (SOCCS/14). 35 pp. + Tables

(Available upon request-Alaska Fisheries Science Center, 7600 Sand Point Way, NE, Seattle, WA 98115).

Branch, T. A., Matsuoka, K., Miyashita, T., 2004. Evidence for increases in Antarctic blue whales based on Bayesian modelling. Mar. Mamm. Sci. 20, 726-754.

Buchmann, K., Kania, P., 2012. Emerging *Pseudoterranova decipiens* (Krabbe, 1878) problems in Baltic cod, *Gadus morhua* L., associated with grey seal colonization of spawning grounds. J. Fish. Dis. 35, 861-866.

Buckstaff, K. C., 2004. Effects of watercraft noise on the acoustic behavior of bottlenose dolphins, *Tursiops truncatus*, in Sarasota Bay, Florida. Mar. Mamm. Sci. 20, 709-725.

Burek, K. A., Gulland, F. M. D., O'Hara, T., 2008. Effects of climate change on Arctic marine mammal health. Ecol. Appl. 18, S126-S134.

Busch, B. C., 1985. The War against the Seals: A History of the North American Seal Fishery. McGill Queen's University Press, Kingston, ON.

Cameron, M. F., Bengtson, J. L., Boveng, P. L., Jansen, J. K., Kelly, B. P., Dahle, S. P., Logerwell, E. A., Overland, J. E., Sabine, C. L., Waring, G. T., Wilder, J. M., 2010. Status review of the bearded seal (Erignathus barbatus). NOAA Tech. Mem. NMFA-AFSC-211. 263 pp.

Carmack, E., McLaughlin, F., 2001. Arctic Ocean change and consequences to biodiversity: a perspective on linkage and scale. Mem. Natl. Inst. Polar Res. 365-375 (Japan), Spec. Issue No. 54.

Cartwright, R., Gillespie, B., La Bone, K., Mangold, T., Venema, A., Eden, K., Sullivan, M., 2012. Between a rock and a hard place: habitat selection in female-calf humpback whale (*Megaptera novaeangliae*) paris on the Hawaiin breeding grounds. PLoS ONE 7, e38004.

Chilvers, B. L., Wilkinson, I. S., 2008. Philopatry and site fidelity of New Zealand sea lions (*Phocarctos hookeri*). Wildl. Res. 35, 463-470.

Cisneros-Montemayor, A. M., Sumaila, U. R., Kaschner, K., Pauly, D., 2010. The global potential for whale watching. Mar. Policy 34, 1273-1278.

Clapham, P. J., Berggren, P., Childerhouse, S., Friday, N. A., Kasuya, T., Kell, L., Kock, K. H., Manzanilla-Naim, S., Di Sciara, G. N., Perrin, W. F., Read, A. J., Reeves, R. R., Rogan, E., Rojas-Bracho, L., Smith, T. D., Stachowitsch, M., Taylor, B. L., Thiele, D., Wade, P. R., Brownell, R. L., 2003. Whaling as a Science. Bioscience 53, 210-212.

Clapham, P.J., Young, S.B., Brownell Jr., R.L., 1999. Baleen whales: conservation issues and the status of the most endangered populations. Mamm. Rev. 29, 35–60.

Clark, J.M., Agnew, D.J., 2010. Estimating the impact of depredation by killer whales and sperm whales on longline fishing for toothfish (*Dissostichus eleginoides*) around South Georgia. CCAMLR Sci. 17, 163–178.

Conner, R.C., Smolker, R., 1985. Habituated dolphins (*Tursiops* sp.) in western Australia. J. Mammal. 66, 398–400.

Constantine, R., 1999. Effects of Tourism on Marine Mammals. New Zealand Dept. Conserv. Rep, Wellington, NZ. Sci. Conserv. No. 104.

Constantine, R., 2001. Increased avoidance of swimmers by wild bottlenose dolphins (*Tursiops truncatus*) due to long-term exposure to swim with dolphin tourism. Mar. Mamm. Sci. 17, 689–702.

Constantine, R., Baker, C.S., 1997. Monitoring the commercial swim-with-dolphin operations in the Bay of Islands. N. Z. Dep. Conserv. Sci. Conserv. Ser. 56, 1–59.

Constantine, R., Brunton, D.H., Dennis, T., 2004. Dolphin-watching tour boats change bottlenose dolphin (*Tursiops truncatus*) behaviour. Biol. Conserv. 117, 299–307.

Cook, T., James, K., Bearzi, M., 2014. Angler perceptions of California sea lions (*Zalophus californianus*) depredation and marine policy in Southern California. Mar. Policy 51, 573–583.

Cowan, D.F., 2002. Pathology. In: Perrin, W.F., Würsig, B., Thewissen, J.G.M. (Eds.), Encyclopedia of Marine Mammals. Academic Press, San Diego, CA, pp. 883–890.

Cox, T.M., Ragan, T.J., Read, A.J., Vos, E., Baird, R.W., Balcomb, K., Barlow, J., Caldwell, J., Cranford, T., Crum, L., D'Amico, A., D' Spain, G., Fernandez, A., Finneran, J.J., Gentry, R.L., Gerth, W., Gulland, F., Hildebrand, J., Houser, D., Hullar, T., Jepson, P.D., Ketten, D.R., MacLeod, C.D., Miller, P., Moore, S., Mountain, D.C., Palka, D., Ponganis, P., Rommel, S., Rowles, T.K., Taylor, B., Tyack, P.L., Wartzok, D., Gisiner, R.C., Mead, J.G., Benner, L., 2006. Understanding the impacts of anthropogenic sound on beaked whales. J. Cetacean Res. Manage. 7, 177–187.

Craven, J.P., Schneiden, J., 1989. The international implication of extended maritime jurisdiction in the Pacific. In: Proceedings of Law of the Sea, 21st Annual Conference,

August 3-6,1987,Honolulu,HI.

Croxall, J.P., Rodwell, S., Boyd, I.L., 1990. Entanglement in man-made debris of Antarctic fur seals at Bird Island, South Georgia. Mar. Mamm. Sci. 6, 221-233.

Davidson, A. D., Boyer, A. G., Kim, H., Pompa-Mansilla, S., Hamilton, M. J., Costa, D. P., Ceballos, G., Brown, J. H., 2012. Drivers and hotspots of extinction risk in marine mammals. Proc. Natl. Acad. Sci. 109, 3395-3400.

De Stephanis, R., Gimenez, J., Carpinelli, E., Gutierrez-Exposito, C., Canada, A., 2013. As main meal for sperm whales—Plastic debris. Mar. Pollut. Bull 69, 206-214.

DeRuiter, S.L., Southall, B.L., Calambokidis, J., Zimmer, W.M.X., Sadykova, D., Falcone, E.A., Friedlaender, A.S., Joseph, J.E., Moretti, D., Schorr, G.S., Thomas, L., Tyack, P.L., 2013. First direct measurements of behavioural responses by Cuvier's beaked whales to mid-frequency active sonar. Biol. Lett. 9 Article No. 20130223.

De Vooys, K.G.N., Brasseur, S.M., van der Meer, J., Reijnders, P.J.H., 2012. Analyses of four centuries of bounty hunting on seals in Zeeland, SW-Netherlands. Lutra 55, 55-65.

Dierauf, L. A., 1990. Marine mammal stranding networks. In: Dierauf, L., Gulland, F. M. D. (Eds.), CRC Handbook of Marine Mammal Medicine: Health, Disease, and Rehabilitation. CRC Press, Boca Raton, FL, pp. 667-672.

DFO (Department of Fisheries and Oceans, Canada)., 2010. 2011-2015 Integrated Fisheries Management Plans for Atlantic Seals. http://www.dfo-mpo.gc.ca/fm-gp/seal-phoques/reports/mgtplan-planes20112015/mgtplan-planger1011-2015-eng.htm.

DFO (Department of Fisheries and Oceans, Canada), 2012. Current status of Northwest Atlantic harp seals (Pagophilus groenlandicus). DFO Can. Sci. Advis. Sec. Sci. Advis. Rep. 2012/070.

DFO (Department of Fisheries and Oceans, Canada), 2014. Stock assessment of Canadian grey seals (Halichoerus grypus). DFO Can. Sci. Advis. Sec. Sci. Advis. Rep. 2014/010.

Donovan, G. P., 1995. The International Whaling Commission and the revised management procedure. In: Additional Essays on Whales and Man. High North Alliance, N-8390 Reine i Lofoten, Norway.

Durner, G. M., Douglas, D. C., Nielson, R. M., Amstrup, S. C., McDonald, T. I., Stirling, I., Mauritzen, M., Born, E.W., Wiig, P., DeWeaver, E., Serreze, M.C., Belikov, S.E., Holland,

M. M., Maslanikm, J., Aars, J., Bailey, D. A., Derocher, A. E., 2009. Predicting 21st-century polar bear habitat distribution from global climate models. Ecol. Monogr. 179, 25–58.

Edgar, G. J., Banks, S., Bensted-Smith, R., Calvopina, M., Chiriboga, A., Garske, L. E., Henderson, S., Miller, K. A., Salazar, S., 2008. Conservation of threatened species in the Galapagos Marine Reserve through identification and protection of marine key biodiversity areas. Aqu. Conserv. Mar. Freshw. Ecosyst. 18, 955–968.

Ellison, W. T., Southall, B. L., Clark, C. W., Frankel, A. S., 2012. A new context-based approach to assess marine mammal behavioral responses to anthropogenic sounds. Conserv. Biol. 26, 21–28.

Evans, P. G. H., Raga, J. A., 2001. Marine Mammals: Biology and Conservation. Kluwer Academic/Plenum Publication, New York.

Federal Register., 1994. Protected species special exception permits. NOAA 58, 53320–53364.

Federal Register., March 4, 2014. Whaling Provisions; Aboriginal Subsistence Whaling Quotas, vol. 79, No. 42, 12184.

Fertl, D., 2009. Fisheries, interactions with. In: Perrin, W. F., Wursig, B., Thewissen, J. G. M. (Eds.), Encyclopedia of Marine Mammals. Academic Press, San Diego, CA, pp. 439–443.

Filadelfo, R., Mintz, J., Michlovich, E., D'Amico, A., Tyack, P. L., Ketten, D. R., 2009. Correlating military sonar use with beaked whale mass strandings: what do the historical data show? Aquat. Mam. 35, 435–444.

Finley, K. J., 2001. Natural history and conservation of the Greenland whale, or bowhead, in the Northwest Atlantic. Arctic 54, 55–76.

Fish and Wildlife Service., 2013. Southwest Alaska distinct population segment of the Northern Sea otter (Enhydra lutris kenyoni) – recovery plan. In: US Fish and Wildlife Service, Region 7, Alaska, p. 171.

Funayama, K., Davis, J., Allen, S., 2013. Effects of sea-level rise on northern elephant seal breeding habitat at Point Reyes Peninsula, California. Aquatic Conserv. Mar. Freshwater Ecosyst. 23, 233–245.

Gambell, R., 1999. The international whaling commission and the contemporary whaling debate. In: Twiss Jr., J. R., Reeves, R. R. (Eds.), Conservation and Management of Marine Mammals. Smithsonian Inst. Press, Washington, D.C, pp. 179–198.

Geijer, C.K.A., Read, A.J., 2013. Mitigation of marine mammal bycatch in US fisheries since 1994. Biol. Conserv. 159, 54–60.

Gentry, R.L., Kooyman, G.L., 1986. Introduction. In: Gentry, R.L., Kooyman, G.L. (Eds.), Fur Seals: Maternal Strategies on Land and at Sea. Princeton University Press, Princeton, NJ, pp. 3–27.

Geraci, J.R., Harwood, J., Lounsbury, V.J., 1999. Marine mammal die-offs: causes, investigations, and issues. In: Twiss Jr., J.R., Reeves, R.R. (Eds.), Conservation and Management of Marine Mammals. Smithsonian University Press, Washington, DC, pp. 367–395.

Gerrodette, T., DeMaster, D.P., 1990. Quantitative determination of optimum sustainable population level. Mar. Mamm. Sci. 6, 1–16.

Gerrodette, T., Forcada, J., 2005. Non-recovery of two spotted and spinner dolphin populations in the eastern tropical Pacific Ocean. Mar. Ecol. Prog. Ser. 291, 1–21.

Gerrodette, T.G., Watters, G., Perryman, W., Balance, L., 2008. Estimates of 2006 dolphin abundance in the eastern tropical Pacific, with revised estimates from 1986–2003. Natl. Ocean. Atmos. Adm. Tech. Memo. NMFSSWFSC-422.

Gilg, O., Kovacs, K.M., Aars, J., Fort, J., Gauthier, G., Gramillet, D., Ims, R.A., Meltofte, H., Moreau, J., Post, E., Schmidt, N.M., Yannic, G., Bollache, L., 2012. Climate change and the ecology and evolution of Arctic vertebrates. Ann. N.Y. Acad. Sci. 1249, 166–190.

Glover, K.A., Haug, T., Øien, N., Walløe, L., Lindblim, L., Seliussen, B.B., Skaug, H.J., 2012. The Norwegian minke whale DNA register: a database monitoring commercial harvest and trade of whale products. Fish Fish. 13, 313–332.

Goldbogen, J.A., Southall, B.L., DeRuiter, S.L., Calambokidis, J., Friedlaender, A.S., Hazen, E.L., Falcone, E.A., Schorr, G.S., Douglas, A., Moretti, D.J., Kyburg, C., McKenna, M.F., Tyack, P.L., 2013. Blue whales respond to stimulated mid-frequency military sonar. Proc. R. Soc. B 280, 1765 article No. 20130657.

Goldsworthy, S.D., Bulman, C., He, X., Larcombe, J., Littnan, C., 2003. Trophic interactions between marine mammals and Australian fisheries: an ecosystem approach. In: Gales, N., Hindell, M., Kirkwood, R. (Eds.), Marine mammals and Humans: Fisheries, Tourism and Management. CSIRO Publications, pp. 62–99.

Gormley, A.M., Slooten, E., Dawson, S., Barker, R.J., Rayment, W., du Fresne, S., Bräger, S., 2012. First evidence that marine protected areas can work for marine mammals. J. Appl. Ecol. 49, 474–480.

Gotz, T., Janik, V. M., 2013. Acoustic deterrent devices to prevent pinniped depredation: efficiency, conservation concerns and possible solutions. Mar. Ecol. Prog. Ser. 492, 285–302.

Government of Greenland., 2012. Management and Utilisation of Seals in Greenland. Government of Greenland, Ministry of Fisheries, Hunting and Agriculture, Nuuk, Greenland. 43.

Gulland, F.M.D., Dierauf, L.A., Rowles, T.K., 2001. Marine mammal stranding networks. In: Dierauf, L., Gulland, F. M. D. (Eds.), CRC Handbook of Marine Mammal Medicine, second ed. CRC Press, Boca Raton, FL, pp. 45–67.

Hall, M.A., Donovan, G.P., 2002. Environmentalists, fishermen, cetaceans and fish: Is there a balance and can science help to find it? In: Evans, P.G.H., Raga, J.A. (Eds.), Marine Mammals: Biology and Conservation. Kluwer Academic/Plenum Publishers, New York, pp. 491–521.

Hamer, D. J., Goldsworthy, S. D., 2006. Seal-fishery operational interactions: identifying the environmental and operational aspects of a trawl fishery that contribute to by-catch and mortality of Australian fur seals (Arctocephalus pusillus doriferus). Biol. Conserv. 130, 517–529.

Hamer, D.J., Goldsworthy, S.D., Costa, D.P., Fowler, S.L., Page, B., Sumner, M.D., 2013. The endangered Australian sea lion extensively overlaps with and regularly becomes by-catch in demersal shark gill-nets in South Australian shelf waters. Biol. Conserv. 157, 386–400.

Harding, K.C., Härkönen, T.J., 1999. Development in the Baltic grey seal (Halichoerus grypus) and ringed seal (Phoca hispida) populations during the 20th century. Ambio 28, 619–627.

Harvell, C.D., Kim, K., Vurkholder, J.M., Colwell, R.R., Epstein, P.R., Grimes, D.J., Hofmann, E.E., Lipp, E. K., Osterhaus, A. D. M. E., Overstreet, R. M., Porter, J. W., Smith, G. W., Vasta, G.R., 1999. Review: marine ecology – emerging marine diseases – climate links and anthropogenic factors. Science 285, 1505–1510.

Hastie, G. D., Wilson, B., Tufft, L. H., Thompson, P. M., 2003. Bottlenose dolphins increase breathing synchrony in response to boat traffic. Mar. Mamm. Sci. 19, 74-84.

Hatch, L.T., Clark, C.W., VanParijs, S.M., Frankel, A.S., Ponirakis, D.W., 2012. Quantifying loss of acoustic communication space for right whales in and around the US National Marine Sanctuary. Conser. Biol. 26, 983-994.

Hedley, C., 2000. The law of the sea and the Internet: a resource guide with special reference to the conservation and management of marine living resources. Int. J. Mar. Coast. Law 15, 567-579.

Heide-Jørgensen, M.P., Härkönen, T.J., 1988. Rebuilding seal stocks in the Kattegat-Skagerrak. Mar. Mamm. Sci. 4, 231-246.

Helle, E., Hyvärinen, H., Pyssalo, H., Wickström, K., 1983. Levels of organochlorine compounds in an inland seal population in eastern Finland. Mar. Pollut. Bull. 14, 256-260.

Henshaw, M.D., Le Due, R.G., Chivers, S.J., Dizon, A.E., 1997. Identifying beaked whales (Family Ziphiidae) using mtDNA sequences. Mar. Mamm. Sci. 13, 487-495.

Higdon, J.W., Ferguson, S.H., 2009. Loss of arctic sea ice causing punctuated change in sightings of killer whales (Orcinus orca) over the past century. Ecol. Appl. 19, 1365-1375.

Higdon, J.W., Westdal, K.H., Ferguson, S.H., 2014. Distribution and abundance of killer whales (Orcinus orca) in Nunavut, Canada – an Inuit knowledge survey. J. Mar. Biol. Assoc. U.K. 94, 1293-1304.

Hobbs, K.E., Muir, D.C., Michaud, R., Beland, P., Letcher, R.J., Norstrom, R.J., 2003. PCBs and organochlorine pesticides in blubber biopsies from free-ranging St. Lawrence River Estuary beluga whales (Delphinapterus leucas), 1994 – 1998. Environ. Pollut. 122, 291-302.

Hodgson, A., Marsh, H., Delean, S., Marcus, L., 2007. Is attempting to change marine mammal behaviour a generic solution to the bycatch problem? A Dugong case study. Anim. Conserv. 10, 263-273.

Hofman, R.J., 1989. The Marine Mammal Protection Act: a first of its kind anywhere. Oceanus 32, 21-28.

Hofman, R.J., 1991. History, goals, and achievements of the regional marine mammal stranding networks in the United States. In: Reynolds III, J.E., Odell, D.K. (Eds.), Marine mammal Strandings in the United States. Proceedings of the Second Marine Mammal Stranding Workshop, Miami, FL, December 3-5, 1987, pp. 7-16 NTIS number: PB91-173765.

Hofman, R.J., 1995. The changing focus of marine mammal conservation. Trends Ecol. Evol. 10, 462-465.

Holma, M., Lindroos, M., Oinonen, S., 2014. The economics of conflicting interest: northern Baltic salmon fishery adaptation to gray seal abundance. Nat. Res. Model 27, 275-299.

Hoyt, E., 1995. The worldwide value and extent of whale watching: 1995. In: Report to the Whale and Dolphin Conservation Society, Bath, UK.

Hui, C.A., 1994. Lack of association between magnetic patterns and the distribution of free-ranging dolphins. J. Mammal. 75, 399-405.

IATTC (Inter-American Tropical Tuna Commission)., 1981. Annual Report, La Jolla, CA.

IFAW., 1995. International Fund for Animal Welfare (IFAW) and Tethys European Conservation—report of the Workshop on the Scientific Aspects of Managing Whale Watching. IFAW, Tethys and European Conservation, Montecastello de Vibio, Italy.

IPCC., 2014. Climate Change 2014: Impacts, Adaptation, and Vulnerability. Intergovernmental Panel on Climate Change, Gland, Switzerland.

IUCN., 2014. IUCN Red List of Threatened Species. Version 2014. 1..

IWC., 2014. Annual Meeting Report (Portoroz, Slovenia). In prep..

Janik, V.M., Thompson, P.M., 1996. Changes in surfacing patterns of bottlenose dolphins in response to boat traffic. Mar. Mamm. Sci. 12, 597-601.

Jefferson, T.A., Karkzmarski, L., Laidre, K., O'Corry-Crowe, G., Reeves, R., Rojas-Bracho, L., Secchi, E., Slooten, E., Smith, B.D., Wang, J.Y., Zhou, K., 2012. Monodon monoceros. The IUCN Red List of Threatened Species. Version 2014. 2..

Jefferson, T.A., Karkzmarski, L., Laidre, K., O'Corry-Crowe, G., Reeves, R., Rojas-Bracho, L., Secchi, E., Slooten, E., Smith, B.D., Wang, J.Y., Zhou, K., 2012. Delphinapterus leucas. The IUCN Red List of Threatened Species. Version 2014. 2..

Jenkins, L.D., 2007. Bycatch: Interactional expertise, dolphins and the US tuna fishery. Stud. Hist. Phil. Sci. 38, 698-712.

Jepson, P.D., Arbelo, M., Deaville, R., Patterson, I.A.P., Castro, P., Baker, J.R., E., Degollada,

E., Ross, H. M., Herráez, P., Pocknell, A. M., Rodríguez, F., Howie, F. E., Espinosa, A., Reid, R. J., Jaber, J. R., Martin, V., Cunningham, A. A., Fernández, A., 2003. Gas-bubble lesions in stranded cetaceans. Nature 425, 575–576.

Johannessen, O. M., Miles, M. W., 2010. Critical vulnerabilities of marine and sea ice-based ecosystems in the high Arctic. Reg. Environ. Change. 11, S239–S248.

Johnston, D. W., Woodley, T. H., 1998. A survey of acoustic harassment device (AHD) use in the Bay of Fundy, NB, Canada. Aquat. Mamm. 24, 51–61.

Kannan, K., Senthilkumar, K., Loganathan, B. G., Takahashi, S., Odell, D. K., Tanabe, S., 1997. Elevated accumulation of tributyltin and its breakdown products in bottlenose dolphins (Tursiops truncatus) found stranded along the US Atlantic and Gulf Coasts. Environ. Sci. Technol. 31, 296–301.

Kelly, B.P., 2001. Climate change and ice breeding pinnipeds. In: Walther, G.-R., Burga, C. A., Edwards, P.J. (Eds.), "Fingerprints" of Climate Change. Kluwer Academic/Plenum Publication, New York, pp. 43–55.

Kelly, B.P., Bengtson, J.L., Boveng, P.L., Cameron, M.F., Dahle, S.P., Jansen, J.K., Logerwell, E.A., Overland, J.E., Sabine, C.L., Waring, G.T., Wilder, J.M., 2010. Status Review of the Ringed Seal (Phoca hispida). 265. NOAA Tech. Mem NMFS-AFSC-212.

Kessler, M., Harcourt, R., 2010. Aligning tourist, industry and govemment expectations: A case study from the swim with whales industry in Tonga. Mar. Policy 34, 1350–1356.

Kessler, M., Harcourt, R., 2012. Management implications for the changing interactions between people and whales in Ha'apai. Tonga. Mar. Policy 36 (2), 440–445.

Kingsley, M.C.S., 1999. Population indices and estimates for the belugas of the St. Lawrence estuary. Can. Tech. Rep. Fish. Aqu. Sci. 2266.

Kingsley, M.C.S., 2002. Comment on Martineau et al. 1999. Cancer in beluga whales from the St. Lawrence Estuary, Quebec, Canada: a potential biomarker of environmental contamination. Mar. Mamm. Sci. 18, 572–574.

Kirkman, S.P., 2010. The Cape Fur Seal: Monitoring and Management in the Benguela Current Ecosystem (PhD Thesis). University of Cape Town, Cape Town, South Africa.

Kirkman, S.P., Yemane, D., Oosthuizen, W.H., Meyer, M.A., Kotze, P.G.H., Skrypzeck, H., Vaz Velho, F., Underhill, L. G., 2013. Spatio-temporal shifts of the dynamic Cape fur seal population in Southern Africa, based on aerial censuses (1972-2009). Mar. Mamm. Sci. 29,497-524.

Kirschvink, J. L., 1990. Geomagnetic sensitivity in cetaceans: an update with live stranding records in the United States. Life Sci. 196,639-650.

Kirschvink, J.L., Dizon, A.E., Westphal, J.A., 1986. Evidence from stranding for geomagnetic sensitivity in cetaceans. J. Exp. Biol. 120,1-24.

Klinowska, M., 1985. Cetacean live stranding dates relate to geomagnetic disturbances. Aquat. Mamm. 11,109-119.

Klinowska, M., 1986. The cetacean magnetic sense-evidence from strandings. In: Bryden, M.M., Harrison, R. (Eds.), Research on Dolphins. Clarendon Press, Oxford, UK, pp. 401-432.

Klinowska, M., 1988. Cetacean 'navigation' and the geomagnetic field. J. Navig. 41,52-71.

Kovacs, K.M., Innes, S., 1990. The impact of tourism on harp seals (Phoca groenlandica) in the Gulf of St Lawrence. Canada. Appl. Anim. Behav. Sci. 26,15-26.

Kovacs, K. M., Moore, S., Overland, J. E., Lydersen, C., 2011. Impacts of changing sea-ice conditions on Arctic marine mammals. Mar. Biodivers. 41,181-194.

Kovacs, K. M., Aguilar, A., Aurioles, D., Burkanov, V., Campagna, C., Gales, N., Gelatt, T., Goldsworthy, S., Goodman, S.J., Hofmeyr, G.J.G., Härkönen, T., Lowry, L., Lydersen, C., Schipper, J., Sipilä, T., Southwell, C., Stuart, S., Thompson, D., Trillmich, F., 2012. Global threats to pinnipeds. Mar. Mamm. Sci. 28,414-436.

Kovacs, K.M., Aärs, J., Lydersen, C., 2014. Walruses recovering after 60+years of protection at Svalbard. Norway. Polar Res 33,26034.

Kraus, S. D., Read, A. J., Solow, A., Baldwin, K., Spradlin, T., Anderson, E., Williamson, J., 1997. Acoustic alarms reduce porpoise mortality. Nature 388,525.

Kraus, S.D., Borwn, M.W., Caswell, H., Clark, C.W., Kujiwara, M., Hamilton, P.K., Kenney, R.D., Knowlton, A.R., Landry, S., Mayo, C.A., McLellan, W.A., Moore, M.J., Nowacek, D.P., Pabst, D.A., Read, A.J., Rolland, R.M., 2005. North Atlantic right whales in crisis. Science 309,561-562.

Krupnik, I.I., 1984. Gray whales and the aborigine of the Pacific Northwest: the history of aboriginal whaling. In: Jones, M. L., Swartz, S. L., Leatherwood, S. (Eds.), The Gray

Whale, Eschrichtius robustus (Lilljeborg, 1861). Academic Press, New York, pp. 103–120.

Laidre, K.L., Stirling, I., Lowry, L.F., Wiig, Ø., Heide-Jorgensen, M.P., Ferguson, S.F., 2008. Quantifying the sensitivity of arctic marine mammals to climate-induced habitat change. Ecol. Appl. 18, S97–S125.

Laiolo, P., 2010. The emerging significance of bioacoustic in animal species conservation. Biol. Conserv. 143, 1635–1645.

Lambert, E., Hunter, C., Pierece, G.J., MacLeod, C.D., 2010. Sustainable whale-watching tourism and climate change: towards a framework of resilence. J. Sustain. Tour. 18, 409–427.

Lambert, E., Pierce, G.J., Hall, K., Brereton, T., Dunn, T.E., Wall, D., Jepson, P.D., Deaville, R., Macleod, C.D., 2014. Cetacean range and clime in the eastern North Atlantic: future predictions and implications for conservation. Glob. Change Biol. 20, 1782–1793.

Larsen, F., Krog, C., 2007. Fishery trials with increased pinger spacing. Paper SC/59/SM2. In: IWC Scientific Committee Meeting, Anchorage, AK.

Lauriano, G., Peirantonio, N., Donovan, G., Panigada, S., 2014. Abundance and distribution of Tursiops truncatus in the Western Mediterranean Sea: an assessment towards the Marine Strategy Framework Directive requirements. Mar. Environ. Res. 100, 86–93.

Law, R.J., 2014. An overview of time trends in organic contaminant concentrations in marine mammals: going up or down? Mar. Pollut. Bull. 82, 7–10.

Laws, R.M., 1962. Some effects of whaling on the southern stocks of baleen whales. In: LeCren, R.F., Holdgate, M.W. (Eds.), The Exploitation of Natural Animal Populations. Wiley, New York, pp. 137–158.

Learmonth, J.A., MacLeod, C.D., Santos, M.B., Pierce, G.J., Crick, H.Q.P., Robinson, R.A., 2006. Potential effects of climate change on marine mammals. Oceanogr. Mar. Biol. 44, 431–464.

LeBeuf, M., Noel, M., Raach, M., Trottier, S., 2014. A twenty-one year temporal trend of persistent organic pollutants in St. Lawrence Estuary beluga. Can. Sci. Total Environ. 485, 377–386.

Lestenkof, A.D., Zavadil, P.A., 2007. 2007 Subsistence Fur Seal Harvest on St. Paul Island

Memorandum for the Record. Aleut Community of St. Paul Island. Tribal Government, Ecosystem Conservation Office. St. Paul Island, Pribilof Islands, Alaska.

Letcher, R.J., Bustnes, J.O., Dietz, R., Jenssen, B.M., Jørgensen, E.H., Sonne, C., Verreault, J., Vijayan, M.M., Gabrielsen, G.W., 2010. Exposure and effects assessment of persistent organohalogen conaminants in arctic wildlife and fish. Sci. Total Environ. 408, 2995–3043.

Lewison, R.L., Crowder, L.B., and Wallace, B.P., 2014. Global patterns of marine mammal, seabird, and sea turtle bycatch reveal taxon-specific and cumulative mega fauna hotspots. Proc. Natl. Acad. Sci. http://dx.doi.org/10.1073/pnas.1318960111

Lockyer, C., Pike, D., 2009. North Atlantic sighting surveys: counting whales in the North Atlantic 1987–2001. NAMMCO Sci. Publ. 7, 244.

Lopez, D.M., Barcelona, S.G., Baez, J.C., de la Serna, J.M., de Urbina, J.M.O., 2012. Marine mammal bycatch in Spanish Mediterranean large pelagic longline fisheries, with a focus on Risso's dolphin (*Grampus griseus*). Aqu. Living Res. 25, 321–331.

Loughlin, T.R. (Ed.), 1994. Impacts of the Exxon Valdez Oil Spill on Marine Mammals. Academic Press, San Diego, CA.

Luksenburg, J.A., Jolanda, A., Parsons, E.C.M., 2014. Attitudes towards marine mammal conservation issues before the introduction of whale-watching a case study in Aruba (southern Caribbean). Aquat. Conserv. Mar. Freshw. Ecosyst. 24, 135–146.

Lusseau, D., 2006. The short-term behavioral reactions of bottlenose dolphins to interactions with boats in Doubtful Sound, New Zealand. Mar. Mamm. Sci. 22, 802–818.

Lusseau, D., Slooten, L., Currey, R.J.C., 2006. Unsustainable dolphin-watching tourism in Fiordland, New Zealand. Tourism Mar. Environ. 3, 173–178.

Magera, A.M., Mills Fleming, J.E., Kaschner, K., Christensen, L.B., Lotze, H.K., 2013. Recovery trends in marine mammal populations. PLoS ONE 8, e77908.

Mahoney, B.A., Shelden, K.W.W., 2000. Harvest history of belugas, Delphinapterus leucas, in Cook Inlet, Alaska. Mar. Fish. Rev. 62, 124–133.

Malakoff, D., 2010. A push for quieter ships. Science 328, 1502–1503.

Malavansky, A., Lestenkof, A.D., Lestenkof, D., Brewer, M.C., Merklein, A.M., Robson, B.W., 2007. Predation on northern fur seal in the Pribilof Islands: A baseline study. Poster presentation at the 2007 Alaska Marine Science Symposium, Anchorage, AK.

Mangel, J.C., Alfaro-Shigueto, J., Witt, M.J., Hodgson, D.J., Godley, B.J., 2013. Using pingers to reduce bycatch of small cetaceans in Peru's small-scale driftnet fishery. Oryx 47, 595-606.

Marine Mammal Commission., 2009. Annual Report to Congress. Marine Mammal Commission, Washington, DC.

Marine Mammal Commission., 2010 – 2011. Annual Report to Congress. Marine Mammal Commission, Washington DC.

Marine Mammal Commission., 2012. Annual Report to Congress. Marine Mammal Commission, Washington DC.

Marino, L., Frohoff, T., 2011. Towards a new paradigm of non-captive research on cetacean cognition. PloS ONE 6, e24121.

Marmontel, M., 2008. Trichechus inunguis. The IUCN Red List of Threatened Species. Version 2014.

Marques, T.A., Thomas, L., Martin, S.W., Mellinger, D.K., Ward, J.A., Moretti, D.J., Harris, D., Tyack, P.L., 2013. Estimating animal population density using passive acoustics. Biol. Rev. 88, 287-309.

Marsh, H., Penrose, H., Eros, C., Hugues, J., 2002. Dugong: status reports and action plans for countries and territories. In: UNEP Early Warning and Assessment Report Series,.

Marsh, H., 2008. Dugong Dugon. The IUCN Red List of Threatened Species. Version 2014. 2. .

Martineau, D., 2002. Comment on Martineat et al. 1999. Cancer in beluga whales from the St. Lawrence Estuary, Quebec, Canada: a potential biomarker of environmental contamination. Journal of Cetacean Research and Management. Special Issue 1: 249-265-Reply Mar. Mamm. Sci. 18, 574-576.

Mason, G.J., 2010. Species differences in response to captivity: stress, welfare and the comparative method. Trends Ecol. Evol. 25, 713-721.

Maschner, H.D.G., Trites, A.W., Reedy-Maschner, K.L., Betts, M., 2014. The decline of Steller sea lions (*Eumetopias jubatus*) in the North Pacific: insights from indigenous people, ethnohistoric records and archaeological data. Fish Fish. 15, 634-660.

Mattson, M., Raunio, H., Pelkonen, O., Helle, E., 1998. Elevated levels of cytochrome P4501A

(CYP1A) in ringed seals from the Baltic Sea. Aquat. Toxicol. 43,41-50.

McQuinn,I.H.,Lesage,V.,Carrier,D.,Larrivee,G.,Samson,Y.,Chartrand,S.,Michaud,R., Theriault,J.,2011. A threatened beluga (*Delphinapterus leucas*) population in the traffic lane: vessel-generated noise characteristics of the Sagunay-St Lawrence Marine Park, Canada. J. Acoust. Soc. Am. 130,3661-3673.

Mei,Z.G.,Huang,S.O.L.,Turvey,S.T.,Gong,W.M.,Wang,D.,2012. Accelerating population decline of Yangtze finless porpoise (*Neophocaena asiaeorientalis asiaeorientalis*). Biol. Conserv. 153,192-200.

Meier,W.N.,Key,J.R.,Kovacs,K.M.,Michel,C.,Hovelsrud,G.K.,van Oort,B.E.H.,Haas, C.,Granskog,M.A.,Gerland,S.,Perovich,D.J.,Makshtas,A.,Reist,J.D.,2014. Arctic sea ice in transformation: a review of recent observed changes and impacts on biology and human activity. Rev. Geophys. 52,185-217.

Melville,H.,1851. Moby Dick. Dutton,New York.

Mendez,M.,Rosenbaum,H.C.,Well,R.S.,Stamper,A.,Bordino,P.,2010. Genetic evidence highlights potential impacts of by-catch to cetaceans. PLoS ONE 5,e15550.

Miksis-Olds,J.L.,Donaghay,P.L.,Miller,J.H.,Tyack,P.L.,Reynolds,J.E.,2007. Simulated vessel approaches elicit differential responses from manatees. Mar. Mamm. Sci. 23, 629-649.

Miksis-Olds,J.L.,Donaghay,P.L.,Miller,J.H.,Tyack,P.L.,Nystuen,J.,2007. Noise level correlates with manatee use of foraging habitats. J. Acoust. Soc. Am. 121,3011-3020.

Moore,S.E.,Stafford,K.M.,Melling,H.,Berchok,C.,Wiig,Ø.,Kovacs,K.M.,Lydersen,C., Richter-Menge,J.,2012. Comparing marine mammal acoustic habitats in Atlantic and Pacific sectors of the high Arctic: year-long records from Fram Strait and the Chukchi Plateau. Polar Biol. 35,475-480.

Nabe-Nielsen,J.,Sibly,R.M.,Tougaard,J.,Teilmann,J.,Sveegaard,S.,2014. Effects of noise and by-catch on a Danish harbour porpoise population. Ecol. Model 272,242-251.

National Research Council (USA).,1992. Dolphins and the Tuna Industry. National Academy Press,Washington,DC.

Northridge,S.,2009. Fishing industry,effects of. In: Perrin,W.F.,Wursig,B.,Thewissen,J.G. M.(Eds.),Encyclopedia of Marine Mammals,second ed. Academic Press,San Diego,

CA, pp. 443-447.

Norwegian Ministry of Fisheries and Coastal Affairs., 2013. Facts about Fisheries and Aquaculture-2013. Fisheries Ministry of Norway, Oslo.

Norwegian-Russsian Joint Commission., 2013. Appendix 9. In: The 43rd Session of the Joint Norwegian-Russian Fisheries Commission, St Petersburg, Russia, 8-11 October, 2013.

Noyes, P.D., McElwee, M.K., Miller, H.D., Clark, B.W., Van Tiem, L.A., Walcott, K.C., Erwin, K.N., Levin, E.D., 2009. The toxicology of climate change: environmental contaminants in a warming world. Environ. Internatl. 35, 971-976.

Nowacek, S.M., Wells, R.S., Solow, A., 2001. Short-term effects of boat traffic on bottlenose dolphins, *Tursiops truncatus*, in Sarasota Bay, Florida. Mar. Mamm. Sci. 17, 673-688.

Nyman, M., Koistinen, J., Fant, M.L., Vartiainen, T., Helle, E., 2002. Current levels of DDT, PCB and trace elements in the Baltic ringed seals (*Phoca hispida baltica*) and grey seals (*Halichoerus grypus*). Environ. Pollut. 119, 399-412.

Nyman, M., Bergknut, M., Fant, M.L., Raunio, H., Jestoi, M., Bengs, C., Murk, A., Koistinen, J., Backman, C., Pelkonen, O., Tysklind, M., Hirvi, T., Helle, E., 2003. Contaminant exposure and effects in Baltic ringed and grey seals as assessed by biomarkers. Mar. Environ. Res. 55, 73-99.

Obbard, M.E., Thiemann, G.W., Peacock, E., DeBruyn, T.D., 2009. Polar bears. In: Proceeding of the 15th Working Meeting of the IUCN/SSC Polar Bear Specialist Group, 29 June-3 July, p. 235 Copenhagen, Denmark. Occasional paper of the IUCN Species Survival Commission No. 43.

O'Leary, B.L., 1984. Aboriginal whaling from the Aleutian Islands to Washington State. In: Jones, M.L., Swartz, S.L., Leatherwood, S. (Eds.), The Gray Whale, *Eschrichtius robustus* (Lilljeborg, 1861). Academic Press, New York, pp. 79-102.

Oksanen, S.M., Ahola, M.P., Lehtonen, E., Kunnaranta, M., 2014. Using movement data of Baltic grey seals to examine foraing-site fidelity: implications for seal-fishery conflict mitigation. Mar. Ecol. Prog. Ser. 507, 297-308.

Omura, H., 1984. History of gray whales in Japan. In: Jones, M.L., Swartz, S.L., Leatherwood, S. (Eds.), The Gray Whale, *Eschrichtius robustus* (Lilljeborg, 1861). Academic Press, New York, pp. 27-77.

Orams, M.B., Hill, G.J.E., Baglioni Jr., A.J., 1996. "Pushy" behavior in a wild dolphin feeding program at Tangalooma, Australia. Mar. Mamm. Sci. 12, 107−117.

Ortega, J.L.C., Dagostino, R.M.C., Massam, B.H., 2013. Sustainable tourism: Whale watching footprint in the Bahia de Banderas. Mexico. J. Coast. Res. 29, 1445−1451.

Øigård, T.A., Haug, T., Nilssen, K.T., 2014. Current status of hooded seals in the Greenland Sea. Victims of climate change and predation? Biol. Conserv. 172, 29−36.

Patenaude, N.J., Richardson, W.J., Smultea, M.A., Kosk, W.R., Miller, G.W., Würsig, B., Green Jr., C.R., 2002. Aircraft sound and disturbance to bowhead and beluga whales during spring migrations in the Alaskan Beaufort Sea. Mar. Mamm. Sci. 18, 309−335.

Perrin, W.F., Donovan, G.P., and Barlow, J. (Eds.) 1994. Gillnets and cetaceans. Rep. Int. Whal. Commn. Spec. Issue 15.

Powell, J., Kouadio, A., 2008. *Trichechus senegalensis*. The IUCN Red List of Threatened Species. Version 2014. .

Post, E., Bhatt, U.S., Bitz, C.M., Brodie, J.F., Fulton, T.L., Hebblewhite, M., Kerby, J., Kutz, S.J., Stirling, I., Walker, D.A., 2013. Ecological consequences of sea-ice decline. Science 341, 519−524.

Pyenson, N., 2011. The high fidelity of the cetacean stranding record: insights into measuring diversity by integrating taphonomy and macroecology. Proc. R. Soc. B 278, 3608−3616.

Ray, G.C., Potter Jr., F.M., 2011. The making of the Marine Mammal Protection Act of 1972. Aquat. Mamm. 37, 520−552.

Read, A.J., 2005. Bycatch and depredation. In: Reynolds III, J.E., Perrin, W.F., Reeves, R.R., Montgomery, S., Ragen, T.J. (Eds.), Marine Mammal Research: Conservation Beyond Crisis. Johns Hopkins University Press, Baltimore, pp. 5−17.

Read, A.J., 2008. The looming crisis: interactions between marine mammals and fisheries. J. Mammal. 89, 541−548.

Read, A.J., Drinker, P., Northridge, S., 2006. Bycatch of marine mammals in US and global fisheries. Conserv. Biol. 1, 163−169.

Reeves, R.R., 2002. The origins and character of 'aboriginal subsistence' whaling: a global review. Mamm. Rev. 32, 71−106.

Reeves, R.R., 2009. Conservation efforts. In: Perrin, W.F., Wursig, B., Thewissen, J.G.M.

(Eds.), Encyclopedia of Marine Mammals, second ed. Academic Press, San Diego, CA, pp. 275-289.

Reeves, R. R., Twiss, J. R., 1999. Conservation and Management of Marine Mammals. Smithsonian Institution Press, Washington, DC.

Reeves, R. R., Ewins, P. J., Agbayani, S., Heidi-Jorgensen, M. P., Kovacs, K. M., Lydersen, C., Suydam, R., Elliott, W., Polet, G., van Dijk, Y., Blijleven, R., 2014. Distribution of endemic cetaceans in relation to hydrocarbon development and commercial shipping in a warming Arctic. Mar. Policy 44, 375-389.

Reijnders, P. J. H., Aguilar, A., and Donovan, G. P. (Eds.) 1999. Chemical pollutants and cetaceans. J. Cetacean Res. Manage. Spec. Issue 1.

Reijnders, P.J.H., Aguilar, A., Borrell, S., 2009. Pollution and marine mammals. In: Perrin, W. F., Wursig, B., Thewissen, J.G.M. (Eds.), Encyclopedia of Marine Mammals, second ed. Academic Press, San Diego, CA, pp. 890-898.

Reynolds III, J. E., Perrin, W. F., Reeves, R. R., Montgomery, S., Ragen, T. J., 2005. Marine Mammal Research: Conservation Beyond Crisis. Johns Hopkins University Press, Baltimore.

Rich, T.C., Erlandson, J.M., 2008. Human Impacts on Ancient Marine Ecosystems: A Global Perspective. University of California Press, Berkeley, CA.

Richardson, W.J., Finley, K., Miller, G.W., Davis, R.A., Koski, W.R., 1995. Feeding, social and migration behavior of bowhead whales, *Balaena mysticetus*, in Baffin Bay vs. the Beaufort Sea-Regions with different amounts of human activity. Mar. Mamm. Sci. 11, 1-45.

Richardson, W.J., Greene, C.R., Malme, C.I., Thompson, D.H., Moore, S.E., Würsig, B., 1995. Marine mammals and Noise. Academic Press, San Diego, CA.

Richter, C., Dawson, S., Slooten, E., 2006. Impacts of commercial whale watching on male sperm whales at Kaikoura, New Zealand. Mar. Mamm. Sci. 22, 46-63.

Riedman, M., 1990. The Pinnipeds: Seals, Sea Lions, and Walruses. University of California Press, Berkeley, CA.

Roland, R.M., Parks, S.E., Hunt, K.E., Castellote, M., Corkeron, P.J., Nowacek, D.P., Wasser, S.K., Sraus, S.D., 2012. Evidence that ship noise increases stress in right whales. Proc. R. Soc. B 279, 2363-2368.

Roman, J., Altman, I., Dunphy-Daly, M. M., Campbell, C., Jasny, M., Read, A. J., 2013. The Marine Mammal Protection Act at 40: status, recovery, and future of US marine mammals. Ann. N. Y. Acad. Sci. 1286, 29-49.

Salden, D. R., 1988. Humpback whale encounter rates offshore of Maui, Hawaii. J. Wildl. Manage. 52, 301-304.

Salvadeo, c. J., Lluch-Cota, S. E., Maravilla-Chavez, M. O., Alvarez-Castaeda, S. T., Alvarez-Castaneda, S. T., Mercuri, M., Ortega-Rubio, A., 2013. Impact of climate change on sustainable management of gray whale (*Eschrichtius robustus*) populations: whale-watching and conservation. Arch. Biol. Sci. 65, 997-1005.

Samuels, A., Spradlin, T. R., 1995. Quantitative behavioral study of bottlenose dolphins in swim-with-dolphin programs in the United States. Mar. Mamm. Sci. 11, 520-544.

Samuels, A., Bejder, L., and Heinrich, S., 2000. A review of the literature pertaining to swimming with wild dolphins. Rept. Mar. Mamm. Comm. Silverspring, MD, T74463123.

Scammon, C. M., 1874. The Marine Mammals of the north-western coast of North America. Dover, New York (republished in 1968).

Schakner, Z. A., Blumstein, D. T., 2013. Behavioral biology of marine mammal deterrents: a review and prospectus. Biol. Conserv. 167, 380-389.

Schipper, J., et al., 2008. The biogeography of diversity, threat, and knowledge in the world's terrestrial and aquatic mammals. Science 322, 225-230.

Schliebe, S., Wiig, Ø., Derocher, A., Lunn, N., ; IUCN SSC Polar Bear Specialist Group., 2008. *Ursus maritimus*. The IUCN Red List of Threatened Species. Version 2014. 2. .

Senko, J., White, E. R., Heppell, S. S., Gerber, L. R., 2014. Comparing bycatch mitigation strategies for vulnerable marine megafauna. Anim. Conserv. 17, 5-18.

Shaughnessy, P. D., 1982. The status of the Amsterdam Island fur seal. Mamm. Seas 4, 411-421.

Sherman, K., Hempel, G., 2009. The UNEP large marine regional ecosystems report: a perspective on changing conditions in LMEs of the world's regional seas. In: UNEP Regional Seas Report and Studies No. 182. United Nations Environment Programme, Nairobi, Kenya.

Simmonds, M. P., Hutchinson, J. D., 1996. The Conservation of Whales and Dolphins. John

Wiley and Sons, New York.

Siniff, D.B., Garrott, R.A., Rotella, J.J., Fraser, W.R., Ainley, D.G., 2008. Opinion projecting the effects of environmental change on Antarctic seals. Antarct. Sci. 20, 425-435.

Smet, W.M.A.de, Gordon, C.J., 1981. Evidence of whaling in the North Sea and English channel during the middle ages. Mamm. Seas 3, 301-309.

Solomon, B.D., Corey-Luse, C.M., Halvorsen, K.E., 2004. The Florida manatee and eco-tourism: toward a safe minimum standard. Ecol. Econ. 50, 101-115.

Song, K.J., 2011. Status of J stock minke whales (*Balaenoptera acutorostrata*). Anim. Cells Syst. 15, 79-84.

Sorice, M.G., Shafer, C.S., Ditton, R.B., 2006. Managing endangerd species within the use preservation paradox: the Florida manatee (*Trichechus manatus latirostris*) as a tourist attraction. Environ. Manage. 37, 69-83.

Soto, A.B., Cagnazzi, D., Everingham, Y., Parra, G.J., Noad, M., Marsh, H., 2013. Acoustic alarms elicit only subtle responses in the behaviour of tropical coastal dolphins in Queensland, Australia. Endange. Sp. Res. 20, 271-282.

Stafford, K.M., Moore, S.E., Berchok, C., Wiig, Ø., Lydersen, C., Hansen, E., Kovacs, K.M., 2012. Spitsbergen's endangered bowhead whales sing through the polar night. Endange. Sp. Res. 18, 95-103.

Stenson, G.B., Hammill, M.O., 2014. Can ice breeding seals adapt to habitat loss in a time of climate change? ICES J. Mar. Sci. 71, 1977-1986.

Stewart, R.E.A., Kovacs, K.M., and Acquarone M. (Eds.). Walrus of the North Atlantic. NAMMCO, Sci. Ser. 9, (in press) (preprint version available on-line).

Sumich, J., and Show, L.I., 1999. Aerial survey and photogrammetric comparisons of southbound migrating gray whales in the Southern California Bight, 1988-1990. Rep. Int. Whal. Commn. Spec. Issue.

Svensson, C.J., Eriksoon, A., Harkonen, T., Harding, K.C., 2011. Detecting density dependence in recovering seal populations. Ambio 40, 52-59.

Thompson, P.M., Hastie, G.D., Nedwell, J., Barham, R., Brookes, K.I., Cordes, L.S., Bailey, H., McLean, N., 2013. Framework for assessing impacts of pile-driving noise from offshore wind farm construction on a harbour seal population. Environ. Impact Assess. Rev. 43,

73-85.

Tixier, P., Sasco, N., Duhamel, G., Viviant, M., Authier, M., Guinet, C., 2010. Interactions of Patagonian toothfish fisheries with killer and sperm whales in the Crozet Islands exclusive economic zone: an assessment of depredation levels and sights into possible mitigation strategies. CCAMLR Sci. 17, 179-195.

Tonnessen, J. N., Johnsen, A. O., 1982. The History of Modern Whaling (Translated from Norwegian by R. I. Christophersen.). C. Hurst & Company, London, Australian National University Press, Canberra.

Truchon, M. H., Mearures, L., LæHerault, V., Brethes, J. C., Galbraith, P. S., Harvey, M., Lessard, S., Starr, M., Lecomte, N., 2013. Marine mammal strandings and environmental changes: a 15-year study in the St Lawrence ecosystem. PLoS ONE 8, e59311.

Trumble, S. B., Robinson, E. M., Noren, S. R., Usenko, S., Davis, J., 2012. Assessment of legacy and emerging persistent organic pollutants in Weddell seal tissue (*Leptonychotes weddellii*) near McMurdo Sound, Antarctica. Sci. Total Environ. 439, 275-283.

Trukhin, A. M., 2009. Current status of pinnipeds in the Sea of Okhotsk. PICES Sci. Rep. 36, 82-89.

Travis, J., Coleman, F. C., Auster, P. J., Cury, P. M., Estes, J. A., Orensanz, J., Peterson, C. H., Power, M. E., Steneck, R. S., Wootton, J. T., 2014. Integrating the invisible fabric of nature into fisheries management. Proc. Natl. Acad. Sci. 111, 581-584.

Turvey, S. T., Barrett, L. A., Hart, T., Collen, B., Hao, Y. J., Zhang, L., Zhang, X. Q., Wang, X. Y., Huang, Y. D., Zhou, K. Y., Wang, D., 2010. Spatial and temporal extinction dynamics in a freshwater cetacean. Proc. R. Soc. B 277, 3139-3147.

Tyack, P. L., 2008. Implications for marine mammals of large-scale changes in the marine acoustic environment. J. Mammal. 89, 540-558.

Tyack, P. L., Zimmer, W. M. X., Moretti, D., Moretti, D., Southall, B. L., Claridge, D. E., Durban, J. W., Clark, C. W., D'Amico, A., DiMarzio, N., Jarvis, S., McCarthy, E., Morrissey, R., Ward, J., Boyd, I. L., 2011. Beaked whales respond to simulated and actual Navy sonar. PLoS ONE 6, e17009.

Tynan, C. T., DeMaster, D. P., 1997. Observations and predictions of arctic climate change: potential effects on marine mammals. Arctic 50, 308-322.

Ukishima, Y., Sakane, Y., Fukuda, A., Wada, S., Okada, S., 1995. Identification of whale species by liquid chromatographic analysis of sarcoplasmic proteins. Mar. Mamm. Sci. 11, 344-361.

Vos, J. G., Bossart, G. D., Fournier, M., O'Shea, T. J., 2003. Toxicology of Marine Mammals. Taylor and Francis, New York.

van der Lingen, C. D., Shannon, L. J., Cury, P., Kreiner, A., Moloney, C. L., Roux, J.-P., Vaz-Velho, F., 2006. Resource and ecosystem variability, including regime shifts, in the Benguela current system. In: Shannon, V., Hempel, G., Malanotte-Rizzoli, P., Moloney, C. L., Woods, J. (Eds.), Benguela: Predicting a Large Marine Ecosystem. Elsevier, Amsterdam, pp. 147-185.

Wade, P. R., 1995. Revised estimates of incidental kill of dolphins (Delphinidae) by the purse-seine tuna fishery in the eastern tropical Pacific, 1959-1972. Fish. Bull. 93, 345-354.

Wade, P. R., Watters, G. M., Gerrodette, T., Reilly, S. B., 2007. Depletion of spotted and spinner dolphins in the Eastern Tropical Pacific: modelling hypotheses for the lack of recovery. Mar. Ecol. Prog. Ser. 343, 1-14.

Walker, M. M., Kirschvink, J. L., Ahmed, G., Dizon, A. E., 1992. Evidence that fin whales respond to the geomagnetic field during migration. J. Exp. Biol. 171, 67-78.

Wallace, R. L., 1994. The Marine Mammal Commission Compendium of Selected Treaties, International Agreements, and Other Relevant Documents on Marine Resources, Wildlife, and the Environment, vols. 1-3. Marine Mammal Commission, Washington, DC.

Walsh, V. M., 1998. Eliminating driftnets from the North Pacific ocean: US - Japanese cooperation in the international North Pacific fisheries commission, 1953 - 1993. Ocean. Dev. Int. Law 29, 295-322.

Walsh, M. T., Ewing, R. Y., Odell, D. K., Bossart, G. D., 2001. Mass strandings of cetaceans. In: Dierauf, L. A., Gulland, F. M. D. (Eds.), CRC Handbook of Marine Mammal Medicine: Health, Disease, and Rehabilitation. CRC Press, Boca Raton, FL, pp. 83-96.

Weilgart, L. S., 2007. The impacts of anthropogenic ocean noise on cetaceans and implications for management. Can. J. Zool. 85, 1091-1116.

Weinrich, M., Corbelli, C., 2009. Does whale watching in southern New England impact humpback whale (*Megaptera novaeangliae*) calf production or calf survival? Biol.

Conserv. 142,2931-2940.

Whitting, L., Ugarte, F., Heide-Jørgensen, M. P., 2008. Greenland, Narwhal (*Monodon monocerus*). NDF Workshop Case Studies, WG 5- Case Study 7.

Wiig, Ø., Bachmann, L., Øien, N., Kovacs, K.M., Lydersen, C., 2010. Observations of bowhead whales (*Balaena mysticetus*) in the Svalbard area 1940 - 2009. Polar Biol. 33,979-984.

Wilkinson, D., Worthy, G.A.J., 1999. Marine mammal stranding networks. In: Twiss Jr., J.R., Reeves, R.R. (Eds.), Conservation and Management of Marine Mammals. Smithsonian Institute Press, Washington, D.C, pp. 396-411.

Williams, R., Ashe, E., Blight, L., Jasny, M., Nowlan, L., 2014. Marine mammals and ocean noise: future directions and information needs with respect to science, policy and law in Canada. Mar. Pollut. Bull. 86,29-38.

Williams, R., Clark, C.W., Ponirakis, D., Ashe, E., 2014. Acoustic quality of critical habitats for three threatened whale populations. Anim. Conserv. 17,174-185.

Wolkers, H., Krafft, B.A., van Bavel, B., Helgason, L.B., Lydersen, C., Kovacs, K.M., 2008. Biomarker responses and decreasing contaminant levels in ringed seals (*Pusa hispida*) from Svalbard, Norway. J. Toxicol. Env. Health 71,1009-1018.

Young, N.M., Iudecello, S., Evans, K., Baur, D., 1993. The Incidental Capture of Marine Mammals in US Fisheries. Center for Marine Conservation.

附　录
海洋哺乳动物的分类系统

　　海洋哺乳动物现存物种和亚种的分类系统表是重要的参考文献，由海洋哺乳动物学会分类系统委员会（2014 年）提供。本书没有使用某些更高的分类范畴和等级，分类阶元的级差以缩进格式表示。在近年，研究人员发表的海洋哺乳动物系统发育的系统化研究成果使我们关于分类单元的传统概念发生了改变。对于具体的系统发育关系、特定分类单元的正确性，以及更高分类范畴的名称和阶层，目前仍存在一些意见分歧。备注中注明了在较高阶元传统分类安排上发生的重要变化。定义、判断、内容（包括属和种），以及单系群"科"的水平上的分布和化石记录数据以加粗字体显示。分类单元的定义是基于系谱和分类系统成员，判断是特定分类单元的一系列共有的衍征。关于现存分类单元的地理分布的更多细节，参见世界自然保护联盟（IUCN）《濒危物种红色名录》中提供的数据（IUCN，2014 年）。在分类单元的单系存在疑问的情况下使用引号，短线指明已灭绝分类单元。本书使用的时间尺度（见第 1 章，图 1.1）依据格莱德斯坦等（2012 年）的论著，地理范围体系（附图 1）和化石分类单元的年代相关性依据德梅雷等（2003 年）和福代斯（2009 年）的论著。

食肉目（Carnivora）

鳍脚亚目（Pinnipedia）（伊利格，1811 年）

　　判断——不包括干群鳍脚支目（Pinnipedimorpha）和鳍脚形目

附图1　文中讨论的显示洋盆的世界地图

(史密斯等, 1994年)

(Pinnipediformes)（即, 海熊兽属（*Enaliarctos*）†, 太平洋熊兽属（*Pacificotaria*）†和翼熊兽属（*Pteronarctos*）†）：大眶下孔；腭前孔位于上颌骨腭缝之前；圆窗大, 具有圆窗小窝；盂后孔退化或缺失；扩大的颈静脉孔；耳蜗的基部螺纹扩大；锤骨前突和锤骨前膜缩小；M^{1-2}相对于前臼齿缩小；M^{1-2}隆凸缩小或缺失；m1下后尖缩小或缺失；肱骨大小结节膨大；肱骨短而健壮；鹰嘴窝浅；上肢第1趾加强；后肢第1趾和第5趾加强；髂骨短；股骨髁明显内倾；耳蜗导水管大；中耳腔和外耳道具有可扩张的多孔组织；乳齿列缩小；下门齿数目减少；前鳍肢的爪短；上肢, 第5趾中间的趾骨明显缩短；枪眼凹 $P4-M^1$ 浅或缺失；乳突邻近副枕突, 两者通过高而连续的脊连接；上颌骨构成眶壁的主要部分, 泪骨融合早, 不接触颧骨；容纳鼓膜张肌的凹陷缺失；M^{13}舌面隆凸缺失；M_{1-2}下三角座阻生；肱骨上的旋后肌嵴缺失；鹰嘴横向扁平, 远端的一半扩展；掌骨头光滑、指骨扁平、铰链状关节；后肢骨长而扁平；跖骨体具有扁平头部, 铰链状关节；耻骨联合未融合；具有5块腰椎；容纳股骨头圆韧带的凹陷明显缩小或缺失；股骨粗隆较大而扁平（贝尔塔和怀斯，1994 年）。

定义——该单系群包括海狮科（Otariidae）的共同祖先及其所有后代，包括海象科（Odobenidae）、海豹科（Phocidae）以及鳍熊兽属（*Pinnarctidion*）†、皮海豹属（*Desmatophoca*）†和异索兽属（*Allodesmus*）†。

分布——鳍脚类分布于世界所有海洋。

化石历史——研究确认，鳍脚类的化石记录开始于早中新世早期（2300 万年前）—更新世，北太平洋（北美洲、日本）；中新世晚期—更新世，南太平洋东部（南美洲）；中中新世晚期—更新世，北大西洋（西欧、北美洲）；中新世末—上新世早期，南太平洋西部（澳大拉西亚）；上新世早期，南大西洋东部（南非）（德梅雷等，2003 年）。

较早分化的鳍脚支目（Pinnipedimorpha）的海熊兽属（*Enaliarctos*）†和翼熊兽属（*Pteronarctos*）†已知来自渐新世晚期至中新世早期（2700 万~1600 万年前），北太平洋（北美洲、日本；德梅雷等，2003 年）。贝尔塔（2009 年）对化石鳍脚支目动物进行了综述。

内容——由 3 个科组成，包括现存所有鳍脚类。还包括许多化石属，其中有几个属不属于现代科（即，鳍熊兽属（*Pinnarctidion*）†、异索兽属（*Allodesmus*）†和皮海豹属（*Desmatophoca*）†）。

海狮科（Otariidae）（吉尔，1866 年）

判断——（对于冠群海狮类）单根 P^{3-4} 和 P_2、P_4，旋前圆肌插入在桡骨近端40%处，载距第二支架（丘吉尔等，2014 年）。

定义——该单系群包括干群海狮类的皮氏美洲海狮属（*Pithanotaria*）†和洋海狮属（*Thalassoleon*）†的共同祖先，及其所有后代，包括冠群海狮类海德拉海狗属（*Hydrarctos*）†、南海狗属（*Arctocephalus*）、北海狗属（*Callorhinus*）、南美海狮属（*Otaria*）、加州海狮属（*Zalophus*）、北海狮属（*Eumetopias*）、澳洲海狮属（*Neophoca*）

和新西兰海狮属（*Phocarctos*）。

分布——海狮科为世界性分布，极端气候的两极地区除外。

化石历史——海狮类的化石记录开始于晚中新世早期（1100万年前）—更新世，北太平洋东部；更新世，南太平洋东部（秘鲁）。

具有化石记录的现存属包括：澳洲海狮属（*Neophoca*），更新世早期，南太平洋（新西兰）；南海狗属（*Arctocephalus*），更新世晚期，南太平洋（非洲）和更新世晚期，南美洲；北海狗属（*Callorhinus*），上新世晚期，北太平洋东部（美国加州、日本）；北海狮属（*Eumetopias*），更新世，北太平洋东部（日本），和南太平洋东部（南美洲）。

德梅雷等（2003年）和丘吉尔等（2014年）对已灭绝的属进行了综述。

内容——7个属包含15个现存种和8个亚种（贝尔塔和丘吉尔，2012年；分类系统委员会，2014年）。布伦纳（2004年）对海狮科分类系统做出了另一种解释。

Arctocephalus australis（齐默曼，1783年）——南美海狗

 Arctocephalus australis australis（齐默曼，1783年）——南美海狗（指名亚种）

 Arctocephalus australis unnamed subsp.——秘鲁海狗

Arctocephalus forsteri（莱森，1828年）——新西兰海狗

Arctocephalus galapagoensis（海勒，1904年）——加拉帕戈斯海狗

Arctocephalus gazella（彼得斯，1876年）——南极海狗

Arctocephalus philippii（彼得斯，1866年）——智利海狗

 Arctocephalus philippii philippii（彼得斯，1866年）——胡岛海狗（指名亚种）

 Arctocephalus philippii townsendi（梅里亚姆，1897年）——瓜达卢佩海狗

Arctocephalus pusillus（史瑞伯，1775 年）——南非海狗

    Arctocephalus pusillus pusillus（史瑞伯，1775 年）——南非海狗（指名亚种）

    Arctocephalus pusillus doriferus（伍德·琼斯，1925 年）——澳大利亚海狗

Arctocephalus tropicalis（格雷，1872 年）——亚南极海狗

Callorhinus ursinus（林奈，1758 年）——北海狗

Eumetopias jubatus（史瑞伯，1776 年）——北海狮

    Eumetopias jubatus jubatus（史瑞伯，1776 年）——西部北海狮

    Eumetopias jubatus monteriensis（格雷，1859 年）——洛克林海狮

Neophoca cinerea（佩隆，1816 年）——澳大利亚海狮

Otaria byronia（布兰维尔，1820 年）——南美海狮

Phocarctos hookeri（格雷，1844 年）——新西兰海狮（虎克海狮）

Zalophus californianus（莱森，1828 年）——加州海狮

Zalophus japonicus（彼得斯，1866 年）——日本海狮（已灭绝）

Zalophus wollebaeki（西韦特森，1953 年）——加拉帕戈斯海狮

海象科（Odobenidae）（艾伦，1880 年）

判断——前鼻孔开口大、边缘厚、为有背腹性的椭圆形；翼状骨支柱横向宽、背腹性厚；鼓上隐窝大；骨幕紧贴岩骨；M^1 为 3 根（博森奈克和丘吉尔，2013 年）。

定义——该单系群包括干群海象类的拟海象属（*Imagotaria*）†、勘察加兽属（*Kamtschatarctos*）†、新海象属（*Neotherium*）†、原新海象属（*Proneotherium*）†、伪海狮兽属（*Pseudotaria*）†、原海狮兽属（*Prototaria*）†、拟海熊兽属（*Pelagiarctos*）†，以及冠群海象类的共同祖先及其所有后代，包括艾化海象属（*Aivukus*）†、杜希纳海象属（*Dusignathus*）†、嵌齿海象属（*Gomphotaria*）†、泽西哥海象属（*Ontocetus*）†、上新足海象属（*Pliopedia*）†、孪海象属（*Pontolis*）†、

原海象属（*Protodobenus*）†，以及壮海象属（*Valenictus*）†和现代的海象属（*Odobenus*）（博森奈克和丘吉尔，2013年）。

分布——现代海象栖息于北极附近的浅水海岸。

化石历史——海象已知可上溯至中中新世早期（1600万年前）—更新世，北太平洋东部（北美洲）；上新世早期—更新世，北大西洋（西欧）；更新世晚期，北太平洋东部（日本）（德梅雷等，2003年）。

德梅雷（1994年a）、科诺等（1995年）以及博森奈克和丘吉尔（2013年）对已灭绝的属进行了综述。

备注——确认了2个亚科：杜希纳海象亚科（Dusignathinae）和海象亚科（Odobeninae）（博森奈克和丘吉尔，2013年）。

内容——确认了1属、1种和2个亚种。第三个声称的亚种是分布于拉普捷夫海的海象拉普捷夫海亚种（*O. r. laptevi*），由查普斯基（1940年）命名，但林德奎斯特等（2009年）证明这一分类是错误的，他得出结论，称所谓"拉普捷夫海亚种"应认定为太平洋海象最西边的种群。

Odobenus rosmarus（林奈，1758年）——海象

　Odobenus rosmarus divergens（伊利格，1815年）——海象太平洋亚种（太平洋海象）

　Odobenus rosmarus rosmarus（林奈，1758年）——海象指名亚种（大西洋海象）

海豹科（Phocidae）（格雷，1821年）

判断——由于距骨部分的显著发展和跟结节的大幅缩小，海豹不具有将后肢转向前方身体下的能力；骨肥厚乳突区；显著膨大的内鼓骨（怀斯，1988年；贝尔塔和怀斯，1994年；阿姆森和穆隆，2013年）。

定义——该单系群包括干群海豹类的弓海豹属（*Acrophoca*）†、胡氏海豹属（*Homiphoca*）†、皮斯科海豹属（*Piscophoca*）†的共同祖先和它们的所有后代，包括僧海豹属（*Monachus*）、新僧海豹属

(*Neomonachus*)、象海豹属（*Mirounga*）、豹形海豹属（*Hydrurga*）、威德尔海豹属（*Leptonychotes*）、食蟹海豹属（*Lobodon*）、罗斯海豹属（*Ommatophoca*）、髯海豹属（*Erignathus*）、冠海豹属（*Cystophora*）、灰海豹属（*Halichoerus*）、带纹海豹属（*Histriophoca*）、竖琴海豹属（*Pagophilus*）、斑海豹属（*Phoca*）和海豹属（*Pusa*）。

分布——海豹科为全球性分布。

化石历史——据报道，有渐新世晚期（2900 万~2300 万年前）海豹类的记录（克雷兹和桑德斯，2002 年）。然而，该样本的地层学出处不明确。充分记录的海豹类来自中新世中期—更新世，北大西洋西部（西欧），北大西洋东部（美国马里兰州和弗吉尼亚州）；上新世早期—更新世，南太平洋（非洲）；中新世中期—更新世，南美洲。

贝尔塔（2009 年）、阿姆森和穆隆（2013 年）、克雷兹和多姆宁（2014 年）对已灭绝的属进行了综述。

内容——14 个属、19 个现存种和 12 个亚种。分类系统根据贝尔塔和丘吉尔（2012 年）、谢尔等（2014 年）的论著，并由分类系统委员会（2014 年）修正。

Cystophora cristata（尼尔森，1841 年）——冠海豹

Erignathus barbatus（埃克斯莱本，1777 年）——髯海豹

　Erignathus barbatus barbatus（埃克斯莱本，1777 年）——大西洋髯海豹（指名亚种）

　Erignathus barbatus nauticus（帕拉斯，1881 年）——太平洋髯海豹

Halichoerus grypus（法布里奇，1791 年）——灰海豹

　Halichoerus grypus grypus（法布里奇，1791 年）——西大西洋灰海豹（指名亚种）

　Halichoerus grypus macrorhynchus（霍恩舒赫和席林，1851 年）——东大西洋灰海豹

Histriophoca fasciata（齐默曼，1783 年）——带纹环斑海豹（环海豹）
Hydruga leptonyx（布兰维尔，1820 年）——豹形海豹
Leptonychotes weddelli（莱森，1826 年）——威德尔海豹
Lobodon carcinophagus（霍姆布隆和雅克基诺，1842 年）——食蟹海豹
Mirounga angustirostris（吉尔，1866 年）——北象海豹
Mirounga leonina（林奈，1758 年）——南象海豹
Monachus monachus（赫尔曼，1779 年）——地中海僧海豹
Neomonachus schauinslandi（麦斯彻，1905 年）——夏威夷僧海豹
Neomonachus tropicalis（格雷，1950 年）——加勒比僧海豹（已灭绝）
Ommatophoca rossii（格雷，1844 年）——罗斯海豹
Pagophilus groenlandicus（埃克斯莱本，1777 年）——竖琴海豹（格陵兰海豹）
Phoca largha（帕拉斯，1811 年）——斑海豹
Phoca vitulina（林奈，1758 年）——港海豹
　Phoca vitulina mellonae（杜特，1942 年）——昂加瓦港海豹（锡尔湖亚种）
　Phoca vitulina richardsi（格雷，1864 年）——东太平洋港海豹
　Phoca vitulina vitulina（林奈，1758 年）——大西洋港海豹（指名亚种）
Pusa caspica（格梅林，1788 年）——里海海豹
Pusa hispida（史瑞伯，1775 年）——环斑海豹
　Pusa hispida botnica（格梅林，1788 年）——环斑海豹波罗的海亚种
　Pusa hispida hispida（史瑞伯，1775 年）——环斑海豹北极亚种
　Pusa hispida ladogensis（诺德奎斯特，1899 年）——环斑海豹拉多加湖亚种

Pusa hispida ochotensis（帕拉斯，1811 年）——环斑海豹鄂霍次克海亚种

Pusa hispida saimensis（诺德奎斯特，1899 年）——环斑海豹塞马湖亚种

Pusa sibirica（格梅林，1788 年）——贝加尔海豹

鲸偶蹄总目（Cetartiodactyla）

鲸目（Cetacea）（布里森，1762 年）

判断——骨硬化泡具有大包膜和乙状突；颅骨上的长而窄的眼窝后区/颞区；门齿和犬齿与颊齿排成一线；下臼齿缺少三尖和跟座盆，上臼齿的三角盆小或缺失；颊齿变异适于剪切，臼齿前缘上有凹槽（乌恩，2010 年）。

定义——该单系群包括干群鲸类——包括巴基鲸科（Pakicetidae）†、原鲸科（Protocetidae）†、陆行鲸科（Ambulocetidae）†、雷明顿鲸科（Remingtonocetidae）†和龙王鲸科（Basilosauridae）†的共同祖先及其所有后代冠群鲸类（Neoceti），即齿鲸亚目（Odontoceti）+须鲸亚目（Mysticeti）（乌恩，2010 年）。

分布——鲸目动物在世界所有海洋均有分布。

化石历史——据确认，鲸目动物的化石记录开始于始新世早期（约 5400 万~5300 万年前）的特提斯海东部（印度和巴基斯坦）；始新世中期，特提斯海中部（埃及）；始新世晚期，特提斯海西部（美国东南部和澳大拉西亚）；其化石记录贯穿更新世。

内容——由两个进化枝（通常称为亚目）组成：须鲸亚目（Mysticeti）和齿鲸亚目（Odontoceti），包括现存所有鲸目动物。

齿鲸亚目（Odontoceti）（弗劳尔，1867 年）

判断——前颌骨囊窝位于鼻前部；面窝较大，容纳背眶下孔；存在

前颌骨孔；上颌骨覆盖眶上突（福代斯，2009 年）。

定义——该单系群包括干群齿鲸类的阿哥洛鲸属（*Agorophius*）†、古海豚属（*Archaeodelphis*）†、匙吻鲸属（*Platalearostrum*）†、西蒙海豚属（*Simocetus*）†、祖鲸属（*Patriocetus*）† 和鲨齿喙鲸属（*Squaloziphius*）†的共同祖先和它们的所有后代，包括古代的亚加海豚科（Albireodontidae）†、剑吻古豚科（Eurhinodelphidae）†、肯氏海豚科（Kentriodontidae）†、角齿海豚科（Squalodelphidae）†、鲛齿鲸科（Squalodontidae）†、海牛鲸科（Odobenocetopsidae）†、怀佩什海豚科（Waipatiidae）†、异乡鲸科（Xenorophidae）†，以及现存的海豚科（Delphinidae）、亚马孙河豚科（Iniidae）、小抹香鲸科（Kogiidae）、白鱀豚科（Lipotidae）、一角鲸科（Monodontidae）、鼠海豚科（Phocoenidae）、抹香鲸科（Physeteridae）、恒河豚科（Platanistidae）、普拉塔河豚科（Pontoporiidae）和剑吻鲸科（Ziphiidae）。

化石历史——最早的齿鲸类已知来自渐新世晚期（2930 万～2300 万年前）—更新世，北大西洋西部（美国东南部）、副特提斯海（欧洲、亚洲）、北太平洋东部（日本）和南太平洋西部（新西兰）；早中新世早期—更新世，南大西洋西部（南美洲）和北太平洋东部（美国俄勒冈州和华盛顿州）。

海豚科（Delphinidae）（格雷，1821 年）（包括 Holodontidae，勃兰特，1873 年；Hemisyntrachelidae，斯利珀，1936 年）

定义——该单系群包括 *Armidelphis* 属†、*Astadelphis* 属†、*Astralodelphis* 属†、*Eodelphinis* 属†、托斯卡纳海豚属（*Etruridelphis*）†、半全豚属（*Hemisyntrachelus*）†、赛普丁海豚属（*Septidelphis*）†的共同祖先及其所有后代，包括黑白海豚属（*Cephalorhynchus*）、真海豚属（*Delphinus*）、侏虎鲸属（*Feresa*）、领航鲸属（*Globicephala*）、灰海豚属（*Grampus*）、斑纹海豚属（*Lagenorhynchus*）、露脊海豚属（*Lissodelphis*）、短吻海豚属（*Orcaella*）、虎鲸属（*Orcinus*）、瓜头鲸属

（*Peponocephala*）、伪虎鲸属（*Pseudorca*）、侏型白海豚属（*Sotalia*）、驼海豚属（*Sousa*）、原海豚属（*Stenella*）和宽吻海豚属（*Tursiops*）（盖斯勒等，2011年；麦高恩，2011年）。

分布——广泛分布于世界所有海洋。

化石历史——已知最古老的海豚科动物来自中新世末（1100万~700万年前）—更新世，北大西洋西部（美国弗吉尼亚州和北卡罗来纳州）；中新世晚期—更新世，北太平洋西部（新西兰、日本）；中新世晚期—上新世早期，北太平洋东部（美国加州）；上新世早期（西欧）；上新世早期，南太平洋东部（秘鲁）；更新世晚期，北大西洋东部（西欧）（比亚努奇等，2009年；村上等，2014年）。

领航鲸属（*Globicephala*）和伪虎鲸属（*Pseudorca*）已知来自更新世晚期（7.9万~1万年前），北大西洋东部（美国佛罗里达州；摩根，1994年）；真海豚属（*Delphinus*）和宽吻海豚属（*Tursiops*）已知来自更新世晚期，北大西洋东部（西欧；范德芬恩，1968年）；真海豚属（*Delphinus*）已知来自上新世晚期，新西兰（福代斯，1991年；麦基，1994年）。

福代斯（2009年）、比亚努奇等（2009年）、比亚努奇（2013年）对已灭绝的属进行了综述。

内容——确认了17个属和38个现存种。

备注——盖斯勒等（2011年）确认了2个现存亚科：海豚亚科（Delphininae）和领航鲸亚科（Globicephalinae）。麦高恩（2011年）确认了第三个亚科：露脊海豚亚科（Lissodelphinae）。

Cephalorhynchus commersonii（拉塞拜德，1804年）——花斑喙头海豚（康氏矮海豚）

 Cephalorhynchus commersonii commersonii（拉塞拜德，1804年）——花斑喙头海豚指名亚种

 Cephalorhynchus commersonii kergulenensis（罗比诺等，2007年）

——花斑喙头海豚印度洋亚种

Cephalorhynchus eutropia（格雷，1846 年）——智利矮海豚

Cephalorhynchus heavisidii（格雷，1828 年）——喙头海豚

Cephalorhynchus hectori（范·贝内登，1881 年）——新西兰黑白海豚（海氏矮海豚）

  Cephalorhynchus hectori hectori（范·贝内登，1881 年）——新西兰黑白海豚指名亚种（南岛亚种）

  Cephalorhynchus hectori maui（贝克等，2002 年）——毛伊海豚（北岛亚种）

Delphinus capensis（格雷，1828 年）——长吻真海豚

  Delphinus capensis capensis（格雷，1828 年）——长吻真海豚指名亚种（太平洋长吻真海豚）

  Delphinus capensis tropicalis（范·布利，1971 年）——长吻真海豚印度洋亚种（印度洋长吻真海豚）

Delphinus delphis（林奈，1758 年）——短吻真海豚

  Delphinus delphis delphis（林奈，1758 年）——短吻真海豚指名亚种

  Delphinus delphis ponticus（巴拉巴什，1935 年）——短吻真海豚黑海亚种

Feresa attenuata（格雷，1874 年）——侏虎鲸（小虎鲸）

Globicephala macrorhynchus（格雷，1846 年）——短鳍领航鲸

Globicephala melas（特雷尔，1809 年）——长鳍领航鲸

  Globicephala melas edwardii（A 史密斯，1834 年）——南方长鳍领航鲸

  Globicephala melas melas（特雷尔，1809 年）——北大西洋长鳍领航鲸

  Globicephala melas unnamed subsp.——北太平洋长鳍领航鲸（已

灭绝）

Grampus griseus（乔治·居维叶，1812 年）——灰海豚（黎氏海豚）

Lagenodelphis hosei（弗雷泽，1956 年）——沙捞越海豚（弗氏海豚）

Lagenorhynchus acutus（格雷，1828 年）——大西洋斑纹海豚（大西洋白侧海豚）

Lagenorhynchus albirostris（格雷，1846 年）——白喙斑纹海豚

Lagenorhynchus australis（皮尔，1848 年）——皮氏斑纹海豚（南方海豚）

Lagenorhynchus cruciger（考伊和盖马尔德，1824 年）——沙漏斑纹海豚

Lagenorhynchus obliquidens（吉尔，1865 年）——太平洋短吻海豚（太平洋白侧海豚，镰鳍斑纹海豚）

Lagenorhynchus obscurus（格雷，1828 年）——暗色斑纹海豚（朦胧海豚）

  Lagenorhynchus obscurus fitzroyi（沃特豪斯，1838 年）——暗色斑纹海豚南美亚种

  Lagenorhynchus obscurus obscurus（格雷，1828 年）——暗色斑纹海豚指名亚种（非洲暗色斑纹海豚）

  Lagenorhynchus obscurus posidonia（菲利比，1893 年）——暗色斑纹海豚秘鲁/智利亚种

  Lagenorhynchus obscurus unnamed subsp.——暗色斑纹海豚新西兰亚种

Lissodelphis borealis（皮尔，1848 年）——北露脊海豚

Lissodelphis peronii（拉塞拜德，1804 年）——南露脊海豚

Orcaella brevirostris（格雷，1866 年）——短吻海豚（伊洛瓦底海豚，伊河海豚）

Orcaella heinsohni（比斯利等，2005 年）——澳大利亚短吻海豚（短

鳍海豚，矮鳍海豚）

Orcinus orca（林奈，1758 年）——虎鲸（逆戟鲸）

    Orcinus orca unnamed subsp.——定居型虎鲸

    Orcinus orca unnamed subsp.——过客型虎鲸

Peponocephala electra（格雷，1846 年）——瓜头鲸

Pseudorca crassidens（欧文，1846 年）——伪虎鲸（拟虎鲸）

Sotalia fluviatilis（杰维斯，1853 年）——亚马孙河白海豚（土库海豚）

Sotalia guianensis（范·贝内登，1864 年）——圭亚那海豚

Sousa chinensis（库肯泰尔，1892 年）——中华白海豚（印太洋驼海豚）

Sousa plumbea（乔治·居维叶，1829 年）——印度洋驼海豚（铅色白海豚）

Sousa sahulensis（杰弗逊和罗森鲍姆，2014 年）——澳大利亚驼海豚

Sousa teuszii（库肯泰尔，1892 年）——大西洋驼海豚

Stenella attenuata（格雷，1846 年）——点斑原海豚（热带斑海豚）

    Stenella attenuata attenuata（格雷，1846 年）——点斑原海豚指名亚种（热带点斑原海豚外海型）

    Stenella attenuata graffmani（罗恩伯格，1934 年）——点斑原海豚墨西哥亚种（热带点斑原海豚沿岸型）

Stenella clymene（格雷，1850 年）——大西洋原海豚（短吻飞旋海豚）

Stenella coeruleoalba（梅恩，1833 年）——条纹原海豚（蓝白海豚）

Stenella frontalis（乔治·居维叶，1829 年）——花斑原海豚（大西洋斑海豚）

Stenella longirostris（格雷，1828 年）——长吻原海豚（飞旋海豚）

    Stenella longirostris centroamericana（佩兰，1990 年）——长吻原

海豚中美亚种（中美洲飞旋海豚）

Stenella longirostris longirostris（格雷，1828 年）——长吻原海豚指名亚种

Stenella longirostris orientalis（佩兰，1990 年）——长吻原海豚东方亚种（东方飞旋海豚）

Stenella longirostris roseiventris（瓦格纳，1846 年）——长吻原海豚侏型亚种（侏型飞旋海豚）

Steno bredanensis（乔治·居维叶在莱森，1828 年）——糙齿海豚

Tursiops aduncus（埃伦伯格，1833 年）——东方宽吻海豚（印太洋宽吻海豚，南瓶鼻海豚）

Tursiops truncatus（蒙塔古，1821 年）——宽吻海豚（瓶鼻海豚）

Tursiops truncatus ponticus（巴拉巴什·尼基弗洛夫，1940 年）——宽吻海豚黑海亚种

Tursiops truncatus truncatus（蒙塔古，1821 年）——宽吻海豚指名亚种

抹香鲸科（Physeteridae）（格雷，1821 年）

定义——该单系群包括管状鲸属（*Aulophyseter*）†、*Apenophyseter* 属†、*Helvicetus* 属†、拟艾多鲸属（*Idiorophus*）†、奥巴斯托鲸属（*Orycterocetus*）†、龈抹香鲸属（*Physeterula*）†、*Placoziphius* 属†、*Preaulophyseter* 属†、*Prophyseter* 属†、斯卡尔鲸属（*Scaldicetus*）†、洋抹香鲸属（*Thalassocetus*）†的共同祖先，及其所有后代，包括抹香鲸属（*Physeter*）。

分布——广泛分布于除两极浮冰区外的世界所有海洋中。

化石历史——抹香鲸科的化石记录至少可追溯至早中新世早期（2330 万~2150 万年前），地中海（意大利）、副特提斯海（欧洲）和南大西洋西部（阿根廷）；早中新世晚期，南太平洋西部（澳大拉西亚）、北太平洋东部（美国加州中部）和北太平洋西部（日本）；中中

新世早期，北大西洋西部（美国马里兰州和弗吉尼亚州）；中中新世晚期—中新世晚期，北大西洋东部（西欧）；中中新世晚期—上新世晚期，北大西洋东部（美国佛罗里达州）；晚中新世末，南太平洋东部（秘鲁）；上新世晚期，北太平洋东部（美国加州），并且如果来自渐新世晚期（2900万~2300万年前）的 *Ferecetotherium* 属也包括在内，抹香鲸科的化石记录或许更早（福代斯，2009年）。

比亚努奇和兰蒂尼（2006年）、兰伯特等（2008年，2010年）对已灭绝的属进行了综述。

内容——确认了1属、1种。

Physeter macrocephalus（林奈，1758年）——抹香鲸（同种异名，*Physeter catadon*）

小抹香鲸科（Kogiidae）（吉尔，1871年；米勒，1923年）

定义——该单系群包括 *Aprixokogia* 属†、拟小抹香鲸属（*Kogiopsis*）†、柏加小抹香鲸属（*Praekogia*）†、舟小抹香鲸属（*Scaphokogia*）†、洋抹香鲸属（*Thalassocetus*）† 的共同祖先及其所有后代，包括小抹香鲸属（*Kogia*）。

分布——分布于世界所有海洋（温带、亚热带和热带水域），据记录，小抹香鲸（*Kogia breviceps*）分布于较温暖的海区（汉德利，1966年）。

化石历史——小抹香鲸科的化石记录可追溯至晚中新世早期（850万~520万年前），南太平洋东部（秘鲁）；上新世早期，北大西洋西部（美国佛罗里达州）；上新世晚期，地中海（意大利）。

福代斯（2009年）、兰伯特等（2010年）对已灭绝的属进行了综述。

内容——确认了1个属、2个现存种。

Kogia breviceps（布兰维尔，1838年）——小抹香鲸

Kogia sima（欧文，1866年）——侏抹香鲸（欧文氏小抹香鲸）

剑吻鲸科（Ziphiidae）（格雷，1865 年）（包括夏恩喙鲸科 Choneziphiidae，科普，1895 年；喙鲸科（Hyperoodontidae），格雷，1866 年）

定义——该单系群包括非喙鲸属（*Africanacetus*）†、古喙鲸属（*Archaeoziphius*）†、凹吻喙鲸属（*Caviziphius*）†、夏恩喙鲸属（*Choneziphius*）†、球喙鲸属（*Globicetus*）†、伊勒之喙鲸属（*Ihlengesi*）†、艾斯阁喙鲸属（*Izikoziphius*）†、底喙鲸属（*Imocetus*）†、伊科伊喙鲸属（*Khoikhoicetus*）†、马什喙鲸属（*Messapicetus*）†、小贝喙鲸属（*Microberardius*）†、纳斯卡喙鲸属（*Nazcacetus*）†、拿加喙鲸属（*Nenga*）†、翼手喙鲸属（*Pterocetus*）†、托斯特喙鲸属（*Tusciziphius*）†、科萨喙鲸属（*Xhosacetus*）†、管喙鲸属（*Ziphirostrum*）†的共同祖先及其所有后代，包括贝喙鲸属（*Berardius*）、瓶鼻鲸属（*Hyperoodon*）、印太喙鲸属（*Indopacetus*）、中喙鲸属（*Mesoplodon*）、塔喙鲸属（*Tasmacetus*）和剑吻鲸属（*Ziphius*）。

分布——所有海洋的温带和热带水域，其中一些物种栖息于远海深水区中（例外，贝氏喙鲸（*Berardius bairdii*）来自北太平洋，苏氏中喙鲸（*Mesoplodon bidens*）来自寒温带至亚北极的北大西洋）。

化石历史——剑吻鲸科的化石记录可回溯至中新世早期（2330 万~2150 万年前），北太平洋东部（美国俄勒冈州和华盛顿州）；中中新世晚期（1460 万~1100 万年前），北大西洋东部（西欧）；上新世早期，北美洲；中新世中期至晚期，北太平洋西部（日本）；中新世中晚期—上新世早期，澳大拉西亚，北大西洋西部（美国弗吉尼亚州和北卡罗来纳州，佛罗里达州），南太平洋东部（秘鲁）和西南大西洋（阿根廷）；上新世晚期，地中海（意大利）和澳大拉西亚。

中喙鲸属（*Mesoplodon*）已知来自中中新世晚期（1460 万~1100 万年前），北大西洋东部（西欧）和更新世晚期—全新世（南太平洋西部、阿根廷）。

福代斯（2009 年）、比亚努奇等（2013 年）、兰伯特等（2013 年）对已灭绝的分类单元进行了综述。

内容——6 个属和 22 个现存种。

备注——兰伯特等（2013 年）确认了 3 个亚科：瓶鼻鲸亚科（Hyperoodontinae）、剑吻鲸亚科（Ziphiinae）和贝喙鲸亚科（Berardiinae）。

Berardius arnuxii（杜沃诺伊，1851 年）——阿氏贝喙鲸

Berardius bairdii（斯特内格，1883 年）——贝氏喙鲸

Hyperoodon ampullatus（福斯特，1770 年）——北瓶鼻鲸

Hyperoodon planifrons（弗劳尔，1862 年）——南瓶鼻鲸

Indopacetus pacificus（朗曼，1926 年）——印太洋喙鲸（朗氏中喙鲸）

Mesoplodon bidens（索尔比，1804 年）——苏氏中喙鲸（梭氏中喙鲸）

Mesoplodon bowdoini（安德鲁斯，1908 年）——安氏中喙鲸

Mesoplodon carlhubbsi（莫尔，1963 年）——哈氏中喙鲸

Mesoplodon densirostris（布兰维尔，1817 年）——柏氏中喙鲸（瘤齿喙鲸）

Mesoplodon europaeus（格维斯，1855 年）——杰氏中喙鲸

Mesoplodon ginkgodensis（西胁和卡米亚，1958 年）——银杏齿中喙鲸

Mesoplodon grayi（冯·哈斯特，1896 年）——哥氏中喙鲸

Mesoplodon hectori（格雷，1871 年）——贺氏中喙鲸

Mesoplodon hotaula（德拉尼亚加拉，1963 年）——霍氏中喙鲸

Mesoplodon layardii（格雷，1865 年）——长齿中喙鲸

Mesoplodon mirus（特鲁，1913 年）——初氏中喙鲸

Mesoplodon perrini（达勒布等，2002 年）——佩氏中喙鲸

Mesoplodon peruvianus（雷耶斯等，1991 年）——秘鲁中喙鲸（小中喙鲸）

Mesoplodon stejnegeri（特鲁，1885 年）——史氏中喙鲸

Mesoplodon traversii（格雷，1874 年）——铲齿中喙鲸

Tasmacetus shepherdi（奥利弗，1937 年）——谢氏喙鲸

Ziphius cavirostris（乔治·居维叶，1823 年）——居氏喙鲸（柯氏喙鲸，剑吻鲸，鹅喙鲸）

恒河豚科（Platanistidae）（格雷，1863 年）

定义——该单系群包括盖豚属（*Pomatodelphis*）†、*Zarachis* 属†的共同祖先及其所有后代，包括恒河豚属（*Platanista*）。

分布——巴基斯坦和印度的印度河与恒河流域。

化石历史——恒河豚科化石已知来自早中新世晚期（2150 万~1630 万年前），北大西洋西部（佛罗里达州）；中中新世早期，北大西洋西部（美国马里兰州和弗吉尼亚州，佛罗里达州）。

盖斯勒等（2011 年）进一步讨论了恒河豚科的多样化。

内容——佩兰和布朗尼尔（2001 年）确认，恒河豚科具有 1 个属、1 个现存种和 2 个亚种。

Platanista gangetica（勒贝克，1801 年）——恒河豚（南亚河豚）

　Platanista gangetica gangetica（勒贝克，1801 年）——恒河豚恒河亚种（指名亚种）

　Platanista gangetica minor（欧文，1853 年）——恒河豚印度河亚种

亚马孙河豚科（Iniidae）（弗劳尔，1867 年）（包括 Pontplanodidae，阿梅吉诺，1894 年；Saurocetidae，阿梅吉诺，1891 年；Saurodelphidae，阿贝尔，1905 年）

定义——该单系群包括棱河豚属（*Goniodelphis*）†、等吻河豚属（*Ischyrorhynchus*）†、梅赫林亚河豚属（*Meherrinia*）†、蜥河豚属（*Saurocetes*）†的共同祖先及其所有后代，包括亚马孙河豚属（*Inia*）。

分布——南美洲中部和北部的亚马孙河和奥里诺科河流域。

化石历史——亚马孙河豚科已知来自晚中新世早期（1040 万~670 万年前），南大西洋西部（阿根廷、乌拉圭）；上新世早期，北大西洋西部（佛罗里达州）。

福代斯（2009 年）和盖斯勒等（2012 年）对亚马孙河豚科化石进行了综述。

备注——研究者描述了另 2 个种：玻利维亚河豚（*Inia boliviensis*）和阿拉瓜亚河豚（*Inia araguaiaensis*）（鲁伊斯·加西亚等，2006 年，2008 年；荷贝克等，2014 年），但基于分布、采样和独特性，这种分类的正确性受到质疑（分类系统委员会，2014 年）。

内容——确认了 1 个属、3 个现存种和 2 个亚种。

Inia geoffrensis（布兰维尔，1817 年）——亚马孙河豚（粉红河豚）

 Inia geoffrensis geoffrensis（布兰维尔，1817 年）——亚河豚亚马孙河流域亚种（指名亚种）

 Inia geoffrensis humboldtiana（皮尔莱利和吉尔，1977 年）——亚河豚奥里诺科河流域亚种

白鱀豚科（Lipotidae）（周和李，1979 年）

定义——该单系群包括原白鱀豚属（*Prolipotes*）的共同祖先及其所有后代，包括白鱀豚属（*Lipotes*）。

分布——局限于中国长江流域。

化石历史——据报道，已灭绝的原白鱀豚属（*Prolipotes*）来自中国，可上溯至新生代第三纪（周开亚等，1984 年），该属由于不完整性，尚未确认为白鱀豚类动物（福代斯，2009 年）。太平洋剑吻鲸属（*Parapontoporia*）† 最初归为普拉塔河豚科（Pontoporiidae），该属现归类为白鱀豚属（*Lipotes*）的姊妹群（例如，盖斯勒等，2011 年，2012 年）。

内容——确认了 1 个属、1 个种。

Lipotes vexillifer（米勒，1918 年）——白鱀豚（白鳍豚，中华淡水豚，长江河豚）——已灭绝

普拉塔河豚科（Pontoporiidae）（吉尔，1871 年；粕屋，1973 年）（= Stenodelphinae，特鲁，1908 年）

定义——该单系群包括短吻河豚属（*Brachydelphis*）†、*Piscorhynchus* 属†、*Pliopontes* 属†、拟拉河豚属（*Pontistes*）† 和原鼠海豚属（*Protophocaena*）† 的共同祖先及其所有后代，包括普拉塔河豚属（*Pontoporia*）。

分布——局限于南美洲的大西洋中部沿岸水域。

化石历史——普拉塔河豚科的化石记录可上溯至中新世晚期（1040 万~670 万年前），南大西洋西部（阿根廷）；晚中新世末，北太平洋东部（美国加州、下加利福尼亚）、中新世（北海）和南太平洋东部（秘鲁）；上新世初期，北大西洋西部（美国弗吉尼亚州和北卡罗来纳州）、北太平洋东部（美国加州）、南太平洋东部（秘鲁、智利）。

据报道，普拉塔河豚属（*Pontoporia*）来自晚中新世早期（1040 万~640 万年前），南大西洋西部（阿根廷）。

佩因森和霍克（2007 年）和福代斯（2009 年）对已灭绝的属进行了综述。

内容——确认了 1 属、1 种。

Pontoporia blainvillei（杰维斯和奥尔比尼，1844 年）——普拉塔河豚（拉河豚）

一角鲸科（Monodontidae）（格雷，1821 年；米勒和克罗格，1955 年）

定义——该单系群包括博哈斯卡鲸属（*Bohaskaia*）†、*Denebola* 属† 的共同祖先及其所有后代，包括一角鲸属（*Monodon*）和白鲸属（*Delphinapterus*）。

分布——白鲸和一角鲸局限于北极和亚北极水域。

化石历史——一角鲸科的已知化石记录可回溯至晚中新世早期（1040 万~670 万年前）；晚中新世晚期，北太平洋东部（美国加州）；

晚中新世晚期，北太平洋东部（下加利福尼亚）；中新世末—上新世初，北大西洋西部（美国弗吉尼亚州和北卡罗来纳州）和北太平洋东部（美国加州）；上新世晚期，北太平洋东部（美国加州）；更新世晚期，北大西洋东部（西欧）和北冰洋（阿拉斯加北部）。

福代斯（2009年）及维雷兹·朱亚伯和佩因森（2012年）对已灭绝的属进行了综述。

现存的白鲸属（*Delphinapterus*）已知来自北大西洋西部（美国弗吉尼亚州和北卡罗来纳州；惠特莫尔，1994年）。现存种包括一角鲸（*Monodon monoceros*）和白鲸（*Delphinapterus leucas*），更新世晚期，北大西洋西部（加拿大；哈林顿，1977年）。

内容——确认了2个属和2个现存种。

Delphinapterus leucas（帕拉斯，1776年）——白鲸

Monodon monoceros（林奈，1758年）——一角鲸（独角鲸）

鼠海豚科（Phocoenidae）（格雷，1825年；布拉瓦尔德，1885年）

定义——该单系群包括南方鼠海豚属（*Australithax*）†、洛马鼠海豚属（*Lomacetus*）†、皮斯科鼠海豚属（*Piscolithax*）†、*Piscorhynchus*属†、*Salumiphocoena*属†的共同祖先及其所有后代，包括江豚属（*Neophocoena*）、鼠海豚属（*Phocoena*）和无喙鼠海豚属（*Phocoenoides*）。

分布——鼠海豚科为世界性分布。

化石历史——鼠海豚科的已知化石记录来自晚中新世早期—晚中新世晚期（1040万~670万年前），北太平洋东部（美国加州）；晚中新世晚期，北太平洋东部（下加利福尼亚）和南太平洋东部（秘鲁）；上新世早期，北大西洋西部（美国弗吉尼亚州和北卡罗来纳州）；上新世早期—晚期，北太平洋东部（美国加州）；更新世晚期，北大西洋东部（西欧）和北大西洋西部（加拿大）。

福代斯（2009年）对已灭绝的属进行了综述。

现存的鼠海豚（*Phocoena phocoena*）已知来自更新世晚期，北大西洋东部（西欧；范德芬恩，1968 年）和北大西洋西部（加拿大；哈林顿，1977 年）。

内容——确认了 3 个属、7 个现存种和 8 个亚种（罗塞尔等，1995 年；王，2008 年；杰弗逊和王，2011 年）。

Neophocaena asiaeorientalis（皮莱利和吉尔，1972 年）——窄脊江豚

 Neophocaena asiaeorientalis asiaeorientalis（皮莱利和吉尔，1972 年）——窄脊江豚长江亚种（长江江豚）（指名亚种）

 Neophocaena asiaeorientalis sunameri（皮莱利和吉尔，1972 年）——窄脊江豚东亚亚种（东亚江豚）

Neophocaena phocaenoides（乔治·居维叶，1829 年）——宽脊江豚（印太江豚）

Phocoena dioptrica（拉希尔，1912 年；巴恩斯，1985 年）——南美鼠海豚（黑眶鼠海豚）

Phocoena phocoena（林奈，1758 年）——鼠海豚

 Phocoena phocoena phocoena（林奈，1758 年）——大西洋鼠海豚（指名亚种）

 Phocoena phocoena vomerina（吉尔，1865 年）——东太平洋鼠海豚

 Phocoena phocoena relicta（阿贝尔，1905 年）——黑海鼠海豚

 Phocoena phocoena unnamed subsp.——西太平洋鼠海豚

Phocoena sinus（诺里斯和麦克法兰德，1958 年）——加湾鼠海豚（小头鼠海豚）

Phocoena spinipinnis（伯迈斯特，1865 年）——阿根廷鼠海豚（棘鳍鼠海豚）

Phocoenoides dalli（特鲁，1885 年）——白腰鼠海豚（无喙鼠海豚）

Phocoenoides dalli dalli（特鲁，1885 年）——达尔型白腰鼠海豚

Phocoenoides dalli truei（安德鲁斯，1911 年）——特鲁型白腰鼠海豚

须鲸亚目（Mysticeti）（弗劳尔，1864 年）

判断——上颌骨的下降部分呈现为一个宽眶下板；犁骨的后部暴露在头盖骨基部上，覆盖了基蝶骨/枕骨底部的接缝；翼钩突明显或发达；宽基枕骨崤（德梅雷等，2005 年；菲茨杰拉德，2010 年；马克斯，2011 年）。

定义——该单系群包括已灭绝的艾什欧鲸科（Aetiocetidae）†、拉诺鲸科（Llanocetidae）†、乳齿鲸科（Mammalodontidae）†、始弓鲸科（Eomysticetidae）†、"Cethotheriidae 科"†的共同祖先及其所有后代以及现代科——露脊鲸科（Balaenidae）、须鲸科（Balaenopteridae）、灰鲸科（Eschrichtiidae）和小露脊鲸科（Neobalaenidae）。

化石历史——最早的须鲸类已知来自始新世晚期—渐新世早期（3400 万~3300 万年前），南极洲；渐新世晚期—更新世，北太平洋东部（美国加州）、北太平洋西部（日本、澳大拉西亚）；早中新世早期—更新世，南大西洋西部；中中新世早期，北大西洋西部；中中新世晚期—更新世，北大西洋东部（西欧）（德梅雷等，2005 年）。

露脊鲸科（Balaenidae）（格雷，1825 年）

判断——鳞骨背腹性发育；颞骨关节盂后突为球状；上颌窗延伸至上颌骨眶下板的后边界；上颌骨眶下板的后边界为圆形；成对腭骨的前缘为 M 形；翼状骨和腭骨形成较长重叠；翼蝶骨在颅骨的腹侧面上突出暴露为窄条；枕骨旁突与枕骨髁在一条横线上；耳周骨前突的侧射影增大；耳周骨后突无明显颈部；岩骨位置非常低，与蜗部的腹侧面不相连；乳突窝长而浅；鲸须板远端横向移位（丘吉尔等，2012 年）。鳞骨窝缩小或缺失；关节窝为腹侧方向；鼓泡背腹性压缩（艾尔·阿德利

等，2014 年）。

定义——该单系群包括毛诺鲸属（*Morenocetus*）†、侏露脊鲸属（*Balaenella*）†、似露脊鲸属（*Balaenula*）†的共同祖先及其所有后代，包括露脊鲸属（*Balaena*）和真露脊鲸属（*Eubalaena*）。

分布——弓头鲸分布于围绕北极的海域，已知露脊鲸分布于北半球和南半球的温带海域。

化石历史——露脊鲸科的已知化石记录来自晚中新世早期（2300万年前），北大西洋西部（美国佛罗里达州）；晚中新世末，北太平洋东部（美国加州）；中新世晚期—上新世早期，南太平洋西部（澳大拉西亚）；上新世早期，北大西洋西部（美国弗吉尼亚州和北卡罗来纳州）、北太平洋东部（美国加州）和北太平洋西部（日本）；上新世晚期，北太平洋东部（美国加州）、北太平洋东部（美国佛罗里达州）和地中海（意大利）（德梅雷，1994 年 b；丘吉尔等，2012年）。

露脊鲸属（*Balaena*）据报道来自上新世早期（520 万～340 万年前），北大西洋西部（美国弗吉尼亚州和北卡罗来纳州）；上新世晚期，地中海（意大利）；更新世早期，北太平洋东部（美国俄勒冈州）。

据报道，现存物种弓头鲸（*Balaena mysticetus*）来自更新世晚期，北大西洋（加拿大）；北大西洋露脊鲸（*Eubalaena glacialis*），更新世晚期，北大西洋西部（美国佛罗里达州）。

备注——丘吉尔等（2012 年）对化石露脊鲸类的分类学历史进行了综述。

内容——确认了 2 个属和 3 个现存种。

Balaena mysticetus（林奈，1758 年）——弓头鲸（北极露脊鲸，格陵兰露脊鲸）

Eubalaena australis（德穆兰，1822 年）——南露脊鲸

Eubalaena glacialis（穆勒，1776 年）——北大西洋露脊鲸

Eubalaena japonica（拉塞拜德，1818 年）——北太平洋露脊鲸

灰鲸科（Eschrichtiidae）（埃勒曼和莫里森·斯科特，1951 年）（= Rhachianectidae，韦伯，1904 年）

判断——下颌联合短，喉腹折背面有大轴套结构；下颌髁突为后背向；有背瘤突，鲸须板少而厚（德梅雷等，2005 年）。

定义——该单系群包括弓灰鲸属（*Archaeschrichtius*）†、过去被划作须鲸属种的加斯达灰鲸（*Eschrichtioides gastaldii*）†、灰鲸属（*Eschrichtius*）及其所有后代（德梅雷等，2005 年）。

分布——确认了 3 个或更多灰鲸资源库：北大西洋库，似乎在近代灭绝（或许到 17 世纪或 18 世纪才灭绝）；西太平洋库（朝鲜海域），至少在 1966 年以前遭到过捕猎，现已接近灭绝；加利福尼亚附近的东太平洋库（莱瑟伍德和里夫斯，1983 年）。

化石历史——灰鲸属（*Eschrichtius*）已知来自上新世晚期（日本；伊什马等，2006 年），更新世晚期，北大西洋西部（美国佛罗里达州、佐治亚州，见诺克斯等，2013 年），北太平洋东部（美国加州；德梅雷等，2005 年）。比斯孔蒂（2008 年）对已灭绝的属进行了综述。

内容——1 个属、1 个现存种。

Eschrichtius robustus（里勒伯格，1861 年）——灰鲸

须鲸科（Balaenopteridae）（格雷，1864 年）

判断——许多喉腹折延伸至肚脐之后，有腹侧喉囊；前下颌骨支撑结构（德梅雷等，2005 年）。鼻道长度短，占颅基长度的 0~10%；鼻道极其宽；相对于鼻道的前一半和分支侧缘，鼻道的后一半变细（艾尔·阿德利等，2014 年）。

定义——该单系群包括始须鲸属（*Eobalaenoptera*）†的共同祖先及其所有后代，包括须鲸属（*Balaenoptera*）和座头鲸属（*Megaptera*）（德梅雷等，2005 年）。

分布——座头鲸、小须鲸、长须鲸和蓝鲸广泛地分布于世界所有海

洋。大须鲸和拟大须鲸常见于热带和暖温带海域，而不分布于极地海区（这与其他须鲸科成员不同）。

化石历史——须鲸科动物已知来自晚中新世早期（1200 万年前），北太平洋东部（美国加州）；晚中新世晚期，北大西洋西部（美国马里兰州和弗吉尼亚州）、北太平洋东部（美国加州南部、墨西哥下加利福尼亚）、北太平洋西部（日本）和南太平洋东部（秘鲁）；中新世末—上新世初，澳大拉西亚；上新世早期，北大西洋东部（西欧）、北大西洋西部（美国弗吉尼亚州和北卡罗来纳州）、北大西洋西部（美国佛罗里达州）、北太平洋东部（美国加州）、北太平洋西部（日本）和南太平洋东部（秘鲁）；上新世晚期，地中海（意大利）、北大西洋西部（美国佛罗里达州）、北太平洋东部（美国加州）、南太平洋西部（澳大拉西亚）；更新世早期，北大西洋西部（西欧）；更新世晚期，北大西洋西部（加拿大）和北太平洋东部（美国加州）。

座头鲸属（*Megaptera*）已知来自晚中新世早期，北太平洋东部（美国加州中部）；中新世晚期—上新世早期（澳大拉西亚）；上新世早期，北大西洋西部（美国弗吉尼亚州和北卡罗来纳州）；上新世晚期，北大西洋西部（美国佛罗里达州）；更新世晚期，北大西洋西部（美国佛罗里达州）和北大西洋西部（加拿大）。据报道，大须鲸（*Balaenoptera borealis*）来自更新世晚期，北太平洋西部（日本）。座头鲸（*Megaptera novaeangliae*）已知来自更新世晚期，北大西洋西部（美国佛罗里达州）和北大西洋西部（加拿大）。

德梅雷等（2005 年）对已灭绝的属进行了综述。

内容——确认了 2 个属，包括 8 个现存种。

Balaenoptera acutorostrata（拉塞拜德，1804 年）——小须鲸（小鳁鲸）

 Balaenoptera acutorostrata acutorostrata（拉塞拜德，1804 年）——北大西洋小须鲸（指名亚种）

 Balaenoptera acutorostrata scammoni（德梅雷，1986 年）——北太平

洋小须鲸

Balaenoptera acutorostrata unnamed subsp. ——侏小须鲸

Balaenoptera bonaerensis（伯迈斯特，1867 年）——南极小须鲸

Balaenoptera borealis（莱森，1828 年）——大须鲸（塞鲸）

 Balaenoptera borealis borealis（莱森，1828 年）——大须鲸指名亚种

 Balaenoptera borealis schlegelli（弗劳尔，1865 年）——大须鲸南方亚种

Balaenoptera edeni（安德森，1878 年）——拟大须鲸（布氏鲸）①

 Balaenoptera edeni brydei（奥尔森，1913 年）——外海型拟大须鲸

 Balaenoptera edeni edeni（安德森，1879 年）——小布氏鲸

Balaenoptera musculus（林奈，1758 年）——蓝鲸

 Balaenoptera musculus brevicauda（市原，1966 年）——侏蓝鲸

 Balaenoptera musculus indica（布莱斯，1859 年）——北印度洋蓝鲸

 Balaenoptera musculus intermedia（伯迈斯特，1871 年）——南方蓝鲸

 Balaenoptera musculus musculus（林奈，1758 年）——北方蓝鲸（指名亚种）

 Balaenoptera musculus unnamed subsp. ——智利蓝鲸

Balaenoptera omurai（瓦达等，2003 年）——角岛鲸（大村鲸）

Balaenoptera physalus（林奈，1758 年）——长须鲸

 Balaenoptera physalus patachonica（伯迈斯特，1865 年）——侏长须鲸

---

① 译者注：根据最新研究结果，拟大须鲸（布氏鲸，*Balaenoptera brydei*）单独成种；B. edeni 应称为鳀鲸。

Balaenoptera physalus physalus（林奈，1758 年）——北方长须鲸（指名亚种）

Balaenoptera physalus quoyi（菲希尔，1829 年）——南方长须鲸

Megaptera novaeangliae（博罗夫斯基，1781 年）——座头鲸（大翅鲸，驼背鲸）

Megaptera novaeangliae australis（莱森，1829 年）——南方座头鲸

Megaptera novaeangliae kuzira（格雷，1850 年）——北太平洋座头鲸

Megaptera novaeangliae novaeangliae（博罗夫斯基，1781 年）——北大西洋座头鲸（指名亚种）

小露脊鲸科（Neobalaenidae）（格雷，1874 年；米勒，1923 年）

判断——腭部具有上颌窗，不延伸至后缘（德梅雷等，2005 年）。

定义——该单系群包括小露脊鲸属（*Caperea*）的共同祖先及其所有后代。

分布——已知仅分布于南半球的温带海域（包括塔斯马尼亚、南澳大利亚海岸、新西兰和南非）。

化石历史——除可能来自中新世澳大利亚（菲茨杰拉德，2012 年）的小露脊鲸外，第一种得到详细记录和描述的化石小露脊鲸类是中新小露脊鲸（*Miocaperea pulchra*），来自中新世晚期的秘鲁（比斯孔蒂，2012 年）。

内容——确认了 1 属、1 种。

备注——根据福代斯和马克斯（2013 年）的论述，小露脊鲸可能是一般认为已灭绝的新须鲸科（Cetotheriidae）的最后的幸存者。

Caperea marginata（格雷，1846 年）——小露脊鲸

海牛目（Sirenia）（伊利格，1811 年）

判断——外鼻孔回缩并扩大，达到或越过眼眶前缘；前颌骨接触额

骨；前颌联合横向压缩；前臼齿数小于或等于 5，因前面的前臼齿失去、第二前臼齿缩小；乳突部膨胀、暴露，通过枕骨窗孔；外鼓骨膨胀并为水滴状；骨骼中存在骨肥厚和骨硬化（多姆宁，1994 年；维雷兹·朱亚伯和多姆宁，2014 年 a）。

定义——该单系群包括始新海牛属（*Prorastomus*）†、佩佐海牛属（*Pezosiren*）†的最近的共同祖先及其所有后代，包括原海牛属（*Protosiren*）†、海牛科（Trichechidae）和儒艮科（Dugongidae）（多姆宁，1994 年）。

分布——海牛目动物分布于印度洋—太平洋（儒艮）以及美国东南部、加勒比海和南美洲的亚马孙河流域（海牛）。

化石历史——经确认，海牛目动物的化石记录开始于始新世早期（5650 万~5000 万年前），特提斯海西部（牙买加）；始新世中期，特提斯海东部（巴基斯坦和印度）、特提斯海中部（埃及）和特提斯海西部（美国东南部）；始新世晚期，特提斯海中部（埃及、欧洲）；中中新世早期，澳大拉西亚（新几内亚岛）；并且贯穿至全新世（更新的信息参见维雷兹·朱亚伯和多姆宁，2014 年 a，b）。

内容——由 2 个科组成，包括所有现存海牛目动物。

儒艮科（Dugongidae）（格雷，1821 年）

判断——颧骨的腹侧端点大致位于眼眶后缘之下，但在颧骨的眶后突（如果存在）之前；下颚骨水平支的腹缘无切线角；发展出三角形的尾叶（多姆宁，1994 年）。

定义——并系科包括 *Bharatisiren* 属†、*Caribosiren* 属†、*Crenatosiren* 属†、*Corytosiren* 属†、*Dioplotherium* 属†、*Domningia* 属†、杜氏海牛属（*Dusisiren*）†、*Eosiren* 属†、侏海牛属（*Eotheroides*）†、"海兽属"（*Halitherium*）†、无齿海牛属（*Hydrodamalis*）†、*Kutchisiren* 属†、*Metaxytherium* 属†、纳氏海牛属（*Nanosiren*）†、*Priscosiren* 属†、*Prototherium* 属†、*Rytiodus* 属†和 *Xenosiren* 属†。

分布——儒艮广泛分布于印度洋—太平洋地区的沿岸浅水海湾中。

化石历史——据报道，儒艮科动物可追溯至始新世中期（5000万~3860万年前），特提斯海中部；始新世晚期，特提斯海中部（埃及）；渐新世早期，大西洋西部和加勒比海（波多黎各）；渐新世晚期，副特提斯海（高加索）和特提斯海中部（欧洲）；早中新世初，南大西洋西部（阿根廷）；早中新世晚期，副特提斯海（奥地利和瑞士）、北大西洋西部（美国佛罗里达州）和南大西洋西部（巴西）；中中新世早期，北大西洋西部（美国马里兰州和弗吉尼亚州）；中中新世晚期，地中海（意大利）、北大西洋东部（西欧）、北大西洋西部（美国佛罗里达州）和北太平洋东部（美国加州、墨西哥下加利福尼亚）；晚中新世早期，北大西洋西部（美国佛罗里达州）、北太平洋东部（美国加州）和北太平洋西部（日本）；晚中新世晚期，北太平洋东部（美国加州南部）和北太平洋西部（日本）；上新世早期，北大西洋西部（美国佛罗里达州）、北太平洋东部（美国加州）和北太平洋西部（日本）；上新世晚期，地中海（意大利）、北大西洋西部（美国佛罗里达州）和北太平洋东部（美国加州）；更新世早期，南太平洋西部（澳大拉西亚）；更新世晚期，北太平洋东部（阿拉斯加至加州中部）和北太平洋西部（日本）。

现存物种儒艮（*Dugong dugon*）可能也出现于更新世（多姆宁，1996年）。

内容——确认了2个属和2个种。多姆宁（1996年）对儒艮科的分类学历史进行了综述，更新的信息可参见维雷兹·朱亚伯等（2012年）、维雷兹·朱亚伯和多姆宁（2014年a，b）的实例。

Dugong dugon（穆勒，1776年）——儒艮

Hydrodamalis gigas（齐默曼，1780年）——斯氏海牛（大海牛，巨儒艮）——已灭绝

海牛科（Trichechidae）（吉尔，1872 年）（1821 年）

判断——外耳道非常宽阔且浅，前后宽度大于高度，神经棘缩小；胸中部可能具有扩大的趋势并（至少海牛属）前后延长（多姆宁，1994 年）。

定义——中新海牛属（*Miosiren*）†的最近的共同祖先及其所有后代，包括 *Anomotherium* 属†、*Potamosiren* 属†、*Ribodon* 属†以及海牛属（*Trichechus*）（多姆宁，1994 年）。

分布——海牛科的成员栖息于美国佛罗里达州的海湾沿岸（佛罗里达海牛，*Trichechus manatus latirostris*）、加勒比海和南美洲海岸（安的列斯海牛，*Trichechus manatus manatus*）、亚马孙河流域（亚马孙海牛，*Trichechus inunguis*）和西非（西非海牛，*Trichechus senegalensis*）。

化石历史——据报道，海牛科可追溯至中新世晚期，南大西洋西部（阿根廷）和南太平洋东部（巴西和秘鲁）；上新世早期，北大西洋西部（美国弗吉尼亚州和北卡罗来纳州）；更新世早期至晚期，北大西洋西部（美国佛罗里达州）（科佐尔，1996 年；南美洲记录）。

安的列斯海牛（*Trichechus manatus manatus*）据报道出现于更新世晚期，北大西洋西部（美国佛罗里达州）。

内容——确认了 1 个现存属和 3 个种。多姆宁和海克（1986 年）描述了亚种的形态学区别；此外，多姆宁（2005 年）讨论了形态上不寻常的更新世晚期亚种 *Trichechus manatus bakerorum*†。

Trichechus inunguis（纳特尔在冯·佩尔泽恩，1883 年）——亚马孙海牛

Trichechus manatus（林奈，1758 年）——美洲海牛

    Trichechus manatus manatus（林奈，1758 年）——安的列斯海牛（指名亚种）

    Trichechus manatus latirostris（哈伦，1824 年；哈特，1934 年）——佛罗里达海牛

Trichechus senegalensis（林克，1795 年）——西非海牛

链齿兽目（Desmostylia）（莱因哈特，1953 年）

判断——下切牙横向对齐；膨大的通道从外耳道通过鳞骨至颅骨顶；P1 的根融合；副枕突扩大（雷等，1994 年；比蒂，2009 年）。

定义——该单系群包括河马眼链齿兽属（*Behemotops*）†的共同祖先及其所有后代，包括：*Archeoparadoxia* 属†、*Ashoroa* 属†、*Cornwallius* 属†、链齿兽属（*Desmostylus*）†、*Neoparadoxia* 属†、*Paleoparadoxia* 属†和 *Vanderhoofius* 属†（比蒂，2009 年）。

分布——渐新世晚期至中新世的北美洲和日本。

化石历史——链齿兽已知来自渐新世晚期，北美洲；渐新世晚期或中新世早期，北美洲；中中新世早期和早期末，日本；渐新世晚期，北美洲；中新世中期，北美洲（多姆宁，1996 年；比蒂，2009 年；巴恩斯，2013 年）。

内容——不包括现存属。

附录参考文献

Amson, E., de Muizon, C., 2013. A new durophagous phocid (Mammalia: Carnivora) from the late Neogene of Peru and considerations on monachine seals phylogeny. J. Syst. Paleontol. 12, 523-548.

Baker, A. N., Smith, A. N. H., Pichler, F., 2002. Geographical variation in Hector's dolphin: recognition of a new subspecies of *Cephalorhynchus hectori*. J. R. Soc. N. Z. 32, 713-727.

Barnes, L. G., 2013. A new genus and species of late Miocene paleoparadoxiid (Mammalia, Desmostylia) from California. Nat. Hist. Mus. L. A. Cty. Contrib. Sci. 521, 51-114.

Beasley, I., Roberston, K. M., Arnold, P., 2005. Description of a new dolphin, the Australian snubfin dolphin *Orcaella heinsohni* sp. n. (Cetacea, Delphinidae). Mar. Mamm. Sci. 21, 365-400.

Beatty, B. L., 2009. New material of *Cornwallius sookensis* (Mammalia: Desmostylia) from the Yaquina Formation of Oregon. J. Vert. Paleo 29, 894-909.

Berta, A., 2009. Pinniped evolution. In: Perrin, W.F., Wursig, B., Thewissen, J.G.M. (Eds.), Encyclopedia of Marine Mammals, second ed. Elsevier, San Diego, CA, pp. 861-868.

Berta, A., Wyss, A.R., 1994. Pinniped phylogeny. Proc. San Diego Soc. Nat. Hist. 29, 33-56.

Berta, A., Churchill, M., 2012. Pinniped taxonomy: review of currently recognized species and subspecies, and evidence used for their description. Mammal. Rev. 42, 207-234.

Bianucci, G., 2013. *Septidelphis morii*, n. gen. et sp. from the Pliocene of Italy: new evidence of the explosive radiation of true dolphins (Odontoceti, Delphinidae). J. Vert. Paleo. 33, 722-740.

Bianucci, G., Landini, W., 2006. Killer sperm whale: a new basal physeteroid (Mammalia, Cetacea) from the Late Miocene of Italy. Zool. J. Linn. Soc. Lond. 148, 103-131.

Bianucci, G., Vaiani, S.C., Casati, S., 2009. A new delphinid record (Odontoceti, Cetacea) from the Early Pliocene of Tuscany (Central Italy): systematics and biostratigraphic considerations. Neues Jahrb. Geol. P-A 254, 275-292.

Bianucci, G., Mijan, I., Lambert, O., Post, K., Mateus, O., 2013. Bizarre fossil beaked whales (Odontoceti, Ziphiidae) fished from the Atlantic ocean floor off the Iberian Peninsula. Geodiverstas 35, 105-153.

Bisconti, M., 2008. Morphology and phylogenetic relationships of a new eschrichtiid genus (Cetacea: Mysticeti) from the Early Pliocene of northern Italy. Zoo. J. Linn. Soc. 153, 161-186.

Bisconti, M., 2012. Comparative osteology and phylogenetic relationships of *Miocaperea pulchra*, the first fossil pygmy right whale genus and species (Cetacea, Mysticeti, Neobalaenidae). Zool. J. Linn. Soc. Lond. 166, 876-911.

Boessenecker, R.W., Churchill, M., 2013. A reevaluation of the morphology, paleoecology, and phylogenetic relationships of the enigmatic walrus *Pelagiarctos*. PLos ONE 8, e54311.

Brunner, S., 2004. Fur seals and sea lions (Otariidae): identification of species and taxonomic review. Syst. Biodivers. 1, 339-439.

Churchill, M., Berta, A., Deméré, T.A., 2012. The systematics of right whales (Mysticeti: Balaenidae). Mar. Mamm. Sci. 28, 497-521.

Churchill, M., Boessenecker, R.W., Clementz, M.T., 2014. Colonization of the Southern Hemisphere by fur seals and sea lions (Carnivora: Otariidae) revealed by combined evidence phylogenetic and Bayesian biogeographical analysis. Zool. J. Linn. Soc. Lond. 172 (1),200-225.

Committee on Taxonomy.,2014. List of Marine Mammal Species and Subspecies. Society for Marine Mammalogy. www.marinemammalscience.org.

Cozzuol,M.A.,1996. The record of the aquatic mammals in southern South America. Münchner Geowiss. Abh. 30,321-342.

Dalebout,M.,Mead,J.G.,Baker,C.S.,Baker,A.N.,Van Helden,A.,2002. A new species of beaked whale *Mesoplodon perrini* sp. n. (Cetacea: Ziphiidae) discovered through phylogenetic analyses of mitochondrial DNA sequences. Mar. Mamm. Sci. 18,577-608.

Deméré,T.A.,1994. The family Odobenidae: a phylogenetic analysis of fossil and living taxa. Proc. San Diego Soc. Natl. Hist. 29,99-123.

Deméré,T.A. Phylogenetic Systematics of the Family Odobenidae (Mammalia; Carnivora) with Description of Two New Species from the Pliocene of California and a Review of Marine Mammal Paleofaunas of the World. Unpublished Ph.D. thesis,University of California,Los Angeles.

Deméré,T.A.,Berta,A.,Adam,P.J.,2003. Pinnipedimorph evolutionary biogeography. Bull. Amer. Mus. Nat. Hist. 279,32-76.

Deméré,T.A.,Berta,A.,McGowen,R.,2005. The taxonomic and evolutionary history of fossil and modern balaenopteroid mysticetes. J. Mamm. Evol. 12,99-143.

Domning,D.P.,1994. A phylogenetic analysis of the Sirenia. Proc. San Diego Soc. Natl. Hist. 29,177-190.

Domning, D. P., 1996. Bibliography and index of the Sirenia and Desmostylia. Smithson. Contrib. Paleobiol. 80,1-611.

Domning,D.P.,2005. Fossil Sirenia of the West Atlantic and Caribbean region. VII. Pleistocene *Trichechus manatus* linnaeus,1758. J. Vert. Paleo. 25,685-701.

Domning,D.P.,Hayek,L.C.,1986. Interspecific and intraspecific morphological variation in manatees (Sirenia: *Trichechus*). Mar. Mamm. Sci. 2,87-144.

El Adli, J. J., Deméré, T. A., Boessenecker, R. W., 2014. *Herpetocetus morrowi* (Cetacea: Mysticeti), a new species of diminutive baleen whale from the Upper Pliocene (Piacenzian) of California,USA,with observations on their evolution and relationships of the Cetotheriidae. Zool. J. Linn. Soc. Lond. 170,400-466.

Fitzgerald, E.M.G., 2010. The morphology and systematics of Mammalodon colliveri (Cetacea: Mysticeti), a toothed mysticete from the Oligocene of Australia. Zool. Jour. Linn. Soc. 158 (2), 367-476.

Fitzgerald, E.M.G., 2012. Possible neobalaenid from the Miocene of Australia implies a long evolutionary history for the pygmy right whale *Caperea marginata* (Cetacea, Mysticeti). J. Vert. Paleo. 32,976-980.

Fordyce, E., 1991. The fossil vertebrate record of New Zealand. In: Vickers-Rich, P., Monaghan, J.M., Baird, R.F., Rich, T. (Eds.), Vertebrate Paleontology of Australasia, Pioneer Design Studio. Australia, Melbourne, pp. 1191-1314.

Fordyce, R.E., 2009. Cetacean fossil record. In: Perrin, W.F., Wursig, B., Thewissen, J.G.M. (Eds.), Encyclopedia of Marine Mammals, 2nd. ed. Elsevier, San Diego, CA, pp. 201-207.

Fordyce, R.E., Marx, F.G., 2013. The pygmy right whale Caperea marginata: the last of the cetotheres. Proc. R. Soc. B 280 (1753), 1-6.

Geisler, J.H., McGowen, M.R., Yang, G., Gatesy, J., 2011. A supermatrix analysis of genomic, morphological and paleontological data from crown Cetacea. BMC Evol. Biol. 11,112..

Geisler, J.H., Godfrey, S.J., Lambert, O., 2012. A new genus and species of late Miocene inioid (Cetacea, Odontoceti) from the Meherrin River, North Carolina, USA. J. Vert. Paleo. 32, 198-2011.

Gradstein, F.M., Ogg, J.G., Schmitz, M.D., Ogg, G.M., 2012. The Geologic Time Scale 2012. Elsevier, Oxford.

Handley Jr., C.O., 1966. A synopsis of the genus *Kogia* (pygmy sperm whales). In: Norris, K.S. (Ed.), Whales, Dolphins and Porpoises. University of California Press, Berkeley, CA, pp. 62-69.

Harrington, C.R., 1977. Marine mammals from the Champlain Sea and the Great Lakes. Ann. N. Y. Acad. Sci. 288,508-537.

Hrbek, T., da Silva, V.M.F., Dutra, N., Gravena, W., Martoin, A.R., Farias, I.P., 2014. A new species of river dolphin from Brazil or: how little do we know our biodiversity. PLoS ONE 9, e83623.

Ichishima, H., Sato, E., Sagayama, T., Kimura, M., 2006. The oldest record of Eschrichtiidae (Cetacea: mysticeti) from the late pliocene, Hokkaido, Japan. J. Paleontol. 80, 367-379.

IUCN., 2014. IUCN Red List of Threatened Species. Version 2014.1. .

Jefferson, T. A., Wang, J. Y., 2011. Revision of the taxonomy of finless porpoises (genus *Neophocaena*): the existence of two species. JMATE 4, 3-16.

Jefferson, T., Rosenbaum, H., 2014. Taxonomic revision of the humpback dolphins (Sousa spp.), and description of a new species from Australia. Mar. Mamm. Sci. 30, 1494-1541.

Kohno, N., Barnes, L.G., Hirota, K., 1995. Miocene fossil pinnipeds of the genus *Prototaria* and *Neotherium* (Carnivora: Otariidae): Imagotariinae in the North Pacific Ocean: evolution, relationship and distribution. Isl. Arc 3, 285-308.

Koretsky, I., Sanders, A.E., 2002. Paleontology from the late Oliogocene Ashley and Chandler Bridge Formations of South Carolina 1: Paleogene pinniped remains: the oldest known seal (Carnivora: Phocidae). Smithson. Contrib. Palaeobiol. 93, 179-183.

Koretsky, I.A., Domning, D.P., 2014. One of the oldest seals (Carnivora, Phocidae) from the Old World. J. Vert. Paleo. 34, 224-229.

Lambert, O., Bianucci, G., De Muison, C., 2008. A new stem-sperm whale (Cetacea, Odontoceti, Physeteroidea) from the latest Miocene of Peru. C. R. Palevol. 7, 361-369.

Lambert, O., Bianucci, G., Post, K., de Muizon, C., Salas-Gismondi, R., Urbina, M., Reumer, J., 2010. The giant bite of a new raptorial sperm whale from the Miocene epoch of Peru. Nature 466, 105-108.

Lambert, O., de Muizon, C., Bianucci, G., 2013. The most basal beaked whale *Ninoziphius platyrostris* Muizon, 1983: clues on the evolutionary history of the family Ziphiidae (Cetacea, Odontoceti). Zool. J. Linn. Soc. Lond. 167, 569-598.

Leatherwood, S., Reeves, R. R., 1983. The Sierra Club Handbook of Whales and Dolphins. Sierra Club Books, San Francisco, CA.

Lindqvist, C., Bachmann, L., Anderson, L., Born, E.W., Arnason, U., Kovacs, K.M., Lydersen, C., Abramov, A.V., Wiig, O., 2009. The Laptev sea walrus *Odobenus rosmarus laptevi*: an enigma revisited. Zool. Scr. 38, 113-127.

Marx, F., 2011. The more the merrier? A large cladistic analysis of mysticetes, and comments on the transition from teeth to baleen. J. Mammal. Evol. 18, 77-100.

McGowen, M.R., 2011. Toward the resolution of an explosive radiation: a multilocus phylogney of oceanic dolphins (Delphinidae). Mol. Phylo. Evol. 60, 345-357.

McKee, J.W.A., 1994. Geology and vertebrate paleontology of the Tangahoe Formation, south Taranaki coast. N. Z. Geol. Soc. N. Z. Misc. Publ. 80B, 63-91.

Morgan, G. S., 1994. Miocene and Pliocene marine mammal faunas from the Bone Valley Formation of Central Florida. Proc. San Diego Soc. Natl. Hist. 29, 239-268.

Murakami, M., Shimada, C., Hikida, Y., Soeda, Y., Hiranov, H., 2014. *Eodelphis kabatensis*, a new name for the oldest true dolphin *Stenella kabatensis* Horikawa, 1977 (Cetacea, Odontoceti, Delphinidae) from the upper Miocene of Japan, and the phylogeny and paleobiogeography of Delphinoidea. J. Vert. Paleo. 34, 491-511.

Noakes, S.E., Pyenson, N.D., McFall, G., 2013. Late Pleistocene gray whales (*Eschrichtius robustus*) off shore Georgia, USA and the antiquity of gray whale migration in the North. Palaeogeogr. Palaeoclimatol. Palaeoecol. 392, 502-509.

Perrin, W.F., 1990. Subspecies of Stenella longirostris (Mammalia: Cetacea: Delphinidae). Proc. Biol. Soc. Washington 103 (2), 453-463.

Perrin, W.F., Brownell Jr., R.L., 2001. Appendix 1 (of Annex U). update on the list of recognized species of cetaceans. J. Cetacean Res. Manage 3 (Suppl.), 364-365.

Pyenson, N.D., Hoch, V., 2007. Tortonian pontoporiid odontocetes from the eastern North Sea. J. Vert. Paleo. 27, 757-762.

Ray, C.E., Domning, D.P., McKenna, M.C., 1994. A new specimen of *Behemotops proteus* (Order Desmostylia) from the marine Oligocene of Washington. Proc. San Diego Soc. Natl. Hist. 29, 205-222.

Robineau, D., Goodall, R.N.P., Pichler, F., Baker, C.S., 2007. Description of a new subspecies of Commerson's dolphin, *Cephalorhynchus commersonii* (Lacépède, 1804) inhabiting the coastal waters of Kerguelen Islands. Mammalia 71, 172-180.

Rosel, P.E., Dizon, A.E., Haygood, M.G., 1995. Variability of the mitochondrial control region in populations of the harbour porpoises, *Phocoena phocoena*, on interoceanic and regional scales. Can. J. Fish. Aquat. Sci. 52, 1210-1219.

Ruiz-García, M., Banguera, E., Cárdenas, H., 2006. Morphological analysis of three *Inia* (Cetacea: Iniidae) populations from Colombia and Bolivia. Acta Theriol. 51, 411-426.

Ruiz-García, M., Caballero, S., Martinez-Agüero, M., Shostell, J. M., 2008. Molecular differentiation among *Inia geoffrensis* and *Inia boliviensis* (Iniidae, Cetacea) by means of nuclear intron sequences. In: Koven, V.T. (Ed.), Population Genetics Research Progress. Nova Science Publishers, Inc, Hauppauge, NY, pp. 1-25.

Scheel, D. M., Slater, G. J., Kolokotronis S. O Potter, C. W., Rotstein, D. S., Tsangaras, K., Greenwood, A. D., Helgen, K. M., 2014. Biogeography and taxonomy of extinct and endangered monk seals illuminated by ancient DNA and skull morphology. ZooKeys 409, 1-33.

Smith, A. G., Smith, D. G., Funnell, B., 1994. Atlas of Mesozoic and Cenozoic Coastlines. Cambridge University Press, Cambridge.

Uhen, M.D., 2010. The origin(s) of whales. Ann. Rev. Earth Planet. Sci. 38, 189-219.

Van der Feen, P. J., 1968. A fossil skull fragment of a walrus from the mouth of the River Scheldt (Netherlands). Bijdr. Dierkd. 38, 23-30.

Vélez-Juarbe, J., Domning, D. P., Pyenson, N. D., 2012. Iterative evolution of sympatric seacow (Dugongidae, Sirenia) assemblages during the past ~ 26 million years. PLoS ONE 7, e31294.

Vélez-Juarbe, J., Pyenson, N.D., 2012. *Bohaskaia monodontoides*, a new monodontid (Cetacea, Odontoceti, Delphinoidea) from the Pliocene of the western North Atlantic Ocean. J. Vert. Paleo. 32, 476-484.

Vélez-Juarbe, J., Domning, D. P., 2014. Fossil Sirenia of the West Atlantic and Caribbean region. X. *Priscosiren atlantica*, gen. et sp. nov. J. Vert. Paleo. 34, 951-964.

Vélez-Juarbe, J., Domning, D.P., 2014. Fossil Sirenia of the West Atlantic-Caribbean region IX. *Metaxytherium albifontanum*. J. Vert. Paleo. 34, 444-464.

Wada, S.M., Oishi, M., Yamada, T.K., 2003. A newly discovered species of living baleen whale. Nature 426, 278-281.

Wang, J.Y., Frasier, T.R., Yang, S.C., White, B.N., 2008. Detecting recent speciation events: The case of the finless porpoise (genus *Neophocaena*). Heredity (Edinb) 101 (2), 145-155.

Whitmore, F., 1994. Neogene climatic change and the emergence of the modern whale fauna of the. North Atl. Ocean. Proc. San Diego Soc. Nat. Hist. 29, 223-227.

Wyss, A. R., 1988. On "Retrogression" in the evolution of the Phocinae and phylogenetic affinities of the monk seals. Amer. Mus. Novit. 2924, 1-38.

Zhou, K., Zhou, M., Zhao, Z., 1984. First discovery of a Tertiary platanistoid fossil from Asia. Sci. Rep. Whales Res. Inst. 35, 173-181.

彩色插图

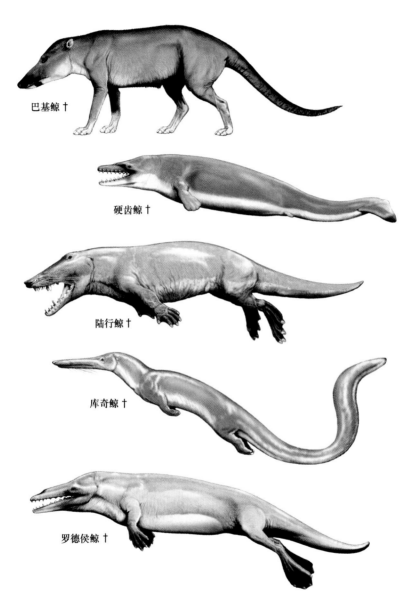

彩图 1 古鲸类重建图
(†=已灭绝的分类单元，卡尔·比尔绘制)

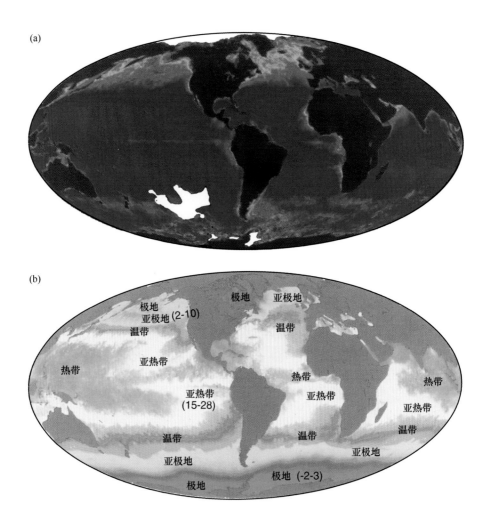

彩图 2

(a) 海表面温度的多年平均分布情况和海洋气候带,数据整理自每年 7 月的平均观测结果 (美国国家海洋和大气管理局 (NOAA) 宽视场水色扫描仪 (SeaWifs) 图像)

(b) 海洋初级生产力的 3 年平均分布;中央的漩涡为低值区 (小于 50 克碳/(平方米·年);品红色至深蓝色),中值区 (50~100 克碳/(米^2·年);浅蓝色至绿色),高值区位于沿岸区域和上升流区 (大于 100 克碳/(米^2·年);黄色、橙色和红色) (提供:美国国家航空航天局 (NASA) 的戈达德航天飞行中心 (GSFC) 空间数据计算部)

彩图 3

(a) 雄性冠海豹（*Cystophora cristata*）膨胀的头冠（照片提供：基特·M·科瓦奇和克里斯蒂安·里德森，NPI）

(b) 雄性冠海豹从左鼻孔膨胀出的鼻中隔（照片提供：基特·M·科瓦奇和克里斯蒂安·里德森，NPI）

(c) 成年髯海豹（*Erignathus barbatus*）（照片提供：比约恩·克拉夫特）

彩图 4

(a) 灰海豹（*Halichoerus grypus*）（照片提供：基特·M·科瓦奇和克里斯蒂安·里德森，NPI）

(b) 环斑海豹（*Phoca hispida*）母亲和幼仔（照片提供：基特·M·科瓦奇和克里斯蒂安·里德森，NPI）

(c) 成年雄性海象（*Odobenus rosmarus*）（照片提供：基特·M·科瓦奇和克里斯蒂安·里德森，NPI）

彩图 5

(a) 豹形海豹（*Hydrurga leptonyx*）（照片提供：西蒙·艾伦）
(b) 豹形海豹（*Hydrurga leptonyx*）（照片提供：罗布·威廉姆斯）
(c) 威德尔海豹（*Leptonychotes weddellii*），身上携载数码相机记录仪（照片提供：佐藤）

(a)

(b)

彩图6
(a) 雄性北象海豹（*Mirounga angustirostris*）（照片提供：坦圭德蒂勒斯）
(b) 加州海狮（*Zalophus californianus*）在北象海豹的背上睡觉（照片提供：丽莎伯斯·鲍恩）

彩图 7
(a) 新西兰海狗 (*Arctocephalus forsteri*) 捕食章鱼 (照片提供：阿比吉尔·考德隆)
(b) 南极海狗 (*Arctocephalus gazella*) 母亲和幼仔 (照片提供：阿比吉尔·考德隆)
(c) 雌性澳大利亚海狗 (*Arctocephalus pusillus doriferus*) (照片提供：西蒙·艾伦)

彩图 8

(a) 雄性亚南极海狗（*Arctocephalus tropicalis*）（照片提供：西蒙·艾伦）

(b) 雄性北海狗（*Callorhinus ursinus*）（照片提供：詹姆斯·苏密西）

(c) 北海狮（*Eumetopias jubatus*）（照片提供：尼古拉斯·布朗）

彩图 9

(a) 宽吻海豚（*Tursiops truncatus*）（照片提供：凯文·罗宾森）

(b) 宽吻海豚（*Tursiops truncatus*）（照片提供：本·奇科斯基）

(c) 花斑喙头海豚（*Cephalorhynchus commersonii*）（照片提供：罗布·威廉姆斯）

彩图 10

(a) 宽脊江豚（*Neophocaena phocaenoides*）（照片提供：格兰特·阿贝尔）

(b) 亚马孙河豚（*Inia geoffrensis*）（照片提供：伊丽莎白·L·苏尼加）

(c) 白鲸（*Delphinapterus leucas*）（照片提供：约翰·莫里西）

彩图 11

(a) 短吻真海豚（*Delphinus delphis*）（照片提供：梅根·C·马特森，美国国家海洋和大气管理局（NOAA）渔业部门）

(b) 花斑原海豚（*Stenella frontalis*）（照片提供：梅根·C·马特森，美国国家海洋和大气管理局（NOAA）渔业部门）

(c) 伪虎鲸（*Pseudorca crassidens*）（照片提供：杰里米·基斯卡）

彩图 12

(a) 印度洋驼海豚（*Sousa plumbea*）（照片提供：杰里米·基斯卡）

(b) 领航鲸（*Globicephala* sp.）（照片提供：梅根·C·马特森，美国国家海洋和大气管理局（NOAA）渔业部门）

(c) 虎鲸（*Orcinus orca*）雌鲸和幼鲸（照片提供：罗布·威廉姆斯）

彩图 13

(a) 蓝鲸（*Balaenoptera musculus*）（照片提供：英格里德·奥沃加尔德）

(b) 小须鲸（*Balaenoptera acutorostrata*）（照片提供：丹尼尔·迪翁，Quoddy Link Marine 公司）

(c) 长须鲸（*Balaenoptera physalus*）（照片提供：丹尼尔·迪翁，Quoddy Link Marine 公司）

彩图 14

(a) 座头鲸（*Megaptera novaeangliae*）（照片提供：麦格利·查姆贝兰特）

(b) 南露脊鲸（*Eubalaena australis*）（照片提供：约瑟·帕拉佐，国际捕鲸委员会（IWC）/巴西）

(c) 弓头鲸（*Balaena mysticetus*）（照片提供：美国国家海洋和大气管理局（NOAA））

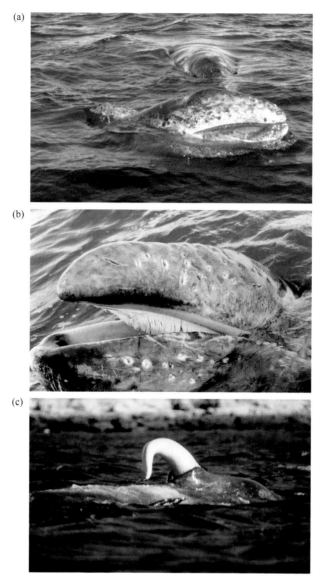

彩图 15

(a) 灰鲸（*Eschrichtius robustus*）雌鲸和幼鲸（照片提供：詹姆斯·苏密西）
(b) 幼年灰鲸的鲸须和明显的喙部毛发（照片提供：朱利·安·康多尔）
(c) 求偶的雄性灰鲸（照片提供：朱利·安·康多尔）

彩图 16

(a) 海獭 (*Enhydra lutris*)（照片提供：安德雷·穆拉）

(b) 佛罗里达海牛 (*Trichechus manatus latirostris*)（照片提供：美国地质调查局 (USGS) "海牛类研究项目"）

(c) 儒艮 (*Dugong dugon*)（照片提供：本·奇科斯基）

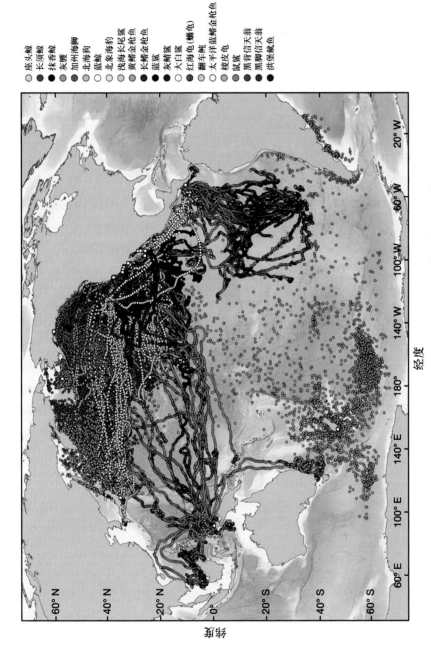

彩图17 "太平洋捕食者标记"（TOPP）计划研究的物种和标记分布图
所有标记物种的日平均位置估计值（圆圈）和年平均布放位置（白色方块）（布洛克等，2011年）

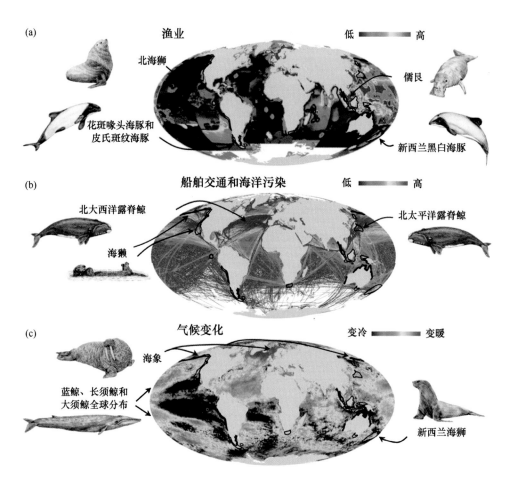

彩图 18　海洋哺乳动物物种的全球热点地区，与主要人类影响的地理分布重叠
（戴维森等，2012 年）

（a）渔业强度；（b）船舶交通和海洋污染；（c）海表面温度变化（1985—2005 年）

词汇表

海洋气候声学测温计划（Acoustic Thermometry of Ocean Climate Program，ATOC） 该计划的内容涉及在夏威夷和加利福尼亚的离岸海域部署低频率声波发生器，以测定这些声传播对海洋哺乳动物的影响

适应性（Adaptation） 因长期的自然选择而逐步形成的特定的生物学结构、生理学过程或行为

适应辐射（Adaptive radiation） 世系成员经过快速多样化，占据不同的生态位

有氧潜水限度（Aerobic dive limit，ADL） 一头动物能够保持在水下环境中而不在血液中积累乳酸的时间长度

年龄分布（Age distribution） 一个种群中每个年龄个体的相对数量

阿利效应（Allee effect） 低种群规模导致的个体适合度下降

异速生长（Allometry） 相对于整个动物体而言，身体各部分的相对生长速率的变异

异亲抚育（Alloparenting） 雄性或雌性动物照料非其亲生的后代

异域性物种形成（Allopatric speciation） 当两个种群为物理障碍所分隔时发生的新物种形成过程

等位酶（Allozyme） 一种酶的两种或更多基因型之一

无氧（Anaerobic） 缺氧的状态

祖先状态（Ancestral） 一种先前存在的特征或状况；也称为原始状态

迎角（Angle of attack） 鳍肢形成的角度，可使升力增加

反赤道分布（Antitropical） 物种对的分布方式，其中一个物种占据北半球，另一个占据南半球

屏息（Apnea） 屏住呼吸

衍生特征（Apomorphic） 从一种先前存在的特征状态衍生出的特征状态，也称为衍征

古鲸亚目（Archaeocetes） 一个古老的鲸的类群

区域支序图法（Area cladogram） 重建相关生物的地理分布的假说

窒息（Asphyxia） 供氧量严重耗尽的状态

阴茎骨（Baculum） 某些海洋哺乳动物（海獭、北极熊和鳍脚类）阴茎内的骨骼

鲸须（Baleen） 从须鲸的上腭垂下的板状的角质化上皮组织，也称为鲸骨。

基础代谢率（Basal metabolic rate，BMR） 个体在静息状态下用以维持生命所需的最低热量

贝叶斯方法（Bayesian methods） 在系统发育学中，为树型拓扑结构、分支长度和替代参数建模而提供一种计算概率的方法

潜水病（Bends） 当呼吸压缩空气的潜水者在深水区停留一段时间之后上浮过快时产生的一种严重的状况；发生于高压氮气逸入血液、关节和神经组织时，除非通过逐渐减压进行救治，否则潜水病会导致患者疼痛、瘫痪和死亡

生物放大作用（Biomagnification） 生态系统中的一系列过程，在此过程中，某种物质的浓度随着逐级流向更高的营养级而增加

仿生学（Biomimicry） 基于自然生物的特性和模型所启迪而发展出的设计学科

出生率（Birth rate） 一个特定的种群中，出生数与种群个体数之比

胚泡（Blastocyst） 哺乳动物的一个胚胎阶段，包括一个中空的细胞球

喷水（Blow） 鲸从呼吸孔呼出气体，混合着水和油的现象

鲸脂（Blubber） 鲸类和其他海洋哺乳动物的皮肤深层具有的一层厚厚的脂肪

蓝鲸单位（Blue whale unit，BWU） 一种早年用于估算捕猎限额的管理程序，以1头蓝鲸（根据产油量）作为标准，1头蓝鲸等于2头长须鲸、2.5头座头鲸或6头大须鲸

瓶颈（Bottlenecks） 种群规模在短时间内减少，随后种群规模又开始增加

自展分析（Bootstrap analysis） 根据支持某类群的特征矩阵的重复百分率，估算进化树的哪些部分得到了充分支持，以及哪些部分是薄弱环节的技术

上行（Bottom up） 指生态系统结构受营养物的可利用性控制，即较低营养级的密度、生物量等决定较高营养级的种群结构的资源控制模式

低冠齿（Brachyodont） 齿冠高度等于或小于齿根高度的牙齿

心动过缓（Bradycardia） 心率缓慢的现象

布雷默支持法（Bremer support） 在进化枝缺失处建立进化树所需要的附加步骤的数目，以估算进化树的哪些部分比其他部分得到更充分的支持的技术

褐色脂肪（Brown fat） 褐色脂肪组织（BAT）是特化的体内脂肪，具有高耗氧率和产热能力，使新生海豹能够高效地产生热量

气泡云摄食（Bubble-cloud feeding） 座头鲸和其他鲸类采用的一种策略，它们在水下呼出一连串气泡，形成一张环形气泡网；鲸在气泡网中部上浮，张开巨口扑食受困的猎物

误捕（Bycatch） 在一次捕捞/捕猎中捕到非目标动物的比例，例

如渔业中的意外捕获

硬茧（Callosities） 在露脊鲸的头部可见的坚硬、厚实、突出的块状皮肤，位置接近口部，这些斑块的排列差异通常可作为特定个体的鉴别特征

资本型繁殖（Capital breeding） 生物的一种繁殖策略，动用储备的资源，为生长和繁殖供能

食肉目（Carnivora） 哺乳纲的一个目，包括鳍脚类

承载能力（Carrying capacity） 现有资源能够支持的最大种群

口腔腹侧空腔（Cavum ventrale） 须鲸科动物由舌头内陷形成的中空的腹侧囊状结构，其扩展使口部的容积增大并用于吞食猎物

新生代（Cenozoic era） 该地质年代为最近的 6500 万年，以哺乳动物的多样化为标志

起源中心/扩散论（Center of origin/dispersalist explanation） 一群生物源于一个小区域或中心的生物地理起源，它们从该中心开始扩散

鲸目（Cetacea） 哺乳纲的一个目，包括鲸、海豚和鼠海豚及其近亲

鲸偶蹄总目（Cetartiodactyla） 哺乳纲的一个总目，包括鲸目动物和偶蹄目动物（趾为偶数的有蹄类动物）

鲸类学（Cetology） 关于研究鲸目动物或鲸类的学科

特征描述（Characterization） 对一系列分辨性特征的描述，包括共有的衍征和共有的原始特征以及它们的分类学分布

特征（Charaters） 生物可遗传的形态、分子、生理或行为属性

特征状态（Charater states） 一个特征的交替形式

人字骨（Chevron bones） 后部脊椎骨上的腹侧突起，该骨是鲸目动物尾部起点的标志

环极地（Circumpolar） 环绕两极周围的分布

进化枝（Clades） 单系生物群，是生命进化树上包括祖先分枝和所

有子代分枝总和的一个群体

支序分类学（Cladistics） 一种基于生物的共有衍生特征而重建生物进化史的方法，这些衍征提供了关于共同系谱的证据

进化分支图（Cladogram） 基于支序分类学方法描述生物之间关系的分枝图

分类系统（Classification） 将分类单元按层次排列形成的系统

咔嗒声（Click） 持续时间短的宽频声音

咔嗒强音（Codas） 抹香鲸在相互交流过程中使用的咔嗒声的节奏模式

共栖（Commensalism） 两个物种之间共同生活的关系，在使一方受益的同时不会加害于另一方

连接胃（Connecting stomach） 鲸目动物的四个胃室中的第三胃室，位于主胃和幽门窦之间

一致树（Consensus tree） 将出现概率最大的简约树重新组合形成的树

趋同性（Convergence） 不同生物之间的相似性，但并非由遗传获得

卵巢白体（Corpus albicans） 卵巢上持久可见的疤痕，因个体的排卵产生；这些疤痕在鲸类动物的体内表现为圆形突起并保留终生

黄体（Corpus luteum） 在排卵后，当一个成熟的卵泡从卵巢分离时留下的一团组织

走廊（Corridor） 生物扩散的一条路线

广域性分布（Cosmopolitan） 生物类群分布广阔，活动范围广

运动成本（Cost of transport） 特定的身体质量以一定的速度移动所需要的动力

逆流热交换系统（Countercurrent heat exchange systems） 邻近的流体沿相反的方向流动，可最大限度地提高导热率

动物摄影机（Crittercams） 穿戴在动物身体上的摄影机

冠群（Crown group） 一个类群的现存成员及其共同的祖先

跨界速度（Crossover speed） 为能够消耗尽可能少的能量从潜泳状态转换为跃水状态的速度

皮肤嵴（Cutaneous ridge） 许多鲸目动物皮肤表面上的嵴，可增加体表流线型或起到触觉作用

深海散射层（Deep scattering layer，DSL） 在昼间集中于深水区的浮游动物的聚集水层，这些动物在夜间向上迁移至较浅的水层

界定（Defined） 根据系谱和分类成员，对一个分类单元进行确认

齿式（Dental formula） 一种便捷的方法，用于指明哺乳动物的牙齿数目和排列情况（例如，I3/3，C1/1，P4/4，M3/3）。字母表示门齿、犬齿、前臼齿和臼齿；线上方的数字表示上颌的一侧牙齿的数目；线下方的数字表示下颌的一侧牙齿的数目

衍生的（Derived） 一个特征或状态发生了变化，不同于先前存在的特征或状态

真皮乳头（Dermal papillae） 延伸进入表皮中的小部分真皮

链齿兽（Desmostylians） 唯一已知的已灭绝的海洋哺乳动物类群，它们的近亲是海牛目动物

判断（Diagnosed） 建立一个生物类群的共有衍生特征及其分类学分布的列表

方言（Dialects） 特定地理区域的族群特有的重复发声或叫声

硅藻（Diatoms） 一个藻类门，具有玻璃状的细胞壁，是海洋食物链基部的重要组成部分

趾行（Digitigrade） 用趾和指行走

二源（Diphyletic） 具有两个不同的系谱/祖先

分离（Disjunct） 因地理障碍将物种隔离而形成的一种分布方式（物种对）

DNA 条形码技术（DNA barcoding） 使用短遗传标记（条形码）的方法，用以确认一个生物的 DNA 属于一个特定物种

软骨藻酸（Domoic acid） 许多海洋硅藻产生的一种毒性物质

阻力（Drag） 指阻碍运动的力

放流潜水（Drift dives） 一种潜水类型，特征是缓慢、被动的漂流行为

梯队（Echelon formation） 一种错列的动物运动过程中的排列方式（例如，飞旋海豚社群），可能具有一种传递信号的功能

回声定位（Echolocation） 齿鲸发出高频率声音并接收反射的回声，用于导航和定位猎物

生态型（Ecotypes） 适应了一系列特定生态条件的种群

有效种群规模（Effective population size） 一个理想化种群（即，其中所有个体均等地繁殖）的个体数量，该种群产生可见于现实种群的遗传漂变率

厄尔尼诺-南方涛动（El Niño-Southern Oscillation，ENSO） 每隔数年在东太平洋发生的海洋学事件，其中盛行的洋流模式改变、水温升高、上升流减少，导致海洋哺乳动物的食物资源减少

栓塞（Embolism） 外源物体（例如，气泡）堵塞血管

脑形成商数（Encephalization quotient，EQ） 一种数值比较法，考虑了脑体积与身体大小的比较，是大脑实际大小和根据其身体大小推算出的理论大小的比例

地方性（Endemic） 局限于特定的地理区域

能量学（Energetics） 对动物获取和分配资源的定量评估

始新世（Eocene） 地质年代的一个世，始于大约 5500 万年前，标志着鲸目动物和海牛目动物出现的最早记录

护送者（Escort） 照看一头雌鲸的几头雄性座头鲸之一，通常第一护送者是与雌鲸进行交配的雄鲸，第二护送者存在但不主动参与交配

发情期（Estrus） 雌性的性容受期

扩展适应（Exaptation） 曾经行使过某种功能的结构，在进入一个新生境后，又行使另一种不同功能的现象

现存（Extant） 指当前存活的生物，与已灭绝的生物相对

面颅不对称（Facial and cranial asymmetry） 齿鲸颅骨的骨骼和软组织具有不同的大小，右侧大于左侧

固定冰（Fast ice） 与陆地连接的海冰，即与海岸、岛屿或海底部分冻结在一起的冰

脂肪酸标记分析（Fatty acid signature analyses，FASA） 用于研究海洋哺乳动物的食谱的技术，基于对捕食者和猎物的脂肪酸构成进行比较

雌性（后宫）防卫一夫多妻制（Female or harem defense polygyny） 雄性建立优势等级的交配策略，与其他雄性争夺与雌性交配的优先权

长径比（Fineness ratio） 最大体长与最大身体直径之间的关系

尾叶（Flukes） 鲸目动物和海牛目动物的水平向扁平的尾部

食物链/食物网（Food chains or webs） 一个群落中捕食与被捕食的关系和顺序

前胃（Forestomach） 多室胃的第一个胃室；是鲸目动物和一些有蹄类动物的特征

建立者种群（Founder population） 一个种群中移居到一个新环境的一些个体形成的种群

频率（功率）谱（Frequency (power) spectrum） 以图形表示的声压级与频率的关系

摩擦阻力（Frictional drag） 力的阻力分量，由动物体表与周围水体的相互作用引起

前颌骨腱（Frontomandibular stay） 须鲸科动物的颞肌（闭口肌

之一）的一部分，在吞食型摄食时优化了口部可张开的角度

胃底室（Fundic chamber） 鲸目动物的 4 个胃室的第二室，也称为主胃

遗传漂变（Genetic drift） 一个种群的基因库由于偶然因素发生的变化，通常是指一个等位基因从种群中消失或成为唯一的等位基因的现象

地理位置潜水时间和深度记录仪（Geographic location dive time and depth recorders，GLTDRs） 记录潜水的地理位置、持续时间和深度的仪器

妊娠期（Gestation） 在受精和分娩之间的时期

全球定位系统（Global Positioning System，GPS） 当使用者在野外时，该仪器可利用卫星数据，定位精确的地理位置

指套（Glove finger） 须鲸的外耳道中的硬化的组织栓

生长层组（Growth layer group，GLG） 骨骼或牙齿中的一层组织，表示一个有规律的时间间隔（通常为 1 年）

针毛（Guard hairs） 大部分哺乳动物体表被有的粗糙且具有保护性的毛发

红细胞比容（Hematocrit，HCT） 红细胞占全血容积的百分比

血红蛋白（Hemoglobin，HGB） 红细胞中负责运载氧的一种含铁蛋白质

异型齿（Heterodont） 在这种齿系中，牙齿分化为几种类型，例如门齿、犬齿、前臼齿和臼齿，具有不同的功能

配子异型（Heterogamy） 不同的配子（例如，雄性具有 XY 性染色体），经减数分裂产生的配子不同

杂合性（Heterozygosity） 一个特定的性状包含两个不同的等位基因

同型齿（Homodont） 在该齿系中，所有牙齿的形式和功能非常

相似

同配生殖（Homogamy） 产生具有相同的配子（例如，雌性具有XX性染色体），经减数分裂产生的配子相同的生殖方式

同源性（Homology） 遗传导致的相似性

趋同性（Homoplasy） 非遗传因素导致的相似性

纯合子（Homozygotes） 一个特定的性状包含两个相同的等位基因

杂合子（Hybridization） 两个不同的物种共同产生的后代

高碳酸血症（Hypercapnia） 血液中存在过量的二氧化碳而引发的病症

高渗的（Hyperosmotic） 比周围环境具有更高的渗透压

多指型（Hyperphalangy） 指骨数量的增加，见于鲸类

低渗的（Hypoosmotic） 比周围环境具有更低的渗透压

缺氧（Hypoxia） 身体组织的氧气供应不足，而导致组织代谢、功能及形态结构发生异常变化

近交衰退（Inbreeding depression） 近亲繁殖增加了有害等位基因的纯合几率，后代个体数量减少，减少的原因通常与健康问题有联系

收入型繁殖（Income breeding） 依靠食物的可利用性，为生长和繁殖供能的繁殖策略

诱导阻力（Induced drag） 由于尾叶或鳍肢的存在而产生的阻滞运动的力

诱导性排卵（Induced ovulators） 在北极熊中，仅当雌性因雄性的存在和活动受到刺激时，成熟的卵泡才从卵巢中释放（即，排卵）

次声（Infrasonic） 频率低于18赫兹的声音

内群（Ingroup） 支序分析中作为研究对象，用于研究其进化关系的生物群体

基因渗入（Introgression） 可育的杂种与亲本种成功杂交繁殖导致的种间基因移植

缺血（Ischemia） 因受阻导致的局部血流减少

同位素稀释技术（Isotope dilution techniques） 野外研究方法，用于估算一头动物体内的脂肪和不含脂肪成分以及水摄入率，该技术涉及管理动物摄入的同位素浓度，随后测量该同位素在身体组织（例如，血液）中的浓度

世界自然保护联盟（International Union for the Conservation of Nature，IUCN） 全球性环境保护机构，致力于找寻环境问题的解决方案，并发布《濒危物种红色名录》和这些物种的保育状态

废脑油（Junk） 抹香鲸的头部鲸蜡器官之下的区域，充满油和结缔组织，捕鲸者称之为废脑油是因为其油脂量较少

獭犬熊（*Kolponomos*） 一种已灭绝的似熊食肉目动物，可能在中新世中期占据着与现今海獭相似的生态位

磷虾（Krill） 甲壳纲磷虾科（Euphausiidae）的虾状动物，构成了须鲸和一些鳍脚类（例如，食蟹海豹）的主要食物资源

K 选择物种（K-selected species） 特征是长寿命、低死亡率、大体型和产生很少后代，但后代得到良好养育（对照 R 选择物种）

乳酸（Lactate） 在无氧代谢期间产生的终端代谢产物

求偶场（Lek） 雄性向雌性展示交配策略或求偶行为的场所

升力（Lift） 一种施加在身体上、垂直于流体方向的力

世系（Lineages） 随着时间的推移世代传承（祖先-后代）的生物种群

尾鳍拍击摄食（Lobtail feeding） 在座头鲸中观察到的策略，它们在摄食中以尾鳍拍击海水，目的可能是为了使猎物聚集

低频军用声呐（Low-frequency military sonars） 该装置发射低频率声音，声强极高，可伤害或杀死海洋哺乳动物

主胃（Main stomach） 鲸目动物的多室胃的第二个胃室

作图（Mapping） 在特定的树形拓扑结构上作图，以反映非遗传特

征（例如，地理分布、生态联系）的分布的方法

海洋哺乳动物保护法（Marine Mammal Protection Act，MMPA） 美国国会于 1972 年颁布的联邦法律，旨在保护美国水域中的海洋哺乳动物

海洋哺乳动物（Marine mammals） 在水中度过全部或大部分生命时间的哺乳动物物种

饮用海水（Mariposia） 一些海洋哺乳动物饮用海水的行为

集体搁浅（Mass stranding） 同种的 3 头或更多个体有意游上岸，或无意之中被波浪或潮水冲上岸后被困在岸上

保卫配偶（Mate guarding） 一种交配策略，雄性独占并看护养育幼仔的雌性，拒绝其他雄性靠近

交配（Mating） 动物的生殖活动，也称为生育

母权（Matrifocal） 母系的聚集

母系（Matrilineal） 单一雌性的后代

最大似然法（Maximum likelihood） 在系统发育学中，该方法根据以概率为基础的数据分布情况，从许多可能的系统发育树中选择出一个最优方案

额隆（Melon） 齿鲸前额的一个充满脂肪的结构，具有聚焦声音的功能

中蹄兽（Mesonychids） 已灭绝的有蹄类动物类群，有假说认为它们与鲸类动物具有最近的亲缘关系

集合种群（Metapopulation） 一系列当地种群，其中可能存在基因流

微卫星（Microsatellite） 非常短而重复的 DNA 序列

小卫星（Minisatellite） 短而重复的 DNA 序列

中新世（Miocene） 地质年代的一个世，大约始于 2300 万年前，结束于 500 万年前

单次发情（Monestrous） 动物每年仅具有一次发情周期

一夫一妻制（Monogamous） 一种交配策略，成年雄性动物仅与一头雌性动物交配

单系群（Monophyletic group） 一群生物，包括一个共同祖先及其所有后代

麻疹病毒（Morbillivirus） 该病原体可通过抑制免疫系统的反应，对海洋哺乳动物造成严重影响

死亡率（Mortality） 一个种群中死亡个体数量占总个体数的比例

猴唇（Museau de singe） 阀门状结构，狭缝状的开口通向抹香鲸的右鼻道，与其他齿鲸的鼻栓同源

共生生物（Mutualists） 形成紧密互利关系的两个物种，它们都得益于这种关系

肌红蛋白（Myoglobin） 肌肉中的血红蛋白

鼻栓（Nasal plugs） 结缔组织团块，回缩时打开齿鲸的鼻道

出生率（Natality） 某一阶段种群内出生个体数与种群总个体数的比值

下一代测序技术（Next-generation sequencing，NGS） 该方法可实现 DNA 和 RNA 的大量测序，与以前的技术相比更快捷、成本更低

氮麻醉（Nitrogen narcosis） 随着水深和水中的压力增加，空气溶入血液的量增多，相对氮残留在体内的量越来越多，此时呼吸空气会产生一种兴奋和愉快的状态

节点（Nodes） 进化分支图上的分歧点

系统命名法（Nomenclature） 命名分类单元的正式系统

非战栗产热（Nonshivering thermogenesis，NST） 动物代谢体内的褐色脂肪以产生热量取暖的过程

外海型（Offshore） 东北太平洋的 3 个虎鲸生态型之一，它们大部分时间生活在沿着大陆架的外海

渐新世（Oligocene） 地质年代的一个世，大约始于 3500 万年前，结束于 2300 万年前

最优化（Optimization） 考虑在特定的树型拓扑结构中如何将特定特征极化的后验参数

最适可持续种群（Optimum sustainable population，OSP） 承载能力为 60% 和 100% 之间的种群水平，即种群生存在最大环境容纳量时的种群水平

渗透（Osmotic） 溶剂通过半透膜时发生的迁移现象

骨硬化（Osteosclerotic） 骨骼密度增加

Otarioid 鳍脚类的非单系群，包括海象、海狮和它们已灭绝的近亲

外群（Outgroup） 与某研究对象群体密切相关但不在该群体中的分类单元或群体

外群比较（Outgroup comparison） 与已知姐妹群或近缘类群的同源特征中的有关特征比较，以确定一个特征序列的极向（祖先或衍生）状况的程序，假定在外群中发现的特征是内群的祖先状况

骨肥厚（Pachyostosis） 厚而致密的骨骼

太平洋十年涛动（Pacific Decadal Oscillation，PDO） 以 10 年为周期的太平洋气候变化模式，涉及到太平洋表面水体的偏暖或偏冷的变化

浮冰（Pack ice） 与陆地不相连的海冰

幼稚形态（Paedomorphism） 发育时机的变化导致成体保留了幼体的特征

冰栖（Pagophilic） 海豹栖息于冰上的行为

旧石器时代（Paleolithic） 以使用石器为标志的石器时代的一个阶段

盘状骨（Pan bone） 齿鲸类的下颌的薄骨区，具有充满脂肪的通道，推测为声音接收结构

平行进化（Parallelism） 在两个类群中独立进化的特征，由共同祖

先分出来的后代在进化方面具有同样的趋势

邻域性物种形成（Parapatric Speciation） 当一个种群内的基因流减少时发生的物种形成的现象

并系群（Paraphyletic group） 一个类群中的成员拥有共同祖先，但该类群不包括共同祖先及其所有后代，此类群便称为并系群

旁轴（Paraxonic） 一种趾骨的排列方式，其中对称面通过第三和第四趾骨之间

简约法（Parsimony） 选择步数最少的进化分支图假说的原理

分娩（Parturition） 诞生后代的过程，如鲸类的生产以及鳍脚类和海獭的产仔

边域性物种形成（Peripatric Speciation） 异域性物种形成的一个特殊版本，其中被隔离的种群之一具有非常少的个体数量

外周血管收缩（Peripheral vasoconstriction） 血液的重新分配，以致一些组织比其他组织得到更多供血

围鼓窦（Peritympanic sinuses） 在鲸目动物中，围绕着鼓室区的充满空气的窦

咽囊（Pharyngeal pouches） 位于海象喉部的充满空气的囊，当用前鳍肢敲击时会发出独特的声音

表现型分类（Phenetic） 一种分类法，根据分类单元的总体相似性进行分类

信息素（Pheromones） 具有生物之间交流功能的化学信号

归家冲动（Philopatry） 动物停留或返回其出生地活动范围的倾向

声唇（Phonic Lips） 齿鲸类位于鼻道的软组织结构，也称为猴唇/背囊（MLDB复合体），据推测为发声的机制

透光层（Photic zone） 水体的最上层，此处的阳光足以维持光合作用

系统发育系统学（Phylogenetic systematics） 根据生物类群共有的

衍生特征确定分类单元间的进化关系的方法，也称为支序分类学

系统发育树（Phylogenetic tree） 表示一群生物之间关系的分枝图，有时与进化分支图有差别，目的是为了重建生态内容而非重建系谱内容

系统发育（Phylogeny） 一个生物类群的进化史

浮游植物（Phytoplankton） 漂浮在海面附近的微小藻类，构成了食物链的基础

声波发射器（Pingers） 用于防止海洋哺乳动物纠缠在渔网中的声学装置

外耳廓（Pinnae） 露出体外的耳廓，许多海洋哺乳动物的外耳廓缩小或消失

鳍脚类（Pinnipeds） 一个单系群，包括海豹、海狮和海象

更新世（Pleistocene） 地质年代的一个世，大约始于160万年前

形态相似的（Plesiomorphic） 祖先的或原始的特征

上新世（Pliocene） 地质年代的一个世，大约始于500万年前，终于160万年前

小群（Pods） 一些鲸目动物的社会单位，特别是虎鲸

多氯联苯（Polychlorinated biphenols，PCBs） 工业化学品（即，有机氯化合物），对许多动物（包括海洋哺乳动物）有毒性，是许多沿海环境中的污染物

多趾畸形（Polydactyly） 具有数个或许多额外的趾

多型齿（Polydont） 牙齿数量增加

多次发情（Polyestrous） 每年具有超过一次的发情周期

一夫多妻制（Polygynous） 一种交配策略，在一次繁殖季期间，一头雄性动物与一头以上的雌性动物交配

冰间湖（Polynya） 浮冰区的大面积水域，终年保持开放

多卵（Polyovular） 雌性动物每次妊娠中产生许多黄体数

多系群（Polyphyletic） 该类群不包括其所有成员的共同祖先

多枝性（Polytomy） 分类单元间的关系未解决的一种模式

种群（Population） 在一定时间内占据一定地理区域的同种生物的所有个体

周期性跃水（Porpoising） 海豚的跳跃运动：通过跃出水面，海豚在一定程度上规避由上浮呼吸带来的高波浪阻力

产后发情期（Postpartum estrus） 雌性在分娩后很快出现的性容受期，是海豹类和海狮类动物的特征

功率谱（Power spectrum） 用于测量声压级随着时间的变化的图谱

早熟（Precocious） 以一种高级发育状态出生（即，能够行走或游泳）；相比之下，晚成是指以一种未充分发育的状态出生

压差阻力（Pressure drag） 排开一定量水形成的阻力，与游泳动物的最大横断面直径成正比

初级生产（Primary production） 植物等自养生物进行的有机物生产，初级生产支持着其他营养级

原始的（Primitive） 一个特征的祖先形式（对照衍生的）

混交制（Promiscucous） 许多鲸目动物和海牛目动物的交配模式，成年雄性在可变的时期内随意地与雌性交配

幽门窦（Pyloric stomach） 鲸目动物的多室胃的最后一个胃室

Raoellids 已灭绝的半水栖偶蹄动物类群，有人认为它们是与鲸类亲缘关系最近的已灭绝类群

多叶肾（Reniculate） 指肾脏由许多肾小叶组成，鳍脚类动物、鲸目动物、北极熊和海獭都具有此特征

定居型（Resident） 虎鲸的3个生态型之一，占据着东北太平洋的沿岸水域，定居型种群与过客型种群存在许多觅食方面的差异

资源防卫一夫多妻制（Resource defense polygyny） 交配系统的一种类型，雄性通过保卫繁殖领地，阻止其他雄性接近雌性

表皮突（Rete ridges） 鲸目动物的皮肤中，表皮与真皮之间的扁平状凸起物

血管网（Retia mirabilia） 成组的血管形成组织团块，位于胸腔背壁、肢体末端或身体外周，它们具有储血库和逆流热交换系统的功能

逆转（Reversal） 失去一个衍生特征并重建祖先特征的过程

修订的管理程序（Revised management procedure，RMP） 估算可捕杀的鲸的数量，而不导致受影响种群减小至低于其最大净生产力

雷诺数（Reynolds number） 关于作用在水下动物身体上的力，一个广泛使用的比较指标是雷诺数，近似算式为：体长×游泳速度/水的黏性/水的密度

须鲸科成员（Rorquals） 须鲸科（Balaenopteridae）动物，包括座头鲸、大须鲸、小须鲸和长须鲸等

喙部或口盘（Rostral or oral disc） 海牛和儒艮用于摄食的上唇及口部，覆盖有触须

喙部（Rostrum） 颅骨的前部或喙区，许多鲸目动物的喙部延长

R选择物种（R-selected species） 特定生活史策略的物种，特征是种群迅速增长（通常在无法预测的波动环境中），以及产生许多后代，但亲代投资很少

鲸群（Schools） 在齿鲸类中观察到的有组织结构的社会群体，以个体间的长期联系为特征

卫星遥测（Satellite telemetry） 可远距离测量一个物体（例如，动物）与观察者的距离的技术

季节性延迟着床（Seasonal delayed implantation） 在一些海洋哺乳动物（鳍脚类和海獭）中，胚胎发育暂停几个月的现象

两性异形（Sexual dimorphism） 特定物种的雄性和雌性之间外观存在差异的现象

标志性哨叫声（Signature whistles） 海豚发出的窄频带频率调制的

声音，据推测其功能为个体识别以及群体成员间的交流

海牛目（Sirenia） 海洋哺乳动物中唯一的植食动物目，包括海牛和儒艮

姊妹群（Sister group） 与内群亲缘关系最近的群体

声像图（Sonogram） 表示声音频率随着时间变化的图像

物种形成（Speciation） 一个世系的分裂导致由同一共同祖先形成两个物种

物种形成事件（Speciation events） 地理障碍出现等因素导致世系分裂

声谱图（Spectogram） 表示单位时间内声波的图像

精子竞争（Sperm competition） 一些须鲸的交配策略，在雌性个体可能与多个雄性个体交配的前提下，交配的雄性试图排除或稀释其他雄性的精子，以求提高自身成为使雌性受精的雄性的几率

鲸蜡（Spermaceti） 充满鲸蜡器官的蜡状液体，即抹香鲸的鲸脑油，抹香鲸正是因此受到捕鲸者的追杀

鲸蜡器官（Spermaceti organ） 抹香鲸的前额中延长的结缔组织囊，内含鲸蜡（鲸脑油）

春季硅藻水华（Spring diatom bloom） 浮游植物（即，硅藻）的季节性大量生长现象

停滞（Stasis） 一个变化很少或无变化的时期

干群（Stem group） 超出冠群范围的生物；支序图中分叉的基点，即共同祖先

资源库（Stocks） 遭受商业利用的动物种群的子集，该术语常为管理机构所使用

皮下结缔组织鞘（Subdermal connective tissue sheath） 在鲸目动物的皮下侧面包裹的胶原性组织层，也作为尾部肌肉的重要附着点

表面活性物质（Surfactants） 分布于肺表面、降低表面张力的物质

生存率（Survivorship） 一个群体中每个年龄段存活的个体的数量

同域性物种形成（Sympatric speciation） 物种形成的一个类型，由于基因流减少，在相同区域进化出一个新物种，可能当一些个体利用一个新生态位时发生

共源性状（Synapomorphy） 共有的衍生特征，是反映分类单元间存在共同系谱的证据

系统学（Systematics） 关于生物多样性的研究，重点是重建生物间的进化史

反光膜（Tapetum lucidum） 位于视网膜后的一层特化的膜，可反射光线并能够改善动物在黑暗中的视力

埋葬学（Taphonomic） 一门研究古生物如何被埋葬而成为化石且被保存下来的学科

分类单元（Taxon） 在指定层级上的一个特定的分类群

分类学（Taxonomy） 系统学的一个分支，研究对物种的描述、鉴定和分类

套叠作用（Telescoping） 鲸目动物颅骨的骨骼间关系的变化，因鲸类的鼻孔移至颅骨顶部引起

特提兽总目（Tethytheria） 包括长鼻目（大象）、海牛目和已灭绝的链齿兽目在内的单系群

海懒兽（*Thalassocnus*） 已灭绝的水生树懒，存活于上新世早期

热中性（Thermoneutral） 动物能够维持其体温的温度范围

喉腹折（Throat grooves） 须鲸科（Balaenopteridae）动物喉区的深沟，可在摄食时像褶皱一样展开以扩展口腔

推力（Thrust） 以特定方向推动生物体的力

时间-深度记录仪（Time depth recorders，TDR） 记录潜水的持续时间和深度的仪器

下行（Top down） 指生态系统中较低营养级的种群结构依赖于较

高营养级控制的现象，即捕食者控制

过客型（Transient） 东北太平洋的 3 个虎鲸生态型之一，它们通常不长时间停留在一个海区（即，非定居），可通过许多觅食相关的差异，将它们与定居型虎鲸相区分

营养级（Trophic levels） 一个生态群落中的物种划分（基于它们的主要食物来源）

长牙（Tusks） 动物扩大的门齿或犬齿

鼓骨-耳周复合体（Tympano-periotic complex） 构成听泡的颅骨的骨骼

超声（Ultrasonic） 频率高于 20000 赫兹的声波

下层绒毛（Underfur hairs） 短而纤细的毛发，主要用于隔绝

单元（Units） 雌性和未成熟的抹香鲸组成的社会群体

上升流（Upwelling） 在大陆边缘外的海区，环流模式将底层富含营养物的水带至海面

触须（Vibrissae） 仅出现在面部的坚硬细须

地理分隔论（Vicariance explanation） 用以解释生物间的分布模式的一种假说，认为生物在一个区域出现，是因为它们在那里进化

生命率（Vital rates） 反映生命统计指标（例如，存活和繁殖）如何迅速地改变一个种群的规模和构成

波浪阻力（Wave drag） 因波浪运动产生的摩擦力

乘浪（Wave riding） 海豚的常见行为，在船只的尾波上乘浪前行

鲸骨（Whalebone） 鲸须的别称，是捕鲸者使用的术语

鲸落群落（Whale-fall communities） 在海底鲸的尸体周围演化的生物

鲸虱（Whale lice） 甲壳纲（鲸虱科）的端足类生物，可在大型鲸目动物的皮肤上发现